标准化工作导则国家标准汇编

（第六版）

中国标准出版社
全国标准化原理与方法标准化技术委员会 编

中国标准出版社

北 京

图书在版编目(CIP)数据

标准化工作导则国家标准汇编/中国标准出版社，全国标准化原理与方法标准化技术委员会编.—6版.—北京:中国标准出版社,2018.10(2020.4重印)
ISBN 978-7-5066-9088-1

Ⅰ.①标… Ⅱ.①中… Ⅲ.①标准化—工作—国家标准—汇编—中国 Ⅳ.①G307.72

中国版本图书馆CIP数据核字(2018)第209532号

中国标准出版社出版发行
北京市朝阳区和平里西街甲2号(100029)
北京市西城区三里河北街16号(100045)
网址:www.spc.net.cn
总编室:(010)68533533 发行中心:(010)51780238
读者服务部:(010)68523946
中国标准出版社秦皇岛印刷厂印刷
各地新华书店经销
*
开本 880×1230 1/16 印张 33 字数 991千字
2018年10月第六版 2020年4月第九次印刷
*
定价 158.00 元

前　言

GB/T 1《标准化工作导则》、GB/T 20000《标准化工作指南》、GB/T 20001《标准编写规则》、GB/T 20002《标准中特定内容的起草》、GB/T 20003《标准制定的特殊程序》和GB/T 20004《团体标准化》共同构成支撑标准制定工作的基础性系列国家标准。该系列标准已经成为各层次标准化机构和标准编写人员编制标准及相关工作所依据的纲领性文件，同时也是广大标准化工作者认识、理解和应用标准的基础性文件。

这一系列标准不仅规范了标准编制的最基本的要求，而且对具体功能类型的标准（例如规范标准、规程标准、指南标准等）的编写和标准中特定内容（例如安全内容、环境内容等）的起草提供了原则和方法；对与编制标准相关的工作给出了指导（例如标准化活动的基本概念、采用国际标准等）；还对团体标准化的良好行为及其评价提供了指导。

2016年—2018年，这一系列标准范围内共有7项标准相继发布，为了便于广大标准化工作者更好地使用这些标准，中国标准出版社、全国标准化原理与方法标准化技术委员会共同编辑出版了《标准化工作导则国家标准汇编（第六版）》。它是集最新的支撑标准制定工作的国家标准之大成，是每一位标准化工作者编制标准的工作手册。本汇编还收录了GB/T 1.1—2009中规范性引用文件的部分有关标准编写的标准，方便广大标准起草者以及标准化工作者使用。

目　录

GB/T 1　标准化工作导则

GB/T 20000　标准化工作指南

GB/T 20001　标准编写规则

GB/T 20002　标准中特定内容的起草

GB/T 20003　标准制定的特殊程序

GB/T 20004　团体标准化

GB/T 1.1—2009 中规范性引用文件的有关标准编写的标准

GB/T 1
标准化工作导则

ICS 01.120
A 00

中华人民共和国国家标准

GB/T 1.1—2009
代替 GB/T 1.1—2000,GB/T 1.2—2002

标准化工作导则
第1部分:标准的结构和编写

Directives for standardization—
Part 1:Structure and drafting of standards

(ISO/IEC Directives—Part 2:2004,
Rules for the structure and drafting of International Standards,NEQ)

2009-06-17 发布　　　　2010-01-01 实施

中华人民共和国国家质量监督检验检疫总局
中国国家标准化管理委员会　发布

前　言

GB/T 1《标准化工作导则》与 GB/T 20000《标准化工作指南》、GB/T 20001《标准编写规则》和 GB/T 20002《标准中特定内容的起草》共同构成支撑标准制修订工作的基础性系列国家标准。

GB/T 1《标准化工作导则》分为两个部分：

——第 1 部分：标准的结构和编写；

——第 2 部分：标准制定程序。

本部分为 GB/T 1 的第 1 部分。

本部分代替 GB/T 1.1—2000《标准化工作导则　第 1 部分：标准的结构和编写规则》和 GB/T 1.2—2002《标准化工作导则　第 2 部分：标准中规范性技术要素内容的确定方法》。本部分以 GB/T 1.1—2000 为主，整合了 GB/T 1.2—2002 的部分内容，与 GB/T 1.1—2000 相比，除编辑性修改外主要技术变化如下：

——增加了"应避免无标题条再分条"的规定以及可强调无标题条中的关键术语或短语的表述形式(见 5.2.4)；

——增加了可强调列项中的关键术语或短语的表述形式(见 5.2.6)；

——在前言的规定中，删除了附录性质的陈述，增加了标准编制所依据的起草规则、涉及专利的相关说明(见 6.1.3，2000 年版的 6.1.3)；

——在引言的规定中，增加了标准涉及专利的相关说明(见 6.1.4)；

——在规范性引用文件清单的规定中，增加了列出在线文件的规则(见 6.2.3)；

——修改了在规范性引用文件清单所列的标准中标示与国际文件的对应关系的规定，只有正在起草的与国际文件存在一致性程度的我国标准，才需标示(见 6.2.3，2000 年版的 6.2.3)；

——修改了规范性引用文件以及术语和定义的引导语(见 6.2.3 和 6.3.2，2000 年版的 6.2.3 和 6.3.1)；

——删除了附录"术语和定义的起草和表述"，将与编写非术语标准中的"术语和定义"有关的内容移入正文中(见 6.3.2，2000 年版的附录 C)；

——增加了"技术要素的选择"(见 6.3.1)；

——删除了规范性技术要素中与产品标准有关的内容(见 2000 年版的 6.3.4、6.3.5 和 6.3.7)；

——增加了"技术要素的表述"(见 7.1.3)；

——增加了关于图的接排和分图的规则(见 7.3.7 和 7.3.10)；

——增加了规范性引用标准之外的正式出版文件所遵守的原则(见 8.1.3.1)；

——增加了说明相关专利的要求(见 8.4 和附录 C)；

——增加了"数值的选择"(见 8.5)；

——修改了目次的编排格式(见 9.3，2000 年版的 7.3)；

——修改了章标题、条标题的行间距(见 9.9.1，2000 年版的 7.6)；

——删除了列项中再分段的规定(见 2000 年版的 7.7)；

——删除了多个附录接排的规定(见 2000 年版的 7.13)；

——增加了图与其前面的条文、表与其后面的条文，图题和表题的行间距规定(见 9.9.6)；

——增加了标准化项目标记的详细规定(见附录 E)；

——增加了表示可能性的助动词，修改了助动词的等效表述形式(见附录 F，2000 年版的附录 E)。

本部分使用重新起草法参考 ISO/IEC 导则第 2 部分：2004《国际标准的结构和起草规则》编制，与

ISO/IEC 导则第 2 部分的一致性程度为非等效。

本部分由全国标准化原理与方法标准化技术委员会(SAC/TC 286)归口。

本部分起草单位：中国标准化研究院、中国电子技术标准化研究所、中国标准出版社、机械科学研究总院、冶金工业信息标准研究院、建设部标准定额司、总装备部电子信息基础部标准化研究中心。

本部分主要起草人：白殿一、逄征虎、刘慎斋、陆锡林、白德美、强毅、魏绵、赵文慧、卫明、赵朝义、肖健。

本部分代替了 GB/T 1.1—2000 和 GB/T 1.2—2002。

GB/T 1.1—2000 的历次版本发布情况为：

——GB 1.1—1981、GB 1.1—1987、GB/T 1.1—1993；

——GB 1—1958、GB 1—1970、GB 1—1973、GB 1.2—1981、GB 1.2—1988、GB/T 1.2—1996。

GB/T 1.2—2002 的历次版本发布情况为：

——GB 1.3—1987、GB/T 1.3—1997；

——GB 1.7—1988。

引　言

近五十年来，GB/T 1 通过持续地实施以及不断地修订和完善，在我国标准制修订工作中发挥了重要的指导作用。GB/T 1.1—2000 和 GB/T 1.2—2002 发布以来，收到了许多标准使用者提出的修改意见和建议，在标准应用过程中也遇到了一些新的问题。此外，GB/T 1 依据的主要国际文件 ISO/IEC 导则已于 2004 年修订出版了第五版，该 ISO/IEC 导则分为两个部分，原第 3 部分已经与第 2 部分合并。为了适应我国标准化工作发展的需要，进一步与新版的 ISO/IEC 导则相协调，促进贸易和交流，有必要对GB/T 1进行修订。

GB/T 1.1 以前的各个版本均是以 ISO/IEC 导则为基础起草的。ISO/IEC 导则是以传统制造业为代表，以产品标准为例编写的，而 GB/T 1.1 是全国各行各业在编写标准时共同遵守的基础标准，它关注的范围理应更加广泛。因此，本次修订更加注重我国标准的自身特点，主要规定了普遍适用于各类标准的资料性概述要素、规范性一般要素和资料性补充要素以及规范性技术要素中的几个通用要素等内容的编写，而规范性技术要素中其他要素的编写在相关的基础标准（GB/T 20000、GB/T 20001 和 GB/T 20002）中进行规定。调整后的 GB/T 1.1 更加适用于各类标准的编写。

标准化工作导则
第1部分:标准的结构和编写

1 范围

GB/T 1的本部分规定了标准的结构、起草表述规则和编排格式,并给出了有关表述样式。

本部分适用于国家标准、行业标准和地方标准以及国家标准化指导性技术文件的编写,其他标准的编写可参照使用。

注:除非特殊说明,以下各章中的"标准",根据情况可以指"国家标准"、"行业标准"、"地方标准"和"国家标准化指导性技术文件"。

2 规范性引用文件

下列文件对于本文件的应用是必不可少的。凡是注日期的引用文件,仅注日期的版本适用于本文件。凡是不注日期的引用文件,其最新版本(包括所有的修改单)适用于本文件。

GB/T 321 优先数和优先数系(ISO 3)

GB 3100 国际单位制及其应用(ISO 1000)

GB 3101 有关量、单位和符号的一般原则(ISO 31-0)

GB 3102(所有部分) 量和单位[ISO 31(所有部分)]

GB/T 4728(所有部分) 电气简图用图形符号[IEC 60617(所有部分)]

GB/T 5094(所有部分) 工业系统、装置与设备以及工业产品 结构原则与参照代号[IEC 61346(所有部分)]

GB/T 5465.2 电气设备用图形符号 第2部分:图形符号(IEC 60417)

GB/T 6988(所有部分) 电气技术用文件的编制[IEC 61082(所有部分)]

GB/T 7714 文后参考文献著录规则(ISO 690)

GB/T 13394 电工技术用字母符号 旋转电机量的符号(IEC 27-4)

GB/T 14559 变化量的符号和单位(IEC 27-1)

GB/T 14691 技术制图 字体(ISO 3098-1,ISO 3098-2)

GB/T 15834 标点符号用法

GB/T 15835 出版物上数字用法的规定

GB/T 16273(所有部分) 设备用图形符号(ISO 7000)

GB/T 16499 安全出版物的编写及基础安全出版物和多专业共用安全出版物的应用导则(IEC Guide 104)

GB/T 16679 信号与连接线的代号(IEC 1175)

GB/T 17451 技术制图 图样画法 视图

GB/T 20000(所有部分) 标准化工作指南

GB/T 20001(所有部分) 标准编写规则

GB/T 20002(所有部分) 标准中特定内容的起草

GB/T 20063(所有部分) 简图用图形符号[ISO 14617(所有部分)]

ISO 7000 设备用图形符号 索引和一览表(Graphical symbols for use on equipment—Index and synopsis)

IEC 60027(所有部分) 电工技术用文字符号(Letter symbols to be used in electrical technology)

IEC 指南 106 规定设备性能等级环境条件的指南(Guide for specifying environmental conditions for equipment performance rating)

3 术语和定义

GB/T 20000.1 界定的以及下列术语和定义适用于本文件。为了便于使用,以下重复列出了 GB/T 20000.1中的某些术语和定义。

3.1

规范 specification

规定产品、过程或服务需要满足的要求的文件。

注:适宜时,规范宜指明可以判定其要求是否得到满足的程序。

3.2

规程 code of practice

为设备、构件或产品的设计、制造、安装、维护或使用而推荐惯例或程序的文件。

[GB/T 20000.1—2002,定义 2.3.5]

3.3

指南 guideline

给出某主题的一般性、原则性、方向性的信息、指导或建议的文件。

3.4

规范性要素 normative elements

声明符合标准而需要遵守的**条款**的要素。

3.4.1

规范性一般要素 general normative elements

描述标准的名称、范围,给出对于标准的使用必不可少的文件清单等要素。

3.4.2

规范性技术要素 technical normative elements

规定标准技术内容的要素。

3.5

资料性要素 informative elements

标示标准、介绍标准、提供标准附加信息的要素。

3.5.1

资料性概述要素 preliminary informative elements

标示标准,介绍内容,说明背景、制定情况以及该标准与其他标准或文件的关系的要素。

3.5.2

资料性补充要素 supplementary informative elements

提供有助于标准的理解或使用的附加信息的要素。

3.6

必备要素 required elements

在标准中不可缺少的要素。

3.7

可选要素 optional elements

在标准中存在与否取决于特定标准的具体需求的要素。

3.8

条款 provisions

规范性文件内容的表述方式，一般采取**要求**、**推荐**或**陈述**等形式。

注：条款的这些形式以其所用的措辞加以区分，例如，推荐用助动词“宜”，要求用助动词“应”。

3.8.1

要求 requirement

表达如果声明符合标准需要满足的准则，并且不准许存在偏差的**条款**。

注：表F.1规定的助动词用于表达要求。

3.8.2

推荐 recommendation

表达建议或指导的**条款**。

注：表F.2规定的助动词用于表达推荐。

3.8.3

陈述 statement

表达信息的**条款**。

注：表F.3规定的助动词用于表达在标准的界限内所允许的行动步骤。表F.4规定的助动词用于表达能力或可能性。

3.9

最新技术水平 state of the art

根据相关科学、技术和经验的综合成果判定的在一定时期内产品、过程或服务的技术能力的发展程度。

[GB/T 20000.1—2002，定义2.1.4]

4 总则

4.1 目标

制定标准的目标是规定明确且无歧义的条款，以便促进贸易和交流。为此，标准应：

——在其范围所规定的界限内按需要力求完整；

——清楚和准确；

——充分考虑最新技术水平(见3.9)；

——为未来技术发展提供框架；

——能被未参加标准编制的专业人员所理解。

4.2 统一性

每项标准或系列标准(或一项标准的不同部分)内，标准的文体和术语应保持一致。系列标准的每项标准(或一项标准的不同部分)的结构及其章、条的编号应尽可能相同。类似的条款应使用类似的措辞来表述；相同的条款应使用相同的措辞来表述。

每项标准或系列标准(或一项标准的不同部分)内，对于同一个概念应使用同一个术语。对于已定义的概念应避免使用同义词。每个选用的术语应尽可能只有惟一的含义。

4.3 协调性

为了达到所有标准整体协调的目的，标准的编写应遵守现行基础标准的有关条款，尤其涉及下列方面：

——标准化原理和方法；

——标准化术语；
——术语的原则和方法；
——量、单位及其符号；
——符号、代号和缩略语；
——参考文献的标引；
——技术制图和简图；
——技术文件编制；
——图形符号。

对于某些技术领域，标准的编写还应遵守涉及下列内容的现行基础标准的有关条款：

——极限、配合和表面特征；
——尺寸公差和测量的不确定度；
——优先数；
——统计方法；
——环境条件和有关试验；
——安全；
——电磁兼容；
——符合性和质量。

附录 A 给出了供参考的部分基础标准清单。

4.4 适用性

标准的内容应便于实施，并且易于被其他的标准或文件所引用。

4.5 一致性

如果有相应的国际文件，起草标准时应以其为基础并尽可能保持与国际文件相一致。与国际文件的一致性程度为等同、修改或非等效的我国标准的起草应符合 GB/T 20000.2 的规定。

4.6 规范性

在起草标准之前应确定标准的预计结构和内在关系，尤其应考虑内容的划分(见 5.1)。如果标准分为多个部分，则应预先确定各个部分的名称。为了保证一项标准或一系列标准的及时发布，从起草工作开始到随后的所有阶段均应遵守 GB/T 1 的本部分规定的规则以及 GB/T 1 的另一部分[1)] 规定的程序，根据编写标准的具体情况还应遵守 GB/T 20000、GB/T 20001 和 GB/T 20002 相应部分的规定。

术语(词汇、术语集)标准、符号(图形符号、标志)标准、方法(化学分析方法)标准、产品标准、管理体系标准的技术内容的确定、起草、编写规则或指导原则分别见 GB/T 20001.1、GB/T 20001.2、GB/T 20001.4、GB/T 20001.5[2)]、GB/T 20000.7。

5 结构

5.1 按内容划分

5.1.1 通则

由于标准之间的差异较大，较难建立一个普遍接受的内容划分规则。

---

1) 计划中的 GB/T 1.2《标准化工作导则 第 2 部分：标准制定程序》(参见前言)。

2) 计划中的 GB/T 20001.5《标准编写规则 第 5 部分：产品》。

通常，针对一个标准化对象应编制成一项标准并作为整体出版，特殊情况下，可编制成若干个单独的标准或在同一个标准顺序号下将一项标准分成若干个单独的部分。标准分成部分后，需要时，每一部分可以单独修订。

5.1.2 部分的划分

5.1.2.1 一项标准分成若干个单独的部分时，通常有诸如下列特殊需要或具体原因：

——标准篇幅过长；

——后续的内容相互关联；

——标准的某些内容可能被法规引用；

——标准的某些内容拟用于认证。

5.1.2.2 标准化对象的不同方面有可能分别引起各相关方(例如：生产者、认证机构、立法机关等)的关注时，应清楚地区分这些不同方面，最好将它们分别编制成一项标准的若干个单独的部分。例如，这些不同方面可能有：

——健康和安全要求；

——性能要求；

——维修和服务要求；

——安装规则；

——质量评定。

注：标准化对象的不同方面也可编制成若干项单独的标准，从而形成一组系列标准。

5.1.2.3 一项标准分成若干个单独的部分时，可使用下列两种方式：

a) 将标准化对象分为若干个特定方面，各个部分分别涉及其中的一个方面，并且能够单独使用。

示例 1：

第 1 部分：词汇

第 2 部分：要求

第 3 部分：试验方法

第 4 部分：……

示例 2：

第 1 部分：词汇

第 2 部分：谐波

第 3 部分：静电放电

第 4 部分：……

b) 将标准化对象分为通用和特殊两个方面，通用方面作为标准的第 1 部分，特殊方面(可修改或补充通用方面，不能单独使用)作为标准的其他各部分。

示例 3：

第 1 部分：一般要求

第 2 部分：热学要求

第 3 部分：空气纯净度要求

第 4 部分：声学要求

示例 4：

第 1 部分：通用要求

第 21 部分：电熨斗的特殊要求

第 22 部分：离心脱水机的特殊要求

第 23 部分：洗碗机的特殊要求

5.1.3 单独标准的内容划分

标准由各类要素构成。一项标准的要素可按下列方式进行分类：

a) 按要素的性质划分，可分为：
   - 资料性要素；
   - 规范性要素。

b) 按要素的性质以及它们在标准中的具体位置划分，可分为：
   - 资料性概述要素；
   - 规范性一般要素；
   - 规范性技术要素；
   - 资料性补充要素。

c) 按要素的必备的或可选的状态划分，可分为：
   - 必备要素；
   - 可选要素。

各类要素在标准中的典型编排以及每个要素所允许的表述方式如表 1 所示。

表 1　标准中要素的典型编排

要素类型	要素[a]的编排	要素所允许的表述形式[a]
资料性概述要素	**封面**	**文字**（标示标准的信息，见 6.1.1）
	目次	*文字（自动生成的内容，见 6.1.2）*
	前言	**条文** *注* *脚注*
	引言	*条文* *图* *表* *注* *脚注*
规范性一般要素	**标准名称**	**文字**
	范围	**条文** 图 表 *注* *脚注*
	规范性引用文件	文件清单（规范性引用） *注* *脚注*
规范性技术要素	术语和定义 符号、代号和缩略语 要求 …… 规范性附录	条文 图 表 *注* *脚注*

表 1 标准中要素的典型编排（续）

要素类型	要素[a]的编排	要素所允许的表述形式[a]
资料性补充要素	*资料性附录*	*条文* *图* *表* *注* *脚注*
规范性技术要素	规范性附录	条文 图 表 *注* *脚注*
资料性补充要素	*参考文献*	*文件清单(资料性引用)* *脚注*
	索引	*文字(自动生成的内容,见 6.4.3)*
注：表中各类要素的前后顺序即其在标准中所呈现的具体位置。		
[a] 黑体表示"必备的"；正体表示"规范性的"；斜体表示"资料性的"。		

一项标准不一定包括表 1 中的所有规范性技术要素，然而可以包含表 1 之外的其他规范性技术要素。规范性技术要素的构成及其在标准中的编排顺序根据所起草的标准的具体情况而定。

5.2 按层次划分

5.2.1 概述

一项标准可能具有的层次见表 2。层次的详细编号示例参见附录 B。

表 2 层次及其编号示例

层　次	编号示例
部分	××××.1
章 条 条 段 列项	5 5.1 5.1.1 [无编号] 列项符号；字母编号 a)、b) 和下一层次的数字编号 1)、2)
附录	附录 A

5.2.2 部分

5.2.2.1 应使用阿拉伯数字从 1 开始对部分编号。部分的编号应置于标准顺序号之后，并用下脚点与标准顺序号隔开，例如：9999.1、9999.2 等。部分可以连续编号(见 5.1.2.3 的示例 1 至示例 3)，也可以分组编号(见 5.1.2.3 的示例 4)。部分不应再分成分部分。

5.2.2.2 部分的名称的组成方式应符合 6.2.1 的规定。同一标准的各个部分名称的引导要素(如果有）和主体要素应相同，而补充要素应不同，以便区分各个部分。在每个部分的名称中，补充要素前均应使用部分编号标明“第×部分：”（×为与部分编号完全相同的阿拉伯数字）。

5.2.2.3 编写标准的每个部分应遵守 GB/T 1 的本部分对编写单独标准所规定的规则。

5.2.3 章

章是标准内容划分的基本单元。应使用阿拉伯数字从 1 开始对章编号。编号应从“范围”一章开始，一直连续到附录（见 5.2.7）之前。

每一章均应有章标题，并应置于编号之后。

5.2.4 条

条是章的细分。应使用阿拉伯数字对条编号（参见附录 B）。第一层次的条（例如 5.1、5.2 等）可分为第二层次的条（例如 5.1.1、5.1.2 等），需要时，一直可分到第五层次（例如 5.1.1.1.1.1、5.1.1.1.1.2 等）。

一个层次中有两个或两个以上的条时才可设条，例如，第 10 章中，如果没有 10.2，就不应设 10.1。应避免对无标题条再分条。

第一层次的条宜给出条标题，并应置于编号之后。第二层次的条可同样处理。某一章或条中，其下一个层次上的各条，有无标题应统一，例如，第 10 章的下一层次，10.1 有标题，则 10.2、10.3 等也应有标题。

可将无标题条首句中的关键术语或短语标为黑体，以标明所涉及的主题。这类术语或短语不应列入目次。

5.2.5 段

段是章或条的细分。段不编号。

为了不在引用时产生混淆，应避免在章标题或条标题与下一层次条之间设段（称为“悬置段”）。

示例：

下面左侧所示，按照隶属关系，第 5 章不仅包括所标出的“悬置段”，还包括 5.1 和 5.2。鉴于这种情况，在引用这些悬置段时有可能发生混淆。下面右侧示出避免混淆的方法之一：将左侧的悬置段编号并加标题“5.1 总则”（也可给出其他适当的标题），并且将左侧的 5.1 和 5.2 重新编号，依次改为 5.2 和 5.3。避免混淆的其他方法还有，将悬置段移到别处或删除。

不 正 确

5 标记

×××××××××××××
××××××××××××××　悬置段
×××××××××

5.1 ××××××××

××××××××××××××××××

5.2 ×××××××

××××××××××××××××××
××××××××××××××××××××
××××××××××××××××××××××
×××××××××××××××××

6 试验报告

正 确

5 标记

5.1 总则

×××××××××××××
××××××××××××××
×××××××××

5.2 ××××××××

××××××××××××××××××

5.3 ×××××××

××××××××××××××××××
××××××××××××××××××××
××××××××××××××××××××××
×××××××××××××××××××

6 试验报告

5.2.6 列项

列项应由一段后跟冒号的文字引出(见以下示例)。在列项的各项之前应使用列项符号("破折号"或"圆点")(见示例1、示例2),在一项标准的同一层次的列项中,使用破折号还是圆点应统一。列项中的项如果需要识别,应使用字母编号(后带半圆括号的小写拉丁字母)在各项之前进行标示。在字母编号的列项中,如果需要对某一项进一步细分成需要识别的若干分项,则应使用数字编号(后带半圆括号的阿拉伯数字)在各分项之前进行标示(见示例3)。

在列项的各项中,可将其中的关键术语或短语标为黑体,以标明各项所涉及的主题(见示例4)。这类术语或短语不应列入目次;如果有必要列入目次,则不应使用列项的形式,而应采用条的形式,将相应的术语或短语作为条标题(见5.2.4)。

示例1:

下列各类仪器不需要开关:

——在正常操作条件下,功耗不超过10 W的仪器;

——在任何故障条件下使用2 min,测得功耗不超过50 W的仪器;

——用于连续运转的仪器。

示例2:

仪器中的振动可能产生于:

• 转动部件的不平衡;

• 机座的轻微变形;

• 滚动轴承;

• 气动负载。

示例3:

图形标志与箭头的位置关系遵守以下规则:

a) 图形标志与箭头采用横向排列:
   1) 箭头指左向(含左上、左下)时,图形标志应位于右侧;
   2) 箭头指右向(含右上、右下)时,图形标志应位于左侧;
   3) 箭头指上向或下向时,图形标志宜位于右侧。
b) 图形标志与箭头采用纵向排列:
   1) 箭头指下向(含左下、右下)时,图形标志应位于上方;
   2) 其他情况,图形标志宜位于下方。

示例4:

前言应视情况依次给出下列内容:

a) 标准**结构**的说明。对于系列标准或分部分标准,在第一项标准或标准的第1部分中说明标准的预计结构;在系列标准的每一项标准或分部分标准的每一部分中列出所有已经发布或计划发布的其他标准或其他部分的名称。
b) 标准编制所依据的**起草规则**,提及GB/T 1.1。
c) 标准**代替的全部或部分其他文件**的说明。给出被代替的标准(含修改单)或其他文件的编号和名称,列出与前一版本相比的主要技术变化。
d) 与**国际文件、国外文件关系**的说明。以国外文件为基础形成的标准,可在前言中陈述与相应文件的关系。与国际文件的一致性程度为等同、修改或非等效的标准,应按照GB/T 20000.2的有关规定陈述与对应国际文件的关系。

…………

5.2.7 附录

附录按其性质分为规范性附录(见6.3.6)和资料性附录(见6.4.1)。每个附录均应在正文或前言的相关条文中明确提及。附录的顺序应按在条文(从前言算起)中提及它的先后次序编排(前言中说明与前一版本相比的主要技术变化时,所提及的附录不作为编排附录顺序的依据)。

每个附录均应有编号。附录编号由“附录”和随后表明顺序的大写拉丁字母组成,字母从“A”开始,例如:“附录A”、“附录B”、“附录C”等。只有一个附录时,仍应给出编号“附录A”。附录编号下方应标明附录的性质,即“(规范性附录)”或“(资料性附录)”,再下方是附录标题。

每个附录中章、图、表和数学公式的编号均应重新从1开始,编号前应加上附录编号中表明顺序的大写字母,字母后跟下脚点。例如:附录A中的章用“A.1”、“A.2”、“A.3”等表示;图用“图A.1”、“图A.2”、“图A.3”等表示。

6 要素的起草

6.1 资料性概述要素

6.1.1 封面

封面为必备要素,它应给出标示标准的信息,包括:标准的名称、英文译名、层次(国家标准为“中华人民共和国国家标准”字样)、标志、编号、国际标准分类号(ICS号)、中国标准文献分类号、备案号(不适用于国家标准)、发布日期、实施日期、发布部门等。

如果标准代替了某个或几个标准,封面应给出被代替标准的编号;如果标准与国际文件的一致性程度为等同、修改或非等效,还应按照GB/T 20000.2的规定在封面上给出一致性程度标识。

标准征求意见稿和送审稿的封面显著位置应按附录C中C.1的规定,给出征集标准是否涉及专利的信息。

6.1.2 目次

目次为可选要素。为了显示标准的结构,方便查阅,设置目次是必要的。目次所列的各项内容和顺序如下:

a) 前言;
b) 引言;
c) 章;
d) 带有标题的条(需要时列出);
e) 附录;
f) 附录中的章(需要时列出);
g) 附录中的带有标题的条(需要时列出);
h) 参考文献;
i) 索引;
j) 图(需要时列出);
k) 表(需要时列出)。

目次不应列出“术语和定义”一章中的术语。电子文本的目次应自动生成。

6.1.3 前言

前言为必备要素,不应包含要求和推荐,也不应包含公式、图和表。前言应视情况依次给出下列内容:

a) 标准**结构**的说明。对于系列标准或分部分标准,在第一项标准或标准的第1部分中说明标准的预计结构;在系列标准的每一项标准或分部分标准的每一部分中列出所有已经发布或计划发布的其他标准或其他部分的名称。

b) 标准编制所依据的**起草规则**，提及 GB/T 1.1。

c) 标准**代替的全部或部分其他文件**的说明。给出被代替的标准（含修改单）或其他文件的编号和名称，列出与前一版本相比的主要技术变化。

d) **与国际文件、国外文件关系**的说明。以国外文件为基础形成的标准，可在前言中陈述与相应文件的关系。与国际文件的一致性程度为等同、修改或非等效的标准，应按照 GB/T 20000.2 的有关规定陈述与对应国际文件的关系。

e) 有关**专利**的说明。凡可能涉及专利的标准，如果尚未识别出涉及专利，则应按照 C.2 的规定，说明相关内容。

f) 标准的**提出**信息（可省略）或**归口**信息。如果标准由全国专业标准化技术委员会提出或归口，则应在相应技术委员会名称之后给出其国内代号，并加圆括号。使用下述适用的表述形式：

- “本标准由全国××××标准化技术委员会(SAC/TC ×××)提出。”
- “本标准由××××提出。”
- “本标准由全国××××标准化技术委员会(SAC/TC ×××)归口。”
- “本标准由×××××归口。”

g) 标准的**起草单位和主要起草人**，使用以下表述形式：

- “本标准起草单位：……。”
- “本标准主要起草人：……。”

h) 标准**所代替标准的历次版本**发布情况。

针对不同的文件，应将以上列项中的“本标准……”改为“GB/T ×××××的本部分……”、“本部分……”或“本指导性技术文件……”。

6.1.4 引言

引言为可选要素。如果需要，则给出标准技术内容的特殊信息或说明，以及编制该标准的原因。引言不应包含要求。

如果已经识别出标准涉及专利，则在引言中应给出 C.3 所规定的相关内容。

引言不应编号。当引言的内容需要分条时，应仅对条编号，编为 0.1、0.2 等。

6.2 规范性一般要素

6.2.1 标准名称

标准名称为必备要素，应置于范围之前。标准名称应简练并明确表示出标准的主题，使之与其他标准相区分。标准名称不应涉及不必要的细节。必要的补充说明应在范围中给出。

标准名称应由几个尽可能短的要素组成，其顺序由一般到特殊。通常，所使用的要素不多于下述三种：

a) 引导要素（可选）：表示标准所属的领域（可使用该标准的归口标准化技术委员会的名称）；

b) 主体要素（必备）：表示上述领域内标准所涉及的主要对象；

c) 补充要素（可选）：表示上述主要对象的特定方面，或给出区分该标准（或该部分）与其他标准（或其他部分）的细节。

起草标准名称的详细规则见附录 D。

如果标准名称中使用了“规范”（见 3.1）、“规程”（见 3.2）、“指南”（见 3.3）等，则标准的技术要素的表述应符合 7.1.3 的规定。

6.2.2 范围

范围为必备要素，应置于标准正文的起始位置。范围应明确界定标准化对象和所涉及的各个方面，由此指明标准或其特定部分的适用界限。必要时,可指出标准不适用的界限。

如果标准分成若干个部分,则每个部分的范围只应界定该部分的标准化对象和所涉及的相关方面。

范围的陈述应简洁,以便能作内容提要使用。范围不应包含要求。

标准化对象的陈述应使用下列表述形式:

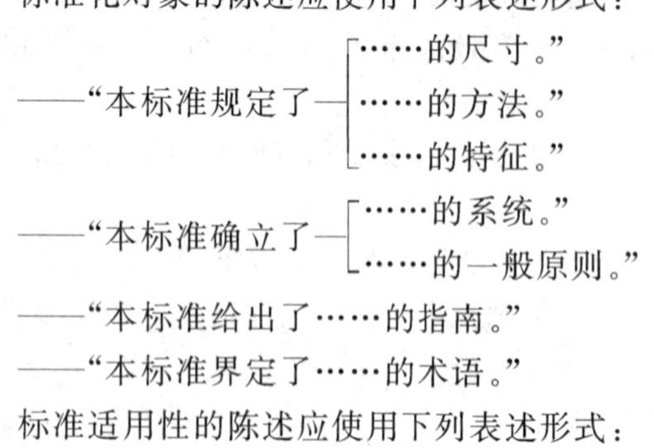

——“本标准规定了——……的尺寸。”
……的方法。”
……的特征。”

——“本标准确立了——……的系统。”
……的一般原则。”

——“本标准给出了……的指南。”

——“本标准界定了……的术语。”

标准适用性的陈述应使用下列表述形式:

——“本标准适用于……”

——“本标准不适用于……”

针对不同的文件,应将上述列项中的“本标准……”改为“GB/T ×××××的本部分……”、“本部分……”或“本指导性技术文件……”。

6.2.3 规范性引用文件

规范性引用文件为可选要素,它应列出标准中规范性引用其他文件(见 8.1.3)的文件清单,这些文件经过标准条文的引用后,成为标准应用时必不可少的文件。文件清单中,对于标准条文中注日期引用的文件,应给出版本号或年号(引用标准时,给出标准代号、顺序号和年号)以及完整的标准名称;对于标准条文中不注日期引用的文件,则不应给出版本号或年号。标准条文中不注日期引用一项由多个部分组成的标准时,应在标准顺序号后标明“(所有部分)”及其标准名称中的相同部分,即引导要素(如果有)和主体要素(见附录 D)。

文件清单中,如列出国际标准、国外标准,应在标准编号后给出标准名称的中文译名,并在其后的圆括号中给出原文名称;列出非标准类文件的方法应符合 GB/T 7714 的规定。

如果引用的文件可在线获得,宜提供详细的获取和访问路径。应给出被引用文件的完整的网址(见 GB/T 7714)。为了保证溯源性,宜提供源网址。

示例:可从以下网址获得:〈http://www.abc.def/directory/filename-new.htm〉。

凡起草与国际文件存在一致性程度的我国标准,在其规范性引用文件清单所列的标准中,如果某些标准与国际文件存在着一致性程度,则应按照 GB/T 20000.2 的规定,标示这些标准与相应国际文件的一致性程度标识。具体标示方法见 GB/T 20000.2 的规定。

文件清单中引用文件的排列顺序为:国家标准(含国家标准化指导性技术文件)、行业标准、地方标准(仅适用于地方标准的编写)、国内有关文件、国际标准(含 ISO 标准、ISO/IEC 标准、IEC 标准)、ISO 或IEC 有关文件、其他国际标准以及其他国际有关文件。国家标准、国际标准按标准顺序号排列;行业标准、地方标准、其他国际标准先按标准代号的拉丁字母和(或)阿拉伯数字的顺序排列,再按标准顺序号排列。

文件清单不应包含:

——不能公开获得的文件;

——资料性引用文件;

——标准编制过程中参考过的文件。

上述文件根据需要可列入参考文献(见 6.4.2)。

规范性引用文件清单应由下述引导语引出：

“下列文件对于本文件的应用是必不可少的。凡是注日期的引用文件，仅注日期的版本适用于本文件。凡是不注日期的引用文件，其最新版本（包括所有的修改单）适用于本文件。”

6.3 规范性技术要素

6.3.1 技术要素的选择

6.3.1.1 目的性原则

标准中规范性技术要素的确定取决于编制标准的目的，最重要的目的是保证有关产品、过程或服务的适用性。一项标准或系列标准还可涉及或分别侧重其他目的，例如：促进相互理解和交流，保障健康，保证安全，保护环境或促进资源合理利用，控制接口，实现互换性、兼容性或相互配合以及品种控制等。

在标准中，通常不指明选择各项要求的目的[尽管在引言（见 6.1.4）中可阐明标准和某些要求的目的]。然而，最重要的是在工作的最初阶段（不迟于征求意见稿）确定这些目的，以便决定标准所包含的要求。

在编制标准时应优先考虑涉及健康和安全的要求（见 GB/T 20000.4、GB/T 20002.1 和 GB/T 16499）以及环境的要求（见 GB/T 20000.5 和 IEC 指南 106）。

6.3.1.2 性能原则

只要可能，要求应由性能特性来表达，而不用设计和描述特性来表达，这种方法给技术发展留有最大的余地。如果采用性能特性的表述方式，要注意保证性能要求中不疏漏重要的特征。

6.3.1.3 可证实性原则

不论标准的目的如何，标准中应只列入那些能被证实的要求。标准中的要求应定量并使用明确的数值（表示方法见 8.9）表示。不应仅使用定性的表述，如“足够坚固”或“适当的强度”等。

6.3.2 术语和定义

术语和定义为可选要素，它仅给出为理解标准中某些术语所必需的定义。术语宜按照概念层级进行分类和编排，分类的结果和排列顺序应由术语的条目编号来明确，应给每个术语一个条目编号。

对某概念建立有关术语和定义以前，应查找在其他标准中是否已经为该概念建立了术语和定义。如果已经建立，宜引用定义该概念的标准，不必重复定义；如果没有建立，则“术语和定义”一章中只应定义标准中所使用的并且是属于标准的范围所覆盖的概念，以及有助于理解这些定义的附加概念；如果标准中使用了属于标准范围之外的术语，可在标准中说明其含义，而不宜在“术语和定义”一章中给出该术语及其定义。

如果确有必要重复某术语已经标准化的定义，则应标明该定义出自的标准（见 8.1.1）。如果不得不改写已经标准化的定义，则应加注说明。

示例 1：

> 3.2
>
> **规程　code of practice**
>
> 为设备、构件或产品的设计、制造、安装、维护或使用而推荐惯例或程序的文件。
>
> [GB/T 20000.1—2002，定义 2.3.5]

示例 2：

> 3.3
> **采用　adoption**
> 〈国家标准对国际标准〉以相应国际标准为基础编制，并标明了与其之间差异的国家规范性文件的发布。
> **注**：改写 GB/T 20000.1—2002，定义 2.10.1。

定义既不应包含要求，也不应写成要求的形式。定义的表述宜能在上下文中代替其术语。附加的信息应以示例或注的形式给出。适用于量的单位的信息应在注中给出。

术语条目应包括：条目编号、术语、英文对应词、定义。根据需要可增加：符号、概念的其他表述方式（例如：公式、图等）、示例、注等。

术语条目应由下述适当的引导语引出：

——仅仅标准中界定的术语和定义适用时，使用："下列术语和定义适用于本文件。"

——其他文件界定的术语和定义也适用时（例如，在一项分部分的标准中，第 1 部分中界定的术语和定义适用于几个或所有部分），使用："……界定的以及下列术语和定义适用于本文件。"

——仅仅其他文件界定的术语和定义适用时，使用："……界定的术语和定义适用于本文件。"

6.3.3　符号、代号和缩略语

符号、代号和缩略语为可选要素，它给出为理解标准所必需的符号、代号和缩略语清单。

除非为了反映技术准则需要以特定次序列出，所有符号、代号和缩略语宜按以下次序以字母顺序列出：

——大写拉丁字母置于小写拉丁字母之前（A、a、B、b 等）；

——无角标的字母置于有角标的字母之前，有字母角标的字母置于有数字角标的字母之前（B、b、C、C_m、C_2、c、d、d_{ext}、d_{int}、d_1 等）；

——希腊字母置于拉丁字母之后（Z、z、A、α、B、β、…、Λ、λ 等）；

——其他特殊符号和文字。

为了方便，该要素可与要素"术语和定义"（见 6.3.2）合并。可将术语和定义、符号、代号、缩略语以及量的单位放在一个复合标题之下。

6.3.4　要求

要求为可选要素，它应包含下述内容：

a）　直接或以引用方式给出标准涉及的产品、过程或服务等方面的所有特性；

b）　可量化特性所要求的极限值；

c）　针对每个要求，引用测定或检验特性值的试验方法，或者直接规定试验方法。

要求的表述应与陈述和推荐的表述有明显的区别。

该要素中不应包含合同要求（有关索赔、担保、费用结算等）和法律或法规的要求。

6.3.5　分类、标记和编码

分类、标记和编码为可选要素，它可为符合规定要求的产品、过程或服务建立一个分类、标记（见附录 E）和（或）编码体系。为了便于标准的编写，该要素也可并入要求（见 6.3.4）。

如果包含有关标记的要求，应符合附录 E 的规定。

6.3.6　规范性附录

规范性附录为可选要素，它给出标准正文的附加或补充条款。附录的规范性的性质（相对资料性附

录而言,见 6.4.1)应通过下述方式加以明确:

——条文中提及时的措辞方式,例如"符合附录 A 的规定"、"见附录 C"等;

——目次(见 6.1.2)中和附录编号下方标明(见 5.2.7)。

6.4 资料性补充要素

6.4.1 资料性附录

6.4.1.1 资料性附录为可选要素,它给出有助于理解或使用标准的附加信息。除了 6.4.1.2 所描述的内容外,该要素不应包含要求。附录的资料性的性质(相对规范性附录而言,见 6.3.6)应通过下述方式加以明确:

——条文中提及时的措辞方式,例如"参见附录 B";

——目次(见 6.1.2)中和附录编号下方标明(见 5.2.7)。

6.4.1.2 资料性附录可包含可选要求。例如,一个可选的试验方法可包含要求,但在声明符合标准时,并不需要符合这些要求。

6.4.2 参考文献

参考文献为可选要素。如果有参考文献,则应置于最后一个附录之后。

文献清单中每个参考文献前应在方括号中给出序号。文献清单中所列的文献(含在线文献)以及文献的排列顺序等均应符合 6.2.3 的相关规定。然而,如列出国际标准、国外标准和其他文献无须给出中文译名。

6.4.3 索引

索引为可选要素。如果有索引,则应作为标准的最后一个要素。电子文本的索引宜自动生成。

7 要素的表述

7.1 通则

7.1.1 条款的类型

不同类型条款的组合构成了标准中的各类要素。标准中的条款可分为:

——要求型条款(见 3.8.1);

——推荐型条款(见 3.8.2);

——陈述型条款(见 3.8.3)。

7.1.2 条款表述所用的助动词

标准中的要求应容易识别,因此包含要求的条款应与其他类型的条款相区分。表述不同类型的条款应使用不同的助动词,各类条款所使用的助动词见附录 F 中表 F.1 至表 F.4 的第一栏。只有在特殊情况下由于措辞的原因不能使用第一栏的表述形式时,才可使用第二栏给出的等效表述形式。

7.1.3 技术要素的表述

标准名称中含有"规范",则标准中应包含要素"要求"以及相应的验证方法;标准名称中含有"规程",则标准宜以推荐和建议的形式起草;标准名称中含有"指南",则标准中不应包含要求型条款,适宜时,可采用建议的形式。

在起草上述标准的各类技术要素时,应使用附录 F 中适当的助动词,以明确区分不同类型的条款。

7.1.4 汉字和标点符号

标准中应使用规范汉字。标准中使用的标点符号应符合 GB/T 15834 的规定。

7.2 条文的注、示例和脚注

7.2.1 条文的注和示例

条文的注和示例的性质为资料性。在注和示例中应只给出有助于理解或使用标准的附加信息，不应包含要求或对于标准的应用是必不可少的任何信息。

示例：

下列“注”的起草不正确，因为它包含了要求(请注意黑体字和示例后括号内的解释)，明显不构成“附加信息”。

注：选择在……**载荷下试验**。(此处用祈使句表达的指示是一个要求，见 3.8.1)

注和示例宜置于所涉及的章、条或段的下方。

章或条中只有一个注，应在注的第一行文字前标明“注：”。同一章(不分条)或条中有几个注，应标明“注 1：”、“注 2：”、“注 3：”等。

章或条中只有一个示例，应在示例的具体内容之前标明“示例：”。同一章(不分条)或条中有几个示例，应标明“示例 1：”、“示例 2：”、“示例 3：”等。

7.2.2 条文的脚注

条文的脚注的性质为资料性，应尽量少用。条文的脚注用于提供附加信息，不应包含要求或对于标准的应用是必不可少的任何信息。(图和表的脚注遵守另外的规则，见 7.3.9 和 7.4.7)

条文的脚注应置于相关页面的下边。脚注和条文之间用一条细实线分开。细实线长度为版心宽度的四分之一，置于页面左侧。

通常应使用阿拉伯数字(后带半圆括号)从 1 开始对条文的脚注进行编号，条文的脚注编号从“前言”开始全文连续，即 1)、2)、3)等。在条文中需注释的词或句子之后应使用与脚注编号相同的上标数字$^{1)}$、$^{2)}$、$^{3)}$等标明脚注。

某些情况下，例如为了避免和上标数字混淆，可用一个或多个星号，即*、**、***代替条文脚注的数字编号。

7.3 图

7.3.1 用法

如果用图提供信息更有利于标准的理解，则宜使用图。每幅图在条文中均应明确提及。

7.3.2 形式

应采用绘制形式的图，只有在确需连续色调的图片时，才可使用照片。应提供准确的制版用图，宜提供计算机制作的图。

7.3.3 编号

每幅图均应有编号。图的编号由“图”和从 1 开始的阿拉伯数字组成，例如“图 1”、“图 2”等。只有一幅图时，仍应给出编号“图 1”。图的编号从引言开始一直连续到附录之前，并与章、条和表的编号无关。

分图的编号见 7.3.10.2。附录中图的编号见 5.2.7。

7.3.4 图题

图题即图的名称。每幅图宜有图题。标准中的图有无图题应统一。

7.3.5 字母符号、字体和序号

一般情况下，图中用于表示角度量或线性量的字母符号应符合 GB 3102.1 的规定，必要时，使用下标以区分特定符号的不同用途。

图中表示各种长度时使用符号系列 l_1、l_2、l_3 等，而不使用诸如 A、B、C 或 a、b、c 等符号。

图中的字体应符合 GB/T 14691 的规定。斜体字应该用于：

——代表量的符号；

——代表量的下标符号；

——代表数的符号。

正体字应该用于所有其他情况。

在插图中，应使用零、部件序号（参见 GB/T 4458.2）或脚注（见 7.3.9）代替文字描述，文字描述的内容在说明的序号含义或脚注中给出。

如果所有量的单位均相同，宜在图的右上方用一句适当的陈述（例如“单位为毫米”）表示。

示例：

单位为毫米

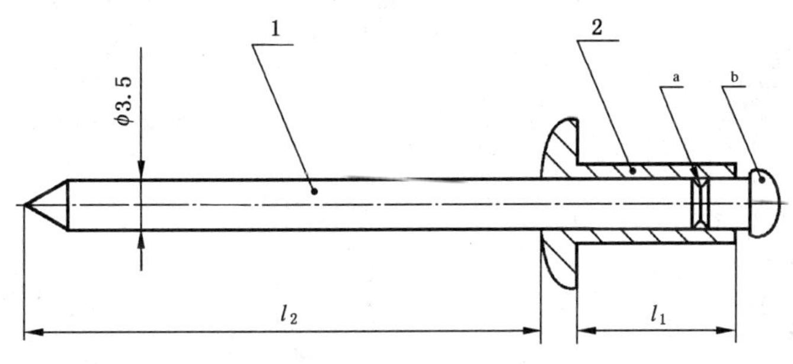

l_1	l_2
6	27
12	
20	
30	

说明：

1——钉芯；

2——钉体。

钉芯的设计应保证：安装时，钉体变形、胀粗，之后钉芯抽断。

注： 此图所示为开口型平圆头抽芯铆钉。

[a] 断裂槽应滚压成型。

[b] 钉芯头的形状与尺寸由制造者确定。

图 × 抽芯铆钉

7.3.6　**技术制图、简图和图形符号**

技术制图应按照 GB/T 17451 等有关标准绘制(参见 A.8)。电气简图,诸如电路图和接线图(例如:试验电路)等,应按照 GB/T 6988 绘制。

设备用图形符号应符合 GB/T 5465.2、GB/T 16273 和 ISO 7000 的规定。电气简图和机械简图用图形符号应符合 GB/T 4728、GB/T 20063 等标准的规定。

参照代号和信号代号应分别符合 GB/T 5094 和 GB/T 16679 的规定。

示例:

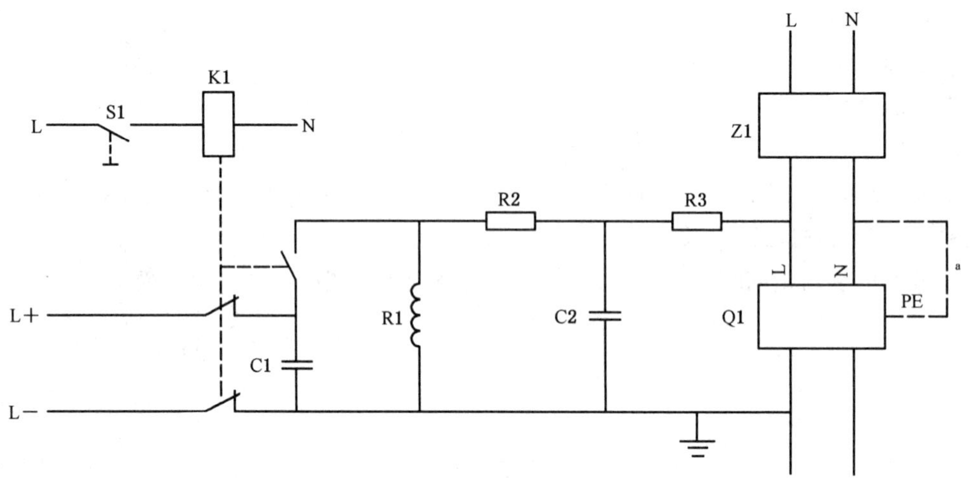

元件:

C1——电容器 C=0.5 μF;

C2——电容器 C=0.5 nF;

K1——继电器;

Q1——测试的 RCCB(具有终端 L,N 和 PE);

R1——电感器 L=0.5 μH;

R2——电阻器 R=2.5 Ω;

R3——电阻器 R=25 Ω;

S1——手控开关;

Z1——滤波器。

引线和电源:

L,N　——无极电源电压;

L+,L-——测试电路的直流电源。

[a] 如果被测试的对象具有 PE 端子,则需引线。

图 ×　校验误断路电阻的测试电路示例

7.3.7　**图的接排**

如果某幅图需要转页接排,在随后接排该图的各页上应重复图的编号、图题(可选)和"(续)",如下所示:

图 ×(续)

续图均应重复关于单位的陈述。

7.3.8　**图注**

图注应区别于条文的注(见 7.2.1)。图注应置于图题之上,图的脚注之前。图中只有一个注时,应在注的第一行文字前标明“注：”；图中有多个注时，应标明“注 1：”、“注 2：”、“注 3：”等。每幅图的图注应单独编号。（见 7.3.5 的示例）

图注不应包含要求或对于标准的应用是必不可少的任何信息。关于图的内容的任何要求应在条文、图的脚注或图和图题之间的段中给出。

7.3.9 图的脚注

图的脚注应区别于条文的脚注（见 7.2.2）。图的脚注应置于图题之上，并紧跟图注。应使用上标形式的小写拉丁字母从“a”开始对图的脚注进行编号，即[a]、[b]、[c] 等。在图中需注释的位置应以相同上标形式的小写拉丁字母标明图的脚注。每幅图的脚注应单独编号。（见 7.3.5 的示例）

图的脚注可包含要求。因此，起草图的脚注的内容时，应使用附录 F 中适当的助动词，以明确区分不同类型的条款。

7.3.10 分图

7.3.10.1 用法

分图会给标准的编排和管理增加麻烦，只要可能，通常宜避免使用。当分图对理解标准的内容必不可少时，才可使用。

零、部件不同方向的视图、剖面图、断面图和局部放大图不应作为分图。

7.3.10.2 编号和编排

只准许对图作一个层次的细分。分图应使用字母编号（后带半圆括号的小写拉丁字母）[例如：图 1 可包含分图 a)、b)、c) 等]，不应使用其他形式的编号（例如：1.1 、1.2 、…，1-1、1-2、…，等）。

示例：

关于单位的陈述

图

a) 分图题

图

b) 分图题

说明：

1——说明的内容

2——说明的内容

段（可包含要求）

注： 图注的内容

[a] 图的脚注的内容

图 × 图题

如果每个分图中均包含了各自的说明、图注或图的脚注，则不应作为分图处理，而应作为单独编号的图。

7.4 表

7.4.1 用法

如果用表提供信息更有利于标准的理解，则宜使用表。每个表在条文中均应明确提及。

不准许表中有表，也不准许将表再分为次级表。

7.4.2 编号

每个表均应有编号。表的编号由“表”和从1开始的阿拉伯数字组成，例如“表1”、“表2”等。只有一个表时，仍应给出编号“表1”。表的编号从引言开始一直连续到附录之前，并与章、条和图的编号无关。

附录中表的编号见5.2.7。

7.4.3 表题

表题即表的名称。每个表宜有表题，标准中的表有无表题应统一。

示例：

表× 表题

××××	××××	××××	××××

7.4.4 表头

每个表应有表头。表栏中使用的单位一般应置于相应栏的表头中量的名称之下。

示例1：

类型	线密度 kg/m	内圆直径 mm	外圆直径 mm

适用时，表头中可用量和单位的符号表示(见示例2)。需要时，可在提及表的陈述中或在表注中对相应的符号予以解释。又见8.8.1.2。

示例2：

类型	ρ_l/(kg/m)	d/mm	D/mm

如果表中所有单位均相同，宜在表的右上方用一句适当的陈述(例如“单位为毫米”)代替各栏中的单位。

示例3：

单位为毫米

类型	长度	内圆直径	外圆直径

表头中不准许使用斜线，见示例 4。正确表头的形式见示例 5。

示例 4：

类型 / 尺寸	A	B	C

示例 5：

尺寸	类型		
	A	B	C

7.4.5 **表的接排**

如果某个表需要转页接排，则随后接排该表的各页上应重复表的编号、表题（可选）和“（续）”，如下所示：

表 ×（续）

续表均应重复表头和关于单位的陈述。

7.4.6 **表注**

表注应区别于条文的注（见 7.2.1）。表注应置于表中，并位于表的脚注之前。表中只有一个注时，应在注的第一行文字前标明“注：”；表中有多个注时，应标明“注 1：”、“注 2：”、“注 3：”等。每个表的表注应单独编号。

示例：

单位为毫米

类　　型	长　　度	内圆直径	外圆直径
	l_1^a	d_1	
	l_2	$d_2^{b,c}$	
段（可包含要求） **注 1**：表注的内容 **注 2**：表注的内容			
a 表的脚注的内容 b 表的脚注的内容 c 表的脚注的内容			

表注不应包含要求或对于标准的应用是必不可少的任何信息。关于表的内容的任何要求应在条文、表的脚注或表内的段中给出。

7.4.7 表的脚注

表的脚注应区别于条文的脚注(见 7.2.2)。表的脚注应置于表中,并紧跟表注。应用上标形式的小写拉丁字母从“a”开始对表的脚注进行编号,即[a]、[b]、[c] 等。在表中需注释的位置应以相同的上标形式的小写拉丁字母标明表的脚注。每个表的脚注应单独编号。(见 7.4.6 的示例)

表的脚注可包含要求。因此,起草表的脚注的内容时,应使用附录 F 中适当的助动词,以明确区分不同类型的条款。

8 其他规则

8.1 引用

8.1.1 通则

编写标准时,经常需要在条文中重复标准本身的或其他文件的内容,以便给使用者提供参考或指示使用者需要符合的其他条款。这时,为了避免标准间的不协调、标准篇幅过大以及抄录错误等,通常不应抄录需重复的具体内容,而应采取引用的方式。然而,特殊情况下,如果认为有必要重复抄录其他文件中的少量内容,则应在所抄录的内容之后的方括号中准确地标明出处。

引用应使用 8.1.2 至 8.1.4 所示的方式,而不应使用页码。引用其他文件的详细规则见 GB/T 20000.3。

8.1.2 提及标准本身的内容

8.1.2.1 提及标准本身

标准条文中将标准本身作为一个整体提及时,应使用下述适用的表述形式:

——“本标准……”(提及单独的标准);

——“本指导性技术文件……”(提及国家标准化指导性技术文件)。

标准分为多个单独的部分时,如果其中某个部分的条文中提及本身的部分时,应使用下述表述形式:

——“GB/T 20501 的本部分……”;

——“本部分……”。

如果分部分标准中的某部分提及其所在标准的所有部分时,应与提及其他标准的方式相同,表述形式为:“GB 3102……”。

上述表述形式不适用于“规范性引用文件”(见 6.2.3)和“术语和定义”(见 6.3.2)章中的引导语,也不适用于有关专利内容的说明(见附录 C)。

8.1.2.2 提及标准本身的具体内容

规范性提及标准中的具体内容,应使用诸如下列表述方式:

——“按第 3 章的要求”;

——“符合 3.1.1 给出的细节”;

——“按 3.1b)的规定”;

——“按 B.2 给出的要求”;

——“符合附录 C 的规定”;

——“见公式(3)”;

——“符合表 2 的尺寸系列”。

资料性提及标准中的具体内容，以及提及标准中的资料性内容时，应使用下列资料性的提及方式：

——“参见 4.2.1”；

——“相关信息参见附录 B”；

——“见表 2 的注”；

——“见 6.6.3 的示例 2”；

——“(参见表 B.2)”；

——“(参见图 3)”。

8.1.3 引用其他文件

8.1.3.1 通则

原则上，被引用的文件应是国家标准、行业标准、国家标准化指导性技术文件或国际标准。然而，其他正式出版的文件，只要经过相关标准(即需引用这些文件的标准)的归口标准化技术委员会或该标准的审查会议确认符合下列条件，则允许以规范性方式加以引用：

——具有广泛可接受性和权威性，并且能够公开获得；

——作者或出版者(知道时)已经同意该文件被引用，并且当函索时，能从作者或出版者那里得到这些文件；

——作者或出版者(知道时)已经同意，将他们修订该文件的打算以及修订所涉及的要点及时通知相关标准的归口标准化技术委员会或归口单位。

引用其他文件可注日期，也可不注日期。标准中所有被规范性引用的文件，无论是注日期，还是不注日期，均应在“规范性引用文件”一章中列出(见 6.2.3)。标准中被资料性引用的文件，如需要，宜在“参考文献”中列出(见 6.4.2)。在标准条文中，规范性引用文件和资料性引用文件的表述应明确区分。

8.1.3.2 注日期引用

注日期引用是指引用指定的版本，用年号表示。凡引用了被引用文件中的具体章或条、附录、图或表的编号，均应注日期。

对于注日期引用，如果随后被引用的文件有修改单或修订版，适用时，引用这些文件的标准可发布其本身的修改单，以便引用被引用文件的修改单或修订版的内容。

注日期引用时，使用下列表述方式：

——“……GB/T 2423.1—2001 给出了相应的试验方法，……”(注日期引用其他标准的特定部分)；

——“……遵守 GB/T 16900—2008 第 5 章……”(注日期引用其他标准中具体的章)；

——“……应符合 GB/T 10001.1—2006 表 1 中规定的……”(注日期引用其他标准的特定部分中具体的表)。

引用其他文件中的段或列项中无编号的项，使用下列表述方式：

——“……按 GB/T ×××××—2005，3.1 中第二段的规定”；

——“……按 GB/T ×××××—2003，4.2 中列项的第二项规定”；

——“……按 GB/T ×××××.1—2006，5.2 中第二个列项的第三项规定”。

8.1.3.3 不注日期引用

不注日期引用是指引用文件的最新版本(包括所有的修改单)，具体表述时不应提及年号或版本号。

对于规范性的引用，根据引用某文件的目的，在可接受该文件将来的所有改变时，才可不注日期引用文件。为此，引用时应引用完整的文件(包括标准的某个部分)，或者不提及被引用文件中的具体章或条、附录、图或表的编号。

对于资料性的引用，只要引用完整的文件（包括标准的某个部分），或者不提及被引用文件中的具体章或条、附录、图或表的编号，即可不注日期。

不注日期引用时，使用下列表述方式：

——“……按 GB/T 4457.4 和 GB/T 4458 规定的……”；

——“……参见 GB/T 16273……”。

8.1.4 部分之间的引用

对于分部分标准内部的不同部分之间的引用，应注意从一个部分引用另一个部分的准确性。因此，一般情况下应遵守引用其他文件的规定（见 8.1.3）。在保证一个标准的不同部分中相应的改变能同步进行时，允许不注日期引用。

注：一个标准的不同部分通常由同一个标准化技术委员会管理，因此，不同部分的同步修订是可能的。

8.2 全称、简称和缩略语

标准中使用的组织机构的全称和简称（或外文缩写）应与这些组织机构所使用的全称和简称（或外文缩写）相同。

如果在标准中某个词语需要使用简称，则在条文中第一次出现该词语时，应在其后的圆括号中给出简称，以后则应使用该简称。

如果标准中未给出缩略语清单（见 6.3.3），则在标准的条文中第一次出现某缩略语时，应先给出完整的中文词语或术语，在其后的圆括号中给出缩略语，以后则使用该缩略语。

应慎重使用由拉丁字母组成的缩略语，只有在不引起混淆的情况下才使用。仅仅在标准中随后需要多次使用某缩略语时，才应规定该缩略语。

一般的原则为，缩略语由大写拉丁字母组成，每个字母后面没有下脚点（例如：DNA）。特殊情况下，来源于字词首字母的缩略语由小写拉丁字母组成，每个字母后有一个下脚点（例如：a. c.）。

8.3 商品名

应给出产品的正确名称或描述，而不应给出产品的商品名（品牌名）。特定产品的专用商品名（商标），即使是通常使用的，也宜尽可能避免。如果在特殊情况下不能避免使用商品名，则应指明其性质，例如，用注册商标符号®注明。

示例：最好用“聚四氟乙烯（PTFE）”，而不用“特氟纶®”。

如果适用某标准的产品目前只有一种，则在该标准的条文中可以给出该产品的商品名，但应附上具有如下内容的脚注：

“×） ……［产品的商品名］……是由……［供应商］……提供的产品的商品名。给出这一信息是为了方便本标准的使用者，并不表示对该产品的认可。如果其他等效产品具有相同的效果，则可使用这些等效产品。”

如果由于产品特性难以详细描述，而有必要给出适用某标准的市售产品的一个或多个实例，则可在具有如下内容的脚注中给出这些商品名。

“×） ……［产品（或多个产品）的商品名（或多个商品名）］……是适合的市售产品的实例（或多个实例）。给出这一信息是为了方便本标准的使用者，并不表示对这一（这些）产品的认可。”

8.4 专利

标准中与专利有关的事项应遵守附录 C 的规定。

8.5 数值的选择

8.5.1 极限值

根据特性的用途可规定极限值[最大值和(或)最小值]。通常一个特性规定一个极限值,但有多个广泛使用的类型或等级时,则需要规定多个极限值。

8.5.2 可选值

根据特性的用途,特别是品种控制和某些接口的用途,可选择多个数值或数系。适合时,数值或数系应按照 GB/T 321(进一步的指南参见 GB/T 19763 和 GB/T 19764)给出的优先数系,或者按照模数制或其他决定性因素进行选择。

当试图对一个拟定的数系进行标准化时,应检查是否有现成的被广泛接受的数系。

采用优先数系时,宜注意非整数(例如:数 3.15)有时可能带来不便或要求不必要的高精度。这时,需要对非整数进行修约(参见 GB/T 19764)。宜避免由于同一标准中同时包含了精确值和修约值,而导致不同使用者选择不同的值。

8.6 数和数值的表示

8.6.1 任何数,均应从小数点符号起,向左或向右每三位数字为一组,组间空四分之一个汉字的间隙,但表示年号的四位数除外。

示例:23 456　2 345　2.345　2.345 6　2.345 67　2008(年号)

8.6.2 为了清晰起见,数和(或)数值相乘应使用乘号"×",而不使用圆点。

示例:写作 1.8×10^{-3}(不写作 $1.8\cdot10^{-3}$)

8.6.3 表示物理量的数值,应使用后跟法定计量单位符号(见 GB 3100～3102 和 IEC 60027)的阿拉伯数字。

8.6.4 标准中数字的用法应符合 GB/T 15835 的规定。

8.7 量、单位及其符号

应使用 GB 3101、GB 3102 规定的法定计量单位。只要可能,就应从 GB 3101、GB 3102、GB/T 13394、GB/T 14559 和 IEC 60027 中选择量的符号。进一步的应用规则见 GB 3100。

表示量值时,应写出其单位。

度、分和秒(平面角)的单位符号应紧跟数值后;所有其他单位符号前应空四分之一个汉字的间隙,参见附录 G。

数学符号应符合 GB 3102.11 的规定。

标准中使用的量和单位参见附录 G。

8.8 数学公式

8.8.1 公式的类型

8.8.1.1 在量关系式和数值关系式之间应首选前者。公式应以正确的数学形式表示,由字母符号表示的变量,应随公式对其含义进行解释,但已在"符号、代号和缩略语"一章中(见 6.3.3)列出的字母符号除外。

示例 1 所示为量关系式的式样:

示例 1:

$$v = \frac{l}{t}$$

式中：

v ——匀速运动质点的速度；

l ——运行距离；

t ——时间间隔。

示例 2 给出了特殊情况下使用数值关系式的式样：

示例 2：

$$v = 3.6 \times \frac{l}{t}$$

式中：

v ——匀速运动质点的速度的数值，单位为千米每小时(km/h)；

l ——运行距离的数值，单位为米(m)；

t ——时间间隔的数值，单位为秒(s)。

一项标准中同一符号绝不应既表示一个物理量，又表示其对应的数值。例如，在同一项标准内既使用示例 1 的公式，又使用示例 2 的公式，就会意味着 1=3.6，这显然不正确。

公式不应使用量的名称或描述量的术语表示。量的名称或多字母缩略术语，不论正体或斜体，亦不论是否含有下标，均不应用来代替量的符号。

示例 3：

写作

$$\rho = \frac{m}{V}$$

而不写作

$$\textit{密度} = \frac{\textit{质量}}{\textit{体积}}$$

示例 4：

写作

$$\dim(E) = \dim(F) \times \dim(l)$$

式中：

E ——能量；

F ——力；

l ——长度。

而不写作

$$\dim(\text{能量}) = \dim(\text{力}) \times \dim(\text{长度})$$

或

$$\dim(\textit{能量}) = \dim(\textit{力}) \times \dim(\textit{长度})$$

示例 5：

写作

$$t_i = \sqrt{\frac{S_{\mathrm{ME},i}}{S_{\mathrm{MR},i}}}$$

式中：

t_i ——系统 i 的统计量；

$S_{\mathrm{ME},i}$ ——系统 i 的残差均方；

$S_{\mathrm{MR},i}$ ——系统 i 由于回归产生的均方。

而不写作

$$t_i = \sqrt{\frac{MSE_i}{MSR_i}}$$

式中：

t_i ——系统 i 的统计量；

MSE_i ——系统 i 的残差均方；

MSR_i ——系统 i 由于回归产生的均方。

8.8.1.2 在曲线图的坐标轴上和表的表头中尤其适合使用如下数值表示法：

$\frac{v}{\mathrm{km/h}}$、$\frac{l}{\mathrm{m}}$和$\frac{t}{\mathrm{s}}$或 $v/(\mathrm{km/h})$、l/m 和 t/s

8.8.2 公式的表示

在条文中应避免使用多于一行的表示形式(见示例 1)。在公式中应尽可能避免使用多于一个层次的上标或下标符号(见示例 2),还应避免使用多于两行的表示形式(见示例 3)。

示例 1:在条文中,a/b 优于$\frac{a}{b}$。

示例 2:$D_{1,\max}$ 优于 $D_{1_{\max}}$。

示例 3:在公式中,使用

$$\frac{\sin[(N+1)\varphi/2]\sin(N\varphi/2)}{\sin(\varphi/2)}$$

而不使用

$$\frac{\sin\left[\frac{(N+1)}{2}\varphi\right]\sin\left(\frac{N}{2}\varphi\right)}{\sin\frac{\varphi}{2}}$$

数学公式的其他表示形式见示例 4 至示例 6。

示例 4:

$$-\frac{\partial W}{\partial x}+\frac{\mathrm{d}}{\mathrm{d}t}\frac{\partial W}{\partial \dot{x}}=Q\left[\left(-\mathbf{grad}V-\frac{\partial A}{\partial t}\right)_x+(v\times\mathbf{rot}A)_x\right]$$

式中:

W ——动势;

x ——x 坐标;

t ——时间;

$\dot{x}$ ——x 的时间导数;

Q ——电荷;

V ——电位;

A ——磁矢位;

v ——速度。

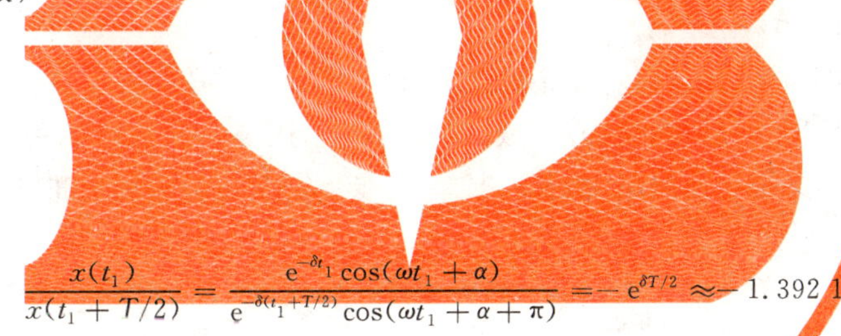

示例 5:

$$\frac{x(t_1)}{x(t_1+T/2)}=\frac{\mathrm{e}^{-\delta t_1}\cos(\omega t_1+\alpha)}{\mathrm{e}^{-\delta(t_1+T/2)}\cos(\omega t_1+\alpha+\pi)}=-\mathrm{e}^{\delta T/2}\approx-1.392\ 15$$

式中:

x ——x 坐标;

t_1 ——第一个拐点的时间;

T ——周期;

ω ——角频率;

α ——初始相位;

δ ——阻尼系数;

π ——3.141 592 6…。

示例 6:

质量分数用以下表达式是充分的:

$$w=\frac{m_{\mathrm{D}}}{m_{\mathrm{S}}}$$

然而,以下等式也可以接受:

$$w=\frac{m_{\mathrm{D}}}{m_{\mathrm{S}}}\times100\%$$

但需注意,“质量分数”宜避免表达为“质量百分数”。

8.8.3 编号

如果为了便于引用,需要对标准中的公式进行编号,则应使用从 1 开始的带圆括号的阿拉伯数字。

示例：

$$x^2 + y^2 < z^2 \quad \cdots\cdots(1)$$

公式的编号应从引言开始一直连续到附录之前，并与章、条、图和表的编号无关。附录中公式的编号见5.2.7。不准许对公式进行细分[例如：(2a)、(2b)等]。

8.9 尺寸和公差

尺寸应以无歧义的方式表示(见示例1)。

示例1：80 mm×25 mm×50 mm[不写作80×25×50 mm或(80×25×50)mm]

公差应以无歧义的方式表示，通常使用最大值、最小值，带有公差的中心值(见示例2至示例4)或量的范围(见示例5、示例6)表示。

示例2：80 μF±2 μF或(80±2)μF(不写作80±2 μF)

示例3：80^{+2}_{0} mm(不写作80^{+2}_{-0} mm)

示例4：80 mm$^{+50}_{-25}$ μm

示例5：10 kPa～12 kPa(不写作10～12 kPa)

示例6：0 ℃～10 ℃(不写作0～10 ℃)

为了避免误解，百分数的公差应以正确的数学形式表示(见示例7、示例8)。

示例7：用“63%～67%”表示范围。

示例8：用“(65±2)%”表示带有公差的中心值，不应使用“65±2%”或“65%±2%”的形式。

平面角宜用单位度(°)表示，例如，写作17.25°不写作17°15′。

仅仅作为资料提及的值或尺寸应与作为要求的值或尺寸明确区分。

8.10 重要提示

特殊情况下，如果需要给标准使用者一个涉及整个文件内容的提示，以便引起使用者注意，则可在标准名称之后，要素“范围”之前以“重要提示”或“警告”开头，用黑体字给出相关内容。

重要提示经常涉及人身安全或健康的内容，或者在涉及安全或健康的标准中给出。

9 编排格式

9.1 通则

出版标准的纸张应采用A4幅面，即210 mm×297 mm，允许公差±1 mm。在特殊情况下(例如，图、表不能缩小时)，标准幅面可根据实际需要延长和(或)加宽，倍数不限，此时，书眉上的标准编号的位置应做相应调整。

标准出版的格式应符合本章的规定。标准报批稿的格式宜按本章的规定编排。

标准条文编排示例参见附录H。附录I给出了标准不同页面的格式。标准中各个位置的文字的字号和字体应符合附录J的规定。

9.2 封面

9.2.1 格式

国家标准、行业标准和地方标准的封面格式分别见图I.1、图I.2和图I.3。

9.2.2 标准名称

标准名称由多个要素组成时，各要素之间应空一个汉字的间隙。标准名称也可分为上下多行编排，行间距应为3 mm。

标准名称的英文译名各要素的第一个字母大写,其余字母小写,各要素之间的连接号为一字线。

9.2.3 与国际标准的一致性程度标识

我国标准与国际标准的一致性程度标识应置于标准名称的英文译名之下,并加上圆括号。

9.2.4 标准编号和被代替标准编号

封面上标准的编号中,标准代号与标准顺序号之间空半个汉字的间隙,标准顺序号与年号之间的连接号为一字线。如果有被代替的标准,则在本标准的编号之下另起一行编排被代替标准的编号。被代替标准的编号之前编排“代替”二字,本标准的编号和被代替标准的编号右端对齐。

9.2.5 ICS号和中国标准文献分类号

封面上的ICS号和中国标准文献分类号应分为上下两行编排,左端对齐。

9.3 目次

目次格式见图I.4。目次中所列的前言、引言、章、附录、参考文献、索引等各占一行半。图或表的目次与其前面的内容均空一行编排。目次中所列的前言、引言、章、附录、参考文献、索引、图、表等均应顶格起排,第一层次的条以及附录的章均空一个汉字起排,第二层次的条以及附录的第一层次的条均空两个汉字起排,依此类推。

章、条、图、表的目次应给出编号,后跟完整的标题;附录的目次应给出附录编号,后跟附录的性质并加圆括号,其后为附录标题。章、条、图、表的编号以及附录的性质与其后面的标题之间应空一个汉字的间隙。前言、引言、各类标题、参考文献、索引与页码之间均用“……”连接。页码不加括号。

9.4 前言和引言

前言和引言均应另起一面,其格式见图I.5。

9.5 正文

9.5.1 正文首页

正文首页应从单数页起排,其格式见图I.6。正文首页中标准名称由多个要素组成时,各要素之间应空一个汉字的间隙,标准名称也可分成上下多行编排。

9.5.2 规范性引用文件

规范性引用文件中所列文件均应空两个汉字起排,回行时顶格编排,每个文件之后不加标点符号。所列标准的编号与标准名称之间空一个汉字的间隙。

9.5.3 术语和定义

标准中的“术语和定义”一章不应采用表的形式编排。除条目编号外,其余各项均应另行空两个汉字起排,并按下列顺序给出:

a) 条目编号(黑体)顶格编排;
b) 术语(黑体)后空一个汉字的间隙接排英文对应词(黑体),英文对应词的第一个字母小写(除非原文本身要求大写);
c) 符号;
d) 术语的定义或说明,回行时顶格编排;

e) 概念的其他表述形式；

f) 示例；

g) 注。

9.6 附录

每个附录均应另起一面，其格式见图 I.7。

附录编号、附录的性质[即“(规范性附录)”或“(资料性附录)”]以及附录标题，每项各占一行，置于附录条文之上居中位置。

9.7 参考文献和索引

参考文献和索引均应另起一面，其格式见图 I.8 和图 I.9。

参考文献中所列文件均应空两个汉字起排，回行时顶格编排，每个文件之后不加标点符号。所列标准的编号与标准名称之间空一个汉字的间隙。

9.8 单数页、双数页和封底

标准单数页、双数页和封底的格式见图 I.10、图 I.11 和图 I.12。

9.9 其他

9.9.1 章、条、段

章、条的编号应顶格编排。章的编号与其后的标题，条的编号与其后的标题或文字之间空一个汉字的间隙。

章的编号和章标题应占三行，条的编号和条标题应占两行。

段的文字空两个汉字起排，回行时顶格编排。

9.9.2 列项

每一项之前的破折号、圆点或字母编号均应空两个汉字起排，其后的文字以及文字回行均应置于距版心左边五个汉字的位置。

字母编号下一层次列项的破折号、圆点或数字编号均应空四个汉字起排，其后的文字以及文字回行均应置于距版心左边七个汉字的位置。

9.9.3 注和脚注

标明注、图注和表注的“注：”或“注×：”均应另起一行空两个汉字起排，其后接排注的内容，回行时与注的内容的文字位置左对齐。

脚注编号应另起一行空两个汉字起排，其后脚注内容的文字以及文字回行均应置于距版心左边五个汉字的位置。

图的脚注编号应另起一行空两个汉字起排，其后脚注内容的文字以及文字回行均应置于距版心左边四个汉字的位置。

表的脚注编号应另起一行空两个汉字起排，其后脚注内容的文字以及文字回行均应置于距表的左框线四个汉字的位置。

9.9.4 示例

每个示例应另起一行空两个汉字起排。“示例：”或“示例×：”宜单独占一行。文字类的示例回行时宜顶格编排。

9.9.5 公式

标准中的公式应另起一行居中编排，较长的公式宜在等号(＝)后回行，或者在加号(＋)、减号(－)等运算符号后回行。公式中的分数线、长横线和短横线应明确区分，主要的横线应与等号取平。

公式的编号应右端对齐，公式与编号之间用“……”连接。

公式之下的“式中：”应空两个汉字起排，单独占一行。公式中需要解释的符号应按先左后右，先上后下的顺序分行说明，每行空两个汉字起排，并用破折号与释文连接，回行时与上一行释文的文字位置左对齐。各行的破折号对齐。

9.9.6 图和表

每幅图与其前面的条文，每个表与其后面的条文均宜空一行。

图题和表题均应置于其编号之后，与编号之间空一个汉字的间隙。

图的编号和图题应置于图的下方，占两行居中；表的编号和表题应置于表的上方，占两行居中。

表的外框线、表头的下框线、表注和(或)表内的段的上框线均应为粗实线，仅有表的脚注时其上框线也为粗实线。

9.9.7 终结线、书眉和页码

在标准的最后一个要素之后，应有标准的终结线。终结线为居中的粗实线，长度为版心宽度的四分之一。终结线应排在标准的最后一个要素之后，不准许另起一面编排(见图 I.9)。

从标准的目次开始在每页书眉位置应给出标准编号，单数页排在书眉右侧(见图 I.10)，双数页排在书眉左侧(见图 I.11)。

从目次页到正文首页前用正体大写罗马数字从Ⅰ开始编页码；正文首页起用阿拉伯数字从 1 开始另编页码。页码单数页排在右下侧(见图 I.10)，双数页排在左下侧(见图 I.11)。

附　录　A
（资料性附录）
部分基础标准清单

A.1　概述

本附录给出了部分最通用的基础标准（见4.3）清单。对特定对象，还可能涉及所列标准之外的其他标准的条款。

A.2　标准化原理和方法

GB/T 20000.1　标准化工作指南　第1部分：标准化和相关活动的通用词汇（GB/T 20000.1—2002，ISO/IEC Guide 2：1996，MOD）

GB/T 20000.2　标准化工作指南　第2部分：采用国际标准（GB/T 20000.2—2009，ISO/IEC Guide 21-1：2005，MOD）

GB/T 20000.3　标准化工作指南　第3部分：引用文件

GB/T 20000.4　标准化工作指南　第4部分：标准中涉及安全的内容（GB/T 20000.4—2003，ISO/IEC Guide 51：1999，MOD）

GB/T 20000.5　标准化工作指南　第5部分：产品标准中涉及环境的内容（GB/T 20000.5—2004，ISO Guide 64：1997，NEQ）

GB/T 20000.6　标准化工作指南　第6部分：标准化良好行为规范（GB/T 20000.6—2006，ISO/IEC Guide 59：1994，MOD）

GB/T 20000.7　标准化工作指南　第7部分：管理体系标准的论证和制定（GB/T 20000.7—2006，ISO Guide 72：2001，MOD）

GB/T 20001.1　标准编写规则　第1部分：术语（GB/T 20001.1—2001，ISO 10241：1992，NEQ）

GB/T 20001.2　标准编写规则　第2部分：符号

GB/T 20001.3　标准编写规则　第3部分：信息分类编码

GB/T 20001.4　标准编写规则　第4部分：化学分析方法（GB/T 20001.4—2001，ISO 78-2：1999，MOD）

GB/T 20002.1　标准中特定内容的起草　第1部分：儿童安全（GB/T 20002.1—2008，ISO/IEC Guide 50：2002，IDT）

GB/T 20002.2　标准中特定内容的起草　第2部分：老年人和残疾人的需求（GB/T 20002.2—2008，ISO/IEC Guide 71：2001，IDT）

A.3　标准化术语

GB/T 2900（所有部分）　电工术语（其中某些部分采用IEC 60050的某些部分）

GB/T 5271（所有部分）　数据处理词汇[ISO 2382（所有部分）]

GB/T 14733（所有部分）　电信术语（其中某些部分采用IEC 60050的某些部分）

GB/T 27000　合格评定　词汇和通用原则（GB/T 27000—2006，ISO/IEC 17000：2004，IDT）

IEC 60050（所有部分）　国际电工词汇

注：又见《IEC多语种词典　电学、电子学和电信学》，可在http://domino.iec.ch/iev下载。

A.4 术语的原则和方法

GB/T 10112—1999 术语工作 原则与方法

A.5 量、单位及其符号

GB/T 2987 电子管参数符号(GB/T 2987—1996,neq IEC 60027-1:1992、IEC 60027-2:1972)

GB 3100 国际单位制及其应用(GB 3100—1993,eqv ISO 1000:1992)

GB 3101 有关量、单位和符号的一般原则(GB 3101—1993,eqv ISO 31-0:1992)

GB 3102(所有部分) 量和单位[ISO 31(所有部分)]

GB/T 13394 电工技术用字母符号 旋转电机量的符号(GB/T 13394—1992,eqv IEC 27-4:1985)

GB/T 14559 变化量的符号和单位(GB/T 14559—1993,neq IEC 27-1:1992)

IEC 60027(所有部分) 电工技术用文字符号

A.6 符号、代号和缩略语

GB/T 2659 世界各国和地区名称代码(GB/T 2659—2000,eqv ISO 3166-1:1997)

GB/T 4880(所有部分) 语种名称代码[ISO 639(所有部分)]

GB/T 11617 辞书编纂符号(GB/T 11617—2000,neq ISO 1951:1997)

ISO 3166(所有部分) 世界各国和地区名称代码

A.7 参考文献的标引

GB/T 7714 文后参考文献著录规则(GB/T 7714—2005,ISO 690:1987;ISO 690-2:1997,NEQ)

A.8 技术制图

GB/T 4457.2 技术制图 图样画法 指引线和基准线的基本规定(GB/T 4457.2—2003,ISO 128-22:1999,IDT)

GB/T 4457.4 机械制图 图样画法 图线(GB/T 4457.4—2002,ISO 128-24:1999,MOD)

GB/T 4458(所有部分) 机械制图[ISO 128(所有部分)]

GB/T 14689 技术制图 图纸幅面和格式(GB/T 14689—2008,ISO 5457:1999,MOD)

GB/T 14690 技术制图 比例(GB/T 14690—1993,eqv ISO 5455:1979)

GB/T 14691(所有部分) 技术产品文件 字体[ISO 3098(所有部分)]

GB/T 17450 技术制图 图线(GB/T 17450—1998,idt ISO 128-20:1996)

GB/T 17451 技术制图 图样画法 视图

GB/T 17452 技术制图 图样画法 剖视图和断面图

GB/T 17453 技术制图 图样画法 剖面区域的表示法(GB/T 17453—2005,ISO 128-50:2001,IDT)

GB/T 18686 技术制图 CAD系统用图线的表示(GB/T 18686—2002,idt ISO 128-21:1997)

ISO 128(所有部分) 技术制图 一般表示原则

ISO 129(所有部分) 技术制图 尺寸和公差的表示方法

A.9 技术文件编制

GB/T 5094(所有部分) 工业系统、装置与设备以及工业产品 结构原则与参照代号[IEC 61346(所有部分)]

GB/T 6988(所有部分) 电气技术用文件的编制[IEC 61082(所有部分)]

GB/T 16679 信号与连接线的代号(GB/T 16679—1996,idt IEC 1175:1993)

GB/T 17564(所有部分) 电气元器件的标准数据元素类型和相关分类模式[IEC 61360(所有部分)]

IEC 61355 设施、系统和设备的文件的分类和名称

A.10 图形符号

GB/T 4728(所有部分) 电气简图用图形符号[IEC 60617(所有部分)]

GB/T 5465.2 电气设备用图形符号 第2部分:图形符号(GB/T 5465.2—2008,IEC 60417:2007,IDT)

GB/T 16273(所有部分) 设备用图形符号[ISO 7000]

GB/T 16900 图形符号表示规则 总则

GB/T 16901.1 技术文件用图形符号表示规则 第1部分:基本规则(GB/T 16901.1—2008,ISO 81714-1:1999,MOD)

GB/T 16901.2 图形符号表示规则 产品技术文件用图形符号 第2部分:图形符号(包括基准符号库中的图形符号)的计算机电子文件格式规范及其交换要求(GB/T 16901.2—2000,eqv IEC 81714-2:1998)

GB/T 16902.1 图形符号表示规则 设备用图形符号 第1部分:原形符号

GB/T 16902.2 设备用图形符号表示规则 第2部分:箭头的形式和使用(GB/T 16902.2—2008,ISO 80416-2:2001,MOD)

GB/T 20063(所有部分) 简图用图形符号[ISO 14617(所有部分)]

ISO 7000 设备用图形符号 索引和一览表

A.11 极限、配合和表面特征

GB/T 131 产品几何技术规范(GPS) 技术产品文件中表面结构的表示法(GB/T 131—2006,ISO 1302:2002,IDT)

GB/T 157 产品几何量技术规范(GPS) 圆锥的锥度与锥角系列(GB/T 157—2001,eqv ISO 1119:1998)

GB/T 1182—2008 产品几何技术规范(GPS) 几何公差 形状、方向、位置和跳动公差标注

GB/T 1184 形状和位置公差 未注公差值(GB/T 1184—1996,eqv ISO 2768-2:1989)

GB/T 1800(所有部分) 极限与配合[ISO 286(所有部分)]

GB/T 1801 极限与配合 公差带和配合的选择(GB/T 1801—1999,eqv ISO 1829:1975)

GB/T 1804 一般公差 未注公差的线性和角度尺寸的公差(GB/T 1804—2000,eqv ISO 2768-1:1989)

GB/T 3505 产品几何技术规范 表面结构 轮廓法 表面结构的术语、定义及参数

(GB/T 3505—2000,eqv ISO 4287:1997)

GB/T 4096　产品几何量技术规范(GPS)　棱体的角度与斜度系列(GB/T 4096—2001,eqv ISO 2538:1998)

GB/T 4249　公差原则(GB/T 4249—1996,eqv ISO 8015:1985)

GB/T 15757　产品几何量技术规范(GPS)　表面缺陷　术语、定义及参数(GB/T 15757—2002,eqv ISO 8785:1998)

GB/T 16671　形状和位置公差　最大实体要求、最小实体要求和可逆要求(GB/T 16671—1996,eqv ISO 2692:1996)

GB/T 18779(所有部分)　产品几何量技术规范(GPS)　工件与测量设备的测量检验[ISO 14253(所有部分)]

GB/T 18780(所有部分)　产品几何量技术规范(GPS)　几何要素[ISO 14660(所有部分)]

GB/T 19765　产品几何量技术规范(GPS)　产品几何量技术规范和检验的标准参考温度(GB/T 19765—2005,ISO 1:2002,IDT)

A.12　优先数

GB/T 321　优先数和优先数系(GB/T 321—2005,ISO 3:1973,IDT)

GB/T 2471　电阻器和电容器优先数系(GB/T 2471—1995,idt IEC 60063:1963)

GB/T 2822　标准尺寸

GB/T 19763　优先数和优先数系的应用指南(GB/T 19763—2005,ISO 17:1973,IDT)

GB/T 19764　优先数和优先数化整值系列的选用指南(GB/T 19764—2005,ISO 497:1973,IDT)

IEC 指南 103　配合尺寸的指南

A.13　统计方法

GB/T 3358(所有部分)　统计学术语

A.14　环境条件和有关试验

GB/T 20877　电工产品标准中引入环境因素的导则(GB/T 20877—2007,IEC Guide 109:2003,IDT)

ISO 554　条件和(或)测试的标准大气　规范

ISO 558　条件和测试　标准大气　定义

ISO 3205　优先试验温度

ISO 4677-1　条件和测试的大气　相对湿度的确定　第1部分:通风干湿表法

ISO 4677-2　条件和测试的大气　相对湿度的确定　第2部分:涡流干湿表法

IEC 指南 106　规定设备性能等级环境条件的指南

A.15　安全

GB/T 16499　安全出版物的编写及基础安全出版物和多专业共用安全出版物的应用导则(GB/T 16499—2008,IEC Guide 104:1997 Ed.3,NEQ)

A.16 电磁兼容(EMC)

GB/Z 18509 电磁兼容 电磁兼容标准起草导则(GB/Z 18509—2001,neq IEC Guide 107:1998)

A.17 符合性和质量

GB/T 19000 质量管理体系 基础和术语(GB/T 19000—2008,ISO 9000:2005,IDT)

GB/T 19001 质量管理体系 要求(GB/T 19001—2008,ISO 9001:2008,IDT)

GB/T 19004 质量管理体系 业绩改进指南(GB/T 19004—2000,idt ISO 9004:2000)

GB/T 27050.1 合格评定 供方的符合性声明 第1部分:通用要求(GB/T 27050.1—2006,ISO/IEC 17050-1:2004,IDT)

GB/T 27050.2 合格评定 供方的符合性声明 第2部分:支持性文件(GB/T 27050.2—2006,ISO/IEC 17050-2:2004,IDT)

ISO/IEC 指南 23 第三方认证体系标示符合标准的方法

IEC 指南 102 电子元器件 质量评定(鉴定批准和能力批准)用规范结构

A.18 环境管理

GB/T 24040 环境管理 生命周期评价 原则与框架(GB/T 24040—2008,ISO 14040:2006,IDT)

GB/T 24044 环境管理 生命周期评价 要求与指南(GB/T 24044—2008,ISO 14044:2006,IDT)

附 录 B
（资料性附录）
层次编号示例

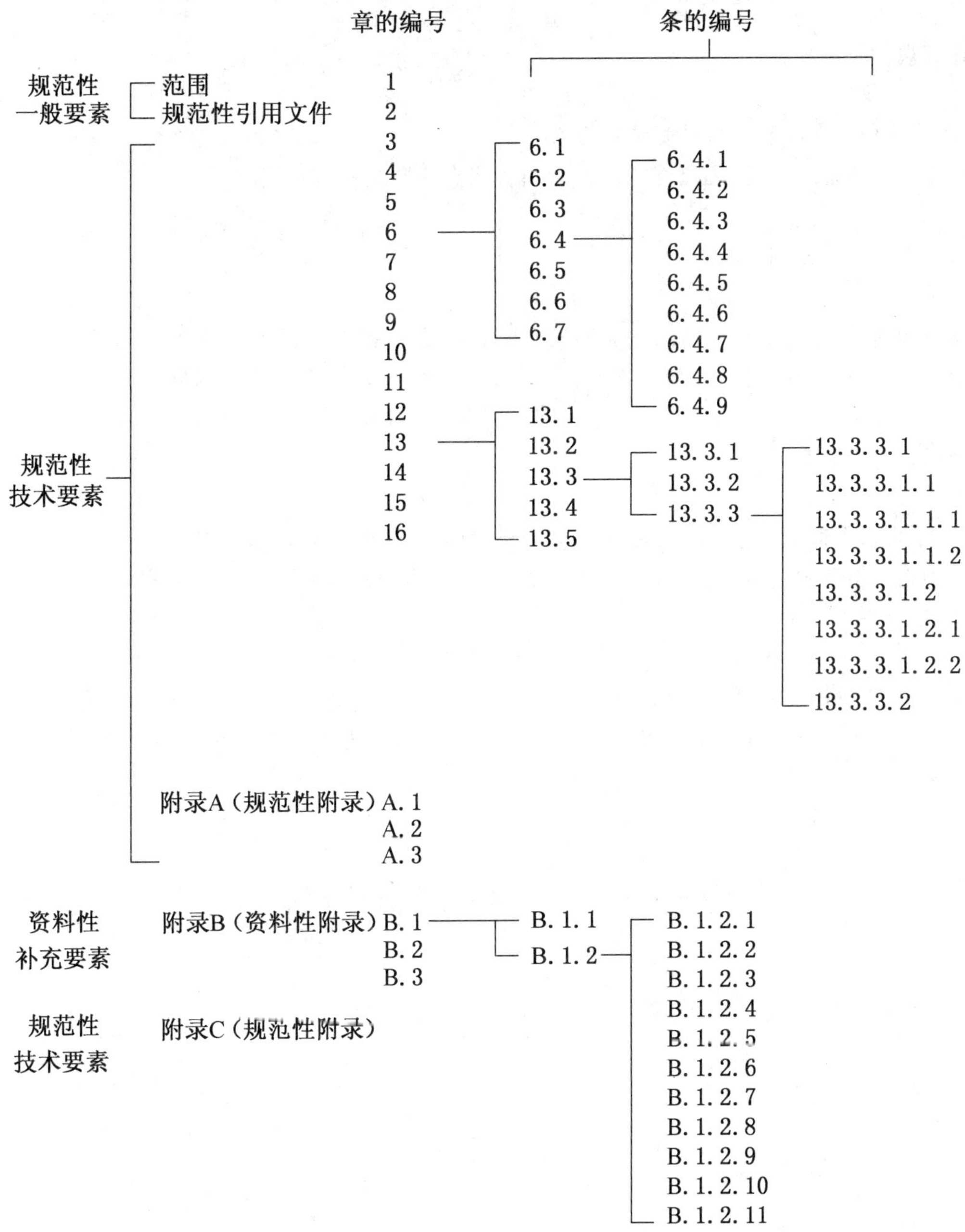

附 录 C
（规范性附录）
专 利

C.1 专利信息的征集

征求意见稿和送审稿的封面显著位置应有如下说明：

“在提交反馈意见时，请将您知道的相关专利连同支持性文件一并附上。”

C.2 尚未识别出涉及专利

如果标准编制过程中没有识别出标准的技术内容涉及专利，标准的前言中应有如下内容：

“请注意本文件的某些内容可能涉及专利。本文件的发布机构不承担识别这些专利的责任。”

C.3 已经识别出涉及专利

如果标准编制过程中已经识别出标准的某些技术内容涉及专利，标准的引言中应有如下内容：

“本文件的发布机构提请注意，声明符合本文件时，可能涉及到……[条]……与……[内容]……相关的专利的使用。

本文件的发布机构对于该专利的真实性、有效性和范围无任何立场。

该专利持有人已向本文件的发布机构保证，他愿意同任何申请人在合理且无歧视的条款和条件下，就专利授权许可进行谈判。该专利持有人的声明已在本文件的发布机构备案。相关信息可以通过以下联系方式获得：

专利持有人姓名：……

地址：……

请注意除上述专利外，本文件的某些内容仍可能涉及专利。本文件的发布机构不承担识别这些专利的责任。”

附　录　D
（规范性附录）
标准名称的起草

D.1　标准名称中要素的选择

D.1.1　引导要素

如果没有引导要素，主体要素所表示的对象就不明确，则标准名称中应有引导要素。

示例 1：

正　确：叉车　钩式叉臂　词汇

不正确：　　　钩式叉臂　词汇

如果主体要素(同补充要素一起)能确切地概括标准所论述的对象，则标准名称中应省略引导要素。

示例 2：

正　确：　　　　工业用过硼酸钠　容积密度测定

不正确：化学品　工业用过硼酸钠　容积密度测定

D.1.2　主体要素

标准名称中应有主体要素。

D.1.3　补充要素

如果标准只包含主体要素所表示对象的一个或非常少的几个方面，则标准名称中应有补充要素。

如果标准划分为部分，应使用补充要素区分和识别各个部分[每个部分的引导要素(如果有)和主体要素保持相同]。

示例 1：

GB/T 17888.1　机械安全　进入机器和工业设备的固定设施　第 1 部分：进入两级平面之间的固定设施的选择

GB/T 17888.2　机械安全　进入机器和工业设备的固定设施　第 2 部分：工作平台和通道

如果标准包含主体要素所表示对象的几个(但不是全部)方面，则在标准名称的补充要素中应由一般性的术语(如"规范"或"机械要求和测试方法"等)来表达这些方面，而无须一一列举。

如果标准同时具备以下两个条件，则标准名称中应省略补充要素：

——包含主体要素所表示对象的所有基本方面；

——是有关该对象的惟一标准(而且拟继续保持)。

示例 2：

正　确：咖啡研磨机

不正确：咖啡研磨机　术语、符号、材料、尺寸、机械性能、额定值、试验方法、包装

D.2　避免无意中限制范围

标准名称不应包含可能无意中限制标准范围的细节。然而，如果标准涉及一个特定类型的产品，则应在名称中反映出来。

示例：航天　1 100 MPa/235 ℃级单耳自锁固定螺母

D.3 措辞

标准名称中表达相同概念的术语应保持一致。

涉及术语的标准名称，只要可能，应使用下述表述方式：如果包含术语的定义，使用"……词汇"；如果只给出术语，使用"……术语集"。

标准名称无须描述文件的类型，不应使用"……标准"、"……国家标准"或"……国家标准化指导性技术文件"等表述形式。

D.4 试验方法标准的英文译名的起草

涉及试验方法的标准，只要可能其英文译名的表述方式应为："Test method"或"Determination of …"。应避免以下类似的表述："Method of testing"、"Method for the determination of … "、"Test code for the measurement of … "、"Test on … "。

附　录　E
（规范性附录）
标准化项目标记

E.1　概述

标准化项目既可指有形的项目(例如:材料或成品),也可指无形的项目(例如:过程或系统、试验方法、字符集,或有关标志和交货的要求)。

在许多场合,用惟一识别某项目的简短的标记来代替对该项目冗长的描述是较为方便的。例如,在标准、目录、信函、科技文献,或者货物、材料和设备的订单,以及展销物品的赠品中引用某项目时。

本附录描述的标记体系不是商品代码(商品代码是指具有特定用途的类似产品所具有的相同的代码),也不是普通的产品代码,给任何产品赋予产品代码时,均不考虑该产品是否已经被标准化。相反,标记体系提供了该项目已经标准化的标记样式,因此在信息交流中能方便地对某项目进行快速和简洁的说明。这里描述的体系只用于国家标准或行业标准,如果国家标准或行业标准与相关国际标准等同,则给出相应标记不但意味着符合国家标准或行业标准,还意味着符合国际标准。因此,它为声明符合国家标准、行业标准或国际标准要求的项目的相互理解提供了方便。

标记不能代替标准的全部内容,要全面了解标准的内容,需要阅读有关标准。

特别注意,不必每项标准都含有标记体系,虽然对于产品和材料标准标记体系特别有用。在具体的标准中是否需要含有标记体系,由相应的标准化技术委员会或有关机构确定。

E.2　适用性

E.2.1　每个标准化项目都有若干个特性,与这些特性相关的数值(例如,在试验方法中所用的一摩尔硫酸溶液的体积,或在规范中以毫米计的埋头螺钉公称长度范围)可以是单一的(例如:酸的体积)或者是多个的(例如:埋头螺钉的长度范围)。在标准中对每个特性只规定一个数值时,提供标准代号和顺序号即可,不会发生混淆。当给出多个数值时,需要使用者进行选择。在这种情况下,使用者指明他的需要时,仅仅提供标准代号和顺序号则不够充分,他还有必要对该范围里所需要的一个或几个数值做出标记。

E.2.2　这里描述的标记体系适用于以下各种标准:

a)　提供一种以上选择的标准,该标准中规定的相关特性是开放的。例如,对于规定了任选尺寸和其他性质的产品标准,可从中选择尺寸和性质;对于包含了产品某种特性的多个测定方法的标准,可从中选择具体的测定方法;对于列出了若干任选参数的标准,可从中选择具体的参数。对于产品或材料标准,E.2.2c)也适用。

b)　规定术语和符号的标准,在信息交流时可从中选择术语和符号。

c)　产品或材料标准,通过其自身条款或引用其他标准的条款,提供了足够完整的技术要求,保证符合它的产品或材料适合于其预定用途,并且包括一个或多个任选要求。

注:如果标准中产品适用性的规定不够完整,将标记体系用于这类标准,很可能给采购者造成误解。因为许多使用者只知道标准中“选择”的内容,而误认为标准中也包含了保证适用性的其他特性。

E.2.3　标记体系适用于各种类型的信息交流,包括自动数据处理。

E.3 标记体系

E.3.1 每个标记由“描述段”和“识别段”组成。该体系由图 E.1 表示并在以下作进一步解释。

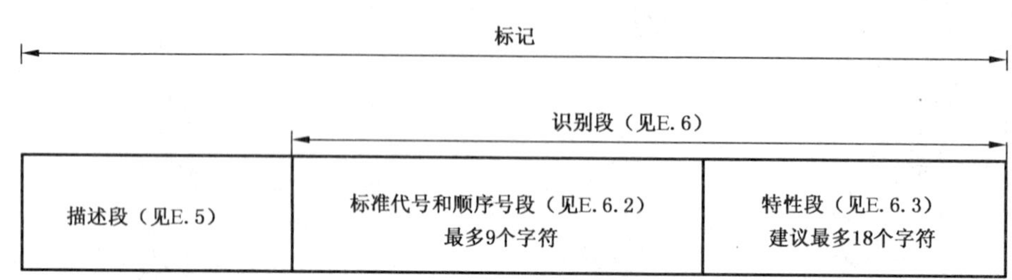

图 E.1 标记体系的构成

E.3.2 在以下描述的标记体系中，标准代号和顺序号将表示全部要求的特性及其数值，因此只在这些特性赋予单一数值时，才不致引起混淆；当这些特性赋予多个数值时，应从中选出特性数值并包括在特性段内。因此对于每个特性只赋予单一数值的标准来说可省略标记中的特性段。

E.4 字符的用法

E.4.1 标记由字符组成，字符应是字母、数字、符号和文字。

E.4.2 使用字母时，应使用拉丁字母。识别段宜用大写字母。

E.4.3 使用数字时，应使用阿拉伯数字。

E.4.4 使用符号时，只准许使用连接号(-)、加号(+)、斜线(/)、逗号(,)和乘号(×)，在数据自动处理时，乘号用“X”。

E.4.5 在标记中，为了便于阅读可以插入空格。空格不算字符，在数据自动处理中可以删去，但标准顺序号前加空格除外。

E.5 描述段

应由标准化技术委员会或有关机构负责给标准化项目指定描述段的内容，描述段应尽可能简短，最好取自标准的主题分类词(即 ICS 中的主题词)，这样的描述词最能代表标准化项目。描述段的使用与否是可选择的，如果使用描述段时应将它放在标准代号和顺序号段之前。

E.6 识别段

E.6.1 通则

识别段的构成应能正确无误地指明标准化项目，它由两段字符组成，即：

——标准代号和顺序号段，最多由 9 个字符(字母“GB/T”以外最多加 5 个数字)组成；

——特性段(字母、数字、符号)，建议最多由 18 个字符组成。

为了区分标准代号和顺序号段与特性段，应在特性段前加一个连接号。

E.6.2 标准代号和顺序号段

E.6.2.1 标准代号和顺序号段应尽量简短，例如，第一个国家标准表示为 GB/T 1。当记录在机读媒体上时，可在标准顺序号前加空格或“0”，例如，GB/T 1 可表示为“GB/T　　1”或“GB/T 00001”。

E.6.2.2　当标准修订时，如果旧版中包含了标准化项目的标记方法，特别注意在规定新版中的标记时不能与旧版的任何标记发生混淆。通常这一要求容易满足，因此不需要在标准代号和顺序号段内加入发布年号。

E.6.2.3　当发布修改单时，也应按 E.6.2.2 的规定对标准化项目标记做相应的调整。

E.6.2.4　如果标准由多个单独发布的部分组成，其相应部分的编号应紧接在连接号之后标在特性段中。

E.6.3　特性段

E.6.3.1　特性段也应尽量简短，并由编制该标准的技术委员会或有关机构确定，以尽可能好的结构形式满足标记的用途。

E.6.3.2　对于某些化学、塑料和橡胶等制品，虽然经过挑选可能其标记项的数量仍然不少。为了给每个标记项提供一个明确的编码，特性段可进一步细分为几个数据段，每个数据段包含由代码(见 E.6.3.3)表示的特定信息。这些数据段之间用分隔符(例如：连接号)隔开。数据段的含义由它们的相对位置决定。因此，在标注时可能缺省一个或多个数据段，但造成的空位应使用双分隔符标出。

E.6.3.3　最重要的参数应列在首位。不应将文字(例如“羊毛”)作为特性段的一部分，因为它需要翻译；应使用代码来表示，代码的含义应由标准提供。

E.6.3.4　在特性段中，应避免使用字母“I”和“O”，以免与数字“1”和“0”相混。

E.6.3.5　如果规范中要求的数据以最简单的方式列出时，仍需要使用较多的字符(例如“1 500×1 000×15 ”，只列出了尺寸，还未规定公差，就已包含了 12 个字符)，则可使用由一个或多个字符的复合代码列出全部可能的内容(例如：设 1 500 ×1 000×15＝A；设 500×2 000×20＝B 等)。

E.6.3.6　如果一种产品涉及几项标准，则选择一项作为主要标准，并在这个标准中规定该产品的标记规则(特性段的标记组成)。

E.7　示例

E.7.1　温度计的标记示例。以符合 GB/T ××××，精密测量用，分度为 0.2 ℃，量程为 58 ℃～82 ℃，短柱式内标温度计为例，其标记为：

温度计 GB/T ××××-EC-0,2-58-82

标记中各要素的含义如下：

EC　——短柱式内标温度计；

0,2　——分度为 0.2 ℃；

58-82 ——量程为 58 ℃～ 82 ℃。

注：因为 GB/T ×××× 中只提到短柱式内标温度计，故标记中字母“EC”能够省略。

E.7.2　多刃刀片的标记示例。以符合 GB/T 2079 的硬质合金(碳化物)可转位多刃刀片为例，其特征为：正三角形，有断屑槽，G 级公差(精磨的)，公称尺寸 16.5 mm，厚度 3.18 mm，刀刃磨后的圆角半径为 0.8 mm，供左侧和右侧切削，加工对象按 GB/T 2075 规定为 P20 组，其标记为：

多刃刀片 GB/T 2079-TPGN160308-EN-P20

标记中各要素的含义如下：

T　——外形符号(正三角形)；

P　——断屑槽符号(11°法后角)；

G　——公差等级 G(正三角形的高度公差为±0.025 mm，刀片的厚度公差为±0.13 mm)；

N　——特殊性能符号(N 为没有特殊性能)；

16 ——尺寸符号(正三角形公称尺寸为16.5 mm);

03 ——厚度符号(3.18 mm);

08 ——刀尖圆角特征符号(刀尖圆角半径为0.8 mm);

E ——切削刃状态符号(磨过的切削刃);

N ——切削方向符号(供左向和右向切削);

P20——硬质合金应使用范围和用途分组符号(适用于钢、铸钢、带长屑的可锻铸铁)。

E.7.3 开槽盘头螺钉的标记示例。以符合GB/T 67的开槽盘头螺钉为例,其特征为:螺纹规格为M5,公称长度为20 mm,产品等级为A,性能等级为4.8,其标记为:

开槽盘头螺钉 GB/T 67-M5×20-4,8

该标记涉及GB/T 67,该标准已确定了开槽盘头螺钉的尺寸,并且通过引用以下一些标准来确定这些螺钉的其他特性:

a) 普通螺纹的公差标准(GB/T 197),其中引用了其他一些标准:基本尺寸(GB/T 196)、基本牙型(GB/T 192)等。假设有关螺钉螺纹的公差等级由b)中提到的标准来确定,则用标记中要素"M5"来确定这些标准中有关被标记螺钉的数据。

b) 螺钉的尺寸和形位公差标准(GB/T 3103.1),其中分别规定了:公差与配合、形位公差、螺钉螺纹公差、表面粗糙度等要求。GB/T 67规定该螺钉的产品等级只有一种,即A级,所以在该标记中无须再给出产品等级A。

c) 紧固件的机械性能标准(GB/T 3098.1),其中引用了其他一些标准:金属拉伸试验(GB/T 228)、硬度试验(GB/T 230和GB/T 231)和冲击试验(GB/T 229)等。该标记中的要素"4,8"已足够确定相应标准中的有关数据。

虽然提到许多标准,但用相对较短的标记就能完整地确定该螺钉。

E.7.4 增塑醋酸纤维素的乙醚可溶物含量的测定方法A的标记示例:

醋酸纤维素试验方法 GB/T ××××-A

E.8 国际标准化项目标记的采用

E.8.1 当国家标准或行业标准等同采用ISO标准、IEC标准时,应使用国际标准化项目标记。这时,应将国家标准或行业标准的代号和顺序号插入描述段和ISO标准、IEC标准代号之间,并加分隔符。

示例:

螺钉的ISO标准化项目标记是:

"Slotted pan screw ISO 1580-M5×20-4,8"

如果GB/T 67等同采用ISO 1580,则国家标准化项目标记为:

"开槽盘头螺钉 GB/T 67-ISO 1580-M5×20-4,8"

E.8.2 如果国家标准或行业标准中的一个特定项目与规定在相应国际标准(国家标准或行业标准与之不等同)中的项目相同,则允许使用该项目的国际标准化项目标记。

如果一个特定的项目已在国家或行业层面上被标准化,并且该项目与相应的国际标准中的项目相关但不相同,则我国的标准化项目标记不应包含国际标准代号和顺序号,即不准许使用国际标准化项目标记。

附　录　F
（规范性附录）
条款表述所用的助动词

表 F.1 至表 F.4 给出了条款表述中助动词的使用规则。

表 F.1 所示的助动词应被用于表示声明符合标准需要满足的要求。

表 F.1　要求

助　动　词	在特殊情况下使用的等效表述(见 7.1.2)
应	应该 只准许
不应	不得 不准许
不使用“必须”作为“应”的替代词。(以避免将某标准的要求和外部的法定责任相混淆) 不使用“不可”代替“不应”表示禁止。 表示直接的指示时(例如涉及试验方法所采取的步骤),使用祈使句。例如:“开启记录仪。”	

表 F.2 所示的助动词应被用于表示在几种可能性中推荐特别适合的一种,不提及也不排除其他可能性,或表示某个行动步骤是首选的但未必是所要求的,或(以否定形式)表示不赞成但也不禁止某种可能性或行动步骤。

表 F.2　推荐

助　动　词	在特殊情况下使用的等效表述(见 7.1.2)
宜	推荐 建议
不宜	不推荐 不建议

表 F.3 所示的助动词应被用于表示在标准的界限内所允许的行动步骤。

表 F.3　允许

助　动　词	在特殊情况下使用的等效表述(见 7.1.2)
可	可以 允许
不必	无须 不需要
在这种情况下,不使用“可能”或“不可能”。 在这种情况下,不使用“能”代替“可”。 注:“可”是标准所表达的许可,而“能”指主、客观原因导致的能力,“可能”则指主、客观原因导致的可能性。	

表 F.4 所示的助动词应被用于陈述由材料的、生理的或某种原因导致的能力或可能性。

表 F.4 能力和可能性

助　动　词	在特殊情况下使用的等效表述(见 7.1.2)
能	能够
不能	不能够
可能	有可能
不可能	没有可能
注：见表 F.3 的注。	

附 录 G
（资料性附录）
量和单位

本资料性附录给出了标准中常用的量和单位。量和单位不属于GB/T 1的本部分规定的范围，本附录只是为标准起草者提供方便。起草标准时，关注有关量和单位国家标准的最新变动情况，有利于使标准中使用的量和单位准确地符合最新国家标准。以下内容摘自有关国家标准：

a) 小数点符号应为“.”。

b) 标准应只使用：
   1) GB 3101、GB 3102各部分所给出的单位；
   2) GB 3101给出的可与国际单位制单位并用的我国法定计量单位，例如：分(min)、[小]时(h)、日(d)、度(°)、[角]分(′)、[角]秒(″)、升(L)、吨(t)、电子伏(eV)和原子质量单位(u)等；
   3) GB 3102给出的单位，例如：奈培(Np)、贝[尔](B)、宋(sone)、方(phon)和倍频程(oct)等；
   4) 用于电子技术和信息技术的IEC 60027中给出的单位，例如：波特(Bd)、比特(bit)、八位字节(o)、字节(B)、厄兰(E)、哈特莱(Hart)、信息量自然单位(nat)、香农(Sh)、乏(var)等。

c) 不将单位的符号和名称混在一起使用。例如：
写作“千米每小时”或“km/h”，而不写作“每小时km”或“千米/小时”。

d) 用阿拉伯数字表示的数值可与单位符号结合，例如“5 m”。避免诸如“五m”和“5米”之类的组合。数值和单位符号之间应空四分之一个汉字的间隙，用于平面角的上标单位符号除外，例如：5°6′7″。然而，最好用十进制表示平面角。

e) 不使用非标准化的缩略语表示单位，例如“sec”(代替秒的“s”)，“mins”(代替分的“min”)，“hrs”(代替小时的“h”)，“cc”(代替立方厘米的“cm^3”)，“lit”(代替升的“L”)，“amps”(代替安培的“A”)，“rpm”(代替转每分的“r/min”)。

f) 不应通过增加下标或其他信息修改标准化的单位符号。例如：
写作“$U_{max}=500$ V”，而不写作“$U=500\ V_{max}$”；
写作“质量分数为5%”，而不写作“5%(m/m)”；“体积分数为7%”，而不写作“7%(V/V)”。
(注意，%=0.01是单位一的百分数单位符号。)

g) 不将信息与单位符号相混。例如：
写作“含水量20 mL/kg”，而不写作“20 mL H_2O/kg”或“20 mL水/kg”。

h) 不应使用诸如“ppm”“pphm”和“ppb”之类的缩略语。这些缩略语在不同的语种中含义不同，可能产生混淆。它们只代替数字，所以用数字表示则更清楚。例如：
写作“质量分数为4.2 μg/g”或“质量分数为4.2×10^{-6}”，而不写作“质量分数为4.2 ppm”；
写作“相对不确定度为6.7×10^{-12}”，而不写作“相对不确定度为6.7 ppb”。

i) 单位符号应为正体。量的符号应为斜体。表示数值的符号与表示对应量的符号不应相同。

j) 物理量相除构成的量，其名称中不应包含“单位”一词。例如：
写作“线质量”，而不写作“每单位长度质量”；
写作“体积电荷”，而不写作“每单位体积电荷”。

k) 注意区分物体和描写该物体的量，例如“表面”和“面积”，“物体”和“质量”，“电阻器”和“电阻”，“线圈”和“电感”。

l) 两个或更多的物理量不可能相加或相减，除非它们属于相互可比较的同一类量。因此，诸如230 V±5%这种表示相对误差的方法不符合代数学的基本规则。可用下述表示方法代替：

"(230±11.5)V"

"230 V，具有±5%的相对误差"

以下形式虽然常用，但是并不正确：(230±5%)V。

m) 如果需要指定底数，在公式中不写作"log"，写作"lg"、"ln"、"lb"或"$\log_a$"。

n) 使用GB 3102.11中推荐的数学标志和符号，例如，是"tan"不是"tg"。

附　录　H
（资料性附录）
标准条文编排示例

1　范围

××。

×××。

2　规范性引用文件

下列文件对于本文件的应用是必不可少的。凡是注日期的引用文件，仅注日期的版本适用于本文件。凡是不注日期的引用文件，其最新版本(包括所有的修改单)适用于本文件。

×××××××　×××××××××××××××××××××××××××

×××××××　×××

×××××××　××××××××××××××××××××××××××××

3　术语和定义

下列术语和定义适用于本文件。

3.1

××× ×××××

×××。

3.2

×××× ××××× ×××××××

×××。

3.3

×××× ×××××

×××。

3.4

×× ××××

×××。

4 标题

4.1 标题

4.1.1 ××
××××××××××××××××××××××××××××××××××××。

4.1.2 ××
××
××[1]。

4.2 标题

××
×××××××××××××××××××××××××××××××××××××××：

a) ××
××××××××××××××××××××××××××××××××××××××；

b) ××
××××××××××××××××××××××××××××：

1) ××××××××××××××××××××××××××××××××××××；

2) ××××××××××××××××××××××××××××××××××××××
×××××××××××××××××××××××××××××××。

4.3 标题

××
×××××××××××××××××。

注：××
×××。

5 标题

5.1 标题

5.1.1 标题

×××。

5.1.2 标题

×××。

注1：×××
××。

注2：××。

5.2 标题

5.2.1 ××

---

1) ××
××××××××××。

×××××××××××××××××××××××××××××××。

5.2.2 ××。

示例：

××。

5.3 标题

×××。

注1：××。

××。

注2：××。

5.4 标题

5.4.1 ×××：

——××××××××××××××××××××××××××××××××××××××；

——××××××××××××××××××××××××××××；

——×××。

5.4.2 ××[2]×××××××××××××××××××××××××。

示例1：

××。

示例2：

××。

5.5 标题

×××。

…………

2) ×××××××××××××××××××××××××××××××××××。

附 录 I
（规范性附录）
标 准 格 式

图 I.1 至图 I.12 给出了标准不同页面的格式。这些图以推荐性标准作样板，如果是强制性标准则应将图中标准代号中的“/T”删去。等同采用国际标准的国家标准或行业标准的编号应符合 GB/T 20000.2的规定。另外，除封面外其他各页只给出了国家标准的格式，行业标准和地方标准的格式应比照执行。

单位为毫米

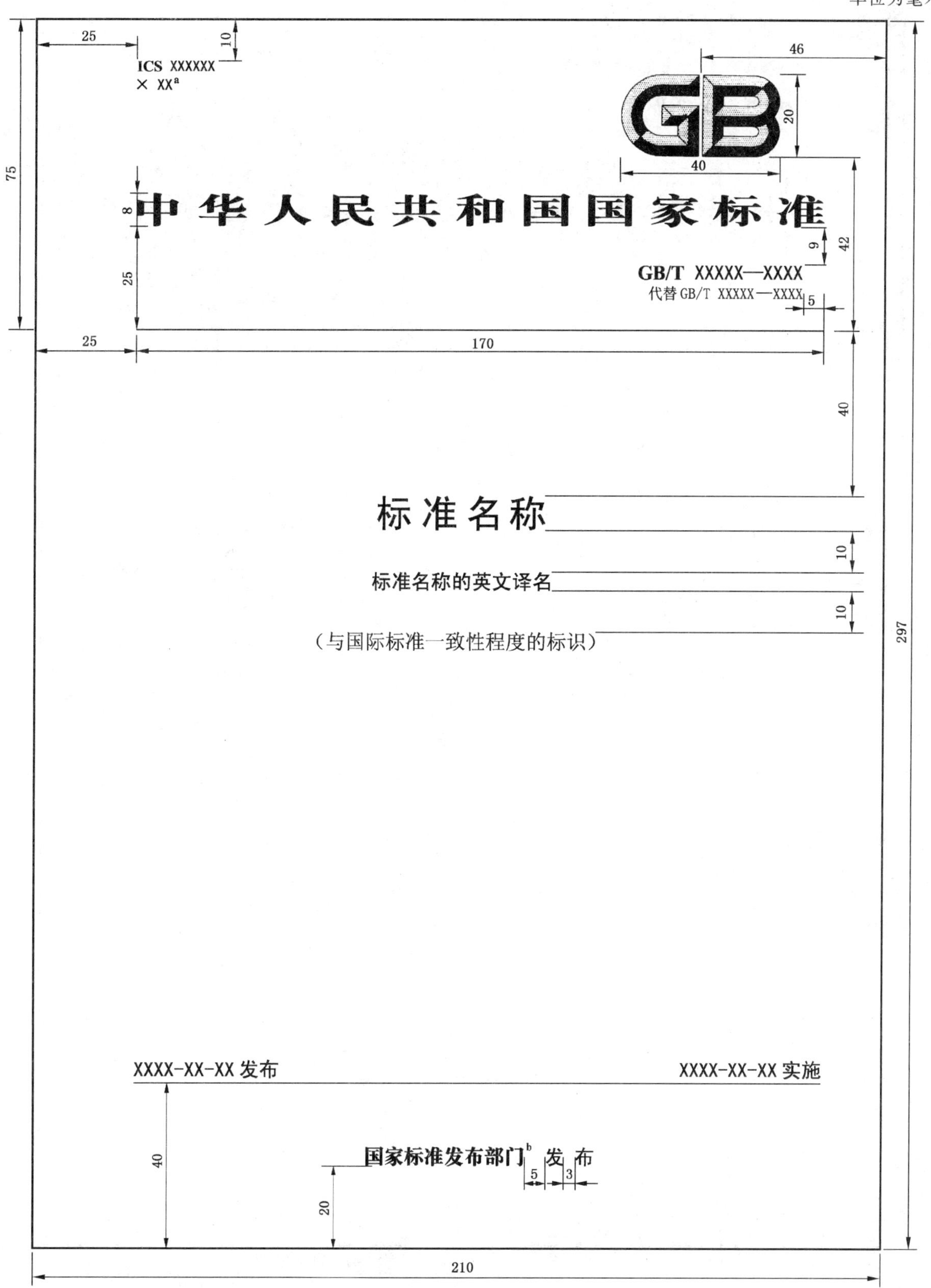

[a] 填写中国标准文献分类号。

[b] 国家标准的发布部门按有关规定填写。

图 I.1 国家标准封面格式

单位为毫米

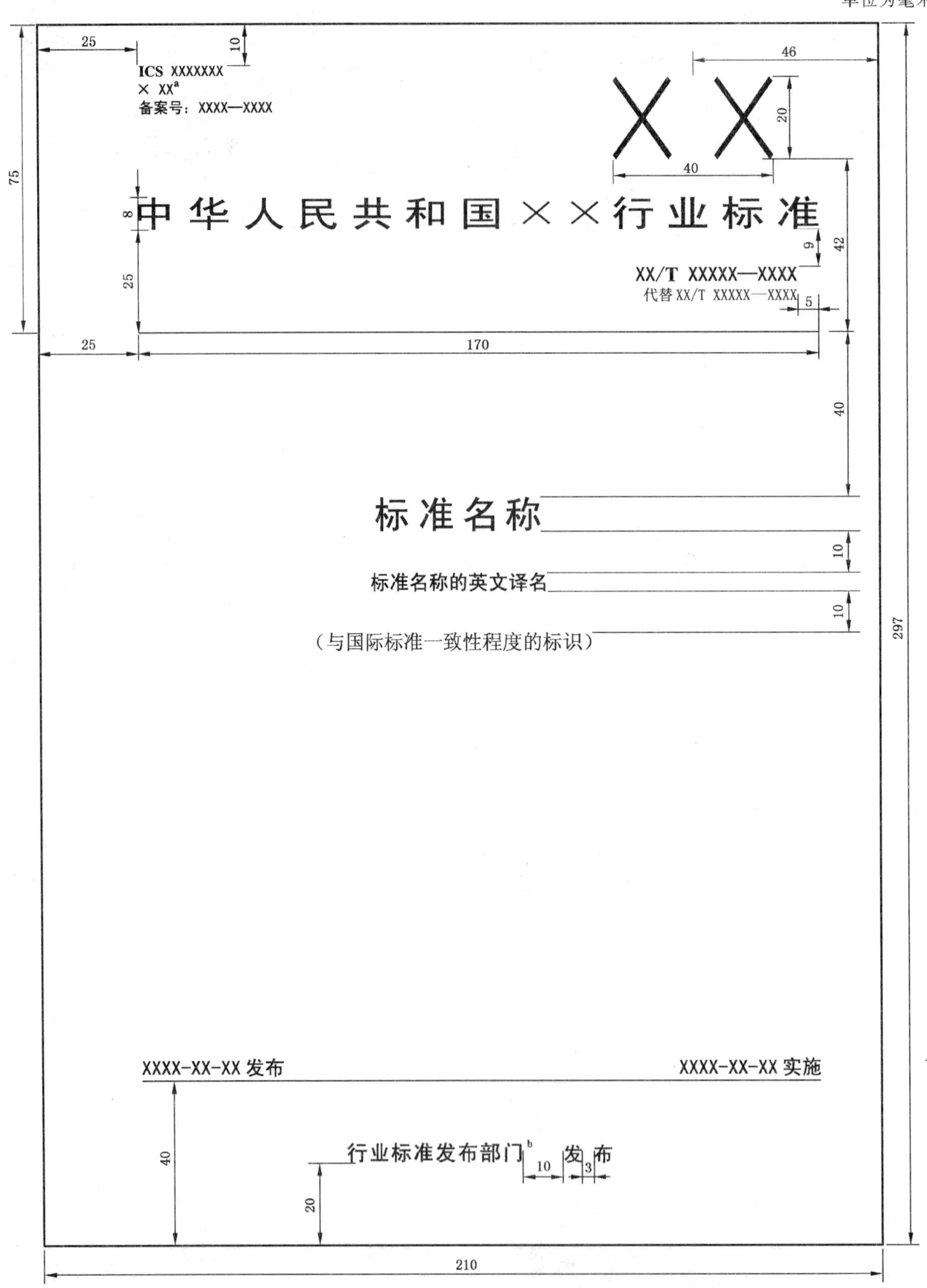

[a] 填写中国标准文献分类号。

[b] 行业标准发布部门按有关规定填写。

图 I.2 行业标准封面格式

单位为毫米

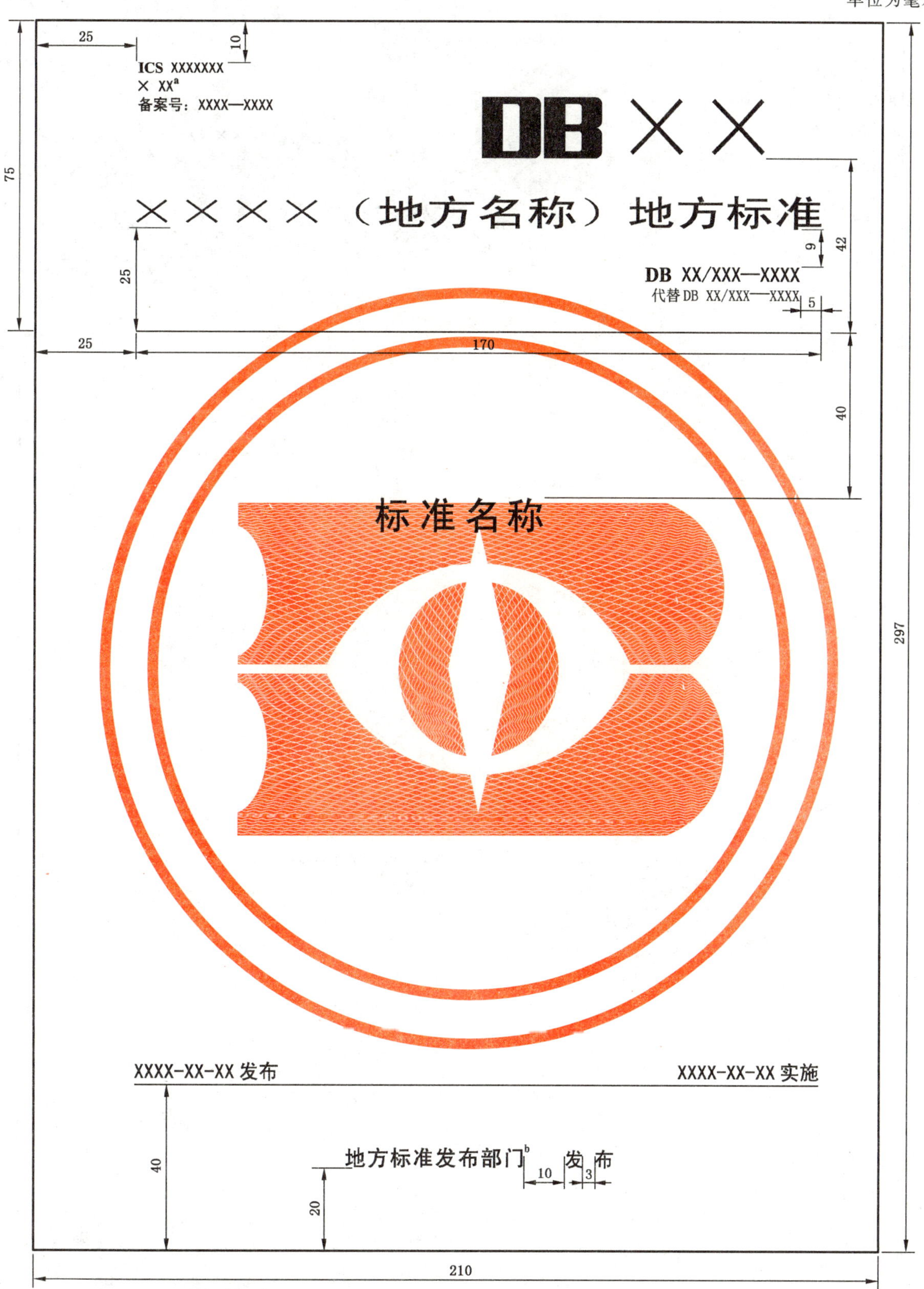

a 填写中国标准文献分类号。

b 地方标准发布部门按有关规定填写。

图 I.3　地方标准封面格式

单位为毫米

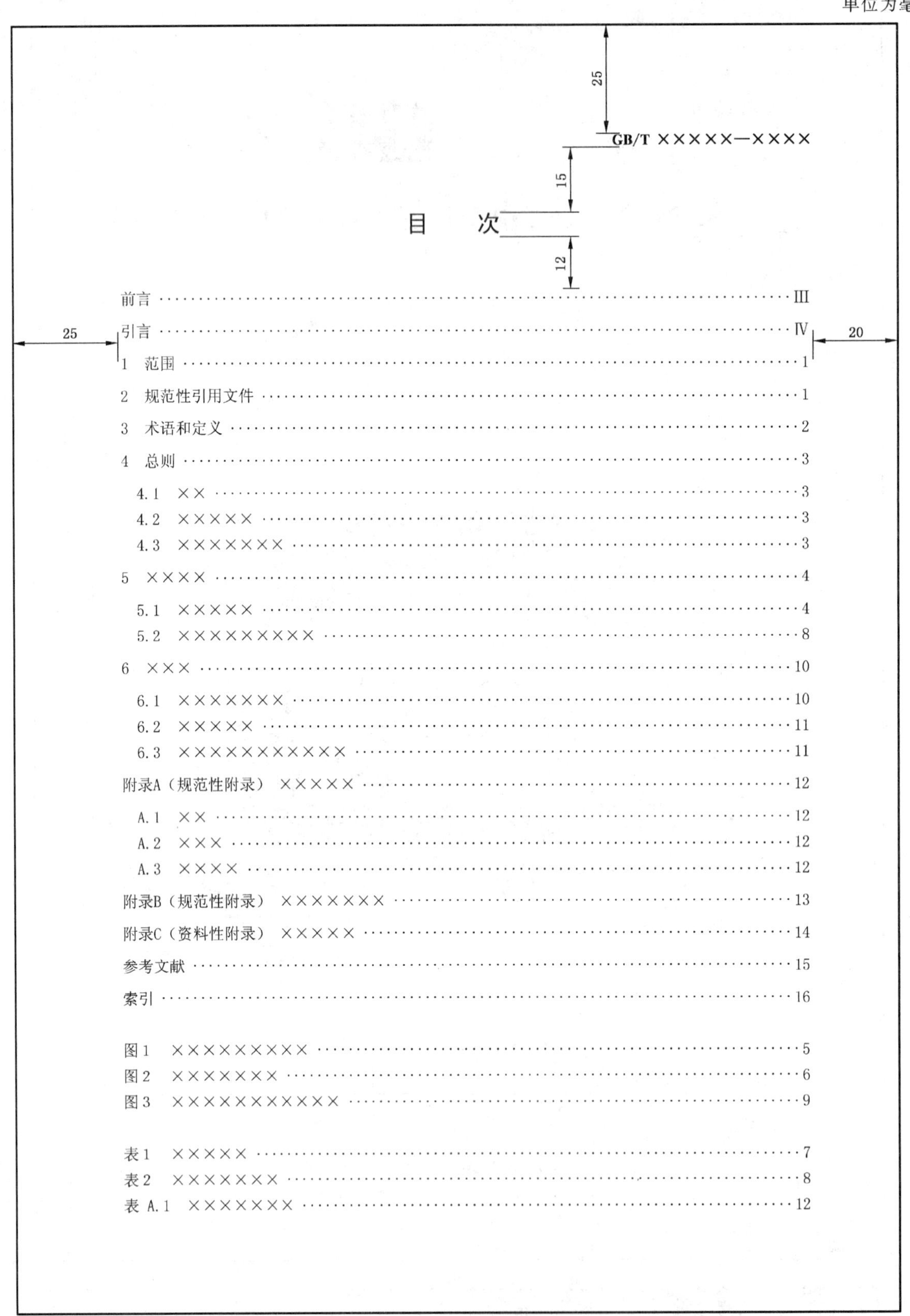

注：以单数页为例。

图 I.4　目次格式

单位为毫米

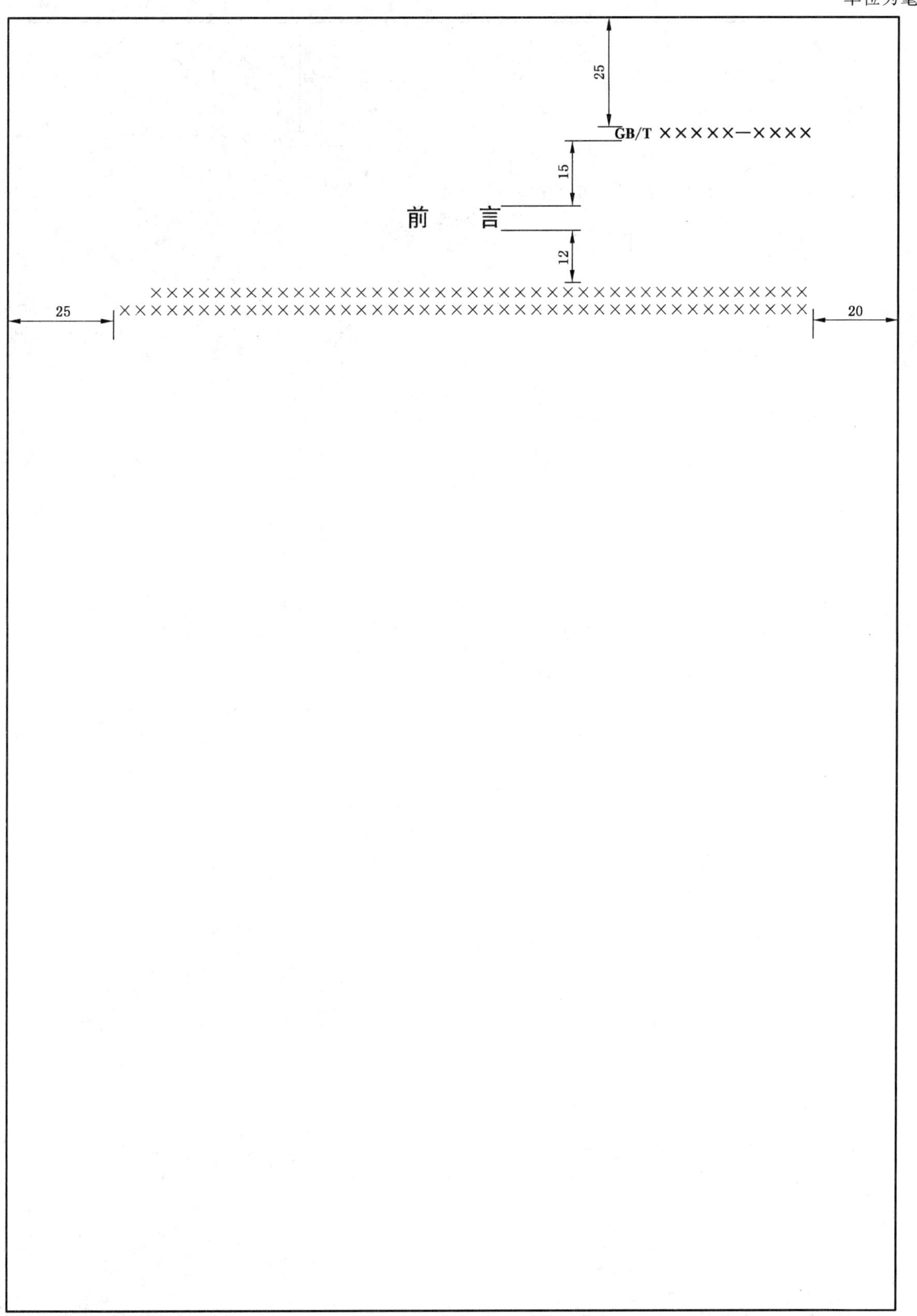

注 1：以单数页为例。

注 2：“引言”格式与此格式相同，只将“前言”改为“引言”。

图 I.5　前言或引言格式

单位为毫米

GB/T ×××××—××××

25

20

15

标准名称

12

25

1 范围

图 I.6 正文首页格式

单位为毫米

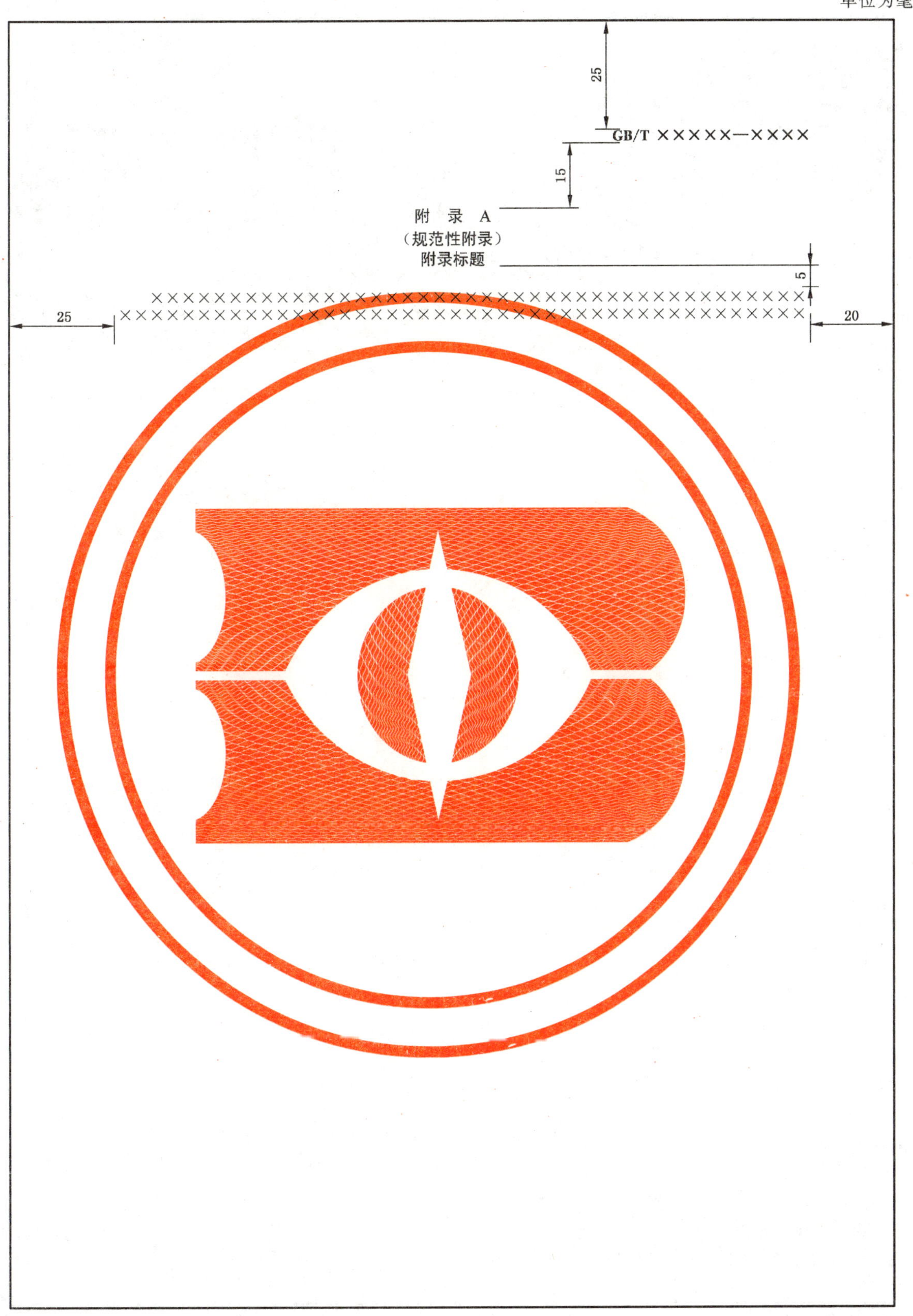

注：以单数页为例。

图 I.7 附录格式

单位为毫米

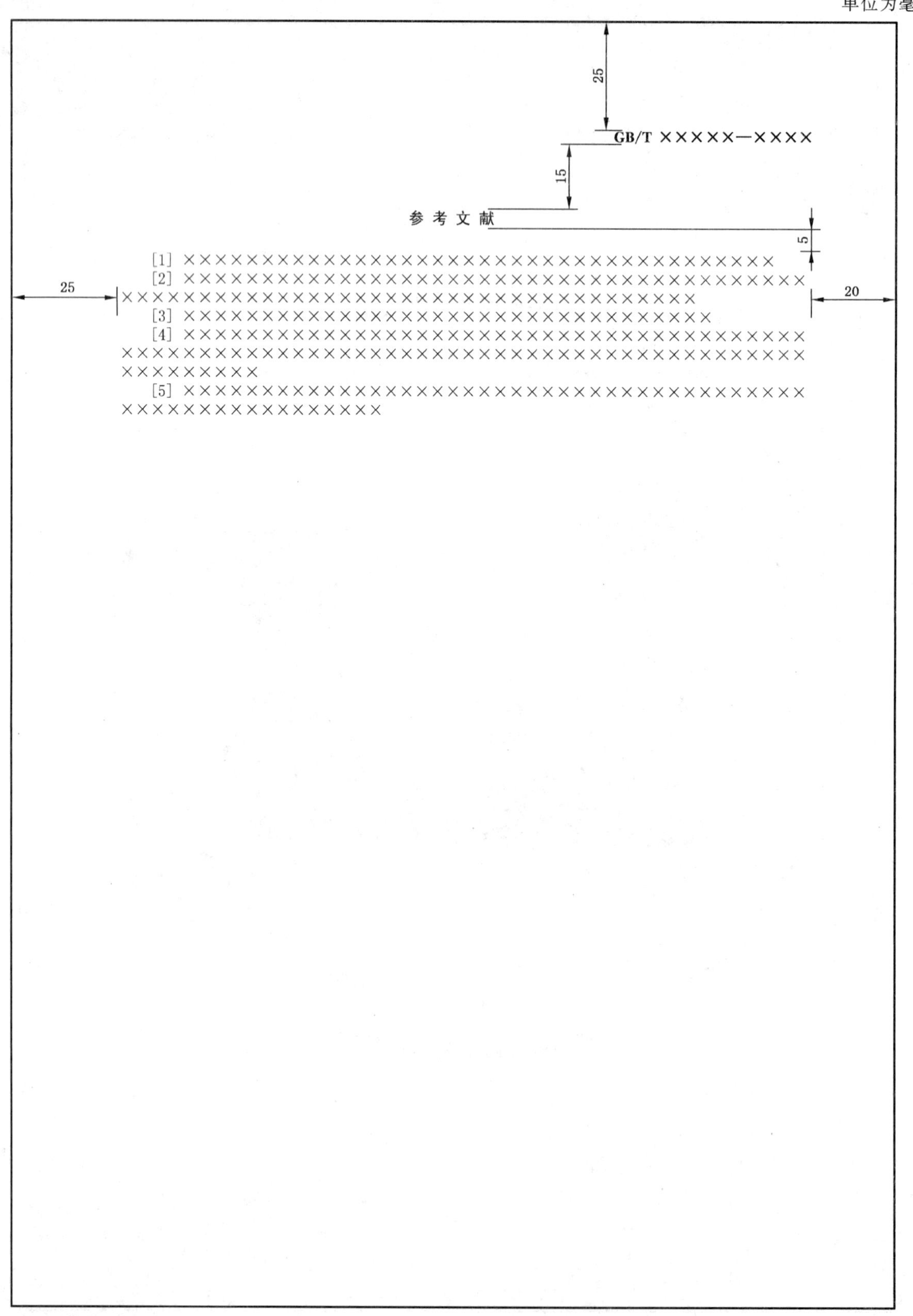

注：以单数页为例。

图 I.8　参考文献格式

单位为毫米

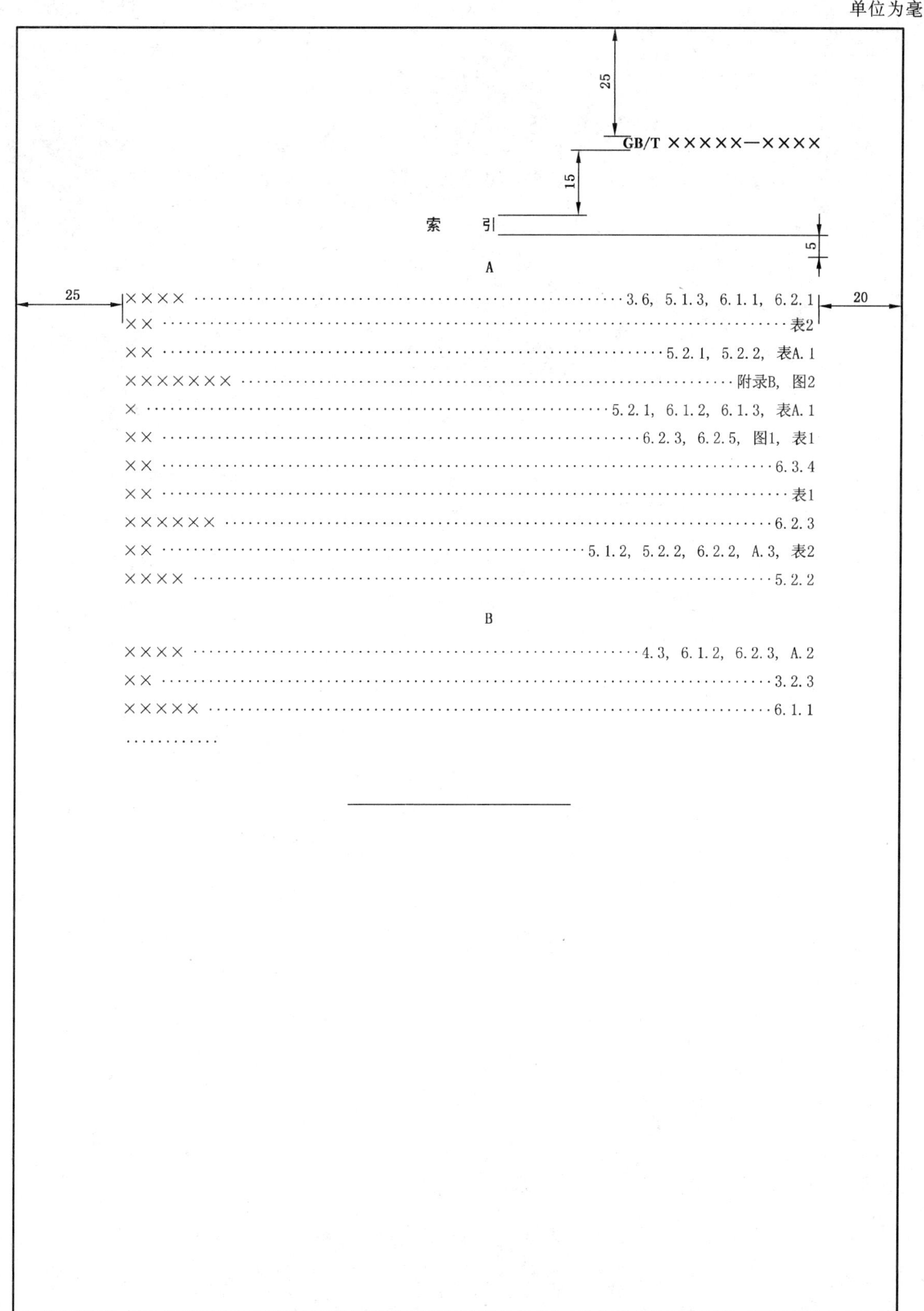

注：以“索引”为标准的最后一个要素，并位于单数页为例。

图 I.9　索引格式

单位为毫米

图 I.10　单数页格式

单位为毫米

图 I.11　双数页格式

单位为毫米

图 I.12 封底格式

附 录 J
（规范性附录）
标准中的字号和字体

表 J.1 规定了标准中各个位置的文字的字号和字体。

表 J.1 标准中的字号和字体

序号	页别	位置	文字内容	字号和字体
01	封面	左上第一、二行	ICS 号、中国标准文献分类号	五号黑体
02		左上第三行	备案号	五号黑体
03		右上第一行	标准的标志	专用美术体字
04		右上第二行	标准编号	四号黑体
05		右上第三行	代替标准编号	五号宋体
06		第一行	中华人民共和国国家标准	专用字
07		第一行	中华人民共和国××行业标准	专用字
08		第二行	标准名称	一号黑体
09		第三行	标准名称的英文译名	四号黑体
10		第四行	与国际标准的一致性程度标识	四号宋体
11		倒数第二行	发布日期、实施日期	四号黑体
12		倒数第一行	标准发布部门	专用字
13		右下	发布	四号黑体
14	目次	第一行	目次	三号黑体
15			目次内容	五号宋体
16	前言	第一行	前言	三号黑体
17			前言内容	五号宋体
18	引言	第一行	引言	三号黑体
19			引言内容	五号宋体
20	正文首页	第一行	标准名称	三号黑体
21	各页		章、条的编号和标题	五号黑体
22			标准条文、列项及其编号	五号宋体
23			标明注的“注”、“注×”	小五号黑体
24			标明示例的“示例”、“示例×”	小五号黑体
25			条文的示例	小五号宋体
26			注、图注、表注	小五号宋体
27			脚注、脚注编号、图的脚注、表的脚注	小五号宋体
28			图的编号、图题；表的编号、表题	五号黑体
29			续图、续表的“(续)”	五号宋体
30			图、表右上方关于单位的陈述	小五号宋体
31			图中的数字和文字	六号宋体
32			表中的数字和文字[a]	小五号宋体

表 J.1 标准中的字号和字体（续）

序号	页别	位置	文字内容	字号和字体
33	附录	第一行	附录编号	五号黑体
34		第二行	（规范性附录）、（资料性附录）	五号黑体
35		第三行	附录标题	五号黑体
36			附录内容	五号宋体
37	参考文献	第一行	参考文献	五号黑体
38			参考文献内容	五号宋体
39	索引	第一行	索引	五号黑体
40			索引内容[b]	五号宋体
41	封底	右上角	标准编号	四号黑体
42	单双数页	书眉右、左侧	标准编号	五号黑体
43		版心右、左下角	页码	小五号宋体

[a] 以表的形式编写的术语标准，表中的文字使用五号宋体。

[b] 术语标准索引内容的字体应符合 GB/T 20001.1 的规定。

参 考 文 献

[1] GB/T 67—2000 开槽盘头螺钉

[2] GB/T 2075—2007 切削加工用硬切削材料的分类和用途 大组和用途小组的分类代号

[3] GB/T 2079—1987 无孔的硬质合金可转位刀片

[4] GB/T 3099.2—2004 紧固件术语 盲铆钉

[5] GB/T 4458.2 机械制图 装配图中零、部件序号及其编排方法

[6] GB/T 19763 优先数和优先数系的应用指南

[7] GB/T 19764 优先数和优先数化整值系列的选用指南

索　引

H

J

K

L

M

N

Q

S

T

X

Y

Z

GB/T 20000
标准化工作指南

ICS 01.120
A 00

中华人民共和国国家标准

GB/T 20000.1—2014
代替 GB/T 20000.1—2002

标准化工作指南
第1部分:标准化和相关活动的通用术语

Guidelines for standardization—
Part 1:Standardization and related actives—General vocabulary

(ISO/IEC Guide 2:2004,Standardization and related actives—
General vocabulary,MOD)

2014-12-31 发布　　　　2015-06-01 实施

中华人民共和国国家质量监督检验检疫总局
中国国家标准化管理委员会　发布

前　言

GB/T 20000《标准化工作指南》、GB/T 1《标准化工作导则》、GB/T 20001《标准编写规则》、GB/T 20002《标准中特定内容的起草》和 GB/T 20003《标准制定的特殊程序》共同构成支撑标准制修订工作的基础性系列国家标准。

GB/T 20000《标准化工作指南》拟分为如下几部分：

——第 1 部分：标准化和相关活动的通用术语；

——第 2 部分：采用国际标准；

——第 3 部分：引用文件；

——第 4 部分：国家标准英文译本翻译通则；

——第 5 部分：国家标准英文译本通用表述；

——第 6 部分：标准化良好行为规范；

——第 7 部分：管理体系标准的论证和制定；

——第 8 部分：阶段代码系统的使用原则和指南；

——第 9 部分：采用其他国际标准化文件。

本部分为 GB/T 20000 的第 1 部分。

本部分按照 GB/T 1.1—2009 给出的规则起草。

本部分代替 GB/T 20000.1—2002《标准化工作指南　第 1 部分：标准化和相关活动的通用词汇》。与 GB/T 20000.1—2002 相比，主要技术变化如下：

——重新定义了 5 个术语，即：标准化(见 3.1)、标准(见 5.3)、规程(见 5.6)、术语标准(见 7.2)、试验标准(见 7.5)，并将"国际标准的采用"修改为"规范性文件的采用"，同时修改了定义(见12.1)；

——增加了 16 个术语及其定义，即：标准化文件(见 5.2)、行业标准(见 5.3.4)、企业标准(见5.3.6)、标准化技术组织(见 6.5)、技术委员会(见 6.5.1)、分技术委员会(见 6.5.2)、工作组(见 6.5.3)、分类标准(见 7.4)、指南标准(见 7.8)、起草(见 11.4)、编制(见 11.5)、制定(见 11.6)、一致性程度(见 12.1.1)、等同(见 12.1.1.1)、修改(见 12.1.1.2)、非等效(见 12.1.1.3)；

——根据 ISO/IEC 指南 2:2004 对部分术语做了如下修改：

- 将"标准化(的)对象"修改为"标准化对象"，见 3.2；
- 将"权力机构"修改为"权力机关"，见 6.6；
- 将"权宜性条款"修改为"视同符合条款"，见 5.7.1、9.6、13.3.2；
- 将"重印"修改为"重印版本"，见 11.11；

——根据 ISO/IEC 指南 2:2004 对部分定义做了如下修改：

- "Preparation"在文中统一译为"编制"，见第 11 章；
- 其他一些术语的定义的修改见 3.7、4、5.1、5.4、5.5、8.1、8.8、8.9、9.5、9.5.1、9.5.2、11.1、11.7、11.8；

——将涉及标准的采用的术语及定义调整为规范性文件的采用，见 12.1；

——将涉及法规引用标准的部分术语及定义调整为规范性文件引用标准，见第 13 章；

——将 GB/T 20000.1—2002 中有关合格评定的术语及其定义删除，并增加引用 GB/T 27000《合格评定　词汇和通用原则》，见第 14 章。

本部分使用重新起草法修改采用 ISO/IEC 指南 2:2004《标准化和相关活动　通用词汇》。

本部分与 ISO/IEC 指南 2:2004 相比存在结构变化。根据 GB/T 1.1—2009 的规则将 ISO/IEC 指南 2:2004 中未编号的“范围”一章编为第 1 章;未编号的“规范性引用文件”一章编为第 2 章。因此,本部分其他章和术语条目的编号中章编号相对于 ISO/IEC 指南 2:2004 的章编号加“2”;某些章中术语条目的编号由于增加了一些新的术语条目而重新依次编号,其他术语条目的编号与 ISO/IEC 指南 2:2004 中的术语条目的编号一一对应。

本部分与 ISO/IEC 指南 2:2004 相比存在如下技术性差异:

——重新定义了 5 个术语,即:标准化(见 3.1)、标准(见 5.3)、规程(见 5.6)、术语标准(见 7.2)、试验标准(见 7.5),以完善对这些概念的界定;同时将“国际标准的采用”修改为“规范性文件的采用”并修改了定义(见 12.1),以扩充“采用”的适用范围;删除了 ISO/IEC 指南 2:2004 的 11.4 术语“强制性标准”,其定义不适于我国通常使用的该术语的含义;附录 A 列出了被本部分重新定义和删除的 ISO/IEC 指南 2:2004 相关术语及定义,以便将本部分的相关术语及其定义与 ISO/IEC 指南 2:2004 中的相关术语及其定义对照;

——增加了 16 个术语及其定义,即:标准化文件(见 5.2)、行业标准(见 5.3.4)、企业标准(见5.3.6)、标准化技术组织(见 6.5)、技术委员会(见 6.5.1)、分技术委员会(见 6.5.2)、工作组(见 6.5.3)、分类标准(见 7.4)、指南标准(见 7.8)、起草(见 11.4)、编制(见 11.5)、制定(见 11.6)、一致性程度(见 12.1.1)、等同(见 12.1.1.1)、修改(见 12.1.1.2)、非等效(见 12.1.1.3),以满足标准化工作交流的需要;

——将 ISO/IEC 指南 2:2004 第 11 章的标题“在法规中对标准的各种引用”修改为“在规范性文件中引用标准”,并将“引用标准”(见 13.1.1)、“注日期引用(对标准的)”(见 13.2.1)、“不注日期引用(对标准的)”(见 13.2.2)的定义中的“法规”修改为“规范性文件”,以扩充引用标准中“注日期引用”和“不注日期引用”方式的适应范围。

本部分由全国标准化原理与方法标准化技术委员会(SAC/TC 286)归口。

本部分起草单位:中国标准化研究院、深圳市华测检测技术股份有限责任公司、冶金工业信息标准研究院、有色金属技术经济研究院、中国电子技术标准化研究院。

本部分主要起草人:逄征虎、白殿一、吴学静、王益谊、张宇春、朱玉华、薛海宁、刘慎斋、陆锡林、朱平。

本部分所代替标准的历次版本发布情况为:

——GB/T 3935.1—1983、GB/T 3935.1—1996;

——GB/T 20000.1—2002。

引　　言

制定GB/T 20000的本部分的目的在于,促进从事标准化工作的机构和人员间的相互理解。

本部分不重复其他权威术语词典从通用角度对术语所界定的定义。

表达具体概念的术语,通常可由表达一般概念的术语组合而成。因此后一类术语就形成了"建筑构件",本部分采用了这种方法选择术语并编写定义。这样,再增添的术语,就可以按照本部分的框架,很容易地构建起来。例如,**安全标准**可定义为,"免除了不可接受的伤害风险的状态(见4.5对**安全**的定义)的**标准**"。

当本部分中已经界定的术语在其他定义和注中首次出现时,这些术语用黑体字印刷。

某些定义的注,提供进一步的说明、解释或示例,以帮助对所指称的概念的清晰理解。

标准化工作指南
第1部分:标准化和相关活动的通用术语

1 范围

GB/T 20000的本部分界定了标准化和相关活动的通用术语及其定义。

本部分适用于标准化及其他相关领域。本部分也可为诸如标准化基本理论研究和教学实践提供相应的基础。

2 规范性引用文件

下列文件对于本文件的应用是必不可少的。凡是注日期的引用文件,仅注日期的版本适用于本文件。凡是不注日期的引用文件,其最新版本(包括所有的修改单)适用于本文件。

GB/T 27000 合格评定 词汇和通用原则(GB/T 27000—2006,ISO/IEC 17000:2004,IDT)

3 标准化

3.1

标准化 standardization

为了在既定范围内获得最佳秩序,促进共同效益,对现实问题或潜在问题确立共同使用和重复使用的**条款**以及**编制**、发布和应用文件的活动。

注1:标准化活动确立的条款,可形成**标准化文件**,包括**标准**和其他**标准化文件**。

注2:标准化的主要效益在于为了产品、过程或服务的预期目的改进它们的适用性,促进贸易、交流以及技术合作。

3.2

标准化对象 subject of standardization

需要标准化的主题。

注1:本部分使用的"产品、过程或服务"这一表述,旨在从广义上囊括标准化对象,宜等同地理解为包括诸如材料、元件、设备、系统、接口、协议、程序、功能、方法或活动。

注2:**标准化**可以限定在任何对象的特定方面,例如,可对鞋子的尺码和耐用性分别标准化。

3.3

标准化领域 field of standardization

一组相关的**标准化对象**。

注:例如工程、运输、农业、量和单位均可视为标准化领域。

3.4

最新技术水平 state of the art

在一定时期内,基于相关科学、技术和经验的综合成果的产品、过程或服务相应技术能力所达到的高度。

3.5

公认的技术规则 acknowledged rule of technology

大多数有代表性的专家承认的能反映**最新技术水平**的技术**条款**。

注:针对技术对象的**规范性文件**,若由各利益相关方通过磋商和**协商一致**程序合作**编制**,则在批准时视为公认的技术规则。

3.6

标准化层次　**level of standardization**

标准化所涉及的地理、政治或经济区域的范围。

注：**标准化**可在全球、区域或国家层次上，在一个国家的某个地区内，在政府部门、行业协会或企业层次上，以至企业内车间和业务室等各个不同层次上进行。

3.6.1

国际标准化　**international standardization**

所有国家的有关**机构**均可参与的**标准化**。

3.6.2

区域标准化　**regional standardization**

仅世界某个地理、政治或经济区域内的国家的有关**机构**可参与的**标准化**。

3.6.3

国家标准化　**national standardization**

在国家层次上进行的**标准化**。

3.6.4

地方标准化　**provincial standardization**

在国家的某个地区层次上进行的**标准化**。

3.7

协商一致　**consensus**

普遍同意，即有关重要利益相关方对于实质性问题没有坚持反对意见，同时按照程序考虑了有关各方的观点并且协调了所有争议。

注：协商一致并不意味着全体一致同意。

4　标准化的目的

注：**标准化**的一般目的是基于3.1的定义。标准化可以有一个或更多特定目的，以使产品、过程或服务适合其用途。这些目的可能包括但不限于**品种控制**、可用性、**兼容性**、**互换性**、健康、**安全**、**环境保护**、**产品防护**、相互理解、经济绩效、贸易。这些目的可能相互重叠。

4.1

适用性　**fitness for purpose**

产品、过程或服务在具体条件下适合规定用途的能力。

4.2

兼容性　**compatibility**

诸多产品、过程或服务在特定条件下一起使用时，各自满足相应**要求**，彼此间不引起不可接受的相互干扰的适应能力。

4.3

互换性　**interchangeability**

某一产品、过程或服务能用来代替另一产品、过程或服务并满足同样要求的能力。

注：功能方面的互换性称为"功能互换性"，量度方面的互换性称为"尺寸互换性"。

4.4

品种控制　**variety control**

为了满足主导需求，对产品、过程或服务的规格或类型数量的最佳选择。

4.5

安全 safety

免除了不可接受的伤害风险的状态。

注：**标准化**考虑产品、过程或服务的安全时，通常是为了获得包括诸如人类行为等非技术因素在内的若干因素的最佳平衡，将伤害到人员和物品的可避免风险消除到可接受的程度。

4.6

环境保护 protection of environment

使环境免受产品的使用、过程的操作或服务的提供所造成的不可接受的损害。

4.7

产品防护 product protection

使产品在使用、运输或贮存过程中免受气候或其他不利条件造成的损害。

5 规范性文件的种类

5.1

规范性文件 normative document

为各种活动或其结果提供规则、指南或特性的文件。

注 1："规范性文件"是诸如**标准**、**规范**、**规程**和**法规**等文件的通称。

注 2："文件"可理解为记录有信息的各种媒介。

5.2

标准化文件 standardizing document

通过**标准化**活动**制定**的文件。

注："标准化文件"是诸如**标准**、技术规范、可公开获得规范、技术报告等文件的通称。

5.3

标准 standard

通过**标准化**活动，按照规定的程序经**协商一致制定**，为各种活动或其结果提供规则、指南或特性，供共同使用和重复使用的文件。

注 1：标准宜以科学、技术和经验的综合成果为基础。

注 2：规定的程序指**制定**标准的**机构**颁布的标准制定程序。

注 3：诸如**国际标准**、**区域标准**、**国家标准**等，由于它们可以公开获得以及必要时通过**修正**或**修订**保持与**最新技术水平**同步，因此它们被视为构成了**公认的技术规则**。其他层次上通过的标准，诸如专业协(学)会标准、**企业标准**等，在地域上可影响几个国家。

5.3.1

国际标准 international standard

由**国际标准化组织**或**国际标准组织**通过并公开发布的**标准**。

5.3.2

区域标准 regional standard

由**区域标准化组织**或**区域标准组织**通过并公开发布的**标准**。

5.3.3

国家标准 national standard

由**国家标准机构**通过并公开发布的**标准**。

5.3.4

行业标准 industry standard

由行业**机构**通过并公开发布的**标准**。

5.3.5

地方标准　provincial standard

在国家的某个地区通过并公开发布的**标准**。

5.3.6

企业标准　company standard

由企业通过供该企业使用的**标准**。

5.4

试行标准　prestandard

标准化机构通过并公开发布的暂行文件，目的是从它的应用中取得必要的经验，再据以建立正式的**标准**。

5.5

规范　specification

规定产品、过程或服务应满足的技术要求的文件。

注1：适宜时，规范宜指明可以判定其要求是否得到满足的程序。

注2：规范可以是**标准**、标准的一个部分或标准以外的其他**标准化文件**。

5.6

规程　code of practice

为产品、过程或服务全生命周期的有关阶段推荐良好惯例或程序的文件。

注：规程可以是**标准**、标准的一个部分或标准以外的其他**标准化文件**。

5.7

法规　regulation

由**权力机关**通过的有约束力的法律性文件。

5.7.1

技术法规　technical regulation

规定技术**要求**的**法规**，它或者直接规定技术要求，或者通过引用**标准**、**规范**或**规程**提供技术要求，或者将标准、规范或规程的内容纳入法规中。

注：技术法规可附带技术指导，列出为了遵守法规要求可采取的某些途径，即**视同符合条款**。

6　标准和法规的负责机构

6.1

机构　body

〈负责标准和法规〉有特定任务和组成的法定实体或行政实体。

注：机构如**组织**、**权力机关**、公司和基金会等。

6.2

组织　organization

以其他机构或个人作为成员组成的，具有既定章程和自身管理部门的**机构**。

6.3

标准化机构　standardizing body

公认的从事**标准化**活动的**机构**。

6.3.1

区域标准化组织　regional standardizing organization

成员资格仅向某个地理、政治或经济区域内的各国有关国家**机构**开放的标准化**组织**。

6.3.2

国际标准化组织　international standardizing organization

成员资格向世界各个国家的有关国家**机构**开放的标准化**组织**。

6.4

标准机构　standards body

根据自身章程的规定，以**编制**、批准或采用公开发布的**标准**为主要职能，在国家、区域或国际层次上公认的**标准化机构**。

注：标准机构也可有其他的主要职能。

6.4.1

国家标准机构　national standards body

有资格作为相应**国际标准组织**和**区域标准组织**的国家成员，在国家层次上公认的**标准机构**。

6.4.2

区域标准组织　regional standards organization

成员资格仅向某个地理、政治或经济区域内的各国有关国家**机构**开放的标准组织。

6.4.3

国际标准组织　international standards organization

成员资格向世界各国的有关国家**机构**开放的标准组织。

6.5

标准化技术组织　standardizing technical organization

由**标准机构**或**标准化机构**设立的负责**标准**的**起草**或**编制**的**组织**。

6.5.1

技术委员会　technical committee

在特定专业领域内，从事**标准**的**编制**等工作的**标准化技术组织**。

6.5.2

分技术委员会　subcommittee

在**技术委员会**内设置的负责某一分支领域**标准**的**编制**等工作的**标准化技术组织**。

6.5.3

工作组　working group

在**技术委员会**或**分技术委员会**内设置的负责**标准**的**起草**的专家组。

6.6

权力机关　authority

具有法律上的权力和权利的**机构**。

注：权力机关可以是区域、国家或地方的。

6.6.1

法规制定机关　regulatory authority

负责**编制**或通过**法规**的**权力机关**。

6.6.2

法规执行机关　enforcement authority

负责执行**法规**的**权力机关**。

注：法规执行机关可以是或不是**法规制定机关**。

7　标准的类别

注：本章给出下列术语和定义的目的既不是对**标准**进行系统的分类，也不是列出全部可能的标准类别，仅仅给出一

些常见的标准类别。这些类别相互间并不排斥，例如，一个特定的**产品标准**，如果不仅规定了对该产品特性的技术要求，还规定了用于判定该要求是否得到满足的证实方法，也可视为**规范标准**。

7.1

基础标准　basic standard

具有广泛的适用范围或包含一个特定领域的通用**条款**的**标准**。

注：基础标准可直接应用，也可作为其他标准的基础。

7.2

术语标准　terminology standard

界定特定领域或学科中使用的概念的指称及其定义的**标准**。

注：术语标准通常包含术语及其定义，有时还附有示意图、注、示例等。

7.3

符号标准　symbol standard

界定特定领域或学科中使用的符号的表现形式及其含义或名称的**标准**。

7.4

分类标准　classification standard

基于诸如来源、构成、性能或用途等相似特性对产品、过程或服务进行有规律的排列或划分的**标准**。

注：分类标准有时给出或含有分类原则。

7.5

试验标准　testing standard

在适合指定目的的精确度范围内和给定环境下，全面描述试验活动以及得出结论的方式的**标准**。

注1：试验标准有时附有与测试有关的其他**条款**，例如取样、统计方法的应用、多个试验的先后顺序等。

注2：适当时，试验标准可说明从事试验活动需要的设备和工具。

7.6

规范标准　specification standard

规定产品、过程或服务需要满足的**要求**以及用于判定其要求是否得到满足的证实方法的**标准**。

7.7

规程标准　code of practice standard

为产品、过程或服务全生命周期的相关阶段推荐良好惯例或程序的**标准**。

注：规程标准汇集了便于获取和使用信息的实践经验和知识。

7.8

指南标准　guide standard

以适当的背景知识给出某主题的一般性、原则性、方向性的信息、指导或建议，而不推荐具体做法的**标准**。

7.9

产品标准　product standard

规定产品需要满足的**要求**以保证其**适用性**的**标准**。

注1：产品标准除了包括适用性的要求外，也可直接包括或以引用的方式包括诸如术语、取样、检测、包装和标签等方面的要求，有时还可包括工艺要求。

注2：产品标准根据其规定的是全部的还是部分的必要要求，可区分为完整的标准和非完整的标准。由此，产品标准又可分为不同类别的标准，例如尺寸类、材料类和交货技术通则类产品标准。

注3：若标准仅包括分类、试验方法、标志和标签等内容中的一项，则该标准分别属于分类标准、试验标准和标志标准，而不属于产品标准。

7.10

过程标准　process standard

规定过程需要满足的**要求**以保证其**适用性**的**标准**。

7.11

服务标准　service standard

规定服务需要满足的**要求**以保证其**适用性**的**标准**。

注：服务标准可以在诸如洗衣、饭店管理、运输、汽车维护、远程通信、保险、银行、贸易等领域内**编制**。

7.12

接口标准　interface standard

界面标准

规定产品或系统在其互连部位与**兼容性**有关的**要求**的**标准**。

7.13

数据待定标准　standard on data to be provided

列出产品、过程或服务的特性，而特性的具体值或其他数据需根据产品、过程或服务的具体要求另行指定的标准。

注：典型情况下，一些标准规定由供方确定数据，另一些标准由需方确定数据。

8　标准的协调

注：**技术法规**的协调与**标准**的协调相似。用"技术法规"代替 8.1～8.9 中的"标准"，用"**权力机关**"代替 8.1 中的"**标准化机构**"，便可得到技术法规协调的相应的术语和定义。

8.1

协调标准　harmonized standards; equivalent standards

不同**标准化机构**各自针对同一对象批准的，能作为依据建立产品、过程或服务的**互换性**，或者能够提供试验结果或信息的相互理解的若干**标准**。

注：符合本定义的**协调标准**，在表述方面甚至在内容方面都可能有所不同，例如在注、在达到标准**要求**的指导、在可选项和品种规格的优选等方面都可能有所不同。

8.2

一致标准　unified standards

内容相同，但表达形式不同的**协调标准**。

8.3

等同标准　identical standards

内容和表达形式都相同的**协调标准**。

注 1：各等同标准的编号可互不相同。

注 2：不同语种的等同标准互为准确的译文。

8.4

国际协调标准　internationally harmonized standards

与国际**标准**相协调的**标准**。

8.5

区域协调标准　regionally harmonized standards

与区域**标准**相协调的**标准**。

8.6

多边协调标准　multilaterally harmonized standards

两个以上**标准化机构**之间相协调的**标准**。

8.7

双边协调标准　bilaterally harmonized standards

两个**标准化机构**之间相协调的**标准**。

8.8

单边调整标准　unilaterally aligned standard

以满足某一标准为目标调整后形成的**标准**，以便按照调整后的标准提供的产品、过程、服务、试验和信息能够满足目标标准的要求，但反之未必亦然。

注：单边调整标准与以其为调整目标的标准不协调。

8.9

可比标准　comparable standards

不同**标准化机构**各自针对同一产品、过程或服务批准的，对若干相同特性分别规定不同**要求**，并采用相同方法加以评定，因而可以清晰地比较这些不同要求之间差异性的若干**标准**。

注：可比标准不是**协调标准**。

9　规范性文件的内容

9.1

条款　provision

规范性文件内容的表述方式，一般采取**陈述**、**指示**、**推荐**或**要求**的形式。

注：条款的这些形式以其所用的措辞加以区分，例如：指示用祈使句表达，推荐用助动词“宜”，要求用助动词“应”。

9.2

陈述　statement

表达信息的**条款**。

9.3

指示　instruction

表达应执行的行动的**条款**。

9.4

推荐　recommendation

表达建议或指导的**条款**。

9.5

要求　requirement

表达需要满足准则的**条款**。

9.5.1

必达要求　exclusive requirement

为了遵守**规范性文件**而必须履行的**要求**。

9.5.2

可选要求　optional requirement

为了遵守**规范性文件**所允许的特定选择而必须满足的**要求**。

注：可选要求可以是以下任何一种：

a)　两个或更多可选择的要求中的一个；

b)　仅在适用时满足，而在不适用时可不予考虑的附加要求。

9.6

视同符合条款　deemed-to-satisfy provision

指出遵守**规范性文件**的**要求**的一种或多种途径的**条款**。

9.7

描述条款　descriptive provision

表达有关产品、过程或服务特性的**适用性**的**条款**。

注：描述条款通常用尺寸和材料组成表述设计、构造细节等内容。

9.8

性能条款 performance provision

表达有关产品、过程或服务的使用性能或与使用相关性能的**适用性**的**条款**。

10 规范性文件的结构

10.1

主体 body

〈规范性文件中〉构成**规范性文件**实质内容的一组**条款**。

注1：就**标准**而言，主体即规范性要素，由标准的规范性一般要素和规范性技术要素组成。

注2：为了方便起见，规范性文件主体的某些部分可以采用附录的形式（规范性附录），但其他附录（资料性）只可以作为**附加要素**。

10.2

附加要素 additional element

规范性文件中包含的但不影响其实质内容的信息。

注：就**标准**而言，附加要素即资料性概述要素和资料性补充要素，可以包括：封面、目次、前言、引言、资料性附录、参考文献和索引等。

11 规范性文件的制定

11.1

标准工作计划 standards programme

标准化机构就其当前**标准化**工作项目所作出的工作日程安排。

11.1.1

标准项目 standards project

标准工作计划内的具体工作项目。

11.2

标准草案 draft standard

为了征求意见、投票（审查）或批准而提出的**标准**文本。

11.3

有效期 period of validity

规范性文件现行的时长，即从该文件的负责**机构**决定它生效之日起直到它被废止或代替之日为止所经历的时间。

11.4

起草 drafting

确立**条款**，搭建文本的结构，形成文件草案的活动。

注：**标准化**活动中，起草主要由**工作组**完成。

11.5

编制 preparation

起草文件，履行征求意见、技术审查等程序的活动。

注：**标准化**活动中，编制主要指**标准化技术组织**从事的活动。

11.6

制定 development

确立**条款**，编制、发布文件的全过程活动。

注：**标准化**活动中，制定主要指**标准机构**或**标准化机构**从事的活动。

11.7

复审 **review**

决定**规范性文件**是否应予确认、更改或废止的审查活动。

11.8

勘误 **correction**

对已出版的**规范性文件**文本中的印刷、文字错误以及其他类似错误的更正。

注：适合时，勘误的结果可视情况发布单独的勘误页或发布规范性文件的**新版本**。

11.9

修正 **amendment**

对**规范性文件**内容的特定部分的更改、增加或删除。

注：修正的结果一般是发布单独的规范性文件的修正案。

11.10

修订 **revision**

对**规范性文件**实质内容和表述的全面必要的更改。

注：修订的结果是发布规范性文件的**新版本**。

11.11

重印版本 **reprint**

不加任何改变的**规范性文件**的新的印刷品。

11.12

新版本 **new edition**

包括了对前一版本的更改内容的**规范性文件**的新的印刷品。

注：即使仅将现存的**勘误**或**修正案**的内容纳入规范性文件的文本中，该文本也构成一个新版本。

12 规范性文件的实施

注：**规范性文件**有两种不同的"实施"方式。一是可以直接应用于生产、贸易等方面；二是可以被另一个规范性文件全部或部分地采用。通过第二个规范性文件的媒介，第一个规范性文件还可得到应用，或再次被第三个规范性文件所采用。

12.1

规范性文件的采用 **adoption of a normative document**

某一机构以另一机构的**规范性文件**为基础**编制**并说明和标示了两个文件之间差异的规范性文件的发布，或者某一机构将另一机构的规范性文件作为与本机构文件具有同等地位的签署认可行为。

12.1.1

一致性程度 **degrees of correspondence**

描述采用与被采用关系的两个文件之间差别大小的程度。

注：我国标准与相应国际标准的一致性程度分为：等同、修改和非等效。

12.1.1.1

等同 **identical；IDT**

某一文件与所采用的另一文件的技术内容和文本结构相同的**一致性程度**。

注：文件版式（例如，页码、字体、字号等）的改变不影响一致性程度。

12.1.1.2

修改 **modified；MOD**

某一文件与所采用的另一文件存在已被明确指出并说明原因的技术性差异，和（或）已清晰阐述或比较两个文件之间文本结构变化的**一致性程度**。

12.1.1.3

非等效 nonequivalent;NEQ

某一文件与另一文件存在未清晰说明的技术内容和(或)文本结构的差别,或只保留另一文件中少量或不重要条款的**一致性程度**。

注:与国际标准一致性程度为非等效的我国标准,不属于采用国际标准。

12.2

规范性文件的应用 application of a normative document

规范性文件在生产、贸易等方面的使用。

12.2.1

标准的直接应用 direct application of an standard

无论某标准是否被其他**规范性文件**采用或引用而对该**标准**的应用。

12.2.2

标准的间接应用 indirect application of an standard

以另一个采用或引用某标准的**规范性文件**为媒介而对该**标准**的应用。

13 在规范性文件中引用标准

13.1 引用的概念

13.1.1

引用标准 reference to standards

提及一个或多个**标准**,以代替**规范性文件**中的详细**条款**。

注1:引用标准可以是注日期引用、不注日期引用或普遍性引用,同时可以是惟一性引用或指示性引用。

注2:涉及**最新技术水平**或**公认的技术规则**的更普遍性的法律条款可以引用标准,也可以直接规定技术内容。

13.2 引用的确定性

13.2.1

注日期引用(对标准的) dated reference(to standards)

除非**规范性文件**被更改,被引用的标准随后的**修正**和**修订**均不适用的一种**引用标准**的方式。

注1:以这种方式**引用标准**通常标出标准代号、顺序号和发布日期或版次。

注2:法规引用标准时可给出标准名称。

13.2.2

不注日期引用(对标准的) undated reference(to standards)

无需对**规范性文件**进行更改,被引用的标准随后的**修正**和**修订**均适用的一种**引用标准**的方式。

注1:对以这种方式**引用标准**通常仅标出标准代号和顺序号。

注2:法规引用标准时可给出标准名称。

13.2.3

普遍性引用(法规对标准的) general reference(to standards in regulations)

指明特定机构或具体领域内所有标准(不逐个列举)的一种**引用标准**的方式。

13.3 引用的力度

13.3.1

惟一性引用(法规对标准的) exclusive reference(to standards in regulations)

指明遵守所引用的**标准**是满足**技术法规**有关**要求**的惟一途径的一种**引用标准**的方式。

13.3.2

指示性引用(法规对标准的)　indicative reference(to standards in regulations)

指明遵守所引用的**标准**是满足**技术法规**有关**要求**的途径之一的一种**引用标准**的方式。

注:法规对标准的指示性引用是**视同符合条款**的一种形式。

14　合格评定

GB/T 27000 给出了适用的术语和定义。

附 录 A
(资料性附录)
被本部分重新定义和删除的 ISO/IEC 指南 2:2004 相关术语及定义

表 A.1 给出了被本部分重新定义和删除的 ISO/IEC 指南 2:2004 中的相关术语及定义。

表 A.1 被本部分重新定义和删除的 ISO/IEC 指南 2:2004 相关术语及定义

序号	术 语	定 义	ISO/IEC 指南 2:2004 中术语条目编号	本部分中术语条目编号
1	标准化 standardization	为了在一定范围内获得最佳秩序,对现实问题或潜在问题确立共同使用和重复使用的条款的活动。 **注 1**:上述活动主要包括编制、发布和实施标准的过程。 **注 2**:标准化的主要效益在于为了产品、过程或服务的预期目的改进它们的适用性,防止贸易壁垒,并促进技术合作。	1.1	3.1
2	标准 standard	为了在一定范围内获得最佳秩序,经协商一致确立并由公认机构批准,为活动或结果提供规则、指南和特性,供共同使用和重复使用的文件。 **注**:标准宜以科学、技术和经验的综合成果为基础,以促进最佳的共同效益为目的。	3.2	5.3
3	规程 code of practice	为设备、构件或产品的设计、制造、安装、维护或使用而推荐惯例或程序的文件。 **注**:规程可以是标准、标准的一个部分或标准以外的文件。	3.5	5.6
4	术语标准 terminology standard	与术语有关的标准,通常带有定义,有时还附有注、图、示例等。	5.2	7.2
5	试验标准 testing standard	与试验方法有关的标准,有时附有与测试有关的其他条款,例如取样、统计方法的应用、试验步骤。	5.3	7.5
6	(在国家规范性文件中)采用国际标准 taking over an international standard (in a national normative document)	以标明与相应国际标准之间差异的方式,发布一个以该国际标准为基础的国家规范性文件,或签署认可该国际标准与国家规范性文件具有同等地位。 **注**:有时术语"adoption"和"taking over"具有相同的含义,例如"adoption of an international standard in a national standard"。	10.1	12.1
7	强制标准 mandatory standard	根据普遍性法律规定或法规中的惟一性引用使标准应用成为强迫性的标准。	11.4	—

索　引

汉语拼音索引

英文对应词索引

A

B

C

D

E

F

G

H

I

L

M

N

ICS 01.120
A 00

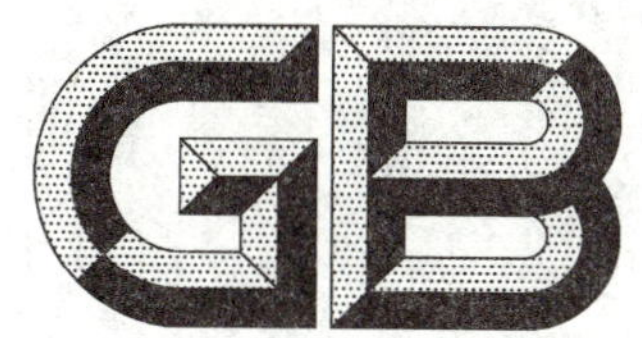

中华人民共和国国家标准

GB/T 20000.2—2009
代替 GB/T 20000.2—2001

标准化工作指南 第2部分:采用国际标准

Guidelines for standardization—Part 2:Adoption of international standards

(ISO/IEC Guide 21-1:2005,Regional or national adoption of International Standards and other International Deliverables—Part 1:Adoption of International Standards,MOD)

2009-06-17 发布

2010-01-01 实施

中华人民共和国国家质量监督检验检疫总局
中国国家标准化管理委员会
发布

前　言

GB/T 20000《标准化工作指南》与GB/T 1《标准化工作导则》、GB/T 20001《标准编写规则》和GB/T 20002《标准中特定内容的起草》共同构成支撑标准制修订工作的基础性系列国家标准。

GB/T 20000《标准化工作指南》分为以下几部分：

——第1部分：标准化和相关活动的通用词汇；

——第2部分：采用国际标准；

——第3部分：引用文件；

——第4部分：标准中涉及安全的内容；

——第5部分：产品标准中涉及环境的内容；

——第6部分：标准化良好规范；

——第7部分：管理体系标准的论证和制定。

本部分为GB/T 20000的第2部分。

本部分按照GB/T 1.1—2009给出的规则起草。

本部分代替GB/T 20000.2—2001《标准化工作指南　第2部分：采用国际标准的规则》，与GB/T 20000.2—2001相比，主要技术变化如下：

——删除了采用国际标准之外其他类型国际规范性文件的适用范围；删除了采用区域和其他国家标准的适用范围；增加了本部分第7章内容不适用于采用ISO公布的其他国际标准化机构发布的标准的规定（见第1章，2001年版的第1章）；

——增加了"国际标准"的术语和定义（见3.1）；

——修改了术语"采用"的定义（见3.2，2001年版的3.1）；

——删除了"等同"可选条件的第一个条件[见2001年版的4.2a)]；

——增加了采用国际标准时需关注ISO、IEC以及ISO公布的其他国际标准化机构的有关版权政策文件的规定（见5.1.1）；

——增加了将国际文件采用为我国同类型文件的规定（见5.1.2）；

——修改了与国际标准有一致性对应关系的国家标准的编写方法（见5.1.4，2001年版的5.1.2）；

——修改了前言中应陈述的内容（见5.1.4，2001年版的5.1.3）；

——删除了关于多语种出版国家标准以中文文本为准的规定（见2001年版的5.2.4）；

——增加了结构有较多调整时宜编排附录的规定（见6.1.2）；

——增加了在标准前言中简化陈述编辑性修改的规定（见6.1.3）；

——增加了等同采用时，对于国际标准不注日期规范性引用的国际文件，在国家标准中应全部规范性引用的规定（见6.2.1）；

——增加了对于保留引用的国际文件的标识规定（见6.2.1至6.2.3）；

——删除了关于引用即将出版的国际标准的规定（见2001年版的6.2.4）；

——增加了将国际标准的参考文献替换为我国文件的规定（见6.2.4）；

——修改了在标准中标示一致性程度的规定内容的顺序和示例（见8.3，2001年版的8.3）；

——增加了关于国际标准条款中助动词的翻译规定（见附录E）。

本部分使用重新起草法修改采用ISO/IEC指南21-1:2005《区域标准或国家标准采用国际标准和其他类型国际文件　第1部分：采用国际标准》。

本部分与ISO/IEC指南21-1:2005相比在结构上有较多调整，附录A中列出了本部分与ISO/IEC

指南 21-1:2005 的章条编号对照一览表。

本部分与 ISO/IEC 指南 21-1:2005 相比存在技术性差异，这些差异涉及的条款已通过在其外侧页边空白位置的垂直单线(|)进行了标示，附录 B 中给出了相应技术性差异及其原因的一览表。

本部分还做了下列编辑性修改：

——在本部分的附录 C 中，删除 ISO/IEC 指南 21-1:2005 的资料性附录 A 中的 A.2.5 关于修改表述的综合示例；

——在本部分的附录 D 中，修改 ISO/IEC 指南 21-1:2005 的资料性附录 D“区域或国家标准介绍性内容的示例”，用更具体的示例代替；

——在本部分的附录 D 中，删除 ISO/IEC 指南 21-1:2005 的资料性附录 D“区域或国家标准介绍性内容的示例”中使用翻译法修改采用国家标准的区域或国家标准的前言示例；

——在本部分的附录 F 中，按本部分 5.4 的规定，简化 ISO/IEC 指南 21-1:2005 资料性附录 B 的表格；

——增加了资料性附录 G，提供了用附录形式编排结构变化对照一览表和技术性差异及原因一览表的示例；

——删除 ISO/IEC 指南 21-1:2005 的资料性附录 C“采用国际标准通告的示例”；

——删除 ISO/IEC 指南 21-1:2005 的资料性附录 E“等同采用国际标准的国家标准注日期编号方法的示例”。

本部分由全国标准化原理与方法标准化技术委员会(SAC/TC 286)归口。

本部分起草单位：中国标准化研究院、机械科学研究总院、中国标准出版社、冶金工业信息标准研究院、中国电子技术标准化研究所。

本部分主要起草人：逄征虎、白殿一、强毅、白德美、魏绵、刘慎斋、陆锡林、赵文慧。

本部分于 2001 年 4 月首次发布，本次为第一次修订。

引　言

GB/T 20000的本部分规定的国家标准采用国际标准的方法以及国家标准与国际标准之间一致性程度的分类体系，将促进我国采用国际标准的规范化。采用国际标准以外的其他类型文件[例如ISO或IEC发布的技术规范(TS)、可公开获得的规范(PAS)、技术报告(TR)、指南(Guide)、技术趋势评定(TTA)、工业技术协议(ITA)、国际专题研讨会协议(IWA)]的方法由GB/T 20000的另一个部分规定。

国际标准通常是全球工业界、研究人员、消费者和法规制定部门经验的结晶，包含了各国的共同需要，因此采用国际标准是消除技术性贸易壁垒的重要基础之一。这一点已在世界贸易组织的"技术性贸易壁垒协议"(WTO/TBT协议)中被明确认可。为了发展对外贸易，尽量采用和使用国际标准十分重要。

为了对国家标准与相应的国际标准进行比较，迅速了解它们之间的关系，标示它们之间的一致性程度十分重要。由于采用国际标准时情况各异，过分详细地划分一致性程度是不合理的，把一致性程度划分为三类(见4.2～4.4)已足够使用。

等同采用国际标准可保证国家标准制定的透明度，这是促进国际贸易的基本条件。因为即使不同国家标准机构在采用同一国际标准时各自仅做了一些在他们看来是很小的修改，这些修改也可能会叠加在一起导致不同国家标准相互不被接受，而等同采用国际标准则可以避免这些问题。即使出于气候、地理或基本技术原因而不能等同采用国际标准时，也宜尽一切努力把国家标准与相应国际标准的差异减到最小。当国家标准与国际标准之间存在差异时，在国家标准上清楚地标示这些差异并说明产生这些差异的原因十分重要。如果不标示这些差异，那么由于国家标准与相应国际标准的表述不同或结构不同，则很难识别出技术性差异。此外，对差异的标示能随时提醒起草者考虑这些差异是否还有存在的必要；而不标示的差异，即使随后已没有存在的必要了，也可能因被忽视而仍保留在标准中。

标准化工作指南
第2部分:采用国际标准

1 范围

GB/T 20000的本部分规定了:

——国家标准与相应国际标准一致性程度的判定方法;

——采用国际标准的方法;

——识别和表述技术性差异和编辑性修改的方法;

——等同采用ISO标准和IEC标准的国家标准编号方法;

——国家标准与相应国际标准一致性程度的标示方法。

本部分适用于国家标准采用国际标准,也可供其他标准采用国际标准时参考。

本部分第7章规定的等同采用ISO标准和(或)IEC标准的国家标准的编号方法不适用于采用ISO公布的其他国际标准化机构发布的标准。

2 规范性引用文件

下列文件对于本文件的应用是必不可少的。凡是注日期的引用文件,仅注日期的版本适用于本文件。凡是不注日期的引用文件,其最新版本(包括所有的修改单)适用于本文件。

GB/T 1.1 标准化工作导则 第1部分:标准的结构和编写(GB/T 1.1—2009,ISO/IEC Directives—Part 2:2004,NEQ)

GB/T 20000.1 标准化工作指南 第1部分:标准化和相关活动的通用词汇(GB/T 20000.1—2002,ISO/IEC Guide 2:1996,MOD)

3 术语和定义

GB/T 20000.1中界定的以及下列术语和定义适用于本文件。

3.1

国际标准 international standard

国际标准化组织(ISO)、国际电工委员会(IEC)和国际电信联盟(ITU)以及ISO确认并公布的其他国际组织制定的标准。

注1:改写GB/T 20000.1—2002,定义2.3.2.1.1。

注2:ISO公布的国际标准化机构的名单可在http://www.wssn.net/WSSN/index.html查到。

注3:在ISO和(或)IEC的文件中提及其自身发布的标准用英文"International Standard"表示。

3.2

采用 adoption

〈国家标准对国际标准〉以相应国际标准为基础编制,并标明了与其之间差异的国家规范性文件的发布。

注:改写GB/T 20000.1—2002,定义2.10.1。

3.3

编辑性修改　editorial change

〈国家标准对国际标准〉在不变更标准技术内容条件下允许的修改。

3.4

技术性差异　technical deviation

〈国家标准与国际标准〉国家标准与相应国际标准在技术内容上的不同。

3.5

结构　structure

〈标准的〉章、条、段、表、图和附录的排列顺序。

3.6

反之亦然原则　vice versa principle

国际标准可以接受的内容在国家标准中也是可以接受的，反之，国家标准可以接受的内容在国际标准中也是可以接受的原则。因此，符合国家标准就意味着符合国际标准。

4　一致性程度

4.1　总则

国家标准与相应的国际标准的一致性程度分为：等同(见4.2)、修改(见4.3)和非等效(见4.4)。

4.2　等同

国家标准与相应国际标准的一致性程度为“等同”时，存在下述情况：国家标准与国际标准的技术内容和文本结构相同，但可以包含以下最小限度的编辑性修改：

——用小数点符号“.”代替符号“,”；
——改正印刷错误；
——删除多语种出版的国际标准版本中的一种或几种语言文本；
——纳入国际标准修正案或技术勘误的内容；
——改变标准名称以便与现有的标准系列一致；
——用“本标准”代替“本国际标准”；
——增加资料性要素(例如资料性附录，这样的附录不变更、不增加或不删除国际标准的规定)，通常的资料性要素包括对标准使用者的建议、培训指南或推荐的表格或报告；
——删除国际标准中资料性概述要素(包括封面、目次、前言和引言)；
——如果使用不同的计量单位制，为了提供参考，增加单位换算的内容。

“等同”条件下，“反之亦然原则”适用。

注：文件版式的改变(例如，页码、字体、字号等的改变)，尤其在使用计算机编辑的情况下，不影响一致性程度。

4.3　修改

国家标准与相应国际标准的一致性程度为“修改”时，存在下述情况之一或二者兼有：

——技术性差异，并且这些差异及其产生的原因被清楚地说明；
——文本结构变化，但同时有清楚的比较。

一致性程度为“修改”时，国家标准还可包含编辑性修改。

一项国家标准应尽可能采用一项国际标准。个别情况下，只有当使用列表形式清楚地说明技术性差异及其原因并很容易与相应国际标准的结构进行比较时，才允许一项国家标准采用若干项国际标准。

“修改”可包括如下情况：

a） 国家标准的内容少于相应的国际标准：国家标准的要求少于国际标准的要求，仅采用国际标准中供选用的部分内容。

b） 国家标准的内容多于相应的国际标准：国家标准的要求多于国际标准的要求，增加了内容或种类，包括附加试验。

c） 国家标准更改了国际标准的一部分内容：国家标准与国际标准的部分内容相同，但都含有与对方不同的要求。

d） 国家标准增加了另一种供选择的方案：国家标准中增加了一个与相应的国际标准条款同等地位的条款，作为对该国际标准条款的另一种选择。

陈述和解释技术性差异的示例参见附录C。

“修改”条件下，“反之亦然原则”不适用。

注：国家标准可能包括相应国际标准的全部内容，还包括不属于该国际标准的一部分附加技术内容。在这种情况下，即使没有对所包含的国际标准做任何修改，其一致性程度也只能是“修改”或“非等效”。至于是“修改”还是“非等效”，取决于技术性差异是否被清楚地标示和解释。

4.4 非等效

国家标准与相应国际标准的一致性程度为“非等效”时，存在下述情况：国家标准与国际标准的技术内容和文本结构不同，同时这种差异在国家标准中没有被清楚地说明。“非等效”还包括在国家标准中只保留了少量或不重要的国际标准条款的情况。与国际标准一致性程度为“非等效”的国家标准，不属于采用国际标准。

5 采用国际标准的方法

5.1 总则

5.1.1 采用ISO、IEC以及ISO公布的其他国际标准化机构发布的标准或其他出版物，需关注ISO、IEC以及ISO公布的其他国际标准化机构有关其出版物版权、版权使用权和销售的政策文件的规定。

5.1.2 对于国际标准化机构发布的包括国际标准在内的不同类型的文件，宜采用为与国际文件相似类型的我国文件。

5.1.3 国家标准应尽可能等同采用国际标准。若因气候、地理或基本技术原因对国际标准进行修改时，应把与国际标准的差异减到最小，并应清楚地标示这些差异和说明产生这些差异的原因。

5.1.4 与国际标准有一致性对应关系的国家标准应按GB/T 1.1的规定编写。

注：ISO公布的其他国际标准化机构发布的标准的结构与GB/T 1.1规定的标准结构往往不同。

与国际标准有一致性对应关系的国家标准应在封面上标示与国际标准的一致性程度标识（见8.3.1），在前言中陈述采用国际标准方法、与被采用国际标准的一致性程度、该国际标准编号和国际标准名称的中文译名（参见附录D）。在前言中，等同采用时应陈述做出的最小限度的编辑性修改（见6.1.3）；修改采用时应陈述技术性差异（见6.1.1）和编辑性修改（见6.1.3）以及结构的改变（见6.1.2）；与国际标准非等效时，不必说明技术性差异和编辑性修改以及结构的改变。

与国际标准有一致性对应关系的国家标准，不应保留国际标准的前言。可根据需要将国际标准引言的内容转化到国家标准的引言中，也可删除国际标准的引言。

5.1.5 当采用国际标准时，应把已发布的该国际标准的全部修正案和技术勘误的内容纳入国家标准内。国家标准前言中应包括增加国际标准的修正案和技术勘误内容的说明以及标示方法的说明，标准文本中纳入修正案和技术勘误的标示方法见6.1.4。

国家标准采用国际标准后，对于新发布的该国际标准的修正案和技术勘误也宜尽快采用。

5.1.6 随着标准电子版本的发展，可能出现本部分未包括的新的采用国际标准的方法，或与现有方法相结合的新方法。在使用新方法情况下，本部分中关于一致性程度的划分和标示的条款仍然适用。

5.2 翻译法

5.2.1 翻译法指依据相应国际标准翻译成为国家标准，可做最小限度的编辑性修改(见4.2)。关于国际标准条款中助动词的翻译见附录E。

5.2.2 采用翻译法的国家标准可做最小限度的编辑性修改，如果需要增加资料性附录，应将这些附录置于国际标准的附录之后，并按条文中提及这些附录的先后次序编排附录的顺序。每个附录的编号由“附录”字样加上代表国家附录的标志“N”和随后表明顺序的大写拉丁字母组成，字母从“A”开始，例如：“附录NA”、“附录NB”等。每个附录中章、图、表和数学公式的编号均应从1开始，编号前应加上代表国家附录的标志“N”和随后表明该附录顺序的大写拉丁字母，后跟下脚点，例如附录NA中的章用“NA.1”、“NA.2”等表示，图用“图NA.1”、“图NA.2”等表示。

5.3 重新起草法

5.3.1 重新起草法指在相应国际标准的基础上重新编写国家标准。

5.3.2 采用重新起草法的国家标准如果需要增加附录，每个增加的附录应与其他附录一起按在标准条文中提及的先后顺序编号。

5.4 采用国际标准方法的选择

5.4.1 等同采用国际标准时，应使用翻译法。

5.4.2 修改采用国际标准时，应使用重新起草法。

注：采用国际标准方法和一致性程度的对应关系见附录F。附录F包含了一致性程度为非等效时采用的方法。

6 技术性差异和编辑性修改的表述和标示

6.1 总则

6.1.1 当技术性差异(及其原因)较少时，宜在国家标准前言中陈述(参见附录D的示例2)。当技术性差异(及其原因)较多时，应在文中这些差异涉及的条款的外侧页边空白位置用垂直单线(|)进行标示，并且宜编排一个附录将归纳所有差异及其原因的表格列在其中(参见附录G)，同时在前言中指出该附录并说明在文中如何标示这些技术性差异(参见附录D的示例3)。

6.1.2 当结构调整较少时，宜在国家标准前言中陈述。当结构调整较多时，宜编排一个附录将国家标准与国际标准的章条编号对照表列在其中(参见附录G)，同时在前言中指出该附录(参见附录D的示例3)。

6.1.3 当存在编辑性修改时，等同采用的国家标准在前言中仅陈述如下编辑性修改：

——纳入国际标准修正案或技术勘误的内容；

——改变标准名称；

——增加资料性附录；

——增加单位换算的内容。

修改采用的国家标准在前言中除了需要陈述上述四项最小限度的编辑性修改，还应陈述4.2所列最小限度的编辑性修改以外的其他编辑性修改，例如删除或修改国际标准的资料性附录。

6.1.4 国际标准的修正案和(或)技术勘误应直接纳入国家标准的条款中,同时应在改动过的条款的外侧页边空白位置用垂直双线(‖)标示。

6.2 采用的国际标准引用了其他国际文件

6.2.1 等同采用国际标准的国家标准,对于国际标准注日期规范性引用的国际文件,可以用等同采用这些文件的我国文件[1)]代替,在此情况下,应在国家标准的"规范性引用文件"一章中列出这些代替的我国文件,并标示与相应国际文件的一致性程度标识(见 8.3.2)。对于国际标准不注日期规范性引用的国际文件应全部保留引用,在此情况下,应在国家标准的"规范性引用文件"一章中列出这些保留的国际文件(如是标准,则包括国际标准编号、国际标准名称的中文译名及用括号括起的原文名称),并在前言中列出与这些文件有一致性对应关系的我国文件,如果需要列出的我国文件较多,则宜编排一个资料性附录列出(见 8.3.2)。

6.2.2 修改采用国际标准的国家标准,对于国际标准规范性引用的国际文件,可以用适用的我国文件代替。在此情况下,应在国家标准的"规范性引用文件"一章中列出这些适用的我国文件,对于其中与国际文件有一致性对应关系的我国文件,应标示与国际文件的一致性程度标识(见 8.3.3)。

如果用非等效于国际文件的我国文件,或用与国际文件无一致性对应关系的我国文件代替国际标准规范性引用的国际文件,则国家标准在陈述技术性差异时,应简要说明非等效或无一致性对应关系的我国文件与相应国际文件之间在引用的相关内容方面的技术性差异。

对于保留引用的国际标准规范性引用的国际文件,应在国家标准的"规范性引用文件"一章中列出这些保留的国际文件(如是标准,则包括国际标准编号、国际标准名称的中文译名及用括号括起的原文名称)。

6.2.3 非等效于国际标准的国家标准,对于国际标准规范性引用的国际文件,可以用适用的我国文件代替。在此情况下,应在国家标准的"规范性引用文件"一章中列出这些适用的我国文件,对于其中与国际文件有一致性对应关系的我国文件,可不标示与国际文件一致性程度标识,也可仅标示相应国际文件的代号和顺序号。

对于保留引用的国际标准规范性引用的国际文件,应在国家标准的"规范性引用文件"一章中列出这些保留的国际文件(如是标准,则包括国际标准编号、国际标准名称的中文译名及用括号括起的原文名称)。

6.2.4 对于国际标准提及的参考文献,可以用适用的我国文件代替。在此情况下,可在国家标准的"参考文献"中列出这些适用的我国文件,对于其中与国际文件有一致性对应关系的我国文件,可不标示与国际文件一致性程度标识。对于保留的参考文献中的国际文件的名称,不必译成中文。

7 等同采用 ISO 标准或 IEC 标准的编号方法

7.1 概述

当国家标准与 ISO 标准和(或)IEC 标准等同时,"等同"这一信息宜使读者在查阅内容之前清楚获悉,为此,使用下述编号方法。

7.2 编号

国家标准等同采用 ISO 标准和(或)IEC 标准的编号方法是国家标准编号与 ISO 标准和(或)IEC

1) 本部分中"我国文件"指国家标准、国家标准化指导性技术文件、行业标准。

标准编号结合在一起的双编号方法。具体编号方法为将国家标准编号及 ISO 标准和(或)IEC 标准编号排为一行,两者之间用一斜线分开。

示例:GB/T 7939—2008/ISO 6605:2002

对于与 ISO 标准和(或)IEC 标准的一致性程度是修改和非等效的国家标准,只使用国家标准编号,不准许使用上述双编号方法。

双编号在国家标准中仅用于封面、页眉、封底和版权页上。

8 一致性程度的标示方法

8.1 一致性程度标识

在采用国际标准时,应准确标示国家标准与国际标准的一致性程度。一致性程度标识包括国际标准编号、逗号和一致性程度代号(见 8.2)。

8.2 一致性程度及代号

一致性程度及代号见表 1:

表 1 一致性程度及代号

一致性程度	代号
等同	IDT
修改	MOD
非等效	NEQ

8.3 在国家标准中标示一致性程度

8.3.1 与国际标准有一致性对应关系的国家标准,在标准封面上的国家标准英文译名下面的括号中标示一致性程度标识(见示例 1)。如果国家标准的英文译名与被采用的国际标准名称不一致时,则在一致性程度标识中国际标准编号和一致性程度代号之间给出该国际标准英文名称(见示例 2)。

示例 1:

质量管理体系 基础和术语

Quality management systems—Fundamentals and vocabulary

(ISO 9000:2005,IDT)

示例 2:

滚动轴承 钢球

Rolling bearings—Balls

(ISO 3290:1998,Rolling bearings—Balls—Dimensions and tolerances,NEQ)

8.3.2 等同采用时,用注日期引用的等同采用相应国际文件的我国文件代替国际标准中注日期引用的国际文件,则在"规范性引用文件"一章的文件清单中相应的我国文件后的括号中标示一致性程度标识(见示例 1)。

对于保留引用的国际文件,如果存在有一致性对应关系的我国文件,则在前言中列出这些我国文件并在其后标示一致性程度标识(见示例 2)。其中,如果保留引用了国际文件的所有部分,仅列出我国文件的代号和顺序号及"(所有部分)",并在文件名称之后的方括号中列出国际文件的代号和顺序号及"(所有部分)",省略一致性程度代号(见示例 2)。以附录形式列出较多的与国际文件有一致性对应关系的我国文件时，在前言中的说明见示例 3。

示例 1：

> 2 规范性引用文件
>
> …………
>
> GB/T 225—2006 钢 淬透性的末端淬火试验方法(ISO 642:1999,IDT)
>
> GB/T 20568—2006 金属材料 管环液压试验方法(ISO 15363:2000,IDT)
>
> ISO 1460:1992 钢产品镀锌层质量试验方法(Test method for gravimetric determination of the mass per unit area of galvanized coatings on steel products)
>
> ISO 3534(所有部分) 统计学 词汇和符号(Statistics—Vocabulary and symbols)

示例 2：

> 前　言
>
> …………
>
> 与本标准中规范性引用的国际文件有一致性对应关系的我国文件如下：
>
> ——GB/T 1839—2003 钢产品镀锌层质量试验方法(ISO 1460:1992,MOD)
>
> ——GB/T 3358(所有部分) 统计学术语[ISO 3534(所有部分)]
>
> 本标准做了下列编辑性修改：
>
> …………

示例 3：

> 前　言
>
> …………
>
> 与本标准中规范性引用的国际文件有一致性对应关系的我国文件见附录 NA。
>
> 本标准做了下列编辑性修改：
>
> …………

8.3.3 修改采用时，用与国际文件有一致性对应关系的我国文件代替国际标准中引用的国际文件，则在“规范性引用文件”一章的文件清单中相应的我国文件名称后的括号中标示一致性程度标识：

——对于注日期引用文件之间的代替，一致性程度标识见示例 1 和示例 2；

——对于不注日期引用文件之间的代替，则在其随后的一致性程度标识之前增加标示当前最新版本的我国文件的编号(见示例 3)；

——对于不注日期引用的国际文件的所有部分的代替，则标示国际文件的代号及顺序号和“(所有部分)”(见示例 4)。同时，在前言中陈述技术性差异时，列出当前最新版本的我国文件各部分与国际文件各部分之间的一致性程度，我国文件或国际文件所分部分较少时，则在技术性差异列项下直接列出(见示例 5)；我国文件或国际文件所分部分较多时，宜编排一个附录列出，并在技术性差异列项下说明用附录的形式列出(见示例 6)。

示例 1：GB/T 11021—2007 电气绝缘 耐热性分级(IEC 60085:2004,IDT)

示例 2：GB/T 10893.2—2006 压缩空气干燥器 第 2 部分：性能参数(ISO 7183-2:1996,MOD)

示例 3：GB/T 15140 航空货运集装单元(GB/T 15140—2008,ISO 8097:2001,MOD)

示例 4：

GB/T 27050(所有部分) 合格评定 供方的符合性声明[ISO 17050(所有部分)]

GB/T 6988(所有部分) 电气技术用文件的编制[IEC 61082(所有部分)]

示例 5：

前　言
…………
——关于规范性引用文件，本标准做了具有技术性差异的调整，以适应我国的技术条件，调整的情况集中反映在第 2 章“规范性引用文件”中，具体调整如下：
…………
• 用 GB/T 27050（所有部分）代替 ISO 17050（所有部分），两项标准各部分之间的一致性程度如下：
◆ GB/T 27050.1—2006　合格评定　供方的符合性声明　第 1 部分：通用要求（ISO 17050-1:2004，IDT）；
◆ GB/T 27050.2—2006　合格评定　供方的符合性声明　第 2 部分：支持性文件（ISO 17050-2:2004，IDT）。
…………

示例 6：

前　言
…………
——关于规范性引用文件，本标准做了具有技术性差异的调整，以适应我国的技术条件，调整的情况集中反映在第 2 章“规范性引用文件”中，具体调整如下：
…………
• 用 GB/T 6988（所有部分）代替 IEC 61082（所有部分），两项标准各部分之间的一致性程度见附录 A。
…………

8.4 在目录和其他媒介上标示一致性程度

在标准目录、年报、数据库和其他所有相关媒介上宜标示与国际标准的一致性程度标识。

在数据库中使用的一致性程度标识的格式还宜参考 ISONET 手册[2] 的有关内容。

2) ISONET 手册规定了标准类文件、法规文件和它们的主题内容的表述方法，以便于交换有关这些文件的信息。

附　录　A
（资料性附录）
本部分与 ISO/IEC 指南 21-1:2005 相比的结构变化情况

本部分与 ISO/IEC 指南 21-1:2005 相比在结构上有较多调整，具体章条编号对照情况见表 A.1。

表 A.1　本部分与 ISO/IEC 指南 21-1:2005 的章条编号对照情况

本部分章条编号	对应的 ISO/IEC 指南章条编号
引言的第一段	0.1
引言的第二段	0.2
引言的第三段	4.1 的第一段
引言的第四段	4.1 的第三段
—	0.5
—	3.1、3.3、3.4、3.5、3.9
3.1	3.2
3.2	3.6
3.3	3.7
3.4	3.8
3.5	3.10
3.6	3.11
5.1.1	0.6
5.1.2	5.1.1
—	5.1.2
5.1.3	0.3 第二段的部分内容
5.1.4	0.3 的第一段，0.4，5.1.3，5.3.2.2
5.1.5	5.1.4
5.1.6	5.1.5
—	5.2，5.3.1，5.3.2
5.2	5.3.3
5.2.1	5.3.3.1
5.2.2	—
—	5.3.3.2～5.3.3.5
5.3	5.3.4
5.3.1	5.3.4.1
5.3.2	—
—	5.3.4.2，5.3.4.3
—	5.4.3

表 A.1 本部分与 ISO/IEC 指南 21-1:2005 的章条编号对照情况（续）

本部分章条编号	对应的 ISO/IEC 指南章条编号
6.1.1	6.1.1，6.1.2，6.1.5
—	6.1.3，6.1.4
6.1.2	—
6.1.3	6.1.2
6.1.4	6.1.6
6.2.1	6.2.1，6.2.2
6.2.2，6.2.3	6.2.3
6.2.4	6.2.1 的注
7.2	7.2.1，7.2.2b)
—	7.2.2a)
8.1	8.3 的第一段
8.3.1，8.3.2，8.3.3	8.3
附录 A	—
附录 B	—
附录 C	附录 A
附录 E	—
附录 F	附录 B
附录 G	—
—	附录 C
—	附录 E

附　录　B
（资料性附录）
本部分与 ISO/IEC 指南 21-1:2005 的技术性差异及其原因

表 B.1 给出了本部分与 ISO/IEC 指南 21-1:2005 的技术性差异及其原因。

表 B.1　本部分与 ISO/IEC 指南 21-1:2005 的技术性差异及其原因

本部分章条编号	技术性差异	原因
1	删除 ISO/IEC 指南 21-1:2005 关于区域标准采用国际标准的适用范围	本部分仅适用于国家标准采用国际标准的情况
1	增加了对于 ISO 公布的其他国际标准化机构发布的标准的采用的适用范围。同时说明本部分第 7 章规定的等同采用 ISO 标准、IEC 标准的国家标准的编号方法不适用于采用 ISO 公布的其他国际标准化机构发布的标准	根据我国采用其他国际性组织标准的需要，扩大适用性
1	删除 ISO/IEC 指南 21-1:2005 的第 1 章第二段该指南不规定的内容	该内容是从国际角度叙述的，我国不适于这种叙述
1	增加了本部分“可供其他标准采用国际标准时参考”	对除国家标准以外的其他标准（例如行业标准、地方标准和企业标准）采用国际标准给予指导
2	关于规范性引用文件，本部分做了具有技术性差异的调整，调整的情况集中反映在第 2 章“规范性引用文件”中，具体调整如下： ——用修改采用国际标准的 GB/T 20000.1，代替了 ISO/IEC 指南 2:2004（见第 3 章）； ——增加引用了 GB/T 1.1（见 5.1.4）	引用 GB/T 20000.1，便于标准使用者使用中文术语；强调采用国际标准时按 GB/T 1.1 的规定编写，确保技术内容的确定和文本结构的协调统一，适应我国的标准编写和版式要求
3	删除 ISO/IEC 指南 21-1:2005 中的术语和定义 3.1、3.3、3.4 和 3.5	术语和定义 3.1、3.3、3.4 和 3.5 已广为人知，在本部分中不再重复
3	删除 ISO/IEC 指南 21-1:2005 中的术语和定义 3.9“措辞改变”	此定义的含义在不同语种间不会出现
4.1	将 ISO/IEC 指南 21-1:2005 中 4.1 的第一段和第三段移至本部分的引言中	这两段内容是对标准技术内容的说明，属于引言的内容，不宜写在标准正文中
4.2	删除了 ISO/IEC 指南 21-1:2005 的 4.2 的 a)“等同”的可选条件的第一个条件	此条件中关于措辞一致的要求，对我国官方语言不适用
5	仅选用 ISO/IEC 指南 21-1:2005 中提供的采用国际标准方法中的翻译法和重新起草法。删除了签署认可法和重新印刷法	由于目前 ISO、IEC 使用的官方语言没有包括中文，ISO/IEC 指南 21-1:2005 所提供的签署认可法和重新印刷法均不适用于我国国家标准出版语言文字规定，所以未选用上述方法

表 B.1　本部分与 ISO/IEC 指南 21-1:2005 的技术性差异及其原因（续）

本部分章条编号	技术性差异	原因
5.1.3	将原国际指南引言中 0.3 的内容安排在本部分的 5.1.3	此内容属规范性内容，宜安排在标准正文中
5.1.4	修改了与国际标准有一致性对应关系的国家标准的编写方法	强调采用国际标准时编写按 GB/T 1.1 规定，确保技术内容的确定和文本结构的协调统一
5.1.4	删除 ISO/IEC 指南 21-1:2005 中 5.3.2.2 的列项 b)“负责该标准的区域或国家团体(如技术委员会编号和名称)”	在 GB/T 1.1 中已另有规定
5.2	删除 ISO/IEC 指南 21-1:2005 中 5.3.3.2～5.3.3.4 关于多语种版本有效性的规定	这些条款是考虑到多种官方语言国家采用国际标准的情况，我国仅用一种文字出版
5.2.2	增加了使用翻译法时，对增加的资料性附录的编排规定	将 ISO/IEC 指南 21-1:2005 附录 D 所示的编排附录的做法，用文字表述做出明确规定
5.3	删除 ISO/IEC 指南 21-1:2005 中 5.3.4.3 “虽然重新起草是采用国际标准一种有效的方法，但是重要的技术性差异可能会因为结构和表述的不同而被掩盖，使得国际标准与区域或国家标准难以比较，一致性程度难以确定。重新起草还使得不同国家间的区域或国家标准的一致性程度难以确定。”	我国标准体系和形式与西方国家有区别，再者中文不是 ISO、IEC 官方语言，在标准内容的表述上会有不同。因此不使用重新起草方法很难做到
5.3.2	增加了重新起草法需增加附录时附录的编排规定	由于涉及结构的调整，需要特别说明
5.4	只选择两种一一对应关系： ——等同采用使用翻译法； ——修改采用使用重新起草法。 删除 ISO/IEC 指南 21-1:2005 中 5.4.3“鉴于在 0.3 和 5.4.4.3 中已指出的原因，建议不采用重新起草方法。”	适应我国标准体制和语言习惯，并简化和明确采用国际标准的方法
6	删除了 ISO/IEC 指南 21-1:2005 中 6.1.3 和 6.1.4 提供的在国家标准条款中保留国际标准条款，再在相应条款位置安排国家的编辑性修改和技术性差异内容的方法	与我国国家标准版式相差较大，难以操作
6	删除了 ISO/IEC 指南 21-1:2005 中 6.2.3 最后一句	此句解释规范性引用带来的技术性差异，不宜作为条款
6.1.2	增加了编排结构变化对照表的规定	规定更全面和明确
6.1.3	增加规定了在前言中陈述的编辑性修改的范围	简化编辑性修改的陈述
6.2.1、6.2.2 和 6.2.3	增加了对于国际标准注日期规范性引用的其他国际文件，在“规范性引用文件”一章中直接列入替换成的相应我国文件的规定 增加了对于保留引用的国际文件的标识规定	为了便于标准使用者使用对应的我国文件，做此规定。而 ISO/IEC 指南 21-1:2005 建议将规范性引用的国际文件保留在条款中，替代成的本国标准在前言中说明

表 B.1 本部分与 ISO/IEC 指南 21-1:2005 的技术性差异及其原因(续)

本部分章条编号	技术性差异	原因
6.2.4	增加了国际标准中参考文献的替代方法	对于引用标准的处理规定更全面
7	仅选用 ISO/IEC 指南 21-1:2005 中等同采用国际标准的国家标准的双编号方法	由于单编号方法不适用于我国编号习惯,并且此方法不易体现国家标准编号
8.3.1、8.3.2 和 8.3.3	对于一致性程度信息的标示位置与表述做了更明确细致的规定,并增加了相应的示例	增加可操作性
附录 E	增加了该附录,关于国际标准条款中助动词的翻译规定	规范国际标准中助动词的翻译

附 录 C
（资料性附录）
表述技术性差异及其原因的示例

建议技术性差异的陈述以“增加”、“修改”或“删除”为引导。

示例1至示例4给出了不同种类的修改采用国际标准的标准(见4.3)的技术性差异及其原因的表述示例。

示例1：

本示例针对删除内容的情况[见4.3a)]。

ISO 1××45:1995《轿车轮胎 轮胎功能检验 实验室试验方法》的范围包括标准的轮胎和增强(超载)的轮胎。GB/T 2××56—2003仅适用于标准轮胎。

“在5.1.1.1表1‘阻力试验充气压力’中删除充气压力内容中‘增强(超载)’一栏；在5.4.1.1表4‘高速试验充气压力’中删除轮胎种类中‘增强(超载)’一行。产品标准的内容是以ISO 4000-1为基础制定的，该国际标准规定了轿车轮胎的所有内容，不仅有试验方法还有性能要求。由于国际标准所包括增强(超载)轮胎的内容在本标准的试验方法中已被省略，因此在这两个表中也被省略。”

示例2：

本示例针对增加内容的情况[见4.3b)]。

ISO 1××56:1996《开式机械压力机的验收条件 精度检验》规定了开式机械压力机的几何畸变测试的要求。GB/T 2××67—2004在不加改变地采用国际标准的精度检验要求的同时，增加了国际标准中没有包含的新规定，即连接部件纵向总间隙的精度检验。

“在第4章‘试验条件和允差’中有关试验项目的内容增加了‘连接部件纵向总间隙的精度检验的要求’。因为连接部件纵向总间隙精度对于确保用机械压力机加工产品的尺寸精度和产品质量的稳定是必需的，因此增加此内容。”

示例3：

本示例针对修改内容的情况[见4.3c)]。

ISO 1×××67:1997《金属镀层 金及金合金电镀层的试验方法 第2部分：环境试验》规定工业大气试验环境条件是：气温为25℃，相对湿度为75％，但GB/T 2××78—2005将这两项指标分别改为40℃和80％。

“在第5章‘工业大气试验’中用‘40 ℃±1 ℃’代替‘25 ℃±2 ℃’；用‘80％±5％’代替‘在70％～80％范围内尽量接近75％’。本标准修改了加速试验的要求以求试验在高温和高湿度的天气条件下有更好的反映。”

示例4：

本示例针对增加另一种供选择的方案的情况[见4.3d)]。

在ISO 1××78:1998《橡胶 用袖珍硬度计测定压痕硬度》中，用肖氏硬度计测定硬度要求采用A型和D型。在GB/T 2××89—2006中，除了有A型和D型可供选择，还增加了E型，E型有一部分与A型重复。

“在4.1‘肖氏硬度计：A型和D型’中增加E型；在4.1.1‘压脚’中关于中心孔的直径增加‘使用E型硬度计时，为5.4 mm±0.2 mm’；在4.1.2‘压头’中增加压头的形状和尺寸的描述和图形；在4.1.4‘标准弹簧’的a)A型中弹簧力方程式的适用范围增加E型硬度计；在7.3该段结尾增加‘当用A型硬度计测定的硬度小于A20″时，用E型硬度计测定’；在‘7.3注2’增加‘E型硬度计推荐使用1 kg砝码’。硬度计是用压头压入一块橡胶表面，通过测量压头压入橡胶表面的深度以测定硬度的仪器。D型用于高硬度的橡胶，A型用于标准硬度的橡胶。国家标准需要有一个专门测量低硬度橡胶的方法，此方法需要E型硬度计。”

附 录 D
（资料性附录）
国家标准前言中有关采用国际标准的介绍性内容的示例

示例1至示例4给出了通常情况下国家标准前言中陈述有关采用国际标准的介绍性内容及陈述顺序。

注：本附录示例中给出的标准仅为示范所用，示例中的内容与实际标准的内容可能有出入。

等同采用国际标准的国家标准前言的陈述见示例1。

示例1：

本部分使用翻译法等同采用ISO 5414-1:2002《削平型直柄刀具用带紧固螺钉的刀具夹头　第1部分：刀具柄部传动系统的尺寸》。

本标准做了下列编辑性修改：

——为与现有标准系列一致，将标准名称改为《削平型直柄刀具夹头　第1部分：刀具柄部传动系统的尺寸》；

——增加了资料性附录NA，国际单位制值转换为对应英制值的换算表。

修改采用国际标准的国家标准前言中，陈述技术性差异的情况见示例2。

示例2：

本标准使用重新起草法修改采用ISO 12737:2005《金属材料　平面应变断裂韧度K_{IC}试验方法》。

本标准与ISO 12737:2005的技术性差异及其原因如下：

——关于规范性引用文件，本标准做了具有技术性差异的调整，以适应我国的技术条件，调整的情况集中反映在第2章“规范性引用文件”中，具体调整如下：

- 用修改采用国际标准的GB/T 3075代替了ISO 1099(见6.2)；
- 用等同采用国际标准的GB/T 12160代替了ISO 9513(见6.3)；
- 增加引用了GB/T 8170(见第10章)。

——增加了“8.4　断口形貌观察”，断口形貌记录着试样断裂的重要信息，也是分析不同试样之间K_{IC}差距的重要依据。

——增加了第10章中K_{IC}试验结果数值的修约要求，以提高判定的可操作性，消除歧义，避免质量纠纷。

本标准做了下列编辑性修改：

——增加了附录E(资料性附录)“C形拉伸试样试验”；

——增加了附录F(资料性附录)“圆形紧凑拉伸试样试验”。

修改采用国际标准的国家标准前言中，指出如何标示差异和有关附录的情况见示例3。

示例3：

本标准使用重新起草法修改采用ISO 12135:2002《金属材料准静态断裂韧度的统一试验方法》。

本标准与ISO 12135:2002相比在结构上有较多调整，附录A中列出了本标准与ISO 12135:2002的章条编号对照一览表。

本标准与ISO 12135:2002相比存在技术性差异，这些差异涉及的条款已通过在其外侧页边空白位置的垂直单线(|)进行了标示，附录B中给出了相应技术性差异及其原因的一览表。

与国际标准一致性程度为非等效的国家标准前言的陈述见示例4。

示例4：

本标准使用重新起草法参考ISO 630:1995《结构钢　钢板、宽扁钢、钢棒、型钢和异型钢》编制，与ISO 630:1995的一致性程度为非等效。

附 录 E
（规范性附录）
国际标准条款中助动词的翻译

表 E.1 至表 E.4 给出了国际标准条款表述中使用的各种类型的助动词，包括首选的和等效的表述，同时给出了我国标准表述中相应助动词的选择。

表 E.1 给出了用于表示声明符合标准需要满足的要求的助动词的翻译。

表 E.1 要求

不同文本的用词	助动词	在特殊情况下使用的等效表述
国际标准的用词	shall	is to is required to it is required that has to only … is permitted it is necessary
国家标准的翻译	**应**	应该 只准许
国际标准的用词	shall not	is not allowed [permitted] [acceptable] [permissible] is required to be not is required that … be not is not to be
国家标准的翻译	**不应**	不得 不准许

表 E.2 给出了用于表示推荐或不赞成的行动步骤的助动词的翻译。

表 E.2 推荐

不同文本的用词	助动词	在特殊情况下使用的等效表述
国际标准的用词	should	it is recommended that ought to
国家标准的翻译	**宜**	推荐 建议
国际标准的用词	should not	it is not recommended that ought not to
国家标准的翻译	**不宜**	不推荐 不建议

表 E.3 给出了用于表示在标准的界限内所允许的行动步骤的助动词的翻译。

表 E.3 允许

不同文本的用词	助动词	在特殊情况下使用的等效表述
国际标准的用词	may	is permitted is allowed is permissible
国家标准的翻译	**可**	可以 允许
国际标准的用词	need not	it is not required that no … is required
国家标准的翻译	**不必**	无须 不需要

表 E.4 给出了用于陈述由材料的、生理的或某种原因导致的能力和可能性的助动词的翻译。

表 E.4 能力和可能性

不同文本的用词	助动词	在特殊情况下使用的等效表述
国际标准的用词	can	be able to there is a possibility of it is possible to
国家标准的翻译	**能** **可能**	能够 有可能
国际标准的用词	cannot	be unable to there is no possibility of it is not possible to
国家标准的翻译	**不能** **不可能**	不能够 没有可能

附　录　F
（资料性附录）
采用国际标准方法和一致性程度的对应关系

表 F.1 给出了采用国际标准方法和一致性程度的对应关系。

表 F.1　采用国际标准方法和一致性程度的对应关系

一致性程度	采用方法	允许的差异		
		编辑性修改	结构	技术性差异
等同	翻译	有(见 4.2)	无	无
修改	重新起草	有	有[a]	有[b]
非等效	重新起草	有	有	有

[a] 为了便于比较两个标准间的内容，列表对照结构(见 6.1.2)。

[b] 提供技术性差异的标识和说明(见 6.1.1)。

附　录　G
（资料性附录）
国家标准与国际标准章条编号对照一览表和技术性差异及其原因一览表的示例

示例1以GB/T 2××90—2009修改采用ISO 10387:1994《金属铬　规格和交货条件》时有较多结构调整的情况为例，列出了编排在附录A中的章条编号对照一览表。

示例1：

表A.1给出了本标准与ISO 10387:1994的章条编号对照情况。

表A.1　本标准与ISO 10387:1994的章条编号对照情况

本标准章条编号	对应ISO标准章条编号
3.1	5.2
3.1.1	5.2.1
3.1.2	5.2.2
4	6
4.1	6.1.2
—	6.2
4.2	6.1.5
4.3	6.1.3，6.1.6
5.1	6.3.1，6.3.2，6.3.3
5.2	5.1，5.1.1，5.1.2
6.1	7
6.2	6.1.1，7
附录A	—
附录B	—

示例2以GB/T 2××91—2009修改采用ISO 12135:2002《金属材料准静态断裂韧度的统一试验方法》时有较多技术性差异的情况为例，列出了编排在附录B中的技术性差异及其原因一览表。

示例2：

表B.1给出了本标准与ISO 12135:2002的技术性差异及其原因。

表B.1　本标准与ISO 12135:2002的技术性差异及其原因

本标准的章条编号	技术性差异	原因
2	关于规范性引用文件，本标准做了具有技术性差异的调整，调整的情况集中反映在第2章“规范性引用文件”中，具体调整如下： ——用等同采用国际标准的GB/T 12160代替ISO 9513(见5.6.3)； ——用等同采用国际标准的GB/T 16825.1代替ISO 7500-1(见5.6.2)； ——用等同采用国际标准的GB/T 20832代替ISO 3785(见5.4.2.2)； ——增加引用了GB/T 8170(见第9章)。	适应我国技术条件

表 B.1 本标准与 ISO 12135:2002 的技术性差异及其原因(续)

本标准的章条编号	技术性差异	原因
4	增加参数符号 V_g、A_p、$\delta_{Q0.2BL}$ 的定义	界定符号的名称定义,使其后的图例和公式计算更清晰
7.4.1.2	重新定义 Δa_{max}	增加可操作性,便于标准的执行
7.5.1.1	增加 δ-Δa 阻力曲线上边界线的界定方法	
7.6.1.2	明确 $\delta_{Q0.2BL}$ 的定义,增加其界定方法	
9	增加性能测定结果数值的修约	
附录 C	改变数值计算的步长值	提高数据的准确度
附录 I.6.2	改变初始裂纹长度的计算公式	
附录 J	增加剖面法测定 CTOD	增加可操作性,便于标准的执行

ICS 01.120
A 00

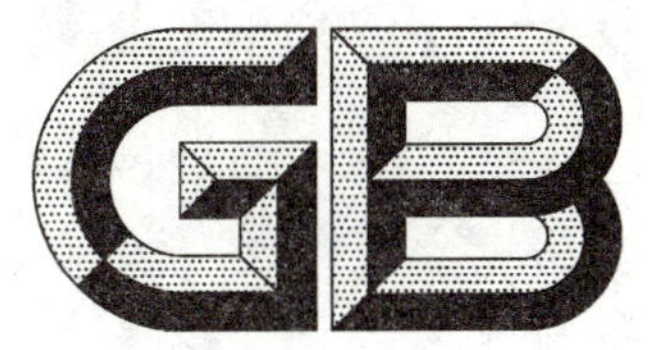

中华人民共和国国家标准

GB/T 20000.3—2014
代替 GB/T 20000.3—2003

标准化工作指南 第3部分:引用文件

Guidelines for standardization—
Part 3: Reference to documents

2014-12-31 发布　　2015-06-01 实施

中华人民共和国国家质量监督检验检疫总局
中国国家标准化管理委员会　发布

前　　言

GB/T 20000《标准化工作指南》、GB/T 1《标准化工作导则》、GB/T 20001《标准编写规则》、GB/T 20002《标准中特定内容的起草》和GB/T 20003《标准制定的特殊程序》共同构成支撑标准制修订工作的基础性系列国家标准。

GB/T 20000《标准化工作指南》拟分为如下几部分：

——第1部分：标准化和相关活动的通用术语；

——第2部分：采用国际标准；

——第3部分：引用文件；

——第4部分：国家标准英文译本翻译通则；

——第5部分：国家标准英文译本通用表述；

——第6部分：标准化良好行为规范；

——第7部分：管理体系标准的论证和制定；

——第8部分：阶段代码系统的使用原则和指南；

——第9部分：采用其他国际标准化文件。

本部分为GB/T 20000的第3部分。

本部分按照GB/T 1.1—2009给出的规则起草。

本部分代替GB/T 20000.3—2003《标准化工作指南　第3部分：引用文件》。与GB/T 20000.3—2003相比，主要技术变化如下：

——删除了“可公开提供的规范”“技术规范”“技术报告”和“指南”四个术语及定义，增加了“惟一性引用(法规对标准的)”“指示性引用(法规对标准的)”“直接引用(法规对标准的)”和“间接引用(法规对标准的)”四个术语及定义(见第3章，2003年版的第3章)；

——增加了“总则”一章(见第4章)；

——增加了标准中引用文件时需保持技术协调性的规定(见5.1.1)；

——增加了避免标准中过渡引用的规定(见5.1.7)；

——增加了标准中引用文件的方法(见5.2.1和5.2.2)；

——删除了标准中引用非标准机构发布的文件的规定(见2003年版的第6章)；

——修改了法规中引用标准的规定(见第6章，2003版的资料性附录A)；

——删除了ISO/IEC“引用标准”的原则规定(见2003版的资料性附录B)。

本部分由全国标准化原理与方法标准化技术委员会(SAC/TC 286)提出并归口。

本部分起草单位：中国标准化研究院、深圳市华测检测技术股份有限责任公司、机械科学研究总院、中国航空综合技术研究所、中国电子技术标准化研究院、纺织工业标准化研究所。

本部分主要起草人：薛海宁、逄征虎、白殿一、强毅、丁树伟、刘慎斋、陆锡林、郑宇英、朱平、吴学静。

本部分所代替标准的历次版本发布情况为：

——GB/T 1.22—1993；

——GB/T 20000.3—2003。

引　言

在编制规范性文件时，经常需要在条文中重复其他标准或文件中的某些要求和内容。使用引用文件的方法，既可以简化规范性文件的编写工作、减少不必要的重复、保证规范性文件之间的协调性，又可以减少规范性文件的篇幅、避免因重复抄录造成的差错。在规范性文件中引用文件是国内外制定规范性文件时经常使用的一种科学、简便的编写方法。因此，正确使用引用文件的方法，对于规范性文件的制定具有重要的意义。

标准和法规[1)]是规范性文件中数量最多且引用文件最为普遍的两类。本部分在吸收国际上引用文件的原则和方法的基础上，结合我国的实际情况，给出了我国引用文件的普遍适用原则，并规定了标准中引用文件及法规中引用标准的一般要求、引用方式和表述方法，供我国在制定规范性文件时使用和参考。

在法规中引用标准，可以借助标准制定人员的技术专长，更加科学合理地给出法规中的技术解决方案。由于标准是遵照公开透明的程序、在协商一致的基础上制定的，具有广泛认可度，在法规中引用标准还有助于法规的顺利实施。通常情况下，标准每三到五年修订一次以保证标准反映最新的技术水平。在法规中引用标准，更有助于法规适应技术最新发展满足现实需求。因此，法规中引用标准是支撑法规制定和实施的有效手段，制定法规时应当鼓励引用标准。

1）指由权力机关通过的有约束力的法律性文件，在我国通常包括法律、行政法规、地方法规、地方规章、部门规章及其他规范性文件。

标准化工作指南
第3部分:引用文件

1 范围

GB/T 20000的本部分规定了引用文件的一般要求、方法及表述。

本部分适用于在标准中引用文件及在法规中引用标准。其他规范性文件引用标准可参考使用。

2 规范性引用文件

下列文件对于本文件的应用是必不可少的。凡是注日期的引用文件,仅注日期的版本适用于本文件。凡是不注日期的引用文件,其最新版本(包括所有的修改单)适用于本文件。

GB/T 1.1—2009 标准化工作导则 第1部分:标准的结构和编写

GB/T 20000.1 标准化工作指南 第1部分:标准化和相关活动的通用术语

3 术语和定义

GB/T 20000.1界定的以及下列术语和定义适用于本文件。为了便于使用,以下重复列出了GB/T 20000.1中的某些术语和定义。

3.1

惟一性引用(法规对标准的) exclusive reference(to standards in regulations)

指明遵守所引用的标准是满足法规有关要求的惟一途径的一种引用标准的方式。

注:改写GB/T 20000.1—2014,定义13.3.1。

3.2

指示性引用(法规对标准的) indicative reference(to standards in regulations)

指明遵守所引用的标准是满足法规有关要求的途径之一的一种引用标准的方式。

注:改写GB/T 20000.1—2014,定义13.3.2。

3.3

直接引用(法规对标准的) direct reference (to standards in regulations)

在法规中引用标准时直接写出一个或多个具体标准的标准编号和标准名称的引用方法。

注:直接引用的形式有两种,分别是注日期引用和不注日期引用。

3.4

间接引用(法规对标准的) indirect reference (to standards in regulations)

在法规中引用标准时,仅列出执行法规时可参考的相关文件,不直接在法规中写明标准的标准编号和标准名称的引用方法。

注:执行法规时可参考的相关文件是由立法机关或管理机构通过特定程序发布以满足法规有关要求的标准清单。

4 总则

4.1 编制规范性文件时,若需在条文中重复其他文件的某些内容和要求时,通常不抄录需要重复的具体内容，而应采取引用的方式。

4.2 规范性文件中应只引用公开可获得的文件，不应引用文件草案和已废止的文件。

4.3 若规范性文件引用了其他文件，应适时关注被引用文件的版本状态，充分处理好被引用文件的版本有效性问题。

5 标准中引用文件

5.1 一般要求

5.1.1 引用文件时，应充分研究和核实被引用文件的适用范围与技术内容的适用性。

5.1.2 国家标准、行业标准、地方标准和企业标准在引用其他标准时应遵循如下原则：

a) 国家标准和行业标准可以引用国家标准和行业标准，不应引用地方标准和企业标准；

b) 地方标准可以引用国家标准、行业标准、本行政区域地方标准，不应引用企业标准和其他行政区域地方标准；

c) 企业标准可以引用国家标准、行业标准、本行政区域地方标准，以及本企业的标准。

5.1.3 国家标准、行业标准、地方标准和企业标准可引用国家标准化指导性技术文件。

5.1.4 在某些领域，没有国家标准和行业标准或国家标准和行业标准已不适用时，国家标准或行业标准可引用国际标准化文件。

注：国际标准化文件包括 ISO、IEC 和 ITU 及 ISO 承认的其他国际性组织发布的标准，其他国际标准化文件目前有 ISO 和 IEC 发布的技术规范(TS)、可公开获得规范(PAS)、技术报告(TR)、指南(Guide)、技术趋势评定(TTA)、工业技术协议(ITA)、国际专题研讨会协议(IWA)。

5.1.5 在标准中不宜引用下列文件：

——法律、行政法规、规章和其他政策性文件；

——仅适合在合同中引用的索赔、担保、费用类文件；

——含有专利或限制竞争的专用设计方案或属某个企业所有而参与竞争的企业不易获得的文件。

5.1.6 在标准中不宜出现要求符合法规和政策性文件的条款，例如不宜出现如下表述，"……要求应符合国家有关法律法规"。

注 1：标准使用者不管是否声明符合标准，都需要遵守法律法规。

注 2：为了帮助标准使用者正确理解标准而提供的附加信息，可以资料性引用法规。例如如下表述，"符合本标准是符合……(法规)的方法之一"(此表述宜在前言中给出)，"……认证标志的使用参见《……管理办法》"。

5.1.7 在引用其他文件时，若被引用的内容又引用了另一个文件时，则应直接引用后者，避免过渡引用。

5.2 标准中引用文件的方法和表述

5.2.1 在标准中引用标准自身内容的方法和表述见 GB/T 1.1—2009 的 8.1.2。

5.2.2 在标准中引用其他文件或标准中其他部分的方法和表述见 GB/T 1.1—2009 的 8.1.3。

6 法规中引用标准

6.1 一般要求

6.1.1 在法规中引用标准时，应采用特定的程序或评定方法对引用标准进行适用性评价，以确保标准的内容能够满足法规的相关要求。采用的程序或评定方法的选择取决于法规约束的产品、过程或服务的适用范围和潜在风险。

6.1.2 在法规中应仅引用标准中为满足法规的基本要求所需的内容，为此可以选择引用整个标准、某项标准的特定部分或标准中的特定内容。

注：标准机构在未受法规制定机构委托的情况下制定标准，往往未考虑标准的内容是否会被强制执行，因而标准可能包含了法规不需要强制执行的内容。法规如果不加审慎地引用这样的标准，有可能使不需要强制执行的内容具有强制性。这给执行法规的各方面(特别是企业)造成了不必要的负担。

6.1.3 在法规中引用标准时，应充分考虑引用标准的力度问题，可选择惟一性引用或指示性引用。通常情况下，惟一性引用标准时宜采用直接引用的方法，指示性引用标准时宜采用间接引用的方法。两种引用方式在表述上是有区别的(见 6.3)，在法规表述中应注意措词。

6.1.4 法规制定机关和标准机构之间可通过协议等方式建立合作机制，就法规引用的标准进行及时信息沟通和交流，以促进标准更适用于法规的需求。

6.2 法规中引用标准的方法

6.2.1 直接引用

6.2.1.1 注日期直接引用

注日期直接引用方法是在法规引用标准时给出标准代号、顺序号时，还明确注出标准的年号，即只有标准的特定版本适用于该法规，随后的修订版(包括修改单)均不适用。

注：这种方法有助于通过明确给出技术解决方案(符合所制定的法规)确保法律确定性，是一种最受限制的引用，在未来修订标准可能无法满足法规相关要求的情况下使用。

采用注日期直接引用方法，若被引用的标准进行修改或修订之后，应及时研究新的修改或修订对于法规的适用性，并考虑是否修订法规中引用标准的相关条款。

引用标准的特定内容(例如引用具体的型式、级别或类别、具体的试验方法)时，即对标准的特定章或条、图表或附录的引用应始终使用注日期的直接引用，因为标准的任何修改或修订都可能导致其内部编号的改变。

6.2.1.2 不注日期直接引用

不注日期直接引用方法是在法规中引用标准时只给出标准的代号、顺序号，不包括标准的年号，即标准的最新版本(包括所有的修改单)适用于该法规。若被引用标准进行修订，法规本身不需要进行修改，其引用的标准自动对应于该标准的最新版本。这种引用方法相对于注日期直接引用方法更加灵活。

采用不注日期直接引用方法也应对被引用标准的任何修改或修订予以跟踪，以确定是否继续不注日期引用。

6.2.2 间接引用

间接引用是不直接在法规中写明标准编号和标准名称，而是仅规定需满足的基本要求以及为实现这些基本要求可参照的相关文件，该文件独立于法规之外，并通过相应程序在特定媒体上发布，包含一系列适用于满足法规相关要求的标准。

采用这种引用方法时，如果某项标准被修改或修订，不需修改法律文本，只需修改已发布的包含有标准清单的相关文件即可。这种引用方法更易于与科学技术的发展水平保持一致。

正式发布的标准清单应符合下列要求：

——给出标准年号，以表明特定版本的有效期，从而确保法规的确定性；

——适时进行更新；

——便于使用者通过网站或其他手段获取或查询。

6.3 法规中引用标准的表述

6.3.1 注日期直接引用的表述

在法规中注日期直接引用标准时，应明确写出标准的代号、顺序号和标准年号，并给出标准名称，可使用下述适用的表述形式：

——“……按 GB/T ××××—2002《××××》规定的……”；(惟一性引用)

——“……按 GB/T ××××.1—2010《××××　第 1 部分：××××》中的试验方法进行试验，……”；(惟一性引用)

——“……遵照 GB/T ××××.3—2010《××××　第 3 部分：××××》中第×章中有关……的规定执行”；(惟一性引用)

——“如果符合 GB/T ××××.1—2004《××××　第 1 部分：××××》中有关……的具体要求，即视为符合本法规的要求”；(指示性引用)

——“如果……(该法规约束范围内的产品、过程或服务)符合 GB/T ××××—2008《××××》，则免除……(法规)规定的技术审批”。(指示性引用)

6.3.2 不注日期直接引用的表述

在法规中直接引用标准时，应明确写出标准代号和顺序号，并给出标准名称，不应写出标准年号，可使用下述适用的表述形式：

——“……应符合 GB/T ××××《××××》的规定”；(惟一性引用)

——“……按 GB/T ××××.4《××××　第 4 部分：××××》规定的程序和要求执行”；(惟一性引用)

——“如果……(该法规约束范围内的产品、过程或服务)按照 GB/T ××××《××××》进行维护和修理，并符合 GB/T ××××《××××》的基本要求，则免除……(法规)规定的检验”；(指示性引用)

——“如果……(该法规约束范围内的产品、过程或服务的法定要求，如安全要求)符合附件一提供的有关国家标准，即认为其符合本法规所规定的安全要求”。(指示性引用)

6.3.3 间接引用的表述

采用间接引用的方法时，应指明标准清单的发布单位及具体发布媒体，可使用类似下列的表述方式：

——“……若设备符合由……(标准清单发布单位)发表在……(发布媒体)上的《××××》(法规中所列出的文件名)中所列的相关标准或其部分，则视该设备符合本法规所规定的基本要求”；

——“《××××》(法规中所列出的文件名)已经由……(标准清单发布单位)发表在……(发布媒体)上，按照文件中所列标准生产(开发或提供)的所有……(该法规约束范围内的产品、过程或服务)都被推定为符合本法规第×条规定的基本安全要求”；

——“当……(该法规约束范围内的产品、过程或服务的法定要求，如安全要求)符合《××××》(法规中所列出的文件名)中所列的国家标准[《××××》已经由……(标准清单发布单位)发表在…… 上(发布媒体)]时，该产品则被视为符合本法规的安全要求”。

ICS 01.120
A 00

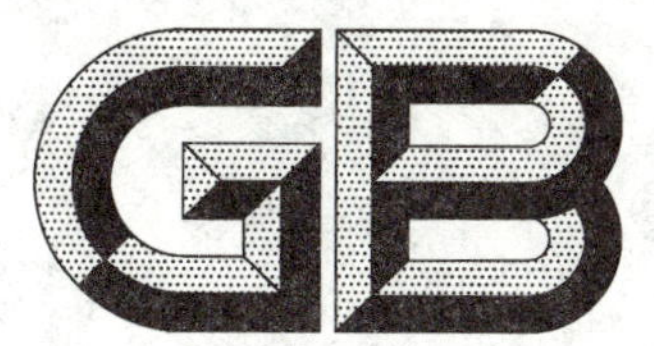

中华人民共和国国家标准

GB/T 20000.6—2006

标准化工作指南 第6部分：标准化良好行为规范

Guide for standardization—Part 6: Code of good practice for standardization

(ISO/IEC Guide 59:1994, Code of good practice for standardization, MOD)

2006-09-04 发布　　　　2006-12-01 实施

中华人民共和国国家质量监督检验检疫总局
中国国家标准化管理委员会　发布

前　言

GB/T 20000《标准化工作指南》分为如下几部分：

——第1部分：标准化和相关活动的通用词汇；

——第2部分：采用国际标准的规则；

——第3部分：引用文件的规则；

——第4部分：标准中涉及安全的内容；

——第5部分：产品标准中涉及环境的内容；

——第6部分：标准化良好行为规范；

——第7部分：管理体系标准的论证和制定。

本部分为GB/T 20000的第6部分。

本部分修改采用ISO/IEC指南59:1994《标准化良好行为规范》(英文版)。本部分根据ISO/IEC指南59:1994重新起草。本部分与ISO/IEC指南59:1994的技术性差异为：

——将ISO/IEC指南59:1994的第1章"引言"的个别表述修改后作为本部分的"引言"；

——本部分增加第1章"范围"，概述了本部分的内容和适用范围；

——本部分增加第2章"规范性引用文件"；

——本部分增加了"标准化机构"、"标准机构"和"国家标准机构"三个术语及其定义，这三个术语引自GB/T 20000.1—2002《标准化工作指南　第1部分：标准化和相关活动的通用词汇》；

——将ISO/IEC指南59:1994第3章"总则"的关于遵守标准化良好行为规范的国际间信息通报的规定修改为我国标准化机构关于遵守标准化良好行为规范的信息通报的规定，取消了ISO/IEC指南59:1994第3章的3.2关于成员国加入ISONET的规定；

——将ISO/IEC指南59:1994的5.8按《ISO/IEC导则第1部分：技术工作程序》(第五版，2004年)相关条款的表述修改；

——将ISO/IEC指南59:1994的6.3和6.4合并为本部分的7.3；

——本部分删除了ISO/IEC指南59:1994的7.2、7.3和7.5关于国际、区域标准化组织及他们彼此之间的合作义务的条款；

——本部分将ISO/IEC指南59:1994的7.4和7.6关于国家标准机构和国家与区域标准化组织合作义务的条款合并修改为本部分的8.2，国家标准机构和标准化机构的合作义务的条款；

——本部分将ISO/IEC指南59:1994的7.7关于通过ISONET提供信息的条款修改为本部分的8.3，关于信息提供的条款；

——本部分删除了ISO/IEC指南59:1994的附录A:GATT技术性贸易壁垒协议的相关术语和定义；

——本部分删除了ISO/IEC指南59:1994的附录B:ISONET标准和标准相关信息体系和服务；

——本部分增加了附录A，即本部分章条编号与ISO/IEC指南59:1994章条编号的对照。

GB/T 20000是标准化工作导则、指南和编写规则系列国家标准之一。下面列出了这些国家标准的预计结构及其对应的国际标准、导则、指南，以及将代替的国家标准：

a) GB/T 1《标准化工作导则》，分为：

——第1部分：标准的结构和编写规则(ISO/IEC导则第3部分，代替GB/T 1.1—1993、GB/T 1.2—1996)；

——第2部分：标准中规范性技术要素内容的确定方法(ISO/IEC导则第2部分，代替GB/T 1.3—1997、GB/T 1.7—1988)；

——第 3 部分:技术工作程序(ISO/IEC 导则第 1 部分,代替 GB/T 16733—1997)。

b) GB/T 20000《标准化工作指南》,分为:

——第 1 部分:标准化和相关活动的通用词汇(ISO/IEC 指南 2,代替 GB/T 3935.1—1996);

——第 2 部分:采用国际标准的规则(ISO/IEC 指南 21);

——第 3 部分:引用文件的规则(ISO/IEC 指南 15,代替 GB/T 1.22—1993);

——第 4 部分:标准中涉及安全的内容(ISO/IEC 指南 51);

——第 5 部分:产品标准中涉及环境的内容(ISO/IEC 指南 64);

——第 6 部分:标准化良好行为规范(ISO/IEC 指南 59);

——第 7 部分:管理体系标准的论证和制定(ISO/IEC 指南 72)。

c) GB/T 20001《标准编写规则》,分为:

——第 1 部分:术语(ISO 10241,代替 GB/T 1.6—1997);

——第 2 部分:符号(代替 GB/T 1.5—1988);

——第 3 部分:信息分类编码(代替 GB/T 7026—1986);

——第 4 部分:化学分析方法(ISO 78-2,代替 GB/T 1.4—1988);

——第 5 部分:强制性标准。

本部分的附录 A 为资料性附录。

本部分由中国标准化研究院提出。

本部分由全国标准化原理与方法标准化技术委员会(SAC/TC 286)归口。

本部分起草单位:中国标准化研究院、中机生产力促进中心、中国电子技术标准化研究所、冶金工业信息标准研究院。

本部分主要起草人:逄征虎、白殿一、刘慎斋、强毅、陆锡林、魏绵、李文文。

引　言

标准在世界各国之间及其国内的商贸中发挥重要作用。这些标准是由国际、区域、国家和国家以下层次的机构制定，这些机构中的大部分以协商一致的方法制定他们的文件。随着世界贸易与技术合作的发展，标准化机构已经形成了一些被普遍认为在各层次都适用的标准制定程序和合作模式的良好规范。

国际标准化组织(ISO)、国际电工委员会(IEC)和国际电信联盟(ITU)负责协调国际层次的自愿的标准化程序。这些机构是以国家层次(需要时延伸至区域层次)为基础构成的具有广泛性架构的最高层组织。在国际层次通过ISO、IEC和ITU之间的合作协议，在区域层次通过区域标准化组织(如欧洲的CEN，CENELEC和ETSI)之间的合作协议，通过三个最高层组织的各成员国间的广泛合作协议，把国际层次、区域层次和国家层次的标准化联结在一起构成这一国际体系。

在全球标准化体系中，这三个最高层组织的各成员国有责任确保一致性和协调性。国家标准机构仅指一个或更多国际最高层机构的成员，也是相应的有关区域性组织的成员，而标准化机构在一个国家中可能有许多，由此在本部分的第7章和第8章的表述中用“国家标准机构”与“标准化机构”两个术语作出区分。

本部分提供的原则力图确保标准化活动的公开性和透明度以及最佳的秩序、协调一致和有效性。

标准化工作指南
第6部分:标准化良好行为规范

1 范围

GB/T 20000的本部分提出了标准制定程序、标准编制原则和标准化的参与及合作方面的良好规范。

本部分适用于各类标准化机构及从事标准化工作的人员。

2 规范性引用文件

下列文件中的条款通过GB/T 20000的本部分的引用而成为本部分的条款。凡是注日期的引用文件,其随后所有的修改单(不包括勘误的内容)或修订版均不适用于本部分,然而,鼓励根据本部分达成协议的各方研究是否可使用这些文件的最新版本。凡是不注日期的引用文件,其最新版本适用于本部分。

GB/T 20000.1 标准化工作指南 第1部分:标准化和相关活动的通用词汇(GB/T 20000.1—2002,ISO/IEC Guide 2:1996,Standardization and related activities—General vocabulary,MOD)

3 术语和定义

GB/T 20000.1确立的术语和定义适用于GB/T 20000的本部分。为了方便,下面重复列出了GB/T 20000.1中的一些术语。

3.1

标准化机构 standardizing body

公认的从事标准化活动的机构

[GB/T 20000.1—2002,定义2.4.3]

3.2

标准机构 standards body

在国家、区域或国际的层次上承认的,根据其章程的规定以制定、批准或通过公开发布的标准为主要职能的标准化机构

注:标准机构还可有其他的主要职能。

[GB/T 20000.1—2002,定义2.4.4]

3.3

国家标准机构 national standards body

在国家层次上承认的,有资格成为相应的国际和区域标准组织的国家成员的标准机构

[GB/T 20000.1—2002,定义2.4.4.1]

4 总则

4.1 遵守本部分良好行为规范的标准化机构应将实施情况及承诺,标准化机构的名称和地址,以及现有的和预期的标准化活动的范围告知国家标准机构。

4.2 标准化机构应充分考虑同样接受本部分的其他标准化机构就本部分的实施方面提出的意见,并向他们提供充足的提意见的机会。标准化机构应妥善处理任何意见。

5 标准制定程序的原则

5.1 协商一致原则的标准制定程序应能控制标准制定的方法。根据各相关方的请求，标准化机构的技术工作程序文件应以合理而及时的方式予以提供。

5.2 标准制定程序应包括一种明确的、现实的和便捷的投诉机制，以公平处理程序性和实质性的投诉。

5.3 标准化活动通报的发布应通过合适的媒体及时公布新的、进行中的和已完成的标准制定活动以及情况变化，以便感兴趣的相关机构或个人发表意见。

5.4 根据各相关方的请求，标准化机构应及时提供一份已经提交讨论的标准草案。除邮寄费用外，所涉及的各项费用，应对各相关方一视同仁。相关方无论处于何地，标准化机构都应为其提供适当的机会审议和评论标准草案。如果需要，对于所有收到的意见（例如要求解释偏离相关国际标准的理由）都应给予及时的考虑和回复。

5.5 标准的通过应基于协商一致的结果。

5.6 标准化机构应定期复审和及时修订标准。对于任何机构或个人，按照相应程序提交的制、修订标准的新工作项目提案，都应给予及时地考虑。

5.7 标准化机构应及时出版已批准发布的标准，并能让任何人在合理的时限和条件下获得出版物。

5.8 标准化机构应存档并维护标准制定过程中的有关文件。

6 促进贸易的标准编制原则

6.1 标准编制应符合市场需要，并促进最广阔的地理和经济领域的贸易。标准编制不应阻碍和限制贸易。

6.2 标准编制不应作为制定价格和排斥竞争的手段，也不应由于比技术法规要求或其他行业或地方法规对兼容性、环境保护、健康和安全要求更苛刻而限制商业活动。

6.3 当国际标准存在或即将完成时，标准化机构应将国际标准作为制定相应国家标准或其他标准的基础，除非这样的国际标准由于诸如保护级别不够或基本气候或地理因素或基本技术问题而无效或不适用。

6.4 标准编制不应误导消费者，也不应误导标准涉及的产品、过程或服务的其他用户。

6.5 标准编制和采用不应对产品实行基于产地的歧视。

6.6 凡有可能，标准的要求应以性能特性来表述，而非设计或描述特性，以便给技术发展留出最大自由空间。

6.7 有关合格评定和合格标志或其他的管理要求以及非技术问题，应与技术和性能要求分开表述。

6.8 在例外情况下，如果出于技术原因证明引用专利项目是合理的，原则上不反对用包括采用专利权所覆盖的专利项目的条款制定标准，但需得到专利持有者做出在合理无歧视的原则下与专利使用申请者进行许可谈判的承诺。

7 标准制定过程的参与

7.1 标准化机构所确立的标准化程序应能便于直接相关的人员和组织参与各层次的标准化过程。

7.2 为了在尽可能广泛的基础上协调各标准，标准化机构应在资源限度内以恰当的方式，积极参与相关国际标准化机构的活动，并在其制定或采用相关国际标准的过程中起到重要的作用。

7.3 国家参与国际和区域层次的标准化活动由国家标准机构负责组织。在国际标准化活动相关事项上国家标准机构应确保这种参与能够代表国家利益。

7.4 国家标准化活动的参与应由标准化机构和国家标准机构按其协商一致的程序来组织，该程序应均衡反映各相关方利益，诸如制造商、用户、消费者等。国家标准机构应提供其他国家提出意见的机会，并且与国际和区域标准组织合作。

8 标准化合作与沟通

8.1 为使标准相互协调，以适用于最大可能的用户群体，标准化活动应积极自愿地在国际、区域、国家之间以及国家内部保持合作。

8.2 国内各标准化机构与国家标准机构应积极合作，国内各标准化机构应尽一切努力避免与国家标准机构的工作重复或交迭。

8.3 向国家标准机构做出遵守本部分承诺的标准化机构应设置咨询部门，向国家标准机构和其他相关方提供第5章涉及的标准化信息并回复有关咨询。

附 录 A
（资料性附录）
本部分章条编号与ISO/IEC指南59:1994章条编号的对照

表A.1给出了本部分章条编号与ISO/IEC指南59:1994章条编号对照一览表。

表A.1 本部分章条编号与ISO/IEC指南59:1994章条编号对照表

本部分章条编号	对应的国际指南章条编号
引言(四段)	1(1.1～1.4)
1	无对应
2	无对应
3	2
4(4.1和4.2)	3(3.1和3.3)
无对应	3(3.2)
5(5.1～5.8)	4(4.1～4.8)
6(6.1～6.8)	5(5.1～5.8)
7(7.1和7.2)	6(6.1和6.2)
7(7.3)	6(6.3和6.4)
7(7.4)	6(6.5)
8(8.1)	7(7.1)
无对应	7(7.2、7.3和7.5)
8(8.2)	7(7.4和7.6)
8(8.3)	7(7.7)
无对应	附录A
无对应	附录B

ICS 01.120
A 00

中华人民共和国国家标准

GB/T 20000.7—2006

标准化工作指南
第7部分:管理体系标准的论证和制定

Guide for standardization—Part 7:Guidelines for the justification and development of management system standards

(ISO Guide 72:2001,Guidelines for the justification and development of management system standards,MOD)

2006-09-04 发布　　2006-12-01 实施

中华人民共和国国家质量监督检验检疫总局
中国国家标准化管理委员会　发布

前 言

GB/T 20000《标准化工作指南》分为如下几部分：

——第1部分：标准化和相关活动的通用词汇；

——第2部分：采用国际标准的规则；

——第3部分：引用文件的规则；

——第4部分：标准中涉及安全的内容；

——第5部分：产品标准中涉及环境的内容；

——第6部分：标准化良好行为规范；

——第7部分：管理体系标准的论证和制定。

本部分为GB/T 20000的第7部分。

本部分修改采用ISO指南72:2001《管理体系标准的论证和制定规则》(英文版)。本部分根据ISO指南72:2001重新起草。本部分与ISO指南72:2001的文本结构相同，存在技术性差异为：

a) 根据我国情况，对于ISO指南72:2001涉及ISO国际标准的制定程序和机构，本部分用我国相应的标准制定程序和机构及相关方代替：
   1) 本部分删除了ISO指南72:2001第1章注3——关于TC的注释；
   2) 将ISO指南72:2001第1章、A.2.1的d)和A.2.7的a)中"ISO机构"、"非ISO标准制定组织"字样修改为我国的标准制定机构和起草者；
   3) 将ISO指南72:2001的7.1中关于向CASCO咨询的条款修改为向我国认证认可管理机构咨询；
   4) 将ISO指南72:2001的7.3.2和7.3.3中"ISO技术委员会"字样修改为我国的"TC"。

b) 对于ISO指南72:2001中国际标准制定程序各阶段及结果形式，本部分用我国标准制定程序相应阶段及结果形式代替：
   1) 本部分删除了ISO指南72:2001第1章的注1——关于ISO和IEC国际标准、技术规范等各类文件的注释；
   2) ISO指南72:2001的6.2关于标准论证程序的条款，本部分用我国立项阶段代替ISO对于新领域和新工作项目的投票程序；
   3) 本部分删除了ISO指南72:2001的7.3.3和A.2.3中标准或文件的"ISO"字样；
   4) 将ISO指南72:2001的A.2.1的b)中ISO和IEC国际标准、技术规范等各类文件修改为我国对应的国家标准、国家标准化指导性技术文件等文件。

c) 对于ISO指南72:2001规范性引用的国际标准，本部分用相应的国家标准代替：
   1) 用"GB/T 16733—1997　国家标准制定程序的阶段划分及代码"代替了"ISO/IEC导则——第1部分：技术工作程序，2001"，在正文中引用该文件的位置为7.2.1、7.2.3.1及第2章所列引用文件清单；
   2) 用"GB/T 20000.1　标准化工作指南　第1部分：标准化和相关活动的通用词汇"代替了"ISO/IEC指南2　标准化和相关活动的通用词汇"，在正文中引用该文件的位置为第3章引导语、3.5的注1及第2章所列引用文件清单；
   3) 用"GB/T 19000　质量管理体系　基础和术语"代替了"ISO 9000　质量管理体系　基础和术语"，在正文中引用该文件的位置为第3章引导语和A.2.4的b)及第2章所列引用文件清单；

4) 用"GB/T 24050 环境管理 术语"代替了"ISO 14050 环境管理 术语",在正文中引用该文件的位置为第 3 章引导语及第 2 章所列引用文件清单。

d) 本部分删除了不适用的规范性引用文件:

1) 删除了 6.3 第一段中引用的"ISO/IEC 导则——第 1 部分:技术工作程序,2001"的附录 C"确立项目提案的论证";

2) 删除了 A.2.4 的 b)中"ISO/IEC 专业政策",该内容引自"ISO/IEC 导则——第 2 部分:标准的结构和起草规则,2001"的 6.8.2。相应地删除了第 2 章中所列"ISO/IEC 导则——第 2 部分:标准的结构和起草规则,2001"。

e) 本部分删除了不适用的缩略语,即删除了 CASCO、CD、DIS、NWI、TMB、WD 这些不适用于我国的缩略语。增加缩略语 WG。

f) 其他:

1) 本部分删除了 ISO 指南 72:2001 第 1 章注 2——关于 MSS 缩略语的注释,因为在第 4 章"缩略语"一章中有注解;

2) 对于 ISO 指南 72:2001 资料性引用的国际文件,用相应的国家标准代替,并在参考文献所列文件中作了相应的替换。

GB/T 20000 是标准化工作导则、指南和编写规则系列国家标准之一。下面列出了这些国家标准的预计结构及其对应的国际标准、导则、指南,以及将代替的国家标准:

a) GB/T 1《标准化工作导则》,分为:

——第 1 部分:标准的结构和编写规则(ISO/IEC 导则第 3 部分,代替 GB/T 1.1—1993、GB/T 1.2—1996);

——第 2 部分:标准中规范性技术要素内容的确定方法(ISO/IEC 导则第 2 部分,代替 GB/T 1.3—1997、GB/T 1.7—1988);

——第 3 部分:技术工作程序(ISO/IEC 导则第 1 部分,代替 GB/T 16733—1997)。

b) GB/T 20000《标准化工作指南》,分为:

——第 1 部分:标准化和相关活动的通用词汇(ISO/IEC 指南 2,代替 GB/T 3935.1—1996);

——第 2 部分:采用国际标准的规则(ISO/IEC 指南 21);

——第 3 部分:引用文件的规则(ISO/IEC 指南 15,代替 GB/T 1.22—1993);

——第 4 部分:标准中涉及安全的内容(ISO/IEC 指南 51);

——第 5 部分:产品标准中涉及环境的内容(ISO/IEC 指南 64);

——第 6 部分:标准化良好行为规范(ISO/IEC 指南 59);

——第 7 部分:管理体系标准的论证和制定(ISO/IEC 指南 72)。

c) GB/T 20001《标准编写规则》,分为:

——第 1 部分:术语(ISO 10241,代替 GB/T 1.6—1997);

——第 2 部分:符号(代替 GB/T 1.5—1988);

——第 3 部分:信息分类编码(代替 GB/T 7026—1986);

——第 4 部分:化学分析方法(ISO 78-2,代替 GB/T 1.4—1988);

——第 5 部分:强制性标准。

本部分的附录 A 和附录 B 为资料性附录。

本部分由中国标准化研究院提出。

本部分由全国标准化原理与方法标准化技术委员会(SAC/TC 286)归口。

本部分起草单位:中国标准化研究院、中机生产力促进中心、中国电子技术标准化研究所、冶金工业信息标准研究院。

本部分主要起草人:逄征虎、白殿一、强毅、刘慎斋、陆锡林、李文文、魏绵。

引　言

管理体系标准目前正被广泛使用。这些标准若要保持其适用性和权威性，最重要的一点是要能反映市场需求，而且能彼此兼容，便于共同实施。为了确保管理体系标准的市场相关性和相互的兼容性，需要一个编制管理体系标准的统一的原则和方法，同时还需要有一个考虑诸如管理体系标准经济成本和效益问题的方法，为此，制定本文件作为指导管理体系标准论证和制定的标准化工作指南。

GB/T 20000的本部分旨在协助起草管理体系标准，以确保管理体系标准符合市场需求和彼此兼容。遵循本部分的指导制定的管理体系标准便于满足市场需求，避免给标准使用者带来不必要的负担和使市场复杂化。遵循本部分的指导还有助于促进管理体系标准之间的兼容性和一致性，以便促进管理体系标准的应用。

制定通用管理体系标准的技术委员会负责所制定的标准的完整性。这些委员会可以制定专业性方针，对与其工作范围有关的特定领域的标准制定工作提供进一步的指导和程序。

标准化工作指南
第7部分：管理体系标准的论证和制定

1 范围

GB/T 20000 的本部分规定了：

——管理体系标准项目的论证和评价的指导原则，以评定其市场相关性；

——制定和维护（例如复审和修订）管理体系标准的方法（过程）的指导原则，以确保兼容性和一致性；

——管理体系标准的术语、结构和共有要素的指导原则，以确保兼容性，并提高一致性和易于使用的程度。

本部分将管理体系标准分为下列三种类型：

——A类：通用管理体系要求标准和专业管理体系要求标准；

——B类：通用管理体系指导标准和专业管理体系指导标准；

——C类：管理体系相关标准。

尽管本部分主要针对A类管理体系标准，但同样适用于B类管理体系标准。除了本部分7.3有关管理体系标准的结构和共有要素的规定以外的其他内容还适用于C类管理体系标准。

本部分适用于制定管理体系要求标准、管理体系指导标准和管理体系相关标准的机构和起草者。本部分不适用于实施管理体系的组织和针对管理体系进行认证的组织。

2 规范性引用文件

下列文件中的条款通过GB/T 20000的本部分的引用而成为本部分的条款。凡是注日期的引用文件，其随后所有的修改单（不包括勘误的内容）或修订版均不适用于本部分，然而，鼓励根据本部分达成协议的各方研究是否可使用这些文件的最新版本。凡是不注日期的引用文件，其最新版本适用于本部分。

GB/T 16733—1997 国家标准制定程序的阶段划分及代码

GB/T 19000 质量管理体系 基础和术语（GB/T 19000—2000，ISO 9000：2000，IDT）

GB/T 20000.1 标准化工作指南 第1部分：标准化和相关活动的通用词汇（GB/T 20000.1—2002，ISO/IEC Guide 2：1996，Standardization and related activities—General vocabulary，MOD）

GB/T 24050 环境管理 术语（GB/T 24050—2004，ISO 14050：1998，IDT）

3 术语和定义

GB/T 20000.1、GB/T 19000、GB/T 24050确立的以及下列术语和定义适用于GB/T 20000的本部分。

3.1

管理体系 management system

建立方针和目标并实现这些目标的体系

[GB/T 19000—2000，定义3.2.2]

注1：各组织采用管理体系制定方针，并通过各种具体目标予以实施，这些管理体系采用：

——规定人的职能、责任、权力等的组织结构；

——实现这些目标的系统过程和相关资源；

——按照目标评定业绩的评定方法，根据反馈结果改进管理体系；

——评审过程，确保所出现的问题能够及时得到纠正，发现机会及时改进管理体系。

注 2：各组织拥有（无论是有意识还是无意识且无论是否提供证明文件）大体上的管理体系，通过这个管理体系，组织的目标得以制定、实施和控制。

3.2 管理体系标准

3.2.1

A 类：管理体系要求标准　type A：management system requirements standard

向市场提供有关组织的管理体系的相关规范，以证明组织的管理体系是否符合内部和外部要求（例如通过内部和外部各方予以评定）的标准

示例：

——管理体系要求标准（规范）。

——专业管理体系要求标准。

3.2.2

B 类：管理体系指导标准　type B：management system guidelines standard

通过对管理体系要求标准各要素提供附加性指导或提供非同于管理体系要求标准的独立指导，以帮助组织实施和（或）完善管理体系的标准

示例：

——关于使用管理体系要求标准的指导。

——关于建立管理体系的指导。

——关于改进和完善管理体系的指导。

——专业管理体系指导标准。

3.2.3

C 类：管理体系相关标准　type C：management system related standard

就管理体系的特定部分提供详细信息或就管理体系的相关支持技术提供指导的标准

示例：

——管理体系术语文件。

——评审、文件提供、培训、监督、测量和绩效评定标准。

——标记和生命周期评定标准。

3.3

管理体系标准族　management system standard family

由同一技术委员会制定的成套管理体系要求标准（3.2.1）、管理体系指导标准（3.2.2）和管理体系相关标准（3.2.3）

3.4

管理体系标准项目　management system standard project

管理体系要求标准（3.2.1）、管理体系指导标准（3.2.2）和管理体系相关标准（3.2.3）的制定、复审、修订或增加新的部分的项目

3.5

（标准的）兼容性　compatibility

在规定的条件下，类似标准一起使用，各自满足相应要求，彼此间不引起不可接受的相互干扰的适应能力

注 1：本定义基于 GB/T 20000.1 而定义。

注 2：对于管理体系标准，则“兼容性”是指组织能够以共享、全部使用或部分使用的方式实施标准的共有要素，而不必重复使用或被迫接受与之冲突的要求。“兼容性”不意味着各标准采用的共有要素都完全一样，尽管在实践中有可能一样。

3.6

论证研究过程 justification study process

论证和评价管理体系标准项目(3.4)的市场相关性的过程

注：管理体系标准项目的最初论证研究由项目建议人进行。评价之后，如需要修改，则添加到以后的评定和建议报告中(参见6.2)。

4 缩略语

下列缩略语适用于GB/T 20000的本部分。

JS	论证研究
MSS	管理体系标准(包括A、B和C类管理体系标准，如3.2.1至3.2.3定义)
MSS族	管理体系标准族(3.3)
MSS项目	管理体系标准项目(3.4)
PDCA	策划、实施、检查、处置
SC	分技术委员会
TC	技术委员会
WG	工作组

5 总则

下列总的原则提供了对一项MSS新工作项目建议提案的市场相关性(第6章)和提案获得认可后由指定机构实施的标准制定过程进行评定的规则(第7章)。

附录A所列的用于论证的基本问题是以下列原则为依据提出的，这些原则提供了评定相应答案的准则。

第7章所述的过程同样基于下列原则，这些原则提供了验证和确认最后的MSS的准则。

在提出、制定和维护MSS阶段应遵守下列原则：

市场相关性	MSS应符合主要用户和其他各被影响方的需求并为其增值。
兼容性	各MSS之间和MSS族内应保持兼容。
易于使用	确保用户能方便地实施MSS。
主题覆盖面	MSS应有足够的适用范围，以消除或减少专业间的差异。
灵活性	MSS应适用于各相关专业、文化背景和规模的组织。不可妨碍组织间的竞争和妨碍组织建立高于标准的管理体系。
合理的技术基础	MSS应建立在管理实践和经过科学验证的数据之上。
易于理解	MSS应易于理解、含义明确、无文化偏见、易于翻译且总体上符合实际。
自由贸易	在符合WTO技术性贸易壁垒协议原则下，MSS应不妨碍商品和服务的自由贸易。
合格评定的适用性	应评定第一方、第二方和第三方合格评定的市场需求。最后的MSS应在其范围内明确规定使用合格评定的适用性。MSS应便于联合审核。
不应直接包括的内容	MSS不应直接包括有关产品(包括服务)的规范、试验方法、性能水平(例如设定极限值)或实施MSS组织所生产产品的其他标准化内容。

6 论证研究的过程和准则

6.1 概述

本章描述了论证和评价MSS新工作项目建议提案的市场相关性的论证研究(JS)过程。附录A列出了在JS中需要回答的一系列问题。

6.2 论证研究的过程

MSS 新工作项目建议提案的 JS 过程适用于任何 MSS 项目，包括下列内容：

a) 由 MSS 项目提案人(或提案人指定的代表)负责 JS；

b) 对 JS 进行独立评价，或者认为是充分的，或者认为还需要进一步工作；

c) 对 JS 进行独立评定，并编写新工作项目建议报告；新工作项目建议报告应提供下列信息：

——建议的内容及基本原理概述，其中包括最佳适用范围和文件类型；

——如果有针对新工作项目建议的合格评定方法，是最适合标准用户的；

——JS 评定概述，包括主要的支持意见和反对意见；

——评定期间收集的关于地区、专业和联系方面的信息；

——有关报告作者的信息。

JS 过程之后是立项阶段，以便决定是否开展新领域活动或新的工作项目。

独立评定的目的是提供客观公正的信息，以此作为建议报告的依据。此外还以报告的形式提供客观有用的补充信息，提交给标准管理机构，以便在审查和协调后作出决定。

在 MSS 的复审之初，也要开展新的 JS；论证结果和随后的建议报告应附在复审意见表上。JS 的规模可大可小，视 MSS 出版后，在管理实践中预期产生的变化而定。

复审的 JS 评定也应考虑第 5 章所述的原则和附录 A 所提的问题，可以与以前的 JS 评定和编制大纲(见 7.2.2)进行比较。该过程应有助于发现 MSS 的市场需求和认为需要进一步改进的地方。

复审的 JS 建议报告应指明下列信息之一：

——撤消；

——确认；或

——修订。

6.3 论证研究的准则

根据第 5 章所述的总的原则，在附录 A 列出了一系列问题，应作为论证和评定 MSS 新工作项目建议提案的准则。

MSS 新工作项目建议提案人在进行 JS 时，应考虑第 5 章所述的总的原则和附录 A 所列出的问题。所列问题没有将各个方面都囊括其中，应根据具体情况补充有关信息。

对于附录 A 所列出的各个问题的重要性和相关性，根据具体 MSS 新工作项目建议提案的性质而各有不同。JS 时应证实附录 A 所列的所有问题都考虑在内了。如果确认某些问题与特定情况无关或不适用，则应说明其理由。如果提出 C 类 MSS 工作项目建议提案或对现行标准做细微改动，均需要对有关问题作出回答，只是回答的严格程度可低于 A 类 MSS 工作项目建议提案的程度。

负责对 JS 进行评定的机构应采用第 5 章所述的总的原则和回答附录 A 中所列出的问题，但不限于此。有些 JS 可能需要考虑一些其他问题，以便客观地评价 MSS 新工作项目建议提案的市场相关性。在进行 JS 评定的过程中，可以要求提案人阐述问题或者提供补充信息。

7 MSS 的制定过程和结构

7.1 通则

MSS 的制定将与下列方面有关：

——所制定的 MSS 对企业行为的深远影响；

——相关方支持的力度；

——相关方参与制定的实际可能性；

——市场对于 MSS 兼容性和一致性的需求。

本章提供的指导是对技术工作程序的补充，以便将上述方面考虑在内。

所有制修订 MSS 的工作项目应遵守 7.2 规定的过程。制定管理体系要求标准或指导标准(3.2)

时，还应遵守7.3的规则。若标准初稿已经完成，并确定作为MSS工作项目建议提案的基础，则应根据文件的成熟情况规定7.2和7.3应用程度的建议。

所有的MSS应使用相同的术语，以便易于使用并彼此兼容。若适合，MSS应采用按同一顺序排列的共有要素(参见7.3)。

任何MSS族的结构均应仔细设计，并对MSS族中的每个文件的作用予以界定。MSS族内的管理体系相关标准(C类)应完全符合管理体系要求标准(A类)。B类和C类标准不应提出附加的管理体系要求。当制定有关支持技术的MSS族时，应适当采用7.2所述的指导。这些文件均是独立的，其结构可不必与A类或B类MSS的结构相配合，但是，如果还有引入另一MSS族的同类文件或多个同一MSS族的同类文件，则应予以适当考虑，达到彼此结构相互配合。

如果涉及管理体系的指导标准，则重要的是明确界定其与对应的管理体系要求标准之间的功能关系，例如：

——使用管理体系要求标准的指导；

——建立/实施管理体系的指导；

——改进和完善管理体系的指导。

如果这些管理体系指导标准与A类管理体系要求标准有关，则它们的结构应相互配合。

如果MSS工作项目建议提案为专业管理体系标准，则除7.2和7.3所述的指导外还应遵守下列规定：

——专业管理体系标准应与通用管理体系标准兼容和相配合；

——负责制定通用管理体系标准的相关TC或SC可增加需要符合的补充要求和相应的程序；

——需要征询其他相关TC或SC的意见，有关合格评定问题需要征询认证认可管理机构的意见。

如果是专业管理体系标准，则应明确其功能和与通用管理体系标准的关系(例如补充了专业性的要求或阐述，或者是解释，或者二者兼有)。

专业管理体系标准应清楚地标出(例如采用不同的字体)所提供的专业性信息的类型。

7.2 MSS的制定过程

7.2.1 概述

本条提出的大多数补充指导是针对标准制定的起草阶段(GB/T 16733—1997的3.3)，包含标准草案征求意见稿的起草。

注：凡下列提到的TC也包括有关SC在内。

7.2.2 编制大纲

为确保MSS能够如JS所指出的那样实现其初衷，在起草征求意见稿前应制定并通过编制大纲。

负责有关MSS的TC应决定适用于各类MSS的编制大纲的格式和内容，并成立小组开展工作。

编制大纲应解决下列问题：

——用户需求，标准用户的识别及其伴随的需求，连同这些用户的利益和成本；

——范围，标准的范围和用途、名称和应用领域；

——兼容性，如何实现本MSS族内部和本MSS族与其他MSS族之间的相互兼容，确定同类标准的共有要素，以及如何将这些要素纳入7.3所建议的结构；

——一致性，与MSS族内其他文件的一致性。

注1：通常，大多数有关用户需求和范围的信息都可以从JS中获得。

如果是制定管理体系要求标准或指导标准(3.2)，则编制大纲还应提供下列内容：

——模式，标准所用模式的特征(见7.3)；

——结构，结构应符合7.3所述建议。如果有理由不符合7.3的建议，则应予以说明。

编制大纲应保证：

a) JS结果正确转换成MSS的要求；

b）与其他 MSS 的兼容性和一致性问题的识别和提出；

c）标准制定过程中的适当阶段具有验证最终 MSS 的基础；

d）以编制大纲获得批准作为确定 TC/SC 对项目负责的依据；

e）新工作项目立项阶段收到的意见得到考虑；

f）所有约束条件得到考虑。

注 2：通过 JS，如果需要制定的标准不只一个，则可能有必要针对不同标准分别制定编制大纲。

7.2.3 标准的制定

7.2.3.1 项目管理

TC 应制定项目计划，阐明如何组织和管理项目、项目期限以及如何按照进度开展工作。

负责有关 MSS 的委员会（TC 和 SC）应欢迎各成员参加，以获得广泛的支持。TC 还应努力使希望实施 MSS 的组织的代表参与。为获得这些支持，除 GB/T 16733—1997 规定的标准制定程序的阶段划分以外还可能增设另外的征集意见和决策环节。

经验显示，由于 MSS 的性质和用途，许多相关方都希望参与，因此 TC 的规模可能较大。这可以通过区分执行任务和决策任务（例如参加起草或参加审定）进行管理。TC 应在各利益方的参与愿望和起草小组能有效开展工作的规模之间找到一个平衡点。

7.2.3.2 人力资源

MSS 项目的成功取决于：

——起草小组的构成，起草小组成员应包括该领域的专家和标准编写的专家，并且具有各方利益平衡的代表人数；

——起草小组成员的连续性以及小组成员保证连续参与工作的承诺。

TC 秘书处应确保项目负责人具备所要完成工作的必要能力。项目负责人应确保小组（例如 SC、WG、起草小组）成员了解工作内容，并给予应有的支持。

7.2.3.3 监督

在起草过程中，应监督与其他 MSS 的兼容性和易于使用的程度，可检查下列问题：

——词汇和定义；

——商定的共有要素；

——商定结构的使用和各章讨论的主题；

——要求的清晰度（包括语言和表述）；

——避免重复和相互矛盾。

7.2.3.4 偏离的管理

对于与工作进度、建议结构（见 7.3）和（或）编制大纲的偏离，应予协商并记录备案，以便标准管理机构和 TC 能够对这些偏离予以考虑。应制定有关程序对这些偏离予以校正。这是负责相关 MSS 的 TC 的责任，秘书处应提醒 TC 成员。

7.2.3.5 验证和确认

作为计划过程的一部分，TC 应在相应的阶段开展验证和确认工作，验证是否符合编制大纲，确认是否符合预定用途，以及所采用的方法是否恰当。

注：验证和确认的定义参见 GB/T 19000—2000。

验证工作从本质上看不能在编制大纲获得批准之前开始，但是，为了发挥验证的作用，尽早开展验证工作是非常重要的，至少应在编制大纲和征求意见阶段就开始。

可以在如下阶段开展验证和（或）确认工作：

——根据 JS 结果验证编制大纲；

——根据编制大纲验证相对完善的工作草案；

——征求意见阶段的验证和（或）确认工作；

——审查阶段的验证和(或)确认工作；

——最终 MSS 的确认。

验证工作由 TC 执行。

确认技术可包括：

——对组织进行调查，以获取新的 MSS 制定后可能给他们带来的益处、影响、问题等；

——选定组织进行项目试点，对新的 MSS 进行试验，并报告带来的益处和存在的问题；

——对文件的审查表决。

如果确认表明该项目不符合有关利益方的期望，则应对该 MSS 草案再次进行评审和修改，或者对编制大纲进行修改，甚至可以重新审视 JS 过程。

7.2.4 MSS 制定过程的透明度

MSS 的应用范围比大多数其他类型标准的应用范围要广，涉及人类活动的广泛领域，对许多用户利益都有影响。

因此编制 MSS 的 TC 在制定 MSS 时应保持很高的透明度，以保证：

——阐明参与制定标准的可能性；

——所采用的标准制定过程为各方所理解。

TC 应在整个项目期间提供有关项目进展方面的信息，包括：

——项目当前的进度情况(包括讨论中的问题)；

——联络点的详细信息；

——关于全体会议的公报和新闻发布；

——定期列出常见问题和答案。

同时，还应考虑相关方的信息传播途径。

如果预计 MSS 的用户可能(通过自我声明、第二方合同或认证/注册)需要合格评定，则应特别关注在标准中给出获得合格评定的指导。

TC 应最大限度地利用标准管理机构的资源以提高项目的透明度，此外，TC 还应考虑设立专门的可公开访问的网站以增加透明度。

TC 应提高相关方对 MSS 项目的认知度，向各利益方(包括鉴定机构、论证机构、企业和用户)提供标准草案以及他们需要的具体信息。

TC 应保证参与标准制定的成员可以随时获取有关正在制定的 MSS 的技术信息。

7.2.5 标准的解释程序

TC 应设立一种专门机制，处理用户提出的有关标准方面的问题，并尽快将回复传达给其他各方。这种机制可以有效地解决在早期阶段出现的错误观点和发现问题，以便在下一次修订期间作进一步改进。

7.3 MSS 模式、结构和共有要素

7.3.1 概述

本条仅适用于 3.2.1 和 3.2.2 定义的管理体系要求标准和指导标准。

可以通过提高标准间的通用性促进管理体系要求标准或指导标准之间的兼容性和易于使用的程度。宜通盘考虑诸如综合管理体系模式、标准结构、共有要素的数量以及措词和术语等因素。

在起草各种主题的标准时有许多解决这些问题的方法，从协调术语到综合 MSS 不等。建议各种主题的管理体系要求标准和指导标准采用相同的术语，并采用一套确定的共有要素。通过这种办法，可以向组织提供一个具有合理基础的便于从总体上实施的标准。

7.3.2 模式和结构

管理体系要求标准或指导标准的总体结构宜建立在公认模式基础上，并在该模式下合理安排管理体系的要求。

所选模式宜体现适用于该 MSS 的根本性原则，以便达到下列目的：

a) 帮助用户理解这些根本原理和推行管理体系；

b) 帮助标准起草者建立起合理的具有一致性的结构。

还需采用类似的方式建立管理体系相关标准(3.2.3)结构，以便彼此共有一个通用的结构。

现行 MSS 的模式将历经一段时期的发展演化，产生新的模式。因此目前不适于提出指导所有具体的 MSS 的模式。目前，国家标准依据国际标准普遍采用两种公认的模式，即 PDCA 模式和过程模式。制定 MSS 和试图采用不同模式的 TC 宜确保与其他 TC 制定的 MSS 兼容。

注：可在 GB/T 19001、GB/T 19004 和 GB/T 24001 中看到这些模式的使用举例。

7.3.3 共有要素

制定 MSS 的经验表明存在有许多共有要素。共有要素可以按照下列主题进行排列：

a) 方针；

b) 策划；

c) 实施和运行；

d) 业绩评定；

e) 改进；

f) 管理评审。

附录 B 表 B.1 列出了根据上述结构排列的管理体系要求标准和指导标准的共有要素。建议确定共有要素以便于标准的使用和 MSS 的综合实施。这些要素的统一安排一般限于章和条的层面。

制定管理体系要求标准和指导标准和试图采用按不同顺序排列要素的 TC 宜证明其排列顺序是易于使用的和能够与其他 TC 制定的 MSS 综合实施。为方便与标准管理机构和其他有关 TC 的交流，TC 宜列表提供自己制定的 MSS 的排列顺序与表 B.1 之间的相互对照。

如果 TC 选择的共有要素的排列顺序与表 B.1 的排列顺序明显不同，则宜在文件中纳入相互对照表以便于使用。

起草管理体系要求标准的共有要素的文本时，相同含义宜用相同措辞来表述。

附 录 A
（资料性附录）
论证需要考虑的问题

A.1 概述

下列有关JS的问题并不是详尽无遗的，宜根据具体情况提供下列问题所未涉及的信息。

如果回答下列A.2.3～A.2.8问题的人员明显不同，宜根据MSS项目可能影响到的各相关方的类别分别予以考虑。

A.2 问题

A.2.1 MSS新工作项目建议提案的基本信息

编制MSS时考虑回答如下问题：

a） 提出MSS的目的和范围是什么？

b） 提出的MSS新工作项目建议提案将会制定为国家标准、国家标准化指导性技术文件还是行业标准？

c） 提出的目的或范围是否包括产品（服务）规范、产品试验方法、产品性能水平或其他形式的与实施组织生产或提供的产品有关的规则或要求？

d） 对于MSS新工作项目建议提案是否有一个或多个理应负责的TC或非国家标准管理机构？若有，请指出来。

e） 是否有已确定的相关参考资料，例如现有的规则或既定的惯例？

f） 是否有技术专家支持本标准的工作？是否有技术专家直接代表来自不同地域的各有关方的利益？

g） 从制定文件所需专家和会议次数/时间的角度估算需要开展哪些工作？

h） 预计什么时间完成？

A.2.2 被影响方

编制MSS时考虑回答如下问题：

a） 是否已确定各被影响方？例如：

1） （各种类型和规模的）组织：组织内批准实施和最终达到MSS的决策者；

2） 消费者/最终用户，例如购买或使用一个组织的产品（包括服务）的个体或单位；

3） 供方，例如产品制造商、经销商、零售商或商贩，或服务或信息提供者；

4） MSS服务提供者，例如MSS认证机构、认可机构或咨询机构；

5） 监管机构；

6） 非政府组织。

b） MSS是否是为组织提供一个指导性文件、合同规范或管理规范？

A.2.3 MSS的需求

编制MSS时考虑回答如下问题：

a） MSS的需求是什么？是地方需求、国家需求还是行业的需求？制定标准会带来什么样的附加值（例如促进不同地区间的交流）？

b） 是否存在一些专业性的需求而成为普遍性的需求？如果有，是哪些？这些需求是小型组织、中型组织还是大型组织的需求？

c) 这些需求重要吗？这些需求会持续下去吗？如果是，提出的 MSS 新工作项目的完成日期是否符合这些需求？有其他备选方案吗？

d) 描述一下如何确定这些需求及其重要性。列举被影响方和所在地理区域或经济区？

e) 预计 MSS 新工作项目建议提案会获得支持吗？列举这些支持的机构。预计 MSS 新工作项目建议提案会遭到反对吗？列举这些反对的机构。

A.2.4 专业 MSS 新工作项目建议提案

编制 MSS 时考虑回答如下问题：

a) 该 MSS 是某特定专业的 MSS 吗？

b) 该 MSS 将引用或纳入现有的、非特定专业的 MSS(例如来自 GB/T 19000 质量管理体系标准族)吗？如果是，制定该 MSS 将采用或引用现有的、非特定专业的 MSS 的术语、结构和基本要求吗？

c) 采取了哪些措施消除或降低专业 MSS 与通用 MSS 的偏差？

A.2.5 MSS 的价值

A.2.5.1 MSS 带给组织的价值

编制 MSS 时考虑回答如下问题：

a) 预计 MSS 将会给小型、中型或大型组织带来什么样的益处或成本？

b) 描述一下这些益处和成本是如何确定的。提供有关组织地理位置、经济重点、行业专业和规模方面的信息。提供有关咨询对象及其依据(例如公认惯例)、前提、假设和条件(例如推断条件或理论条件)方面的信息和其他信息。

c) MSS 鼓励组织积极参与管理体系创新吗？

d) 如果是从合同或管理的角度制定 MSS，那么有什么方法可以验证符合性(例如第一方、第二方或第三方)？该 MSS 能够使组织更加灵活地选择合格评定方法吗？或者可以让组织能够容纳经营、管理、地点和设备方面的变化吗？

e) 如果可以选择第三方注册/认证的话，预计可以给组织带来什么益处或成本吗？该 MSS 将会有助于结合其他 MSS 的联合评审或促进并行评定吗？

A.2.5.2 MSS 带给其他被影响方的价值

编制 MSS 时考虑回答如下问题：

a) 预计会给其他被影响方(包括边远地区)带来什么样的益处和成本？

b) 描述一下这些益处和成本是如何确定的？提供有关被影响方的信息。

c) 预计将给社会带来什么样的价值？

A.2.6 贸易壁垒的风险

编制 MSS 时考虑回答如下问题：

a) MSS 将会怎样促进或影响贸易？MSS 会产生还是防止技术性贸易壁垒？

b) MSS 是否会对小型、中型或大型组织产生或防止技术性贸易壁垒？

c) MSS 是否会对边远地区或发达地区产生或防止技术性贸易壁垒？

d) 如果 MSS 用于政府管理，是否有可能增加、重复、更新、促进或支持现有的政府法规？

A.2.7 不兼容、过剩和增生的风险

编制 MSS 时考虑回答如下问题：

a) 是否可能与其他现有或计划中的 ISO 或非 ISO 国际标准、区域标准和国家标准冲突或重复？是否有其他公共活动或私人活动、指导、要求和规定解决这些需求，比如技术文献、公认惯例、学术或专业研究或其他研究团体？

b) MSS或相关合格评定活动(例如评审、论证)是否有可能增加、更新、协调、重复、减弱现有活动或与现有活动冲突?正考虑采取哪些措施确保兼容性,防止冲突或避免重复?

c) 提出的MSS是否有可能促进或衍生行业或地方的MSS,或者工业界的MSS?

A.2.8 其他风险因素

编制MSS时考虑回答如下问题:

是否确定有其他风险因素(例如特定专业的时限或非预计结果)?

附　录　B
（资料性附录）
MSS的共有要素

表 B.1　MSS的共有要素

MSS共有主题	共有要素	需考虑的典型问题
B.1　方针	B.1　方针和原则	B.1说明组织满足关于MSS要求的承诺，确定方向和行动原则。为制定目标提供一个框架。
B.2　策划	B.2.1　确定需求、要求和主要问题分析	B.2.1确定要予以控制和/或改进的问题，以便满足有关各方的利益。术语“要求”包括法律要求。
	B.2.2　选择需要解决的重大问题	B.2.2根据B.2.1的结果确定问题的重点。
	B.2.3　制定目标	B.2.3根据B.2.2的输出、组织的方针和管理评审的结果制定明确的目标（包括时间）。
	B.2.4　确定资源	B.2.4确定所需的资源和人力资源、基础设施和财务资源的供给。
	B.2.5　确定组织结构作用、职责和权力	B.2.5确定组织中用以确保有效性和运行效率的任务、职责、权力和相互关系。
	B.2.6　运行过程的策划	B.2.6运行过程的策划安排，可以包括实现B.2.3所述目标所采取的行动。
	B.2.7　可预测事件的意外准备	B.2.7用以管理可预见紧急事件方面的安排。
B.3　实施和运行	B.3.1　运行控制	B.3.1实施策划和根据既定目标控制活动所需的运行控制措施。
	B.3.2　人力资源管理	B.3.2雇员、承包商、临时工作人员等管理（包括诸如培养意识和培训在内的资格证明和活动）。
	B.3.3　其他资源管理	B.3.3影响组织业绩的基础设施、厂房、设备、财务等的运行管理和维护。
	B.3.4　文件及其控制	B.3.4成功实施和推行管理体系所必需的文件的管理。
	B.3.5　交流	B.3.5关于组织内外交流的安排。
	B.3.6　与供方和承包商的关系	B.3.6对组织业绩有影响的供方或承包商的安排和控制。
B.4　业绩评定	B.4.1　监督和措施	B.4.1组织业绩评定机制。
	B.4.2　分析和处理不符合事件	B.4.2确定不符合事件以及处理方法。
	B.4.3　体系的审核	B.4.3管理体系的审核。
B.5　改进	B.5.1　纠正措施	B.5.1消除管理体系和运行过程中的不符合因素的机制。
	B.5.2　预防性措施	B.5.2鼓励采取行动消除管理体系和运行过程中潜在的不符合因素的机制。
	B.5.3　持续改进	B.5.3持续改进管理体系的规定。
B.6　管理评审	B.6　管理评审	B.6体系的管理评审，用以确定当前业绩，以确保组织管理体系持续适宜和切实有效，并指出哪些地方需要改善，提出新的发展方向。

参 考 文 献

[1] GB/T 19001—2000 质量管理体系 要求
[2] GB/T 19004—2000 质量管理体系 业绩改进指南
[3] GB/T 24001—1996 环境管理体系 规范及使用指南
[4] GB/T 24004—1996 环境管理体系 原则、体系和支持技术通用指南
[5] ISO/IEC Guide 7:1994, *Guidelines for drafting of standards suitable for use conformity assessment*

ICS 01.120
A 00

中华人民共和国国家标准

GB/T 20000.8—2014

标准化工作指南
第8部分:阶段代码系统的使用原则和指南

Guidelines for standardization—
Part 8: Establishing principles and guidelines for use of stage code system

[ISO Guide 69:1999, Harmonized Stage Code system (Edition 2)—
Principles and guidelines for use, MOD]

2014-12-31 发布 2015-06-01 实施

中华人民共和国国家质量监督检验检疫总局
中国国家标准化管理委员会 发布

前　　言

GB/T 20000《标准化工作指南》、GB/T 1《标准化工作导则》、GB/T 20001《标准编写规则》、GB/T 20002《标准中特定内容的起草》和GB/T 20003《标准制定的特殊程序》共同构成支撑标准制修订工作的基础性系列国家标准。

GB/T 20000《标准化工作指南》拟分为如下几部分：

——第1部分：标准化和相关活动的通用术语；

——第2部分：采用国际标准；

——第3部分：引用文件；

——第4部分：国家标准英文译本翻译通则；

——第5部分：国家标准英文译本通用表述；

——第6部分：标准化良好行为规范；

——第7部分：管理体系标准的论证和制定；

——第8部分：阶段代码系统的使用原则和指南；

——第9部分：采用其他国际标准化文件。

本部分为GB/T 20000的第8部分。

本部分按照GB/T 1.1—2009给出的规则起草。

本部分使用重新起草法修改采用ISO指南69:1999《协调阶段代码系统（第2版） 使用原则和指南》。

本部分与ISO指南69:1999在结构上保持一致。

本部分与ISO指南69:1999的主要技术性差异及其原因如下：

——本部分删除了ISO指南69:1999的2.3有关阶段代码框架在国际、区域和其他国家标准组织使用原则情况的描述，因为本部分只涉及我国协调一致的阶段代码的使用原则和指南；

——本部分删除了ISO指南69:1999的2.10和第6章中有关协调一致的阶段代码的管理内容，因为本部分内容不涉及标准化的相关管理规定；

——本部分删除了ISO指南69:1999的5.8关于国际、区域和其他国家组织机构代码标识的使用原则，因为本部分只涉及我国协调一致的阶段代码的使用原则和指南。

本部分由全国标准化原理与方法标准化技术委员会(SAC/TC 286)归口。

本部分起草单位：中国标准化研究院、冶金工业信息标准研究院、机械工业仪器仪表综合技术经济研究所、中国质检出版社（中国标准出版社）、深圳市华测检测技术股份有限责任公司、中国电子技术标准化研究院。

本部分主要起草人：吴学静、逄征虎、白殿一、张宇春、欧阳劲松、白德美、刘慎斋、陆锡林、朱平、薛海宁。

引　言

标准化过程由若干明确的步骤或阶段组成,用以描述标准制修订程序或表明某项标准计划项目所处的阶段。通常,不同的标准机构通过正式的标准化程序制定和出版标准的方法是十分相似的。因此,各标准机构有可能在较高层次上就标准化程序和各阶段设置形成一致意见。然而各标准机构的标准制修订程序又存在不同之处,这就需要其制定适用于自身的阶段系统。

制定如此多的系统容易使标准使用者感到混乱,因而ISO开发了一个所有机构都能理解和使用的协调阶段代码系统(HSC)。

本部分中提供的协调程序代码的建立原则和矩阵结构可以作为我国各类标准机构建立自身的程序代码,开发标准项目数据库和向外部发布标准制定信息的基础。

GB/T 1.2《标准化工作导则　第2部分:标准制定程序》界定了标准制定程序的阶段划分及其代码,该标准参考了本部分的程序代码的建立原则和矩阵结构,是在本部分规定的程序代码建立原则和矩阵结构的基础上,根据我国标准制定情况做的细化安排,主要用于国家标准制修订的信息化管理。

标准化工作指南
第8部分:阶段代码系统的使用原则和指南

1 范围

GB/T 20000 的本部分规定了标准项目数据库的协调一致的阶段代码系统的使用原则和指南。

本部分适用于标准机构利用数据库跟踪标准制定项目和标准机构之间进行标准项目的信息交换。

2 阶段代码系统的一般原则

2.1 确立协调一致的阶段代码系统的目的是为不同标准机构的核心数据传递提供一个通用的框架。每个标准机构可在协调一致的阶段代码系统的核心矩阵基础上确立适用其自身的阶段系统。

2.2 不同用户对阶段代码系统有不同的需求。标准组织需要确立内容详细的系统来恰当地监控、分析和控制整个标准化工作流程。普通公众宜概况性地了解系统以便理解标准化工作。协调一致的阶段代码系统通过提供标准化程序的矩阵框架,同时又允许标准化工作细节融入其中来满足各方需求。

2.3 阶段代码的通用程序框架给出了协调一致的阶段代码系统矩阵,见附录A。既可在这一框架基础上确立阶段代码系统,也可围绕这一框架确立新的阶段代码系统。

2.4 阶段代码矩阵将事项和决定同时编排在了矩阵中,有的事项有独立的子事项,有的没有。这样编排是由标准制定过程的特点决定的,因为标准制定过程的每个阶段都涉及了活动过程中或活动之后作出的决定。这样就不用单独设计字段存储决定信息,有些像项目状态的信息宜放在其他数据库字段存储。

2.5 框架中只有指定的代码可用于有效的数据传输,其他代码只可内部使用(见第5章),不应作为数据库摘录传输给其他机构。

2.6 阶段代码矩阵中只有特定节点可能发生,那些不可能发生的节点已在附录A中以“—”标出。

2.7 阶段代码系统使得在国际、区域、国家层次的数据库中以相同的方式跟踪特定项目的制定情况。因此,将某一层次的标准采用为另一层次的项目能够被纳入到事件代码的整个序列中,例如国际标准采用为国家标准或者区域标准采用为国家标准。

2.8 附录A中给出的阶段代码系统的框架可适应未来开发的新程序。每个标准组织制定标准的总体程序是相似的,因此,对现行程序的任何改变可能也是相同的。代码矩阵很容易适用新的要求,甚至可以适应标准制定过程的重构。

3 阶段代码矩阵的结构

3.1 矩阵建立了一系列代表标准制定程序顺序的“阶段”代码,用以表述标准制定过程的主要阶段。

注:这些“阶段”为不同的标准组织所共用。

3.2 在每一个“阶段”代码内运用一致的逻辑概念体系设立了一系列“事项”代码。术语“阶段”和“事项”分别代表矩阵坐标的纵轴和横轴。

3.3 主要阶段代码和事项代码各自被以10为增量从00到90的两位数字进行编码,标准组织可使用第2位非零数字对标准制定程序中可能存在的子阶段和子事项进行编码。在附录A的矩阵中存在很多使用第2位非零数字的插入。只有不是以数字“0”结尾,且尚未被指定的事项可以自由使用。

3.4 矩阵中的各个单元由所处阶段和事项的坐标组成的四位数字进行编码，两个坐标之间用点分开。例如，10.20 代表：阶段 10，事项 20。

3.5 所有尚未使用的"阶段"代码留待将来使用，以便插入可能认定的新阶段。

3.6 事项代码 10、30、40、50 和 80 留待将来使用，以便插入可能认定的新事项。事项代码 30、40 和 50 存在于主要活动事项 xx.20 与 xx.60 之间。一些内部活动和(或)节点可能在 xx.20 和 xx.60 之间是必需的。因此，用户可将事项代码 30、40 和 50 作为内部代码使用。假如将来主要矩阵需要用到这些代码，用户则应修改他们的内部系统。如果各标准组织之间的活动越来越一致，则可能有修改内部系统的要求。

3.7 每一个标准制定流程都包含若干重要节点。这些重要节点是标准制定程序的关键环节。协调一致的阶段代码矩阵系统中有若干所有标准机构都宜识别的通用重要节点。其他节点可用于个别标准机构的标准制定程序中。通用的重要节点是 00.00、10.00、20.00、40.20、40.60、50.20、50.60、55.60、60.60、65.60、90.20，这些通用重要节点在矩阵中标记为"M"。在复审阶段以后，其他通用重要节点是 90.60、91.60、92.60、99.60，这些节点在矩阵中标记为"m"。尽管其他通用重要节点也是重要节点，但这些节点像其他节点一样是可选的，而且如果不适用于某一标准组织的工作方式也无需记录。

4 阶段代码系统的使用指南

4.1 附录 A 中给出的通用的阶段代码具有通用含义，每个标准组织可以在其内部，通过相同的阶段代码清楚识别相对应的标准制定程序。因此，只要标准组织的内部使用术语的语义与通用含义相同，标准组织可对阶段代码重新命名。

4.2 对于不同的标准机构来说，重要的阶段和事项是不同的，因此每个标准机构可以自由采用只适用于自己的阶段和事项。

4.3 每个阶段代码代表一个标准化工作，这个工作可能是一项标准化活动的开始或结束，也可能是基于该项标准化活动的某一方面做出的决定。某些代码可被视为是标准项目整个制修订周期的重要节点。

4.4 其他相关信息(例如文件来源或文件类型)宜单独记录在其他数据库字段中，不宜在阶段代码中有所体现。

4.5 不使用子代码来表示在任何特定阶段暂停的项目，建议使用数据库其他字段处理该问题。

4.6 协调一致的阶段代码系统考虑到了标准制定程序的周期循环特性，也考虑到重复当前阶段或早期阶段的情况。通过重复相同阶段代码来记录在标准项目制修订周期中的重复事项。例如，由于程序上的操作失误而决定重复某项程序，则宜使用事项代码 xx.93；由于文件不正确，决定重新起草，则宜使用事项代码 xx.92。宜由其他单独的数据库数值字段来记录跟踪阶段或事项的版本或迭代次数。

4.7 标准项目的返回和暂停是阶段代码系统的本地操作问题。通常使用事项代码 xx.92 和 xx.93 表示项目返回到系统的任何其他节点；使用项目所处的阶段代码或者事项代码 xx.91 表示暂停项目。其他代码可在本地使用，一旦代码发生传递，则应引起注意。暂停的标准项目信息宜在其他单独数据库字段中记录。

4.8 协调一致的阶段代码系统不涉及完成某一节点的目标及实际日期，宜使用其他数据库字段来记录与特定节点相关的目标和(或)实际日期。各个标准机构宜自行决定在哪个节点保留和维护该信息。

4.9 处在"00：新项目建议"阶段的项目，一旦开始后续阶段工作，则不宜将该标准项目退回到中止状态，准备对项目进行彻底重新评估除外。

4.10 代码为 20 至 60(或 70)的工作事项类型和代码为 90 的决策事项存在区别，因为在实践中两者可明显从时间上区分开。

4.11 只有事项代码 xx.60 表示主要工作结束，不宜使用其他事项代码表示此意义。然而，在某些阶段需要在主要工作结束后进行一些后续工作，比如派发结果，可使用事项代码 xx.70 来记录这一情况。一旦标准项目进行到事项 xx.60 和(或)xx.70，则下一事项可能是事项 91 到 99 中的一个，也可能是进入下一个适当阶段。在任何时候，只能选择 xx.90 事项的其中一项决定。

4.12 “60：出版阶段”是指准备由标准机构安排标准出版的阶段；“65：实施阶段”是指由标准制定机构之外的其他标准机构实施标准应用的阶段。

4.13 事项 xx.90 的使用与其他事项不同，需要对决定进行选择，因此这一事项有不同的设计。如果使用事项 xx.92 或 xx.94，则通常认为接下来的事项宜为 xx.99。注意，相对于所有其他事项来说，是否使用事项 xx.90 是可选。

4.14 通常事项 xx.90 中进行选择的决定标题如下：

——xx.91 决定推迟项目；

——xx.92 决定返回早期阶段；

——xx.93 决定重复本阶段；

——xx.94 决定省略一个或多个阶段；

——xx.95 (未指派)；

——xx.96 (未指派)；

——xx.97 决定合并或拆分项目；

——xx.98 决定放弃项目；

——xx.99 决定登记为下一个适用阶段。

不同阶段具体的标题可略有不同。

4.15 事项“xx.94：决定省略一个或多个阶段”可用于表示已经确定的项目的特殊流程。实际流程宜在其他数据库字段予以记录。

4.16 阶段“90：复审阶段”与“91：确认阶段”“92：修订阶段”“95：废止程序”和“99：废止阶段”相关联。是否使用 91、92 或 95(或 99)阶段取决于 90 阶段做出的决定。有明确的废止程序的标准机构可使用阶段 95 和(或)99。

4.17 数据库系统中仍保留因某种原因已经取消或已不再有效的记录(相对于标准项目来说)，通常是使用单独的数据库字段来记录这些信息。若用户希望使用协调一致的阶段代码来记录这些信息，宜使用特殊的代码 99.98，并遵循事项 xx.98 的原则。代码 99.98 不用于正式延期、取消或因其他原因暂停的项目(这类项目应使用其他有效事项 xx.90 之一记录)。

5 基于阶段代码矩阵的内部代码开发

5.1 协调一致的阶段代码系统主要为标准机构间的数据传输而设计，但也可供各个标准机构内部使用。

5.2 如果各个机构都增加代码供内部使用，并将相同的代码用于表示不同的事情，这就可能在不同的标准机构之间存在分歧，然而这种影响将会很小。协调一致的阶段代码矩阵确保主要代码始终保持相同的意义，只有内部代码可有不同的含义。目前的情况是两个标准组织的相同代码可表示不同的阶段。

5.3 所有使用阶段代码矩阵(含内部代码)的标准组织应意识到协调一致的阶段代码系统将来可能改变，则内部代码也应改变。

5.4 各个机构可为与外部单位无关的内部程序额外添加数字。宜使用以下两种方式之一：

a) 将某些代码向右扩展为 XX.XX.YY，这里的 YY 只是内部代码；

b) 使用 xx.21 和 xx.59 之间的新事项，可能会使用事项 30、40 和 50(这些事项目前未使用，发生在每一阶段的主要工作开始和结束之间)。

注意额外添加的数字代码只能做内部代码，不宜传递。如果这些保留的代码以后用于特定事项，则用户应相应的修改其内部系统。

5.5 使用事项 xx.20 和 xx.60 之间的代码或特定组织代码有助于将专业机构(如工作组)的活动纳入到系统中。各个标准机构可根据需要确定其内部代码,然而工作组活动不宜设立特定的阶段。

5.6 尽可能不使用保留的事项(例如 80 字段)表示各项活动(例如编辑)。各个标准机构可将未使用的事项作为内部代码使用,然而,如果这些保留的代码以后用于特定事项,标准机构应相应的修改其内部系统。

5.7 对于多机构共同参与的标准项目(也就是那些由国际标准机构、区域和国家层次的标准机构等多于一个标准机构推动的项目),应记录为不同项目或者是同一项目的不同分支。无论哪种方式,实际上它们都是不同的实体,各自的数据集和各项目的阶段代码应分别对待。只用一个阶段代码(或其他特定属性)跟踪多机构参与的标准项目并为所有机构做记录不太可能。

5.8 协调一致的阶段代码系统是为主要阶段的子程序设计的,不是为多个节点都出现的具体工作而设计。这些具体工作包括传输文本、获得草案、准备表格等。这些工作发生在 xx.20 和 xx.60 之间,是某个阶段工作的一部分。这些节点的子事项可定义为机构自用代码,通常建议单独设计字段存储这些信息。

5.9 协调一致的阶段代码系统的用户发现将他们自己的内部代码转换到协调一致的阶段代码系统或者将协调一致的阶段代码传输给另一个系统都十分困难,这很正常。将内部代码转换到协调一致的阶段代码系统时,应记住组织使用的绝大多数代码仅用于内部。各用户和其他组织不必了解那些代码。一旦认可这点,令主要代码适用于矩阵和在主要活动 xx.20 到 xx.60 之间开发只用于内部的节点就变得很容易。同样,再将核心矩阵转换回个体系统通常不可能。各系统不可能因此而无效。记住确立协调一致的阶段代码系统的目的是为了便于核心数据的传输,而不在于每一个细节。

附　录　A
（规范性附录）
阶段代码系统矩阵

阶段代码系统矩阵见表A.1。

表A.1　阶段代码系统矩阵

阶段	事项									
	00	*	20	*	*	*	60	70	*	90
	登记		主要工作开始				主要工作结束	进一步工作结束		决定
00 新项目建议	00.00 提案登记 M		00.20 提案开始				00.60 提案讨论结束	—		00.91 决定推迟项目 00.92 — 00.93 决定重新界定项目 00.94 — 00.97 决定合并或拆分项目 00.98 决定放弃项目 00.99 决定登记为下一个适用阶段
10 项目建议评价	10.00 项目建议评价登记 M		10.20 分发项目建议				10.60 评价结束	10.70 评价结果派发		10.91 决定推迟项目 10.92 决定重新界定项目 10.93 — 10.94 决定省略一个或多个阶段 10.97 决定合并或拆分项目 10.98 决定放弃项目 10.99 决定登记为下一个适用阶段
15 其他利益相关方评价	15.00 其他利益相关方评价建议登记		15.20 分发评价建议				15.60 评价结束	15.70 评价结果派发		15.91 决定推迟项目 15.92 决定重新界定项目 15.93 — 15.94 决定省略一个或多个阶段 15.97 决定合并或拆分项目 15.98 决定放弃项目 15.99 决定登记为下一个适用阶段
20 起草阶段	20.00 新项目登记 M		20.20 起草开始				20.60 工作组讨论稿结束	—		20.91 决定推迟项目 20.92 决定重新界定项目 20.93 决定重新起草文件 20.94 决定省略一个或多个阶段 20.97 决定合并或拆分项目 20.98 决定放弃项目 20.99 决定登记为下一个适用阶段

表 A.1（续）

阶段	事项								
	00	*	20	*	*	*	60	70	*	90
	登记		主要工作开始				主要工作结束	进一步工作结束		决定
30 征求意见	30.00 征求意见稿登记		30.20 征求意见开始				30.60 征求意见结束	30.70 派发意见		30.91 决定推迟项目 30.92 决定返回到起草阶段或重新界定项目 30.93 — 30.94 决定省略一个或多个阶段 30.97 决定合并或拆分项目 30.98 决定放弃项目 30.99 决定登记为下一个适用阶段
35 第二轮征求意见	35.00 征求意见稿登记		35.20 征求意见开始				35.60 征求意见结束	35.70 派发意见		35.91 决定推迟项目 35.92 决定返回到起草阶段 35.93 — 35.94 决定省略一个或多个阶段 35.97 决定合并或拆分项目 35.98 决定放弃项目 35.99 决定登记为下一个适用阶段
40 审查阶段	40.00 送审稿登记		40.20 分发审查稿 M				40.60 审查结束 M	40.70 派发结果		40.91 决定推迟项目 40.92 决定返回起草阶段或重新界定项目 40.93 决定重新审查[a] 40.94 决定省略一个或多个阶段 40.97 决定合并或拆分项目 40.98 决定放弃项目 40.99 决定登记为下一个适用阶段
50 批准阶段	50.00 报批稿登记		50.20 分发正式批准稿 M				50.60 批准结束 M	50.70 派发结果		50.91 决定推迟项目 50.92 决定返回起草阶段 50.93 决定重新分发正式批准稿件[a] 50.94 — 50.97 — 50.98 决定放弃项目 50.99 决定登记为下一个适用阶段
55 发布阶段	55.00 发布登记		55.20 分发认可文件				55.60 认可结束 M	—		55.91 — 55.92 — 55.93 — 55.94 — 55.97 — 55.98 — 55.99 决定进入复审阶段

表 A.1（续）

阶段	事项									
	00	*	20	*	*	*	60	70	*	90
	登记		主要工作开始				主要工作结束	进一步工作结束		决定
60 出版阶段	60.00 待出版文件登记		60.20 出版程序启动				60.60 出版发行标准 M	—		60.91 — 60.92 决定返回早期阶段 60.93 决定重新出版[a] 60.94 — 60.97 — 60.98 — 60.99 决定进入复审阶段
65 实施阶段	65.00 实施文件登记		65.20 实施过程开始				65.60 实施过程结束 M	—		65.91 — 65.92 决定返回早期阶段 65.93 决定重新实施[a] 65.94 — 65.97 — 65.98 — 65.99 决定进入复审阶段
90 复审阶段	—		90.20 待周期性复审文件 M				90.60 复审过程结束 m	90.70 派发复审概要		90.91 — 90.92 — 90.93 决定重新复审确认项目 90.94 — 90.97 — 90.98 决定提议废止 90.99 决定进入下一阶段
91 确认阶段	—		91.20 确认过程开始				91.60 确认过程结束[b] m	—		91.91 — 91.92 — 91.93 决定复审文件 91.94 — 91.97 — 91.98 — 91.99 —
92 修订阶段	—		92.20 修订阶段开始[c]				92.60 修订阶段结束 m	—		—

表 A.1(续)

阶段	事项								
	00	*	20	*	*	*	60	70	*	90
	登记		主要工作开始				主要工作结束	进一步工作结束		决定
95 废止程序	95.00 建议废止登记		95.20 废止投票开始				95.60 投票结束	95.70 派发投票概要		95.91 — 95.92 决定返回修订阶段[d] 95.93 — 95.94 — 95.97 — 95.98 — 95.99 决定废止
99 废止阶段	—		—				99.60 同意废止 m	—		—

说明:

* 表示保留这些事项以备将来使用。事项 30、40 和 50 可做内部使用(见 5.4)。

— 表示这一阶段或事项不太可能发生。

M 表示通用重要节点,m 表示其他重要节点。

[a] 如果是程序错误,则只需重复这些阶段。如果是文件修改,则应返回早期阶段。

[b] 一经确认,则文件再一次自动进入复审周期。因此,下一阶段是 90.20。

[c] 这是为了“旧”项目设计的。修订后的文件是个新项目。

[d] 如果决定文件不宜废止但需要修订,则成为“待修订文件”并返回到阶段 92.20。

参 考 文 献

[1] ISONET Manual.http://www.iso.org/.

ICS 01.120
A 00

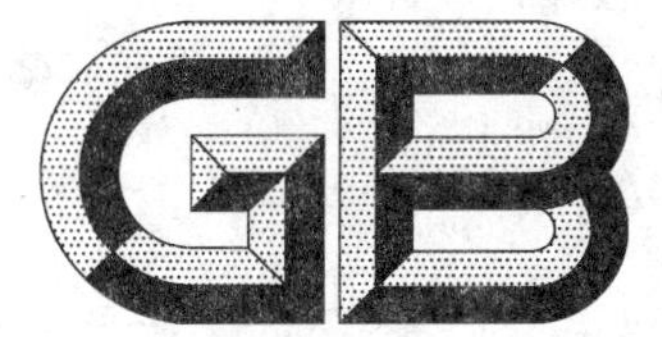

中华人民共和国国家标准

GB/T 20000.9—2014

标准化工作指南
第9部分：采用其他国际标准化文件

Guidelines for standardization—
Part 9: Adoption of International Deliverables other than International Standards

(ISO/IEC Guide 21-2:2005, Regional or national adoption of International Standards and other International Deliverables—Part 2: Adoption of International Deliverables other than International Standards, MOD)

2014-12-31 发布　　2015-06-01 实施

中华人民共和国国家质量监督检验检疫总局
中国国家标准化管理委员会　发布

前　言

GB/T 20000《标准化工作指南》、GB/T 1《标准化工作导则》、GB/T 20001《标准编写规则》、GB/T 20002《标准中特定内容的起草》和GB/T 20003《标准制定的特殊程序》共同构成支撑标准制修订工作的基础性系列国家标准。

GB/T 20000《标准化工作指南》拟分为如下几部分：

——第1部分：标准化和相关活动的通用术语；

——第2部分：采用国际标准；

——第3部分：引用文件；

——第4部分：国家标准英文译本翻译通则；

——第5部分：国家标准英文译本通用表述；

——第6部分：标准化良好行为规范；

——第7部分：管理体系标准的论证和制定；

——第8部分：阶段代码系统的使用原则和指南；

——第9部分：采用其他国际标准化文件。

本部分为GB/T 20000的第9部分。

本部分按照GB/T 1.1—2009给出的规则起草。

本部分使用重新起草法修改采用ISO/IEC指南21-2：2005《区域标准或国家标准采用国际标准和其他国际标准化文件　第2部分：采用国际标准以外其他国际标准化文件》。

本部分将ISO/IEC指南21-2：2005的7.2和7.3合并为本部分的7.2，并取消7.2.1～7.2.3编号，改为二段表述；本部分删除了ISO/IEC指南21-2：2005的附录A。除此之外，本部分与ISO/IEC指南21-2：2005的结构一一对应。

本部分与ISO/IEC指南21-2：2005的主要技术性差异及其原因如下：

——将采用对象的范围由ISO和IEC以外的其他标准化文件增加至其他国际标准化组织发布的类似文件，并将采用主体由国家标准扩大至我国其他标准，参考使用本文件的采用方法，以满足我国采用国际标准的需求；

——关于规范性引用文件，本部分用不注日期引用的GB/T 20000.1《标准化工作指南　第1部分：标准化和相关活动的通用术语》代替了注日期引用的ISO/IEC指南2：2004《标准化和相关活动　通用词汇》；用注日期引用的GB/T 20000.2—2009《标准化工作指南　第2部分：采用国际标准》代替了注日期引用的ISO/IEC指南21-1：2005《区域标准或国家标准采用国际标准和其他国际标准化文件　第1部分：采用国际标准》；

——在第3章中增加引用了GB/T 20000.2—2009，因为本部分中所用较多术语及其定义源自GB/T 20000.2—2009；

——删除了ISO/IEC指南21-2：2005的3.9～3.14术语及其定义，因为这6个术语及其定义在GB/T 20000.2—2009中已做界定，在本部分中使用只是采用对象不同，含义完全相同；

——删除了ISO/IEC指南21-2：2005的5.2中关于国际标准仅应被采用为国家标准而不是其他类型文件的要求，因为，在GB/T 20000.2—2009中我国已规定了采用国际标准化文件为相同或相似类型国家标准化文件的原则；

——删除了ISO/IEC指南21-2：2005的第7章等同采用国际标准化文件的国家标准编号方法中的单编号方式，因为，我国标准编号体系不适用单编号方式。

本部分还做了下列编辑性修改：

——将 ISO/IEC 指南 21-2:2005 的第 7 章等同采用国际标准化文件的国家标准编号方法中，按文件类型不变和文件类型改变分别表述改为合并表述；

——删除了 ISO/IEC 指南 21-2:2005 的附录 A，因为附录 A 的标准编号和一致性程度标识示例包含单、双编号两种方式，且是虚拟示例，我国仅采纳双编号方式，该附录的示例作用不大；同时，本部分已在第 7 章和第 8 章中分别给出了一致性程度标识的示例和我国标准的编号示例。

本部分由全国标准化原理与方法标准化技术委员会(SAC/TC 286)归口。

本部分起草单位：中国标准化研究院、冶金工业信息标准研究院、中国电器工业协会、深圳市华测检测技术股份有限责任公司、中国质检出版社(中国标准出版社)、中国电子技术标准化研究院。

本部分主要起草人：逄征虎、白殿一、张宇春、陆锡林、刘慎斋、白德美、方晓燕、朱平、薛海宁、吴学静。

引　言

本部分规定的国家标准化文件采用国际标准以外其他类型文件的方法，将促进我国采用国际标准以外其他类型文件的规范化。国际标准化组织发布的国际标准以外的其他类型文件多种多样，其中，ISO 和 IEC 发布的文件种类和数量占大多数，这包括技术规范（TS）、可公开获得规范（PAS）、技术报告（TR）、指南（Guide）、技术趋势评定（TTA）、工业技术协议（ITA）、国际专题研讨会协议（IWA）。

本部分涵盖的 ISO 和 IEC 发布的标准以外其他类型文件中的部分类型文件，经过一段时期，根据 ISO 和 IEC 有关文件类型的具体规则的改变，可能被撤销或被新类型文件取代，应留意变化。

GB/T 20000.2—2009 的引言中阐述了国际标准在 WTO/TBT 协议框架内的重要性，国际标准以外其他类型文件对于减少贸易壁垒和促进贸易便利化可能具有同样的作用。

尽量将国家标准化文件与相应国际标准化文件的差异控制在最小程度的原则同样适用本部分。

关注 ISO 和 IEC 有关其出版物的版权、版权使用权、销售规则和政策。

标准化工作指南
第9部分:采用其他国际标准化文件

1 范围

GB/T 20000的本部分规定了采用国际标准以外的其他类型国际标准化文件的方法,以及等同采用时国家标准化文件的特定编号方法。

本部分适用于国家标准化文件采用国际标准以外的其他类型国际标准化文件,同时可供我国其他层次的标准化文件采用其他类型国际标准化文件时参考。

2 规范性引用文件

下列文件对于本文件的应用是必不可少的。凡是注日期的引用文件,仅注日期的版本适用于本文件。凡是不注日期的引用文件,其最新版本(包括所有的修改单)适用于本文件。

GB/T 20000.1 标准化工作指南 第1部分:标准化和相关活动的通用术语(GB/T 20000.1—2014,ISO/IEC Guide 2:2004,MOD)

GB/T 20000.2—2009 标准化工作指南 第2部分:采用国际标准(ISO/IEC Guide 21-1:2005,MOD)

3 术语和定义

GB/T 20000.1和GB/T 20000.2—2009界定的以及下列术语和定义适用于本文件。

注:以下界定的文件为ISO和IEC发布的除国际标准以外其他类型国际标准化文件,其他国际标准化组织也发布类似文件。

3.1

技术规范 Technical Specification;TS

ISO或IEC发布的,未来有可能形成国际标准,但现阶段由于下述情况尚未形成国际标准的文件:

——尚不能获得批准为国际标准所需要的支持;

——尚未达成协商一致;

——主要技术内容仍处在技术发展阶段;

——不能立即作为国际标准发布的其他原因。

注1:技术规范(包括附录)可以包含要求。

注2:针对同一标准化对象,可以有多个相互竞争的技术规范存在。

注3:1999年中期以前,技术规范被称为第1类和第2类技术报告。

3.2

可公开获得规范 Publicly Avilabale Specification;PAS

ISO或IEC为顺应市场急需而发布的,用以反映下述任一主体内达成的协商一致的文件:

——ISO和IEC以外的组织;

——工作组内的专家。

注:针对同一标准化对象,可以有多个相互竞争的可公开获得规范存在。

3.3

技术报告　Technical Report;TR

ISO和IEC发布的包含不同于国际标准或技术规范的数据的文件。

注1：这些数据可以包括，例如国家团体实践中获得的数据、其他组织的工作数据或有关成员国家标准中特定标准化对象最新技术水平的数据。

注2：1999年中期以前，技术报告被称为第3类技术报告。

3.4

指南　Guide

ISO和IEC发布的为国际标准化活动提供规则、指导或建议的文件。

注：可以用指南处理所有国际标准用户关注的问题。

3.5

技术趋势评估　Technology Trend Assessment;TTA

ISO或IEC为响应全球有关标准化问题合作的需要而在技术创新早期阶段发布的，用以评定新兴领域最新技术水平或发展趋势的文件。

注：技术趋势评估通常是标准化前期工作或研究的成果。

3.6

工业技术协议　Industry Technical Aggreement;ITA

规定新产品或服务参数的规范性或资料性文件。

注1：工业技术协议仅存在于IEC。

注2：工业技术协议在IEC技术体系之外制定，以推进工业产品投入生产和投放市场的进程。工业技术协议相当于工业事实标准。技术快速发展的行业是工业技术协议的主要潜在用户，可以覆盖整个电气和电子工程(包括信息技术领域)范围。

3.7

国际研讨会协议　International Workshop Agreement;IWA

为满足市场急需，通过研讨会机制形成的文件。

注1：国际研讨会协议仅存在于ISO。

注2：ISO技术管理局批准任何方面提出举办研讨会的提案，并可指定一个ISO成员团体协助提案人。国际研讨会协议经研讨会成员协商一致通过。

注3：国际研讨会协议在ISO技术体系之外制定。

3.8

类型　type

〈出版物的〉由标准机构作为规范性或资料性文件发布的出版物或文件的具体种类。

注：出版物的类型通常与文件的制定程序相关，制定程序决定了出版物所代表的协商一致程度。

4　一致性程度

GB/T 20000.2—2009的第4章规定的一致性程度适用于本部分。一致性程度不受采用什么类型的国际标准化文件所影响，仅取决于内容和结构的一致性程度。

5　采用方法

5.1　GB/T 20000.2—2009的第5章规定的采用方法适用于本部分。

5.2　除国际标准以外的其他类型国际标准化文件宜采用为国家标准化指导性技术文件，也可采用为国家标准，例如，ISO或IEC的技术规范可以采用为国家标准化指导性技术文件，但也可能采用为国家标准。这种情况下,应在国家标准的前言中清楚地指明文件类型的改变。至于是以国家标准化指导性技术文件还是以国家标准采用除国际标准以外的其他类型国际标准化文件,需要结合具体情况确定。

6 技术性差异和编辑性修改的表述和标示

GB/T 20000.2—2009 的第 6 章规定的技术性差异和编辑性修改的表述和标示方法适用于本部分。

7 等同采用其他类型国际标准化文件的国家标准化文件编号方法

7.1 概述

本章规定的标准编号方法仅适用于国家标准化文件等同采用 ISO 和 IEC 发布的标准以外其他类型文件,例如,技术规范、可公开获得规范、技术报告、指南、技术趋势评估、工业技术协议、国际研讨会协议,不适用于采用 ISO 和 IEC 以外其他国际标准化组织发布的类似文件。

当国家标准化文件与 ISO 和 IEC 发布的除国际标准以外其他类型国际标准化文件等同时,"等同"这一信息宜使读者在查阅内容之前清楚获悉。

7.2 编号

国家标准化文件等同采用 ISO 和(或)IEC 标准以外其他类型标准化文件的编号方法应采取国家标准化文件编号与 ISO 和(或)IEC 标准化文件编号结合在一起的双编号方法。具体编号方法为将国家标准化文件编号及 ISO 和(或)IEC 标准以外其他类型标准化文件编号排为一行,两者之间用斜线分开。

示例 1:GB/Z 25756—2010/ISO/TS 3669-2:2007

示例 2:GB/Z 25101—2010/ISO/TR 21449:2004

示例 3:GB/T 26852—2011/IEC/PAS 62515:2007

示例 4:GB/T 20159.4—2011/IEC/TR 60721-4-4:2003

对于与 ISO 和(或)IEC 标准以外其他类型标准化文件的一致性程度是修改和非等效的国家标准化文件,只使用国家标准化文件编号,不准许使用上述双编号方法。

双编号在国家标准化文件中仅用于封面、页眉、封底和版权页上。

8 一致性程度标示方法

GB/T 20000.2—2009 的第 8 章规定的一致性程度标示方法适用于本部分,一致性程度的标示参见如下示例。

示例 1:GB/Z 26822—2011 文档管理 电子信息存储 真实性可靠性建议(ISO/TR 15801:2009,IDT)

示例 2:GB/T 17215.911—2011 电测量设备 可信性 第 11 部分:一般概念(IEC/TR 62059-11:2002,IDT)

示例 3:GB/Z 25426—2010 风力发电机组 机械载荷测量(IEC/TS 61400-13:2001,Wind turbine generator systems—Part 13:Measurement of mechanical loads ,MOD)

示例 4:GB/Z 20985—2007 信息技术 安全技术 信息安全事件管理指南(ISO/IEC TR 18044:2004,MOD)

示例 5:GB/Z 20283—2006 信息安全技术 保护轮廓和安全目标的产生指南(ISO/IEC TR 15446:2004,NEQ)

ICS 01.040
A 00

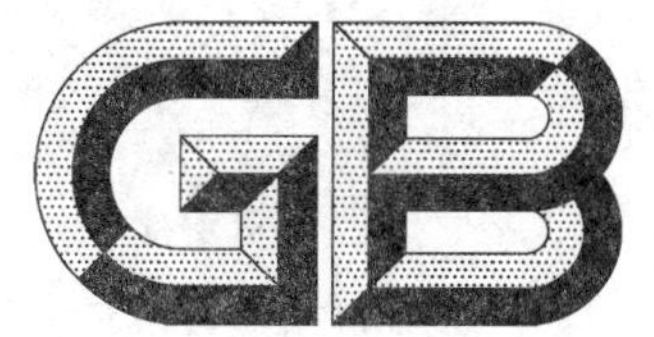

中华人民共和国国家标准

GB/T 20000.10—2016

标准化工作指南 第10部分:国家标准的英文译本翻译通则

Guidelines for standardization—Part 10:General rules for the English translation of Chinese national standards

2016-08-29 发布 2017-03-01 实施

中华人民共和国国家质量监督检验检疫总局
中国国家标准化管理委员会 发布

前　言

GB/T 20000《标准化工作指南》与 GB/T 1《标准化工作导则》、GB/T 20001《标准编写规则》、GB/T 20002《标准中特定内容的起草》、GB/T 20003《标准制定的特殊程序》和 GB/T 20004《团体标准化》共同构成支撑标准制定工作的基础性系列国家标准。

GB/T 20000《标准化工作指南》拟分为如下几部分：

——第 1 部分：标准化和相关活动的通用术语；

——第 2 部分：采用国际标准；

——第 3 部分：引用文件；

——第 6 部分：标准化良好行为规范；

——第 7 部分：管理体系标准的论证和制定；

——第 8 部分：阶段代码系统的使用原则和指南；

——第 9 部分：采用其他国际标准化文件；

——第 10 部分：国家标准的英文译本翻译通则；

——第 11 部分：国家标准的英文译本通用表述。

本部分为 GB/T 20000 的第 10 部分。

本部分按照 GB/T 1.1—2009《标准化工作导则　第 1 部分：标准的结构和编写》给出的规则起草。

请注意本文件的某些内容可能涉及专利。本文件的发布机构不承担识别这些专利的责任。

本部分由全国标准化原理与方法标准技术委员会(SAC/TC 286)提出并归口。

本部分起草单位：中国标准化研究院、中国质检出版社。

本部分主要起草人：刘春青、逄征虎、白德美、杨锋、赵文慧。

标准化工作指南　第10部分:国家标准的英文译本翻译通则

1　范围

GB/T 20000 的本部分规定了国家标准、国家标准化指导性技术文件(以下统称为国家标准)英文译本的翻译和格式要求。

本部分适用于国家标准英文译本的翻译和出版,其他标准的英文译本可参照使用。

2　规范性引用文件

下列文件对于本文件的应用是必不可少的。凡是注日期的引用文件,仅注日期的版本适用于本文件。凡是不注日期的引用文件,其最新版本(包括所有的修改单)适用于本文件。

GB/T 19682　翻译服务译文质量要求

GB/T 20000.11　标准化工作指南　第11部分:国家标准的英文译本通用表述

GB/T 28039　中国人名汉语拼音字母拼写规则

3　基本要求

3.1　国家标准英文译本的结构和内容应与国家标准的结构和内容一致。

3.2　国家标准英文译本应准确表达国家标准的信息。

3.3　国家标准英文译本句式结构及修辞方法应符合英语的表达习惯,行文清晰流畅,英文的(译文)质量应符合 GB/T 19682。

3.4　国家标准英文译本的通用表述按照 GB/T 20000.11 的规定执行。

3.5　国家标准英文译本的排版应采用齐头排版,所有段落首行一律与左边线对齐,段与段之间保留一个空行。

3.6　国家标准英文译本标准的字号和字体要求见附录 A。

4　要素

4.1　封面

4.1.1　国家标准英文译本封面应保留国家标准基本信息。

4.1.2　国家标准英文译本英文译名下增加"(*English Translation*)",见附录 B。

4.2　名称

4.2.1　国家标准英文译本标准名称应与国家标准的英文译名一致,并保留中文标准名称,放置在英文标准名称的下一行,左对齐。

4.2.2　国家标准英文译本标准名称的英文译名排版标题首行、回行应与通栏线左对齐,格式和示例见附录 B。

4.3 目次

4.3.1 “Contents”应左对齐。

4.3.2 目次中标示的页码应根据国家标准英文译本确定。

4.4 前言

4.4.1 “Foreword”应左对齐。

4.4.2 国家标准英文译本的前言中除保留国家标准的内容外，还应在前言的第一段增加声明，声明内容为：SAC/TC ×××[1] is in charge of this English translation. In case of any doubt about the contents of English translation, the Chinese original shall be considered authoritative.

4.4.3 国家标准英文译本应删除国家标准起草单位和起草人信息。

4.5 引言

“Introduction”应左对齐。

4.6 规范性引用文件

所引用的文件的标准名称的英文译名直接采用所引用文件对应的英文译名。如在规范性引用文件中包括国际国外标准，则只采用其英文名称。标准名称以斜体标示。

4.7 术语和定义

术语直接采用其英文对应词。术语和定义的首字母小写（专用名称外），最后无句点。

示例：

standard document, established by consensus and approved by a recognized body, that provides, for common and repeated use, rules, guidelines or characteristics for activities or their results, aimed at the achievement of the optimum degree of order in a given context

4.8 附录

“Annex”应居中排列。

5 细则

5.1 缩略语

在国家标准英文译本中，对广为人知的，或是反复出现且术语较长的短语或词语，为简洁表达可使用缩略语，但应在第一次出现时使用完整的短语表达，并在该短语后的括号中注明其缩略语。

示例 1：World Trade Organization(WTO)

示例 2：Polyvinyl Chloride(PVC)

示例 3：Acquired Immune Deficiency Syndrome(AIDS)

1） “×××”应填写相应的技术委员会编号。

5.2 人名、团体名、机构名

5.2.1 人名

人名翻译按照 GB/T 28039 的规定。

5.2.2 团体名、机构名

团体名、机构名有正式译名的，直接采用其惯用的英译名，如没有惯用英译名，按英文习惯翻译。

5.3 文献

法律、法规及规范性文件等名称应采用官方或既定译法，其他文件、著作、文献名称亦应采用既定译法。如无既定译法，应按照英文习惯翻译。

附 录 A
（规范性附录）
英文译本中的字号和字体

译本中各个未知的文字的字号和字体应符合表 A.1 的规定。

表 A.1 标准中各个位置的文字的字号和字体

序号	页别	位置	文字内容	字号和字体
1	封面	左上第一、二行	ICS 号、中国标准文献分类号	五号黑体
2		右上第一行	标准的标志	专用美术体字
3		右上第二行	标准编号	四号黑体
4		右上第三行	代替标准编号	五号黑体
5		第一行	National Standard of the People's Republic of China	二号黑体
6		第一行	Professional Standard of People's Republic of China	二号黑体
7		第二行	标准名称（英文）	一号黑体
8		第三行	标准名称（中文）	一号黑体
9		第四行	与国际标准的一致性程度标识	四号黑体
10		倒数第二行	发布日期 issue date 实施日期 implementation date	四号黑体
11		倒数第一行	标准发布部门	五号黑体
12		右下	发布	五号黑体
13	目次	第一行	目次 contents	小二号黑体
14			目次内容	五号黑体
15	前言	第一行	前言 foreword	小二号黑体
16			前言内容	五号黑体
17	引言	第一行	引言 introduction	小二号黑体
18			引言内容	五号黑体
19	正文首页	第一行	标准名称	小二号黑体
20	各页		章的编号和标题	五号黑体
21			条的编号和标题	五号黑体
22			标准条文、列项及其编号	五号黑体
23			标明注的“注”、“注×”	小五号黑体
24			标明示例的“示例”、“示例×”	小五号黑体
25			条文的示例	小五号黑体

表 A.1（续）

序号	页别	位置	文字内容	字号和字体
26	各页		注、图注、表注	小五号黑体
27			脚注、脚注编号、图的脚注、表的脚注	小五号黑体
28			图的编号、图题；表的编号、表题	五号黑体
29			续图、续表的“（续）”	五号黑体
30			图、表右上方关于单位的陈述	小五号黑体
31			图中的数字和文字	六号黑体
32			表中的数字和文字	小五号黑体
33	附录	第一行	附录编号	小四号黑体
34		第二行	（规范性附录）、（资料性附录）（annex normative）/（annex informative）	小四号黑体
35		第三行	附录标题	小四号黑体
36			附录内容	五号黑体
37	参考文献	第一行	参考文献 bibliography	小四号黑体
38			参考文献内容	五号黑体
39	索引	第一行	索引 index(ex)	小四号黑体
40			索引内容	五号黑体
41	封底	右上角	标准编号	四号黑体
42	单双数页	书眉右、左侧	标准编号	五号黑体
43		版心右、左下角	页码	小五号宋体

附 录 B
（规范性附录）
封 面

国家标准英文译本的格式见图 B.1，示例见图 B.2。

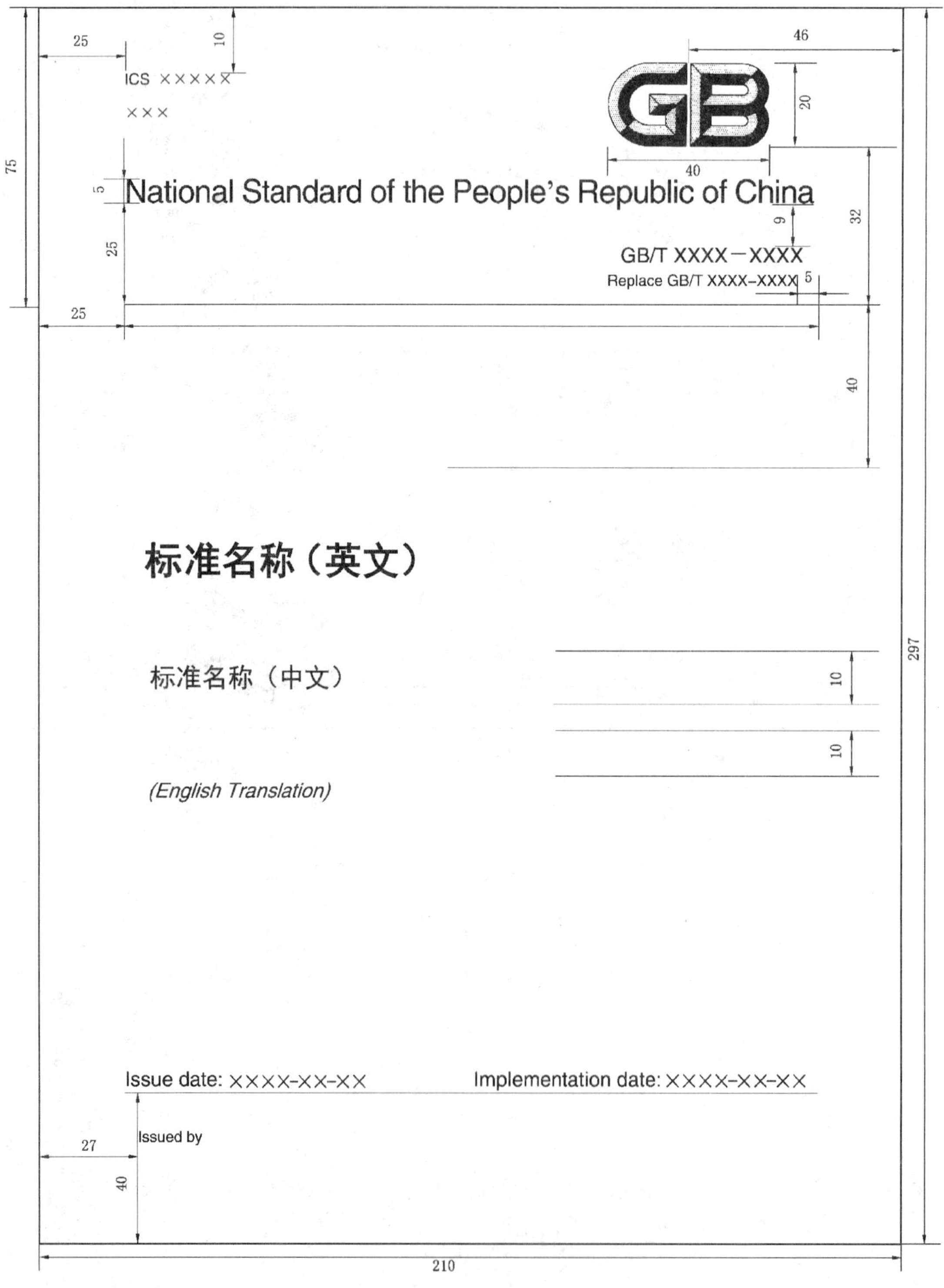

图 B.1 国家标准英文译本封面格式

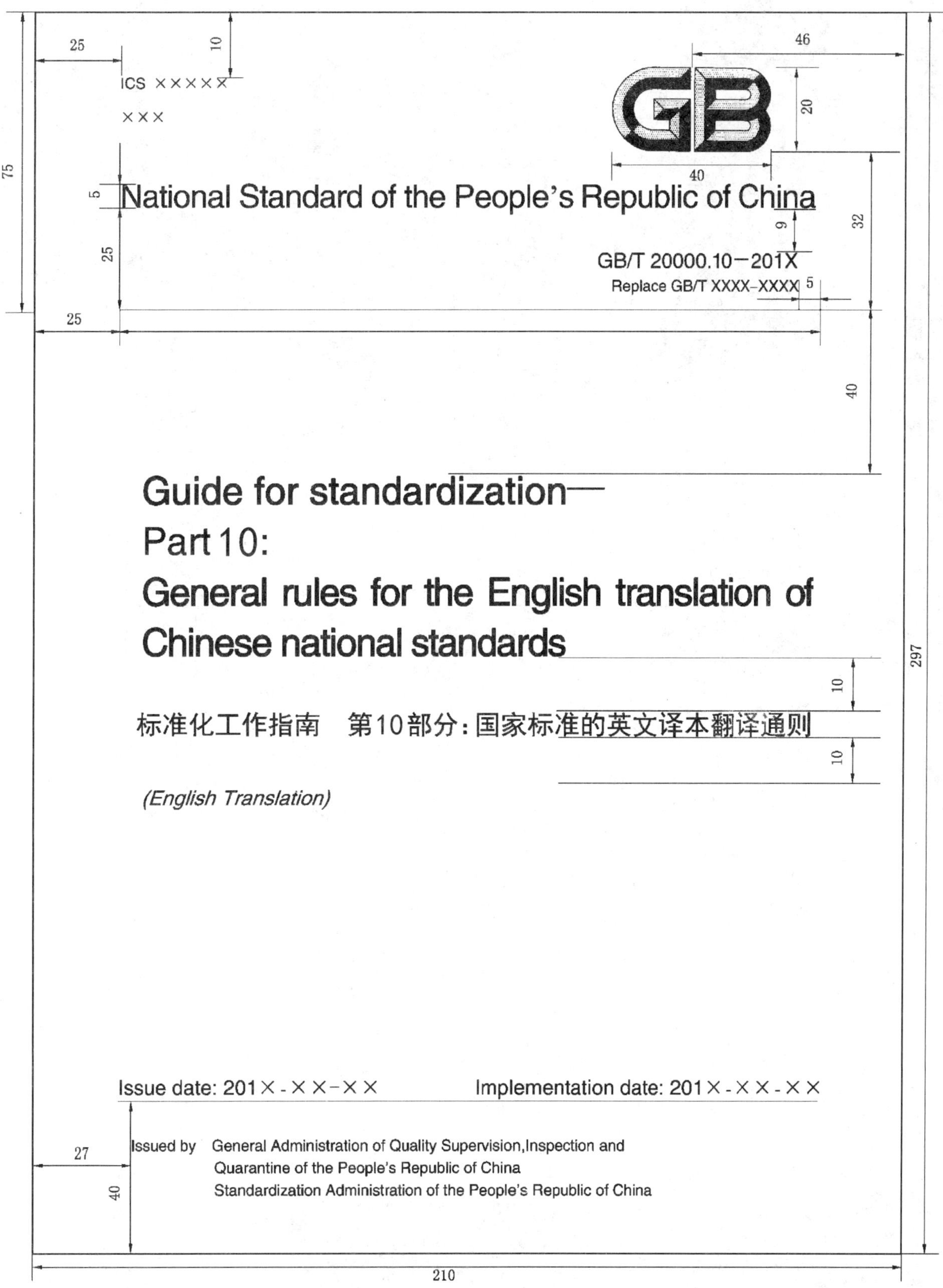

图 B.2　国家标准英文译本封面格式示例

ICS 01.040
A 00

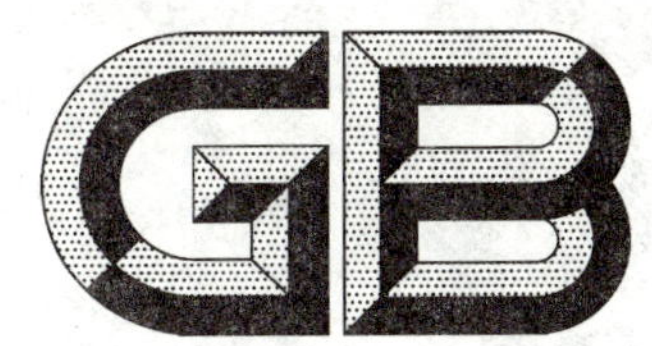

中华人民共和国国家标准

GB/T 20000.11—2016

标准化工作指南 第11部分:国家标准的英文译本通用表述

Guides for standardization—Part 11: General presentation of the english translation of Chinese national standards

2016-08-29 发布　　　　2017-03-01 实施

中华人民共和国国家质量监督检验检疫总局
中国国家标准化管理委员会　发布

前　言

GB/T 20000《标准化工作指南》与 GB/T 1《标准化工作导则》、GB/T 20001《标准编写规则》、GB/T 20002《标准中特定内容的起草》、GB/T 20003《标准制定的特殊程序》和 GB/T 20004《团体标准化》共同构成支撑标准制修订工作的基础性系列国家标准。

GB/T 20000《标准化工作指南》拟分为以下几部分：

——第 1 部分：标准化和相关活动的通用术语；

——第 2 部分：采用国际标准；

——第 3 部分：引用文件；

——第 6 部分：标准化良好规范；

——第 7 部分：管理体系标准的论证和制定；

——第 8 部分：阶段代码系统的使用原则和指南；

——第 9 部分：采用其他国际标准化文件；

——第 10 部分：国家标准的英文译本翻译通则；

——第 11 部分：国家标准的英文译本通用表述。

本部分为 GB/T 20000 的第 11 部分。

本部分按照 GB/T 1.1—2009《标准化工作导则　第 1 部分：标准的结构和编写》给出的规则起草。

请注意本文件的某些内容可能涉及专利。本文件的发布机构不承担识别这些专利的责任。

本部分由全国标准化原理与方法标准化技术委员会(SAC/TC 286)提出并归口。

本部分起草单位：中国标准化研究院、中国质检出版社。

本部分主要起草人：赵文慧、逄征虎、白殿一、白德美、薛海宁、刘春青、王伟。

标准化工作指南
第11部分:国家标准的英文译本通用表述

1 范围

GB/T 20000的本部分给出了国家标准、国家标准化指导性技术文件(以下统称为国家标准)的英文译本的通用表述方式和常用词汇。

本部分适用于国家标准英文译本的翻译工作,其他标准的翻译可参照使用。

2 规范性引用文件

下列文件对于本文件的应用是必不可少的。凡是注日期的引用文件,仅注日期的版本适用于本文件。凡是不注日期的引用文件,其最新版本(包括所有的修改单)适用于本文件。

GB/T 20000.1 标准化工作指南 第1部分:标准化和相关活动的通用术语

3 要素的表述

3.1 前言的表述

3.1.1 翻译关于标准结构的相关表述时,宜使用表1给出的方式。

表1 标准结构的英文译本表述

类别	中文	英文
系列标准	GB/T ×××××《……[标准名称]……》与GB/T ×××××《……[标准名称]……》、GB/T ×××××《……[标准名称]……》共同构成支撑……[内容]……的系列国家标准。	The GB/T ××××× (... *title*...)[a], GB/T ×××××. (... *title*...) and GB/T ××××× (... *title*...) together form a series of associated national standards supporting(...subject matter...).
分部分标准	GB/T ×××××《……[标准名称]……》分为两部分: ——第1部分:……[标准名称]……; ——第2部分:……[标准名称]……。	The GB/T ××××× (... *title*...) consists of the following two parts under the general title...: —*Part* 1: (...*title*...); —*Part* 2: (...*title*...).
[a] 在翻译国家标准的名称时,去掉中文的书名号,标准名称以斜体表示。		

3.1.2 翻译关于起草规则的相关表述时,宜使用表2给出的方式。

表2 起草规则的英文译本表述

中文	英文
本标准按照GB/T 1.1—2009《标准化工作导则 第1部分:标准的结构和编写》给出的规则起草。	This standard is drafted in accordance with the rules given in the GB/T 1.1—2009 *Directives for standardization—Part 1: Structure and drafting of standards*.

3.1.3 翻译关于标准代替其他文件的相关表述时，宜使用表3给出的方式。

表3 涉及标准代替其他文件的英文译本表述

中 文	英 文
本标准代替了GB/T ×××××《……[标准名称]……》。	This standard replaces the GB/T ×××××(...*title*...) in whole.
本标准与GB/T ×××××《……[标准名称]……》相比，除编辑性修改外主要技术变化如下：	In addition to a number of editorial changes, the following technical deviations have been made with respect to the GB/T ×××××(...*title*...) (the previous edition).

3.1.4 翻译关于专利识别的相关表述时，宜使用表4给出的方式。

表4 涉及专利识别的英文译本表述

中 文	英 文
请注意本文件的某些内容可能涉及专利。本文件的发布机构不承担识别这些专利的责任。	Attention is drawn to the possibility that some of the elements of this standard may be the subject of patent rights. The issuing body of this document shall not be held responsible for identifying any or all such patent rights.

3.1.5 翻译关于标准提出和归口信息的相关表述时，宜使用表5给出的方式。

表5 标准提出和归口信息的英文译本表述

中 文	英 文
本标准由……[机构名称]……提出。 本标准由全国……[机构名称]……标准化技术委员会(SAC/TC ×××)归口。	This standard was proposed by (...name of the body...). This standard was prepared by SAC/TC ××× (...name of the body...).

3.1.6 翻译关于标准历次版本的发布情况的相关表述时，宜使用表6给出的方式。

表6 标准历次版本发布情况的英文译本表述

中 文	英 文
本标准于2004年10月首次发布，2009年1月第一次修订，2014年9月第二次修订。	This standard was issued in October 2004 as first edition, was first revised in January 2009, and the second revision was issued in September 2014.
本部分的历次版本发布情况为： ——1992年首次发布为GB ×××××—1992《……[标准名称]……》； ——1996年第一次修订时将GB ×××××—1990《……[标准名称]……》并入； ——2000年第二次修订，分为部分出版。本部分对应于GB/T ×××××—2000《……[标准名称]……》； ——2006年第三次修订，本次为第四次修订。	The previous editions of this part are as follows: —The first edition was issued in 1992 as GB×××××—1992(...*title*...); —The first edition was revised in 1996, and the entire texts of GB×××××—1990(...*title*...) were amalgamated; —The second revision was issued in 2000, published in several parts. This part corresponds to GB/T ×××××—2000 ×××××(...*title*...); —The third revision was issued in 2006. This is the fourth revised edition.

表 6（续）

中 文	英 文
本标准代替了 GB/T ×××××。 GB/T ×××××的历次版本发布情况为： ——GB/T ×××××—1997、GB/T ×××××—2004、GB/T×××××—2009； ——GB/T ×××××—1998。	This standard replaces GB/T ××××× in whole. The previous editions of GB/T ××××× are as follows: ——GB/T ×××××—1997, GB/T ×××××—2004, GB/T×××××—2009; ——GB/T ×××××—1998.

3.1.7 翻译关于说明与国际、国外文件关系的相关表述时，宜使用表 7 给出的方式。

表 7 说明与国际国外文件关系的英文译本表述

中 文	英 文
本标准等同采用 ISO ××××× 标准	This standard is identical with International Standard ISO ×××××...
本标准使用重新起草法修改采用 ISO ××××× 标准。 为了方便比较，附录××中列出了本标准与 ISO ××××× 的章条编号对照一览表。 本标准与 ISO ×××××标准相比存在技术性差异，附录××中给出了相应技术性差异及其原因的一览表。 本标准还做了如下编辑性修改：	This standard has been redrafted and modified adoption of International Standard ISO ×××××. For comparison purposes, a list of the clauses in this standard and the equivalent clauses in the International Standard ISO ×××××is given in the informative Annex ××. There are technical deviations between this standard and the International Standard ISO ×××××. A complete list of technical deviations, together with their justifications, is given in Annex ××. For the purposes of this standard, the following editorial changes have also been made:

3.2 引言的表述

翻译关于已识别出涉及专利的相关表述时，宜使用表 8 给出的方式。

表 8 已识别出涉及专利的英文译本表述

中 文	英 文
本文件的发布机构提醒注意，声明符合本文件时，可能涉及到……[条]……与……[内容]……相关的专利的使用。本文件的发布机构对于该专利的真实性、有效性和范围无任何立场。 该专利持有人已向本文件的发布机构保证，他愿意同任何申请人在合理且无歧视的条款和条件下，就专利授权许可进行谈判。该专利持有人的声明已在本文件的发布机构备案。相关信息可以通过以下联系方式获得： 专利持有人姓名：……	The issuing body of this document draws attention to the fact that claims of compliance with this document may involve the use of a patent concerning (...subject matter...) given in (... subclause...). The issuing body of this document takes no position concerning the evidence, validity and scope of this patent right. The holder of this patent right has assured the issuing body of this document that he/she is willing to negotiate licenses under reasonable and non-discriminatory terms and conditions with any applicant. The statement of the holder of

表 8（续）

中　文	英　文
地址：…… 请注意除上述专利外，本文件的某些内容仍可能涉及专利。本文件的发布机构不承担识别这些专利的责任。	this patent right is registered with the issuing body of this document. Information may be obtained from： Name of holder of patent right：... Address：... Attention is drawn to the possibility that some of the elements of this document may be the subject of patent rights other than those identified above. The issuing body of this document shall not be held responsible for identifying any or all such patent rights.

3.3　范围的表述

3.3.1　翻译关于标准化对象的相关表述时，宜使用表 9 给出的方式。

表 9　标准化对象的英文译本表述

中　文	英　文
本标准规定了 {……的尺寸 ……的方法 ……的特征}	This standard specifies {the dimensions of ... a method/methods of ... the characteristics of ...}
本标准确立了 {……的系统 ……的一般原则}	This standard establishes {a system for ... general principles for ...}
本标准给出了……的指南	This standard gives guidelines for ...
本标准界定了……的术语	This standard defines terms ...

3.3.2　翻译关于标准适用性的相关表述时，宜使用表 10 给出的方式。

表 10　标准适用性的英文译本表述

中　文	英　文
本标准适用于……	This standard is applicable to ...
本标准不适用于……	This standard is not applicable to ...

3.4　规范性引用文件的表述

翻译关于规范性引用文件清单的相关表述时，宜使用表 11 给出的方式。

表 11 规范性引用文件清单引导语的英文译本表述

GB/T 1.1 的历次版本	中　文	英　文
GB/T 1.1—2009　标准化工作导则　第 1 部分:标准的结构和编写	下列文件对于本文件的应用是必不可少的。凡是注日期的引用文件,仅注日期的版本适用于本文件。凡是不注日期的引用文件,其最新版本(包括所有的修改单)适用于本文件。	The following referenced documents are indispensable for the application of this document. For dated references, only the edition cited applies. For undated references, the latest edition of the referenced document (including any amendments) applies.
GB/T 1.1—2000　标准化工作导则　第 1 部分:标准的结构和编写规则	下列文件中的条款通过本标准(或 GB/T ×××××的本部分)的引用而成为本标准(或本部分)的条款。凡是注日期的引用文件,其随后所有的修改单(不包括勘误的内容)或修订版均不适用于本标准(或本部分),然而,鼓励根据本标准(或本部分)达成协议的各方研究是否可使用这些文件的最新版本。凡是不注日期的引用文件,其最新版本适用于本标准。	The following normative documents contain provisions which, through reference in this text, constitute provisions of this standard (or this part of GB/T ×××××). For dated references, subsequent amendments (excluding corrections), or revisions, of any of these publications do not apply to this standard (or this part of GB/T ×××××). However parties to agreements based on this standard (this part of GB/T ×××××) are encouraged to investigate the possibility of applying the most recent editions of the normative documents indicated below. For undated references, the latest edition of the normative document referred to applies.

3.5 术语和定义的表述

3.5.1　国家标准英文译本的术语宜使用原术语的英文对应词表述。

3.5.2　翻译术语条目的引导语时,宜使用表 12 给出的表述方式。

表 12 术语条目引导语的英文译本表述

情况分类	中　文	英　文
仅仅标准中界定的术语和定义适用时	下列术语和定义适用于本文件。	For the purposes of this document, the following terms and definitions apply.
其他文件界定的术语和定义也适用时	……界定的以及下列术语和定义适用于本文件。	For the purposes of this document, the terms and definitions given in ... and the following apply.
仅仅其他文件界定的术语和定义适用时	……界定的术语和定义适用于本文件。	For the purposes of this document, the terms and definitions given in ... apply.

4 条款的表述

4.1 助动词的表述

表述要求型条款、推荐型条款、陈述型条款时，所使用的助动词是不同的。英文译本根据国家标准中助动词的表述情况，按照附录A给出的表述进行翻译。

4.2 提及标准本身的表述

4.2.1 提及标准本身的整体内容

翻译关于提及标准本身整体内容的相关表述，宜使用表13给出的方式。

表13 提及标准整体内容的英文译本表述

中 文	英 文
本标准 本文件 本指导性技术文件	This standard This document This technical guidance document
GB/T ×××××的本部分 本部分	This part of GB/T ××××× This part
GB/T ×××××	GB/T ×××××

4.2.2 提及标准本身的具体内容

4.2.2.1 翻译规范性提及标准本身的具体内容时，宜根据不同情况，选用表14给出的表述样例。

表14 规范性提及标准具体内容的英文译本表述样例

中 文	英 文
按第3章给出的要求	in accordance with the requirements given in Clause 3/ according to the requirements given in Clause 3
按3.1.1给出的细节	details as given in 3.1.1
按3.1 b)的规定	as specified in 3.1 b)
遵守附录C的规定	conform to ... in Annex C
符合表2的尺寸系列	comply with the dimensions series in Table 2

4.2.2.2 翻译资料性提及标准中具体内容，以及提及标准中资料性内容的相关表述时，宜根据不同情况，选用表15给出的表述样例。

表 15 涉及资料性提及的英文译本表述样例

中 文	英 文
参见 4.2.1	see 4.2.1
相关信息参见附录 B	relevant information, see Annex B
见表 2 的注	see the Note in Table 2
见 6.6.3 的示例 2	see 6.6.3, Example 2
(参见表 B.2)	(see Table B.2)
(参见图 B.2)	(see Figure B.2)

4.3 引用其他文件的表述

4.3.1.1 注日期引用

翻译关于注日期引用的相关表述时,宜根据不同情况,选用表 16 给出的表述样例。

表 16 注日期引用的英文译本表述样例

中 文	英 文
……GB/T 2423.1—2008 给出了相应的试验方法……	...carry out the tests given in GB/T 2423.1—2008...
……按 GB/T 16900—2008 第 5 章……	...in accordance with GB 16900—2008, Clause 5...
……应符合 GB/T 10001.1—2012 表 1 中规定的……	...as specified in GB/T 10001.1—2012, Table 1...
……按 GB/T ×××××—2011,3.1 中第二段的规定	...according to the provisions of the second paragraph in GB/T ×××××—2011, 3.1
……按 GB/T ×××××—2012,4.2 中列项的第二项规定	... according to the second item of the list in GB/T ×××××—2012, 4.2
……按 GB/T ×××××—2013,5.2 中第二个列项的第三项规定	...according to the third item of the second list in GB/T ×××××—2013, 5.2

4.3.1.2 不注日期引用

翻译关于不注日期引用的相关表述时,宜根据不同情况,选用表 17 给出的表述样例。

表 17 不注日期引用的英文译本表述样例

中 文	英 文
……按 GB/T 4457.4 和 GB/T 4458 的规定……	...as specified in GB/T 4457.4 and GB/T 4458...
……参见 GB/T 16273……	...see GB/T 16273...

5 常用词汇

国家标准英文译本中,涉及标准化和相关活动的通用术语翻译,使用 GB/T 20000.1 中的英文对应词表述,GB/T 20000.1 未列出的其他常用词汇及其英文表述见附录 B。

附 录 A
（规范性附录）
国家标准英文译本中条款表述所用的助动词

表 A.1～表 A.4 给出了国家标准英文译本条款表述中使用的各种类型的助动词，包括首选的和等效的表述。

表 A.1 所示的助动词及其英文表述被用于表示声明符合标准需要满足的要求。

表 A.1 要求类助动词的英文译本表述

助动词/等效表述	中 文	英 文
助动词	应/应该	shall
	不应/不应该	shall not
在特殊情况下使用的等效表述	要 要求 不得不 只准许 有必要	is to is required to/it is required that has to only ... is permitted it is necessary
	不容许 不准许 不可接受 不允许 要求不 不要	is not allowed is not permitted is not acceptable is not permissible is required to be not/is required that ... be not is not to be

表 A.2 所示的助动词及其英文表述被用于表示在几种可能性中推荐特别适合的一种，不提及也不排除其他可能性，或表示某个行动步骤是首选但未必是所要求的，或（以否定形式）表示不赞成但也不禁止某种可能性或行动步骤。

表 A.2 推荐类助动词的英文译本表述

助动词/等效表述	中 文	英 文
助动词	宜	should
	不宜	should not
在特殊情况下使用的等效表述	推荐 建议	it is recommended that ought to
	不推荐 不建议	it is not recommended that ought not to

表 A.3 所示的助动词及其英文表述被用于表示在标准的界限内所准许的行动步骤。

表 A.3 允许类助动词的英文译本表述

<table>
<tr><th>助动词/等效表述</th><th>中　文</th><th>英　文</th></tr>
<tr><td rowspan="2">助动词</td><td>可/可以</td><td>may</td></tr>
<tr><td>不必</td><td>need not</td></tr>
<tr><td rowspan="2">在特殊情况下使用的等效表述</td><td>准许
容许
允许</td><td>is permitted
is allowed
is permissible</td></tr>
<tr><td>不要求
无需,不需要</td><td>it is not required that
no ... is required</td></tr>
</table>

表 A.4 所示的助动词及其英文表述被用于陈述由材料的、生理的或某种原因导致的能力和可能性的助动词。

表 A.4 能力和可能性类助动词的英文译本表述

<table>
<tr><th>助动词/等效表述</th><th>中　文</th><th>英　文</th></tr>
<tr><td rowspan="2">助动词</td><td>能/可能</td><td>can</td></tr>
<tr><td>不能/不可能</td><td>cannot</td></tr>
<tr><td rowspan="2">在特殊情况下使用的等效表述</td><td>能够
有可能,有……的可能性
可能的</td><td>be able to
there is a possibility of
it is possible to</td></tr>
<tr><td>不能够
没有可能,没有……的可能性
不可能的</td><td>be unable to
there is no possibility of
it is not possible to</td></tr>
</table>

附　录　B
(规范性附录)
国家标准英文译本编写常用词汇

表B.1给出了除GB/T 20000.1所界定的术语外,国家标准英文译本中的常用词汇及其英文对应词。

表B.1　英文译本中常用词汇的英文对应词

中　文	英　文
封面	
发布日期	issue date
实施日期	implementation date
代替	replace
要素标题	
封面	title page
目次	table of contents
前言	foreword
引言	introduction
标准名称	title
范围	scope
术语和定义	terms and definitions
原理	theory
试验条件	test condition
试剂或材料	reagent(s) or material(s)
仪器设备	apparatus(es)
样品	sample(s)
实验步骤	testing procedure(s)
试验数据处理	test data processing
精密度和测量不确定度	accuracy and uncertainty of measurement
质量保证和控制	quality assurance and control
试验报告	test report
特殊情况	special circumstances
缩略语	abbreviated term /abbreviation
分类	classification
标记	marking
编码	code
技术要求	technical requirement(s)

表 B.1（续）

中　文	英　文
附录×（规范性附录）	annex ×（normative）
附录×（资料性附录）	annex ×（informative）
参考文献	bibliography
索引	index(ex)
文件的层次	
部分	part(s)
章	clause
条	subclause
段	paragraph
列项	lists
项	item
内容的表现形式	
正文	text
图	figure(s)
表	table(s)
注	note(s)
脚注	footnote
技术制图	technical drawing
符号	symbol
图形符号	graphical symbol
文字符号	letter symbol
其他	
包装	packaging
标签	label(s)
标志	sign
测定	determination
测试	testing
尺寸 规格	dimension
抽样	sampling
词汇	vocabulary
对于、在…情况下	in the case of
符合	conformity
概述、总则、通则	general
根据具体（项目、情况…等）	on a case-by-case basis

表 B.1（续）

中　文	英　文
规则	rule
原则	principle
计数抽样	sampling by attributes
检查	inspection
决定	decision
耐化学性	chemical resistance
耐磨性	abrasion resistance
耐用性	durability
评定、评价	assessment
确保	ensure
如必要	if necessary
如果有	if any
如可能	if possible
如适用	if applicable
试验	test
试验方法	test method
术语	terminology
术语集	glossary
运输	transport
在适当情况下	where appropriate
在适用的情况下	where applicable
贮存	storage
准则	criterion/criteria
应用	apply/application
批准	approve
论证	justification

GB/T 20001
标准编写规则

ICS 01.120
A 00

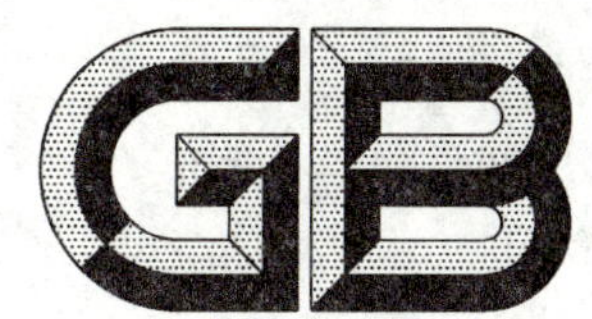

中华人民共和国国家标准

GB/T 20001.1—2001
代替 GB/T 1.6—1997

标准编写规则 第1部分:术语

Rules for drafting standards—Part 1:Terminology

(ISO 10241:1992 International terminology standards—Preparation and layout,NEQ)

2001-11-05 发布 2002-03-01 实施

中华人民共和国
国家质量监督检验检疫总局 发布

前　言

GB/T 20001《标准编写规则》分为以下几个部分：

——第1部分：术语；

——第2部分：符号；

——第3部分：信息分类编码；

——第4部分：化学分析方法。

本部分为GB/T 20001的第1部分，对应于ISO 10241：1992《国际术语标准的制定与编排》。本部分与ISO 10241的一致性程度为非等效，主要差异如下：

——将“范围”中强调该标准不涉及的内容移到本“前言”中；

——对“规范性引用文件”中还未制定成国家标准的国际标准未加以引用，必须引用的内容在正文中直接写出，还增加了部分需引用的国家标准；

——对第6章作了必要的修改，如，增加了对不同语种的使用的原则性规定和指导性说明；

——对部分示例做了改动，以符合本地化原则。

本部分代替GB/T 1.6—1997《标准化工作导则　第1单元：标准的起草与表述规则　第6部分：术语标准编写规定》。本部分按照GB/T 1.1—2000对GB/T 1.6—1997进行了调整。主要变动如下：

——修改了标准的名称；

——修改和调整了标准的总体结构和编排格式；

——对第5章作了必要的修改，如：增加了一些内容（见5.2.5.2，5.2.5.3）；

——删改了一些示例；

——删去了附录A（标准的附录）；

——删去了附录B（提示的附录）。

GB/T 20001是标准化工作导则、指南和编写规则等系列国家标准之一。下面列出了这些国家标准的预定结构，对应的国际标准、导则、指南，以及将被代替的国家标准：

a）GB/T 1《标准化工作导则》

——第1部分：标准的结构和编写规则（ISO/IEC导则　第3部分，代替GB/T 1.1—1993、GB/T 1.2—1996）；

——第2部分：标准的制定方法（ISO/IEC导则　第2部分，代替GB/T 1.3—1997、GB/T 1.7—1988）；

——第3部分：技术工作程序（ISO/IEC导则　第1部分，代替GB/T 16733—1997）。

b）GB/T 20000《标准化工作指南》

——第1部分：标准化和相关活动的通用术语（ISO/IEC指南2，代替GB/T 3935.1—1996）；

——第2部分：采用国际标准的规则（ISO/IEC指南21）；

——第3部分：引用文件的规则（ISO/IEC指南15，代替GB/T 1.22—1993）；

——第4部分：标准中涉及安全方面内容的编写（ISO/IEC指南51）；

——第5部分：产品标准中涉及环境方面内容的编写（ISO/IEC指南64）。

c）GB/T 20001《标准编写规则》

——第1部分：术语（ISO 10241，代替GB/T 1.6—1997）；

——第2部分：符号（代替GB/T 1.5—1988）；

——第3部分:信息分类编码(代替GB/T 7026—1986);

——第4部分:化学分析方法(ISO 78-2,代替GB/T 1.4—1988)。

本部分由中国标准研究中心提出。

本部分由中国标准研究中心归口。

本部分起草单位:中国标准研究中心、国家邮政局科学研究规划院、中国大百科全书出版社。

本部分主要起草人:于欣丽、张志云、肖玉敬、叶盛、李明非、卢丽丽、王煜。

本部分于1988年首次发布,1997年第一次修订。

引　言

术语的标准化是标准化活动的基础。术语工作遵循统一的原则和方法，能够：

a）以实际和有效的方式组织术语工作；

b）在某一专业领域内及相关领域之间保证术语的一致性和逻辑上的完整性；

c）有助于概念体系间的协调和不同语种术语间的协调；

d）促进信息技术在术语工作中的有效应用。

标准编写规则　第1部分:术语

1　范围

GB/T 20001 的本部分规定了术语标准的制定程序和编写要求。

本部分适用于编写术语标准和标准中的"术语和定义"一章,其他术语工作也可参照使用。

2　规范性引用文件

下列文件中的条款通过 GB/T 20001 的本部分的引用而成为本部分的条款。凡是注日期的引用文件,其随后所有的修改单(不包括勘误的内容)或修订版均不适用于本部分,然而,鼓励根据本部分达成协议的各方研究是否可使用这些文件的最新版本。凡是不注日期的引用文件,其最新版本适用于本部分。

GB/T 1.1—2000　标准化工作导则　第1部分:标准的结构和编写规则(ISO/IEC Directives, Part 3,1997,Rules for the structure and drafting of International Standards,NEQ)

GB 3101　有关量、单位和符号的一般原则(eqv ISO 31-0)

GB 3102(所有部分)　量和单位[eqv ISO 31(所有部分)]

GB/T 4880　语种名称代码(eqv ISO 639)

GB/T 10112—1999　术语工作　原则与方法

GB/T 13418—1992　文字条目通用排序规则

GB/T 15237—2000　术语工作　词汇　第1部分:理论与应用(eqv ISO 1087-1:2000)

GB/T 16785—1997　术语工作　概念与术语的协调(eqv ISO 860:1996)

3　术语和定义

GB/T 15237—2000 中确立的术语和定义适用于 GB/T 20001 的本部分。

4　术语标准化

制定术语标准的目标是获得一种标准化的术语集,其中概念和术语一一对应,以避免歧义和误解。因此,在术语标准化工作中:

a) 应为每个术语标准建立相应的概念体系;

b) 概念的定义应能在语境中替代同该概念相对应的术语(替代原则);

c) 概念的定义应使用汉语或国家规定的少数民族文字表述;

d) 使用不同语种表述的同一个定义应在内容上等同,并尽可能使用类似结构;

e) 应指出国家标准的概念体系与国际标准的概念体系之间的差异以及不同民族语言的概念体系与国家标准的概念体系之间的差异。

5　术语标准的制定

5.1　准备工作

5.1.1　需求分析

当某个领域内由于概念和(或)术语含义不明确而造成交流困难时,应通过制定术语标准,或在其他标准中专设一章“术语和定义”加以解决。

5.1.2 **用户**

应明确所制定标准的用户,用户的确定将关系到:

a)所涉及的领域或子领域的界定;

b)所包括概念的类型和数量;

c)语种的选择;

d)定义的表述;

e)同义词的数量及标记;

f)示例的类型和数量。

5.1.3 **专业领域的界定**

5.1.3.1 专业领域的界定有利于:

a)文献的采集、评价和使用;

b)子领域的划分;

c)分工及其安排,特别是工作分组进行时;

d)在最初阶段对概念进行结构化;

e)同相关领域的术语工作组进行协调。

5.1.3.2 专业领域的界定程序如下:

a)确定范围时应考虑:

1)技术委员会或标准化机构的工作范围,如:“CSBTS/TC62 全国术语标准化技术委员会”“CSBTS/TC17 全国声学标准化技术委员会”;

2)一般的分类法,如:《中国标准文献分类法》、GB/T 13745《学科分类与代码》;

3)专业分类法,如:GB/T 6866《园艺工具 分类与命名》、ISO 2148《连续装卸设备——命名法》;

4)某专业领域内的一般文献,包括标准、手册、教科书、辞书、目录和报告;

5)术语词汇集和叙词表。

b)应根据该标准的目的和用户的需求,确定所包括的子领域。

5.1.4 **资料的搜集**

对于标准中的每一语种,都应对该领域术语惯用法进行分析。

5.1.4.1 **资料的类型**

搜集资料的主要类型包括:

a)法律、法规、标准等权威性文献;

b)教科书、科学论文、科技期刊等学术团体普遍公认的文献;

c)小册子、使用说明书、零(部)件目录、报告等常见的,但未必得到公认的资料;

d)工作组成员和有关专家所提供的口头或书面资料;

e)术语数据库;

f)术语词汇集、辞典、百科全书、叙词表。

应认真研究该领域内一切相关的资料。在各类文献中,都有可能找到有用的示例、插图、概念体系(完整的或部分的)和术语等。

5.1.4.2 **资料的评价**

应细致地评价所有资料,并考虑下列各点:

a)过时的资料中,术语和定义可能不太可靠;

b)作者宜是该领域内公认的权威;

c)资料中的术语不应只反映某个学派的观点;

d) 对于现有的词汇集，应考虑它是否是按照有关国家标准规定的、公认的术语工作原则和方法制定出来的；

e) 应明确所引文献是否为译文。若为译文，应先评价译文的可靠性。除非在特殊情况下，不应使用译文。

应编制一个包括所有资料的列表，表中应附检索这些资料所需的资料题录数据。为了便于资料管理，可编制和使用代码。

5.1.5 概念的数量

概念的数量应有限制，因为：

a) 概念的数量过多会导致不一致和疏漏；

b) 概念数量过多，耗时过长，很难及时反映该专业领域的最新发展。

经验表明，如果概念的数量超过 200 个，就有必要将某一项目划分成若干子项目。

5.1.6 语种的选择

5.1.6.1 制定多语种术语标准时，以这些语种同时起草最为有效。

5.1.6.2 当决定是否使用某一语种时，应考虑下列各点：

a) 能否获得足够和可靠的该语种的文献；

b) 能否从以该语种为母语的专家处获得有效的帮助。应有讲母语的专家参与编制定义、示例、注，以及对标准文本的审定。

5.1.7 日程表的拟定

应拟定详细的工作日程表，包括：

a) 项目阶段列表；

b) 每个阶段的工作日程；

c) 项目工作组或成员的职责。

5.2 工作的流程

项目各阶段的顺序一旦确定，即不可逆转。应依据术语工作原则确定工作流程。如果需要将该标准的领域进一步划分成几个子领域，则应在项目开始时进行。

工作组应吸收具备术语标准化知识和相关语言知识的专家参与，或向有关专家咨询。

5.2.1 术语数据的采集

应通过分析资料(见 5.1.4)标识出属于该领域的概念，并以所用语种建立相应的术语表。

最初阶段，术语表应包括与该领域有关的一切术语或概念定义，即便以后可能发现有属于其他不同领域的。

有时，有的概念仅有定义而没有术语。此时，应将该定义列出，并用五个小圆点“.....”表示尚无相应术语或未找到相应术语。

查阅文献时，应一次摘出文献中的所有信息(术语、同义词、反义词、定义、语境等)。

5.2.2 术语数据的记录

应使用统一的方式记录每一语种的信息。每条术语均应连同其概念标识符分别记录；同一语种的同义词和不同语种的对应词也应分别记录，但应使用相同的概念标识符。

在每一语种中，可以包括下列数据类目：

a) 与术语相关的数据，包括：

1) 术语(即，基本形式)：

——同义词；

——近义词(以便于比较和区分)；

——反义词；

——变体(如拼写变体、形态变体和句法变体)；

——缩写形式；

——完整形式；

——符号；

——其他语种对应词(包括对应程度的标识)。

2) 采用级别(即优先术语、许用术语、拒用和被取代的术语)。

3) 语法信息。

4) 术语的注。

当采集数据时，对于那些可能需要标注其性质的如“尚未标准化的”“新词语”“注册商标”“技术行话”“内部用术语”和“地区用语”等术语，也应予以记录。但在最终的词汇中，应明确标注，它们是属于哪一类型。

b) 与概念相关的数据，包括：

1) 定义；

2) 语境；

3) 概念的其他表述法(例如，公式等)；

4) 图形表示；

5) 示例；

6) 注。

如果可以得到关于概念体系的信息(上位概念、下位概念、并列概念等)，也应予以记录。

c) 管理性数据，包括：

1) 概念标识符；

2) 语种符号；

3) 记录日期；

4) 记录者标识符；

5) 源文献。

为了保证工作方法的一致性，记录术语信息前，应建立数据类目(如记录日期、记录者标识符、源文献)的代码表。

5.2.3 术语表的建立

5.2.3.1 术语表可以包括表述下列概念的术语：

a) 本专业领域的专用概念；

b) 几个专业领域的共用概念；

c) 借用概念；

d) 一般语词概念。

可用该领域的一般分类法作为指南，判断是否应该包括某个概念。

5.2.3.2 最终的词汇应包括：

a) 本专业领域的专用概念；

b) 少量的借用概念和少量的共用概念。

应避免收入商标、商业名称和俗语。

5.2.4 概念领域和概念体系的建立

5.2.4.1 术语表建立之后，相关的概念应排列成一个个概念领域(相关概念的集合)。

每一语种中概念编组的准则应是相同的。

应明确概念领域间的关系。然后，将每个领域内的概念结构化，形成概念的子系统，使每个概念在该概念体系中有一个确定的位置。

应按照GB/T 10112—1999建立概念体系。

每一语种都应建立概念体系，建立时应考虑到国别、不同组织和不同学派等等情况。体系建立之后，应检查：

a）每个概念的位置是否正确；

b）概念有无遗漏。

5.2.4.2　应比较在该标准中所用每一语种的概念体系，以便：

a）确定各概念体系间的兼容性程度；

b）按照GB/T 16785—1997协调这些概念体系。

5.2.4.3　如果不能建立所有语种都通用的概念体系，则存在下列三种解决办法：

a）尽可能建立一个作为国家标准的汉语概念体系，允许该体系在某些方面同国际标准或少数民族语概念体系有一定差异，但应在标准中加以说明；

b）只将能达成一致的内容标准化。此时，有必要重新确定所涉及的领域（见5.1.3），但是不推荐使用此种方法，因为这可能导致在标准中出现一组不成体系的概念。

c）如果以上方法都不合适，可以先编成“标准化指导性技术文件”，待条件成熟时再制定标准。

5.2.5　定义的表述

5.2.5.1　表述定义的基本原则和方法见GB/T 10112—1999中第4章的规定。

5.2.5.2　在术语标准中，应在标准范围所限定的领域内定义概念。在其他标准中，应只定义标准中所使用的概念，以及有助于理解这些定义的附加概念及其术语。

5.2.5.3　在术语标准中应避免重复和矛盾。对某概念确立术语和定义以前，要查明在其他标准中该概念是否已有术语和定义。如果某概念用于多项标准，宜在其最通用的标准中或在术语标准中下定义；而其他标准中只须引用对该概念下定义的标准，不必重复该概念的定义。如果在某项标准中已经对某概念确立了术语和定义，在其他标准中就不应该对已确立的概念采用不同的指称（指概念的任何表述形式）或同义词。

5.2.5.4　定义的起草应遵循下列基本原则：

a）定义的优选结构是：定义＝上位概念＋用于区分所定义的概念同其他并列概念间的区别特征。

示例：

3.1.2

上位概念　superordinate concept

层级系统中，可划分为若干个下一级**概念**（3.1）的概念。

3.1.3

下位概念　subordinate concept

层级系统中，可与一个或一个以上**概念**（3.1）并列，组成上一级概念的概念。

b）定义不应采用“用于描述……的**术语**”或“表示……的**术语**”的说明性形式；术语也不必在定义中重复，不可采用“[**术语**]是……”的形式，或“[**术语**]意指……”的形式，而应直接表述概念。

c）定义一般不应以专指性的词语开始，例如，“这个”“该”“一个”等。

d）量的定义的表达应符合GB 3101的规定。

注：b)，c)是由替代原则（第4章b)）导出。

如有必要，可用图形加以说明，但不能用图形代替文字表述的定义。

5.2.6　术语的确立和选择

应在对概念给出明确定义的基础上确立术语。选择或确立新术语，应符合GB/T 10112—1999中第5章的规定。

如果存在同义词，建议只选择一个作为优先术语。

术语的构成应符合构词原则。

6 术语编纂

6.1 总则

本章主要用于汉语术语标准。其他语种的术语标准或汉语标准的译文版，应符合该语种语言文字自身的表述习惯。

多语种术语标准中的术语、定义、注等各项应采用多栏对照编排，使用栏空、行空或划线等方法使各语种之间一一对应，各语种的相应条目应在技术上等同，结构上一致。

6.2 基本要求

6.2.1 术语标准的编写应符合国家有关法律、法规及相关政策，并符合国家在语言文字方面的规定。

6.2.2 术语标准的编写应符合GB/T 10112—1999、GB/T 16785—1997和GB/T 1.1—2000的有关规定。向国际标准化组织提出中国的术语标准作为国际标准草案或将中国的术语标准译成英语、法语或俄语版本时，还应符合国际标准的有关规定。

6.2.3 术语标准的编写应贯彻协调一致的原则。应与已发布的国家标准、行业标准相协调，与全国科学技术名词审定委员会公布的术语相协调，与相应国际标准的概念体系和概念的定义尽可能一致；相同概念的定义和所用术语应一致。

6.2.4 文字表述、符号使用应符合所用语种的习惯和规范。

6.2.5 汉语术语标准中应列入英语对应词，必要时可列入法语、俄语和其他语种的对应词；少数民族语术语标准应列入汉语和英语的对应词，如果需要，也可列入其他语种的对应词。采用外语对应词的依据和首选顺序是：

a）直接采用ISO或IEC等国际标准中的外语术语；

b）参考采用国际上公认的权威出版物，如ISO、IEC文献，或有影响的协会、学会标准，或国外先进标准、辞书、手册等中的外语术语。

6.3 术语的数据类目

6.3.1 数据类目至少应包括：

a）编号；

b）优先术语；

c）对应词；

d）定义。

6.3.2 根据需要也可增加下列各种附加信息：

a）注音（例如：汉语拼音、国际音标）；

b）缩写形式（如果优先术语是完整形式）；

c）完整形式（如果优先术语是缩写形式）；

d）符号；

e）语法信息；

f）专业领域；

g）源文献；

h）非优先术语及其状态标识（许用的、拒用的和被取代的）；

i）概念的其他表述方式（例如：公式、图）；

j）参照的相关条目；

k）术语惯用法示例；

l）注；

m）其他语种的对应词。

6.4 术语标准的编排

6.4.1 术语标准的编排应符合 GB/T 1.1—2000 的有关规定。

6.4.1.1 术语标准的名称除应符合 GB/T 1.1—2000 中的规定外，还应符合以下要求：

a) 术语标准的名称应表明该标准所属的领域，写作“×××术语”或“×××词汇”。

示例：

人体测量术语

b) 系列标准中的术语标准，其名称应表示为：引导要素，表明该标准所属的领域；主体要素，表明该标准的主题和类型(“×××术语”或“×××词汇”)，主题要素在引导要素之后空一个字编排或另起一行居中编排。

示例 1：

纺织品　天然纤维术语

示例 2：

连续搬运设备 架空索道术语

c) 由多个部分组成的一项标准，在一个部分的名称中应包含“第×部分：×××”的补充要素，补充要素在主体要素之后空一个字编排或另起一行居中编排。

示例 1：

数据处理词汇　第 20 部分：系统开发

示例 2：

数据处理词汇 第 21 部分：过程计算机系统和技术过程间的接口

6.4.1.2 术语标准的规范性技术要素是按照系统来划分章条的术语词汇集，并附有索引。

6.4.2 必要时，应在引言中指出涉及术语数据表述方式的一般信息，例如：

a) 条目结构和所遵循的字体要求；

b) 条目的次序；

c) 检索术语的方法，如：

1) 在以系统方式编排的标准中，如何查找某一指定术语；

2) 在以汉语拼音字母顺序编排的标准中，如何获得该领域的概念体系；

3) 在多语种标准中，如何查找某一术语在其他语种中的对应词。

6.4.3 如有必要，可将有关文献列入“参考文献”中。

6.5 条目的结构

6.5.1 总则

如只用单一语种表述定义，应采用通栏编排；双语种或多语种对照时(包括定义的对照)，应采用双栏或多栏对应编排，栏与栏之间用划线或间空隔开，同一条目的不同语种对齐编排。

6.5.2 条目编号

位置：置于条目起始顶格排。

字体:黑体。

补充说明:如果不需要表示概念间的关系,条目编号可以是简单的顺序数。如果需要表示概念间的关系,每个条目编号应由两组或多组数字组成,前面各组数字可反映概念的层次和概念间的关系,最后一组为简单的顺序数。这种情况下,条目编号也可作为表示该概念在概念体系中位置的标记。

6.5.3 优先术语

位置:置于条目编号后,另起一行空两个字排。

字体:黑体。

建议只选择一个术语作为优先术语。圆括号用于注解或补充说明,方括号表示术语可省略的部分。但在定义、示例和注中只能使用完整的术语。

示例1:**规格化**(用于浮点表示制)

截断(关于字符串)

截断(关于计算过程)

示例2:**环形网**[**络**]

浮点表示[**制**]

浮点表示[**法**]

如果选择了多个优先术语,每一个都用黑体,独占一行。

示例:

02.03.01

自然数 **natural number**

非负整数 **nonnegative integer**

如果某个概念尚无术语或未找到术语,应使用五个小圆点“.....”表示。

优先术语同时是章条标题时,该术语应在其术语的位置上重复并写出定义。

示例:

3.2 **概念**

3.2.1

概念 **concept**

由**特征**(3.2.4)的独特组合而形成的知识单元。

注:概念不受语种限制,但受社会或文化背景的影响。

6.5.4 对应词

位置:对应词按以下规定编排:

a) 如果仅列出英语对应词,空一个字排在汉语之后。

示例:**标准** **standard**

b) 如果列出两种或更多语种的对应词,每种对应词单独占一行,空两个字排。汉语术语标准的对应词排列顺序是英语、法语、俄语,然后是其他语种;少数民族语术语标准对应词的排列顺序是汉语、英语、法语、俄语,然后是其他语种。

字体:对应词之前应加入GB/T 4880所规定的语种代码,代码用白体,空一个字排印对应词。首选对应词用黑体。

示例：

> **标准**
> en **standard**
> fr **norme**
> ru **стандарт**

补充说明：不同语种间术语的对应，有以下可能：

a）一一对应，按上述办法编排；

b）如果某一语种有多个对应词，对应词间用分号隔开。首选对应词用黑体，许用对应词用白体（汉语用宋体）。

示例1：

> 07.06.01
> **管理程序** **supervisory program**；executive program；supervisor

示例2：

> 161
> **生物废弃物**
> en **Biowaste**；biological waste
> de **Bioabfall**；Biogene Abfälle
> ru **биологические отходы**；биоотходы

拒用的和被取代的对应词用白体（汉语用宋体）并在圆括号内标明是拒用的还是被取代的（见5.2.6、6.5.8）。

c）如果某一术语所指称的概念同另一语种对应词所指称的概念的外延不相等，可以采用近义词，在该对应词前加"≈"号，必要时还可加注，以说明概念外延上的差异。

d）如果没有适当的对应词或未找到对应词，可以暂缺，暂缺处用五个小圆点"．．．．．"表示。

示例：

> 01.04.06
> **程序设计学**
> en .....
> fr **programmatique**
> 研究和开发计算机程序方法和计算机程序语言的学科。

e）在存在多个优先术语的特殊情况下，可以只编排一个对应词，非优先术语可以不编排对应词。

6.5.5 缩略形式

位置：置于完整形式之前或之后，根据哪一种形式是优先术语而确定。另起一行空两个字排。

字体：优先术语为黑体；许用术语为宋体。

示例：

> 7.6
> **光盘驱动器　optical drive**
> 光驱
> 用激光束在**光盘**(3.2)上进行数据读出、记录和擦除操作的驱动装置。

"光盘驱动器"为完整形式，是优先术语；"光驱"为缩略形式，是许用术语。

英语的缩略形式作为对应词处理。

示例：

> **雷达　radar**
> 无线电定向和测距　radio detecting and ranging

radar 是 radio detecting and ranging 的首字母缩略词。

6.5.6 许用术语

位置：置于优先术语之后，按照选用程度排序，每个许用术语均应另起一行，空两个字排。

字体：宋体。

示例：

> 4.12
> **全辐射体　full radiator**；full emitter
> 黑体　blackbody

6.5.7 符号

位置：置于许用术语之后，另起一行空两个字排。

字体：量和单位符号应符合 GB 3101、GB 3102 的规定。量的符号用斜体；单位符号用正体。

如果符号来自于国际权威组织，应在同一行该符号之后的方括号内标出该组织名称，并在注中给出适用于量的单位名称。

示例：

> 2.4.1
> **电阻　resistance**
> R[IEC+ISO]
> 〈直流电〉在导体中没有电动势时，用电流除电位差。
> 注：电阻用欧姆表示。

6.5.8 拒用和被取代术语

位置：置于符号之后，另起一行空两个字排，并在其圆括号中标示出是拒用的还是被取代的。

字体：宋体。

补充说明：在标准中，只在必要时才列入这些术语。

示例：

> **可见辐射　visible radiation**
> 光　light　(被取代)

6.5.9 **专业领域**

位置:置于定义之前,同一行。

字体:宋体,尖括号之中。

如果一个术语表示多个概念,应在定义前的尖括号中标明每个概念所属的专业领域。

示例:

2.1.17

抖动 jitter

〈电磁兼容〉信号在短时间内的不稳定性,可以是幅度或相位的不稳定,也可以两者兼有。

2.1.18

抖动 jitter

〈通信〉数字信号的各个有效瞬时相对于其理想时间位置的短期非累积性偏移。

6.5.10 **定义**

位置:置于术语对应词之后,另起一行空两个字排。

字体:宋体。

定义的表述见 5.2.5。

如果有拒用和被取代术语,定义应置于拒用和被取代术语之后。

如果定义引自另一项标准,应在定义之后另起一行标出该定义所出自的标准的编号和章条号,用方括号括起,并在参考文献中列出该定义所出自的标准。

示例:

4.11

色调 hue

色相

表示红、黄、绿、蓝、紫等颜色特性。

[GB/T 5698—1985,定义 3.6]

如果不得不改写另一个标准中的定义,则应在注中说明。

示例:

3.1

概念协调 concept harmonization

在彼此密切相关的两个或多个概念之间,减少或消除细微差异的活动。

注 1:概念协调是标准化工作不可缺少的组成部分。

注 2:改写 GB/T 15237—1994,定义 8.3.3。

6.5.11 **概念的其他表述形式**

位置:置于定义之后

概念的其他表示形式包括公式、图等。如有插图,正常情况下应放在它所归属条目的同一页上,也可以将所有的插图汇集在一起,放在一个单独的位置。公式的表述应符合 GB/T 1.1—2000 中 6.6.9 的规定;图的绘制及编排应符合 GB/T 1.1—2000 中 6.6.4 的规定。

6.5.12 **相互参见**

6.5.12.1 **非优先术语参见优先术语**

位置:在按系统编排的术语标准中,非优先术语在正文中的位置见6.5.6和6.5.8,其条目编号与优先术语的条目编号相同。

字体:宋体;黑体用于优先术语。

6.5.12.2 **参见相关条目**

位置:置于定义之后,另起一行空两个字排。

字体:宋体;黑体用于优先术语。

用于指出定义中未出现的需参见的条目,并用“参见:”标记。

如果参见条目多于一个,应用逗号将它们隔开。

示例:

> 2.359
>
> **程序库 program library**
>
> **计算机程序**(2.81)的有组织的集合。
>
> 参见:**软件库**(2.447),**系统库**(2.494)。

6.5.12.3 **定义或注中的参见**

位置:置于定义或注内。

字体:黑体。

定义或注内出现的在标准中已定义过的优先术语,将参见的条目编号放在括号中,跟在该术语之后。

示例:

> 5.3.1.2
>
> **术语 term**
>
> 在特定**专业领域**(3.1.2)中**一般概念**(3.2.3)的词语**指称**(3.4.1)。

6.5.13 **示例**

位置:置于“参见”标记之后,另起一行空两个字排。

字体:宋体;示例中的内容根据需要可采用各种字体。

补充说明:为避免与正文混淆,可用方框将示例与正文隔开。

示例:

> 5.4.5.3
>
> **同音异形异义现象 homophony**
>
> 发音相同,书写形式和意义均不相同的异义现象。
>
> 汉语示例:
>
> 枇杷(一种常绿乔木或其果实);
>
> 琵琶(一种弦乐器)。
>
> 英语示例:
>
> sun(太阳);
>
> son(儿子)。

6.5.14 **注**

位置:置于定义之后,如有示例应置于示例之后,另起一行空两个字排。

字体:宋体,小五号字。

补充说明:应符合 GB/T 1.1—2000 中 C.3.9 的规定。

6.6 术语条目的排序

应按系统排序划分章条列出术语(见 6.6.1),也允许按混合排序(见 6.6.2)和汉语拼音字母顺序排序(见 6.6.3)。

6.6.1 按系统排序

示例:

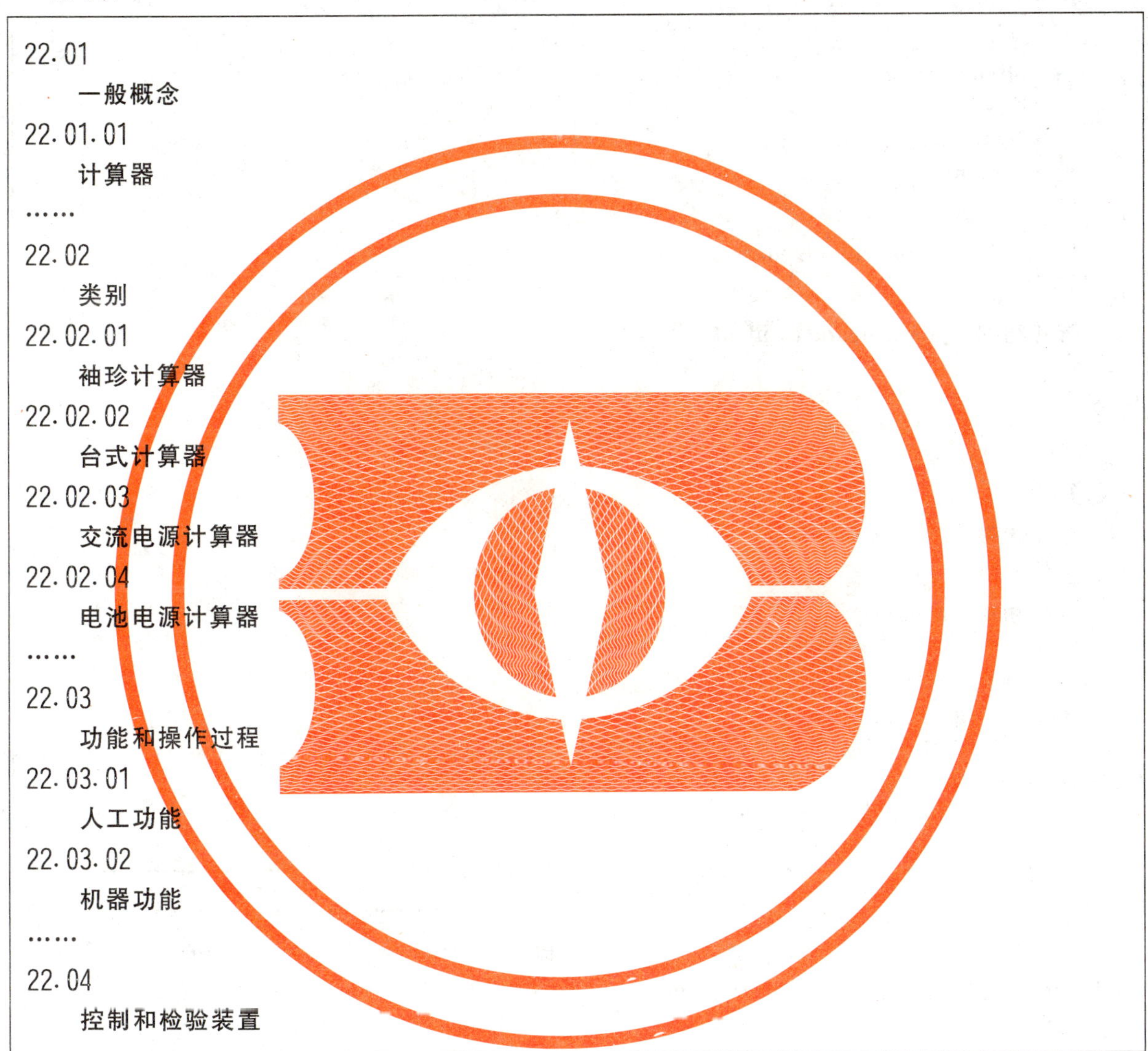

22.01

一般概念

22.01.01

计算器

……

22.02

类别

22.02.01

袖珍计算器

22.02.02

台式计算器

22.02.03

交流电源计算器

22.02.04

电池电源计算器

……

22.03

功能和操作过程

22.03.01

人工功能

22.03.02

机器功能

……

22.04

控制和检验装置

6.6.2 混合排序

相关条目先按系统排序划分,然后再按汉语拼音字母顺序排序。

6.6.3 按汉语拼音字母顺序排序

一般不宜使用按汉语拼音字母顺序排序的方法。如果使用字母排序法,应按汉语拼音的字母顺序。

6.7 索引

6.7.1 一般原则

术语标准应有汉语拼音索引。

术语的汉语拼音索引应按术语的汉语拼音字母顺序编排。如果术语以阿拉伯数字或外文字母开头或全部为外文字母组成的,则在索引中按拉丁字母、希腊字母、阿拉伯数字的顺序排在汉字之后。

标准中所用语种均应编排索引。

索引中应列出所有优先的和非优先的术语。

编排按汉语拼音字母顺序的索引应符合 GB/T 13418—1992 或有关专业规则。

6.7.2 按系统编排术语标准

按系统编排的术语标准应包含汉语拼音索引和按英语字母顺序编排的英语对应词的索引，两者还可以含轮排索引。

按系统编排的多语种术语标准应包含各语种的字母顺序的索引。

示例 1：按系统编排的汉语术语标准中的索引

1 **生物 living being**

1.1

植物 plant

1.1.1

隐花植物 cryptogamous plant

1.1.2

显花植物 phanerogamous plant

……

1.2

动物 animal

1.2.1

原生动物 protozoan

1.2.2

后生动物 metazoan

……

汉语拼音索引

英语对应词的索引

6.7.3 索引的表达形式

在条目中的术语和在索引中的术语应具有相同的字体形式(例如,黑体或宋体;黑体或白体);索引应至少包括术语、该术语所对应的条目编号。在多语种术语标准中,某语种在索引中的次序应与该语种在条目中的次序相同。

6.7.4 复合术语索引的表达形式

英语的复合术语按字母顺序编排的索引应根据需要和可能,包括词组型术语的自然词序和轮排索引。

6.8 图示的表示形式

根据需要可以包括系统的图示表示形式。

示例:

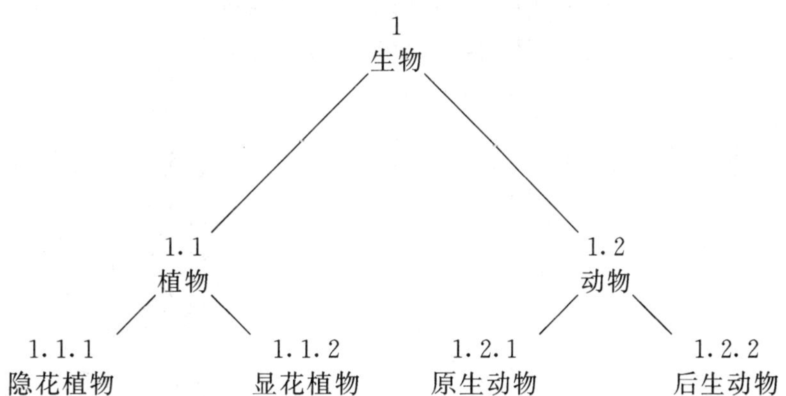

6.9 参考文献

"参考文献"不应包括"规范性引用文件"中已列出的文件,而应包括:

a) 涉及相关专业领域的术语文献;

b) 在该标准的制定中最重要的参考文献;

c) 定义所出自的标准。

ICS 01.120
A 00

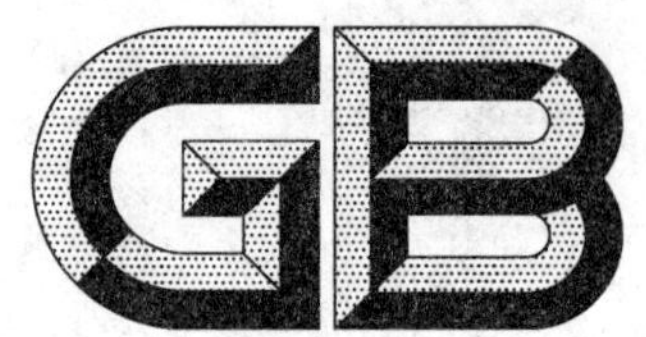

中华人民共和国国家标准

GB/T 20001.2—2015
代替 GB/T 20001.2—2001

标准编写规则
第2部分:符号标准

**Rules for drafting standards—
Part 2: Symbol standards**

2015-09-11 发布　　　　2016-01-01 实施

中华人民共和国国家质量监督检验检疫总局
中国国家标准化管理委员会　发布

前 言

GB/T 20001《标准编写规则》、GB/T 1《标准化工作导则》、GB/T 20000《标准化工作指南》、GB/T 20002《标准中特定内容的起草》和GB/T 20003《标准制定的特殊程序》共同构成支撑标准制修订工作的基础性系列国家标准。

GB/T 20001《标准编写规则》拟分为如下部分：

——第1部分：术语标准；

——第2部分：符号标准；

——第3部分：分类标准；

——第4部分：试验方法标准；

——第5部分：规范标准；

——第6部分：规程标准；

——第7部分：指南标准；

……

——第10部分：产品标准。

本部分为GB/T 20001的第2部分。

本部分按照GB/T 1.1—2009给出的规则起草。

本部分代替GB/T 20001.2—2001《标准编写规则　第2部分：符号》。与GB/T 20001.2—2001相比，除编辑性修改外主要技术变化如下：

——修改了标准的适用范围(见第1章，2001年版的第1章)；

——按照GB/T 15565的最新版本修改了术语(见第3章，2001年版的第3章)；

——将要素“符号或含有符号的标志”确定为必备要素(见表1，2001年版的表1)；

——增加了同一符号在不同应用场合多种表现形式的表的编排规定(见6.2.4)；

——增加了带有符号的名称索引编排形式(见6.3.1、6.3.2)；

——删除了与符号“注册号”有关的规定(见2001年版6.3.2、6.3.4和7.5)；

——增加了索引的编排规定(见6.3.3、6.3.5)；

——删除了设备用图形符号原图呈现形式的有关规定(见2001年版的6.3.4、7.2.3)；

——修改了说明栏中关于引用国家标准或行业标准中的符号、采用国际标准中的符号的表述方法(见7.5.2、7.5.4，2001年版的7.4.2、7.4.3)。

请注意本文件的某些内容可能涉及专利。本文件的发布机构不承担识别这些专利的责任。

本部分由全国图形符号标准化技术委员会(SAC/TC 59)提出。

本部分由全国标准化原理与方法标准化技术委员会(SAC/TC 286)归口。

本部分起草单位：中国标准化研究院、机械科学研究总院、轻工业标准化研究所、中国航天标准化研究所、深圳市华测检测技术股份有限公司、中国航空综合技术研究所、卫生部卫生监督中心。

本部分主要起草人：白殿一、张亮、强毅、刘慎斋、高永梅、杨柞年、诸一维、夏晓理、谷京宇、刘泽华、陈永权、邹传瑜。

本部分所代替标准的历次版本发布情况为：

——GB/T 1.5—1988；

——GB/T 20001.2—2001。

引　言

符号标准是界定特定领域或学科中使用的符号的表现形式及其含义或名称的标准。符号标准在文本形式上具有典型的结构、特定的要素构成及相应的内容表述规则，其主要技术要素是文字符号、图形符号或含有符号的标志。符号标准中的符号一般以表格的形式呈现，表头通常含有编号栏、符号栏、名称栏或说明栏。

GB/T 20001.2—2001《标准编写规则　第2部分：符号》已经发布了十多年，这期间GB/T 1.1《标准化工作导则　第1部分：标准的结构和编写》已经进行了修订，同时符号的应用领域和范围越来越广，符号标准也越来越多。标准化领域以及符号标准化领域的发展都迫切需要修订GB/T 20001.2—2001，完善符号标准的编写规则，以便更好地指导符号标准的编制工作。

标准编写规则
第2部分:符号标准

1 范围

GB/T 20001的本部分规定了符号(包括文字符号、图形符号以及含有符号的标志)标准的结构、起草规则及符号表的编写细则等方面的内容。

本部分适用于各层次标准中符号标准的编写。

2 规范性引用文件

下列文件对于本文件的应用是必不可少的。凡是注日期的引用文件,仅注日期的版本适用于本文件。凡是不注日期的引用文件,其最新版本(包括所有的修改单)适用于本文件。

GB/T 1.1 标准化工作导则 第1部分:标准的结构和编写

GB/T 2893.1 图形符号 安全色和安全标志 第1部分:安全标志和安全标记的设计原则

GB/T 2893.3 图形符号 安全色和安全标志 第3部分:安全标志用图形符号设计原则

GB/T 4728(所有部分) 电气简图用图形符号

GB/T 5465.2 电气设备用图形符号 第2部分:图形符号

GB/T 10001(所有部分) 公共信息图形符号

GB/T 15565(所有部分) 图形符号 术语

GB/T 16273(所有部分) 设备用图形符号

GB/T 16900 图形符号表示规则 总则

GB/T 16901.1 技术文件用图形符号表示规则 第1部分:基本规则

GB/T 16902.1 图形符号表示规则 设备用图形符号 第1部分:原形符号

GB/T 16902.2 设备用图形符号表示规则 第2部分:箭头的形式和使用

GB/T 16903.1 标志用图形符号表示规则 第1部分:公共信息图形符号的设计原则

GB/T 20000.1 标准化工作指南 第1部分:标准化和相关活动的通用术语

GB/T 20063(所有部分) 简图用图形符号

GB/T 31523.1 安全信息识别系统 第1部分:标志

ISO 7000 设备用图形符号 注册符号(Graphical symbols for use on equipment—Registered symbols)

3 术语和定义

GB/T 15565、GB/T 20000.1界定的术语和定义适用于本文件。为了便于使用,以下重复列出了其中的主要相关术语和定义。

3.1

符号 symbol

表达一定事物或概念,具有简化特征的视觉形象。

[GB/T 15565.1—2008,定义 2.3]

3.2

图形符号 graphical symbol

以图形为主要特征的,信息传递不依赖于语言的符号。

[GB/T 15565.1—2008,定义 2.5]

3.3

文字符号 letter symbol

由字母、数字、汉字或其他组合形成的符号。

[GB/T 15565.1—2008,定义 2.4]

3.4

图形标志 graphical sign

由标志用图形符号、颜色、几何形状(或边框)等组合形成的标志。

[GB/T 15565.2—2008,定义 2.1.2]

4 总则

4.1 符号标准的结构和编写规则及编排格式首先应符合 GB/T 1.1 的规定。

4.2 不同类别图形符号标准中的图形符号设计应分别符合 GB/T 16900、GB/T 16901.1、GB/T 16902.1、GB/T 16902.2、GB/T 16903.1 、GB/T 2893.1 和 GB/T 2893.3 的相关规则。

4.3 为了保证符号标准的整体协调性,编制符号标准时,标准中的符号应与本领域基础性符号标准中的符号相一致,为此:

——机械简图或电气简图用图形符号标准应分别引用 GB/T 20063、GB/T 4728 中的符号;

——设备用图形符号标准应引用 GB/T 16273 中的符号,并宜采用 ISO 7000 中的符号;

——电气设备用图形符号标准应引用 GB/T 5465.2 中的符号;

——公共信息图形符号标准应引用 GB/T 10001 中的符号;

——安全标志标准应引用 GB/T 31523.1 中的符号。

5 结构

符号标准的必备要素包括:封面、前言、名称、范围、符号或含有符号的标志。

表 1 给出了符号标准中要素的典型编排,并列出了每个要素所允许的内容。编写标准时,可根据文字符号或图形符号、标志的类别以及各领域的特点选择表 1 中的有关要素。符号标准还可视情况包含表 1 之外的其他规范性技术要素。

表 1 符号标准中要素的典型编排

要素类型	要素[a]的编排	要素所允许的表述形式[a]
资料性概述要素	**封面**	**文字**(*标示标准的信息*)
	目次	*文字(自动生成的内容)*
	前言	**条文** *注* *脚注*
	引言	*条文* *图* *表* *注* *脚注*
规范性一般要素	**标准名称**	**文字**
	范围	**条文** 图 表 *注* *脚注*
	规范性引用文件	文件清单(规范性引用) *注* *脚注*
规范性技术要素	术语和定义 **符号或含有符号的标志** …… 规范性附录	条文 图 表 *注* *脚注*
资料性补充要素	*资料性附录*	*条文* *图* *表* *注* *脚注*
规范性技术要素	规范性附录	条文 图 表 注 *脚注*
资料性补充要素	*参考文献*	*文件清单(资料性引用)* *脚注*
	索引	*文字(可含有图形)*

注:表中各类要素的前后顺序即其在标准中所呈现的具体位置。

[a] 黑体表示“必备的”;正体表示“规范性的”;斜体表示“资料性的”。

6 起草

6.1 标准名称

6.1.1 符号标准的名称应给出区分符号类别的表述，如：

——电子管参数符号；

——气体激光器文字符号；

——金属船体制图图形符号。

注：标有下划线的文字为符号的类别。

6.1.2 图形符号标准的名称应给出区分图形符号类别（见 GB/T 16900 的规定）的表述，如：

——消防技术文件用消防设备图形符号；

——电气简图用图形符号；

——船舶布置图图形符号；

——电气设备用图形符号；

——标志用公共信息图形符号。

注：标有下划线的文字为图形符号的类别。

6.2 符号

6.2.1 符号标准中界定的符号宜以表的形式列出。符号表的编排示例参见附录 A。

6.2.2 表的纵向栏从左到右宜为编号栏、符号栏、名称栏、说明栏。

示例：

编号	符号	名称	说明

使用时可根据实际情况调整表头内容，即表中的编号栏可为序号栏；符号栏可为图形标志栏；名称栏可为含义栏；说明栏可依据说明的内容进行调整。

6.2.3 文字符号如果以名称、符号和说明的形式出现，也可将这些内容列表编排，表的纵向栏从左到右分别为编号栏、名称栏、符号栏、说明栏。文字符号表的编排示例参见表 A.1。

示例：

编号	名称	符号	说明

6.2.4 当同一符号因应用场合不同而具有多种表现形式时，可增加相应的符号栏，并根据符号的内容、特点、应用场合等对新增符号栏进行命名，参见表 A.2 中“小型的图形符号”栏。

6.2.5 当所有符号不加说明也能理解，又没有其他需要说明的内容，则可省略说明栏（参见表 A.3）。

6.3 索引

6.3.1 符号标准宜编写索引。索引应分别通过符号的名称（或含义）和英文对应词进行检索。为方便读者快速浏览图形符号，宜在对名称编排索引时增加对应的图形符号。索引的编排示例参见附录 B。

6.3.2 索引内容包括符号的“名称”或“含义”或者“英文对应词”以及符号在标准中的“编号”或“序号”，符号的名称或英文对应词与编号之间用“……”连接(参见附录B中示例1和示例2)。带有图形符号的索引应包括图形符号的“名称”“图形符号”及其在标准中的“编号”(参见附录B的示例3)。

6.3.3 名称索引应按名称的汉语拼音字母的升序编排;英文对应词索引应按拉丁字母的升序编排。如符号的数量较多,可分别按汉语拼音、英文对应词的首字母进行分组,然后按上述原则排列。

6.3.4 当符号的名称以阿拉伯数字或外文字母起首或全部为外文字母组成时,则应在符号的名称索引中,将这类名称排在汉字之后以阿拉伯数字、拉丁字母、希腊字母的次序编排(参见附录B中示例1)。

6.3.5 索引通常单列编排。当符号数量较多且名称文字或英文对应词字母较少时,索引宜双列编排(参见附录B中示例1和示例2)。

6.4 引用

6.4.1 编制符号标准时,当在现行标准中有适用的符号,应采用引用的方式,而不宜摘录具体的符号。

6.4.2 引用其他标准中的符号时,应采取如下方法表示:

a) 当引用具体的符号时,应给出所引用标准的编号,并在标准编号后加圆括号给出符号在被引用标准中的编号。

示例1:

下列图形符号也适用于本领域:

——楼梯,图形符号见 GB/T 10001.1—2012(007);

——电梯,图形符号见 GB/T 10001.1—2012(013);

——公园,图形符号见 GB/T 10001.1—2012(029);

——宾馆,图形符号见 GB/T 10001.1—2012(034)。

b) 当广泛引用其他标准中的符号,且需要注日期时,应给出所引用标准的编号。

示例2:

“……图形符号见表×,其他有关图形符号见 GB/T 10001.1—2012”。

c) 当广泛引用其他标准中的符号,且不需要注日期时,应给出所引用标准的代号和顺序号。

示例3:

“……图形符号见表×,其他有关图形符号应符合 GB/T 10001.1”的规定。

6.5 其他

如果颜色、方位(符号是否可转向)、图形符号的画法、制作和应用的规则、方法、色度坐标或色标等方面的内容涉及多个或全部符号且需要在标准中规定时,可将相关内容编入表格之外的正文或附录。

7 符号表的编写

7.1 通则

符号表中的先后顺序应以符号栏中的符号排序为准(见7.3.1)。

7.2 编号栏

7.2.1 同一标准中一个编号只对应惟一的符号。仅当符号的应用场合不同时,一个编号才可对应多个符号(参见表A.2),但应在标准的范围中明确界定符号相应的应用场合。

7.2.2 符号编号方式应符合下述原则:

——按照符号的顺序对符号进行编号;

——形式区别于标准的章、条编号;

——字符数尽可能少；

——选用阿拉伯数字、字母和作为层次间隔的符号“-”，它们可单独或组合使用；

——形式统一，字符数相同，字符数不够时用“0”补齐。

参见表 A.1～表 A.8 中编号栏中的符号编号。

7.2.3 当给出的编号为顺序号时，也称为序号。

7.3 符号栏

7.3.1 符号栏中符号编排的前后顺序应符合如下原则：

——按专业分类编排。按照符号的专业类别划分，并按专业的要求编排符号的前后顺序。如“半导体管和电子管”图形符号，可视情况将图形符号依次划分为：半导体管、电子管、电离辐射探测器件和电化学器件符号。

——按功能分类编排。按照符号的功能划分，相同或类似功能的符号编排在一起。

——按隶属分类编排。按照符号之间的隶属关系划分，如通用符号在前，专用符号在后；一般符号在前，特定符号在后；主干符号在前，分支符号在后等。

——按符号名称的汉语拼音字母编排。如果符号无法或无需分类或分成大类的子类无需分类，则按照其名称的汉语拼音字母顺序来编排。

7.3.2 技术文件用图形符号的符号栏的表格间距宜不小于 20 mm(参见表 A.4)。图形符号在符号栏中的位置应居中排列，图形符号与其周边空白的比例要恰当。如果使用网格系统，应遵守 GB/T 16901.1的规定，并说明设计符号所采用的具体网格系统(即 0.1 M 或 0.125 M)。

7.3.3 设备用图形符号应连同角标一起给出(参见表A. 5)。四个角标所界定的正方形尺寸应为25 mm×25 mm。

7.3.4 标志用图形符号的正方形边长应为 45 mm(参见表 A.2)。小型的图形符号的正方形边长宜为 10 mm(参见表 A.2)。

7.3.5 图形标志一般有四种形状，不同形状的图形标志在符号栏中应按如下尺寸给出：

——正方形标志边长为 45 mm(参见表 A.6)；

——斜置正方形标志边长为 45 mm(参见表 A.3)；

——圆形标志直径为 50 mm(参见表 A.7)；

——正三角形标志边长为 63 mm(参见表 A.8)。

7.4 名称栏

7.4.1 每一个符号应在名称栏中给出其相应的名称或含义。

7.4.2 标准中图形符号或图形标志的名称应符合 GB/T 16900 的有关要求。同一标准中，如应用场合相同，一个名称仅应对应一个图形符号或图形标志。

7.4.3 在名称栏的名称之下宜列出相应的英文对应词。如符号来源于国际标准，则应将国际标准中的名称或含义作为英文对应词。

7.5 说明栏

7.5.1 通则

说明栏可说明所对应的具体符号的功能、应用场所、使用的颜色、绘制、制作和设置方法等方面内容(参见表 A.1、表 A.2 和表 A.4～表 A.8 中的说明栏)。

7.5.2 摘录

当标准中的少量符号摘录自其他标准，则应在符号说明栏中给出该符号在所摘录标准中的标准编号和符号编号(参见表A.6)。当标准设有"参考文献"时,则应将所摘录的标准列在参考文献中。

示例:摘自 GB/T 10001.1—2012 中编号为 001 的符号,可表示为:摘自 GB/T 10001.1—2012(001)

7.5.3 代替

修订标准时,如某符号代替了被修订标准中的某个或几个符号,则应列出被修订标准的标准编号和被代替符号在原标准中的符号编号。

示例:代替 GB/T 10001.2—2006 中编号为 15 的符号,可表示为:代替 GB/T 10001.2—2006(15)

7.5.4 采用

当标准中的符号采用了国际标准中的符号,则应列出所采用的国际标准编号和符号在该国际标准中的符号编号。

示例1:采用了 ISO 7001:2007 编号为 027 的符号,可表示为:采用 ISO 7001:2007(027)

示例2:采用了 ISO/IEC 13251:2004 编号为 018 的符号,可表示为:采用 ISO/IEC 13251:2004(018)

示例3:与 ISO 7001:2007 编号为 007 的符号基本一致,但做了少量修改,可表示为:修改 ISO 7001:2007(007)

7.5.5 其他

还可根据需要编写与具体符号有关的其他内容。

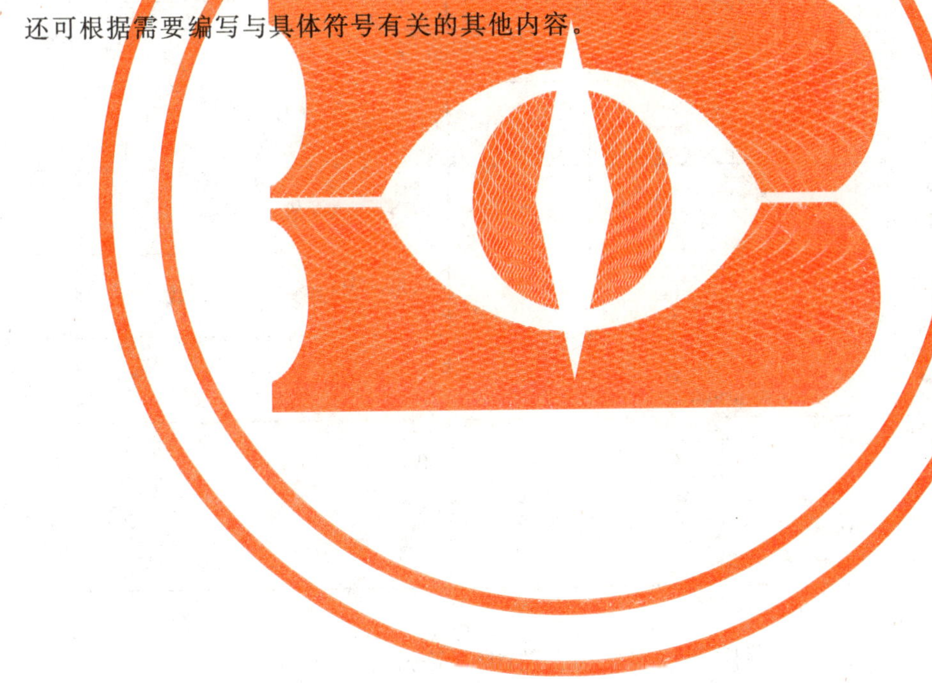

附　录　A
（资料性附录）
符号表的编排示例

符号表的编排示例见表A.1～表A.8。

表 A.1　文字符号表的编排示例

编号	名称	符号	说明
2-015	速度传感器 velocity transducer	BS	振动传感器、加速度计、转速计、测速发电机
2-016	温度传感器 temperature transducer	BT	温度敏感器、温度计
2-017	多变量传感器 multiple variables transducer	BU	
2-018	黏度传感器 viscosity transducer	BV	
2-019	质量传感器 mass transducer	BM	重量传感器
2-020	其他传感器 other transducer	BX	传声器、摄像机、扬声器
2-021	计数器 counter	BZ	切换循环检验器、事件计数器
2-022	能量与信息的储存装置 storage device of energy or information	C	
2-023	电能的电容储存装置 capacitive storage device of electric energy	CA	电容器
2-024	电能的感应存储装置 inductive storage device of electric energy	CB	线圈、超导体

表 A.2　标志用图形符号和小型的图形符号表的编排示例

编号	图形符号	小型的图形符号	含义	说明
013	¥	¥	银行 Bank	表示可进行存款、取款、汇兑、贷款等业务的场所或位置

表 A.2（续）

编号	图形符号	小型的图形符号	含 义	说 明
014			信息服务 Information	表示不设工作人员，仅提供平面图、地图、指南、手册等各种信息的场所或位置 采用 ISO 7001:2007 PIPF(001)
015			卫生间 Restrooms	表示卫生间或其位置 需要根据男、女卫生间的实际位置使用本符号或其镜像符号 修改 ISO 7001:2007 PIPF(003)
016			宾馆 Hotel	表示提供膳宿的场所、位置或服务，如宾馆、饭店、旅馆或其预订处等 代替 GB/T 10001.1—2006 (58) 修改 ISO 7001:2007 PIPF(002)

表 A.3　斜置正方形图形标志表的编排示例

编号	图形标志	名 称
13	剧毒品 6	剧毒品
14	爆炸品 1	爆炸品
15	自燃物品 4	自燃物品

表 A.4 技术文件用图形符号表的编排示例

编号	图形符号	名称	说明
06-11		感烟火灾探测器(点型) Smoke detector (point type)	报警启动装置符号 采用 ISO 6790:1986(5.11)
06-12		可燃气体探测器(点型) Combustible gas detector (point type)	报警启动装置符号 采用 ISO 6790:1986(5.12)
06-13		报警电话 Alarm telephone	报警启动装置符号 采用 ISO 6790:1986(5.14)
06-14		感温火灾探测器(线型) Heat detector (linear type)	报警启动装置符号 采用 ISO 6790:1986(5.15)
06-15		火灾发生警报器 Fire alarm sounder	火灾警报装置符号 采用 ISO 6790:1986(5.16)
06-16		消防通风口的手动控制器 Manual control of a natural venting device	消防通风口符号 采用 ISO 6790:1986(5.17)
06-17		有视听信号的控制和显示设备 Control and indicating equipment with audible and illuminated signals	控制和显示设备符号 采用 ISO 6790:1986(5.18)

表 A.5 设备用图形符号表的编排示例

编号	图形符号	名称	说明
072	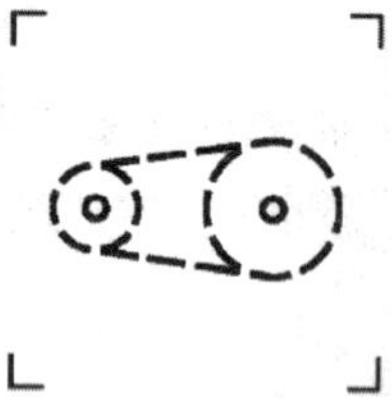	链传动 Chain drive	采用 ISO 7000:2014(0014)
073	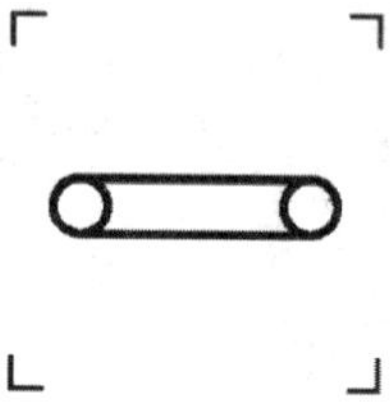	输送带 Conveyer belt	采用 ISO 7000:2014(0229)
074	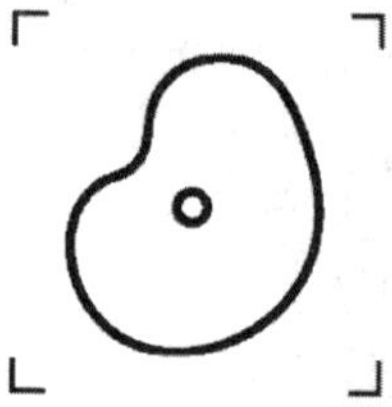	凸轮 Cam	采用 ISO 7000:2014(0016)
075	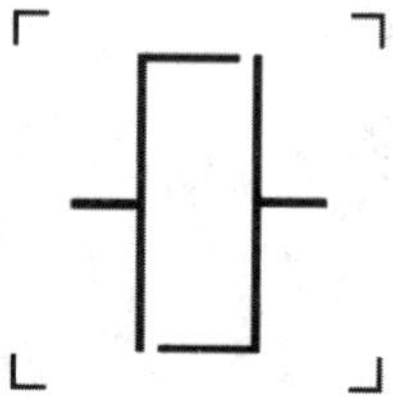	联轴器 Coupling	采用 ISO 7000:2014(0015)
076		搅拌器,一般符号 Agitator, general	采用 ISO 7000:2014(0131)
077		通风器,一般符号 Ventilator, general	采用 ISO 7000:2014(1118)

表 A.6 正方形图形标志表的编排示例

编号	图形标志	名称	说明
05		掩蔽	表示在战时或灾害发生时，供人员掩蔽的室内场所，如掩蔽场所、掩蔽区、掩蔽室等
06		疏散	表示在战时或灾害发生时，供人员疏散的室外场所，如疏散场所、应急避难场所等 为保证图形符号中人的跑动方向与箭头符号的方向相一致，使用中应根据箭头的方向使用本符号的镜像符号
07		集结	表示人员临时集中的场所，如集结点、集结区等
08		饮用水	表示提供可饮用水的场所或位置 摘自 GB/T 10001.1—2012 (026)

表 A.7 圆形图形标志表的编排示例

编号	图形标志	名 称	设置范围和地点
1-22		禁止烟火 No burning	有甲、乙、丙类火灾危险物质的场所,如面粉厂、煤粉厂、焦化厂、施工工地等 采用 ISO 7010:2011(P003)
1-23		禁止蹬踏 No stepping On surface	高温、腐蚀性、塌陷、坠落、翻转、易损等易造成人员伤害的设施表面 采用 ISO 7010:2011(P019)
1-24		禁止触摸 No touching	禁止触摸的设备或物体附近,如裸露的带电体,炙热物体,具有毒性、腐蚀性物体等处 采用 ISO 7010:2011(P010)
1-25		禁止头手伸出窗外 No stretching out of the window	易于造成头受伤害的部位或场所,如公交车窗、火车车窗等

表 A.8 正三角形图形标志表的编排示例

编号	图形标志	名 称	设置范围和地点
2-01		注意安全 Caution, danger	易造成人员伤害的场所及设备等 采用 ISO 7010:2011(W001)
2-02		当心火灾 Caution, fire	易发生火灾的危险场所，如可燃性物质的生产、储运、使用等地点 采用 ISO 7010:2011 (W021)
2-03		当心爆炸 Caution, explosion	易发生爆炸危险的场所，如易燃易爆物质的生产、储运、使用或受压容器等地点 采用 ISO 7010:2011 (W002)

附 录 B
（资料性附录）
图形符号索引编排示例

示例 1：单列图形符号索引编排示例

索 引

示例 2：双列图形符号索引编排示例

索　引

含义	序号
斑马	16
北极熊	08
长臂猿	02
大熊猫	11
海兽	27
海豚	28
猴	01
虎	06
浣熊	21
昆虫	34
两栖动物	31
鬣狗	09
羚羊	17
鹿	18
骆驼	19
马	15
猛禽	23
鸣禽	26
牛	14
爬行类动物	32
犬科动物	10
鲨鱼	29
涉禽	24
狮	05
犀牛	13
象	12
猩猩	03
熊	07
夜行性动物	33
有袋类动物	20
鱼	30
原猴	04
雉禽	25
朱鹮	22

英文对应词	序号
Amphibians	31
Antelope	17
Bear	07
Bovine	14
Camel	19
Canines	10
Crested Ibis	22
Deer	18
Dolphin	28
Elephant	12
Fish	30
Giant Panda	11
Gibbon	02
Gorilla	03
Horse	15
Hyena	09
Insect	34
Lemur	04
Lion	05
Marsupials	20
Monkey	01
Nocturnal Animals	33
Pheasants	25
Polar Bear	08
Raccoon	21
Raptors	23
Reptiles	32
Rhinoceros	13
Sea Mammals	27
Shark	29
Singing Birds	26
Tiger	06
Wading Birds	24
Zebra	16

示例 3：带有符号的名称索引编排示例

索 引

含义	图形符号	序号	含义	图形符号	序号
斑马	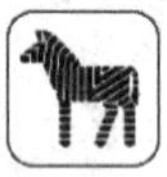	…………… 19	鸣禽	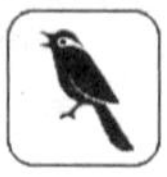	……………… 34
豹	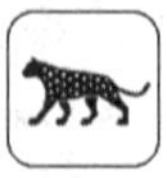	…………… 09	啮齿类动物	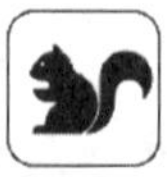	……………… 25
北极熊	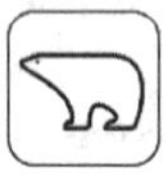	…………… 08	牛	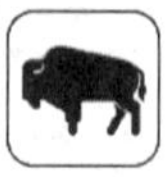	……………… 17
长臂猿	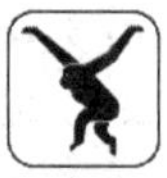	…………… 02	攀禽	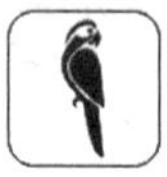	……………… 33
长颈鹿	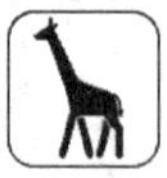	…………… 22	企鹅	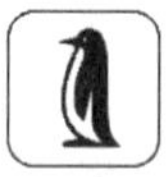	……………… 36
大熊猫	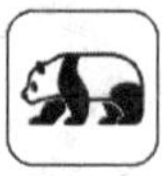	…………… 13	犬科动物	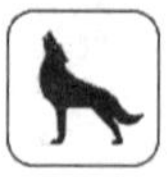	……………… 11
河马	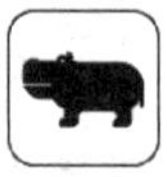	…………… 15	涉禽	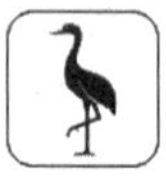	……………… 30
猴	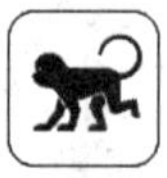	…………… 01	狮	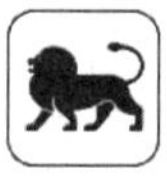	……………… 05
虎	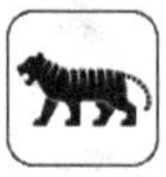	…………… 06	犀牛	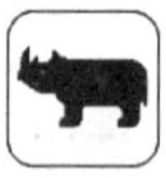	……………… 16
浣熊	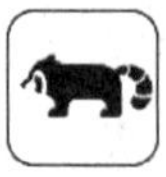	…………… 26	象	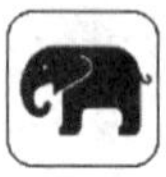	……………… 14
巨嘴鸟	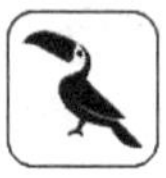	…………… 35	小型猫科动物	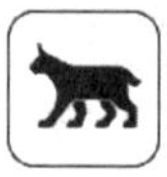	……………… 12
鬣狗	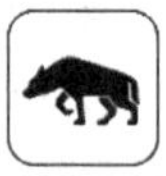	…………… 10	猩猩	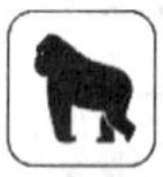	……………… 03
羚羊	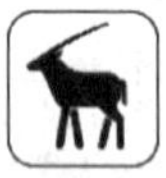	…………… 20	熊	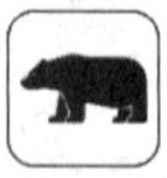	……………… 07
鹿	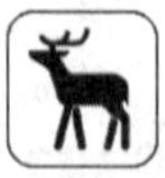	…………… 21	游禽	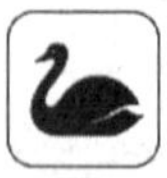	……………… 31
骆驼	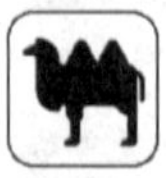	…………… 23	有袋类动物	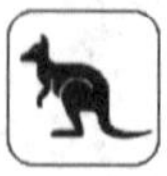	……………… 24
马	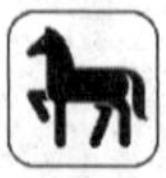	…………… 18	原猴	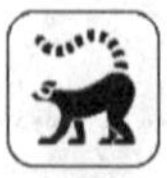	……………… 04
猛禽	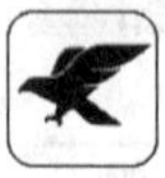	…………… 29	雉禽	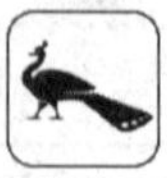	……………… 32

参 考 文 献

[1] GB/T 2894—2008 安全标志及其使用导则
[2] GB/T 4327—2008 消防技术文件用消防设备图形符号
[3] GB/T 7291—2008 图形符号 基于消费者需求的技术指南
[4] GB/T 13392—2005 道路运输危险货物车辆标志
[5] GB/T 15192—2008 纺织机械用图形符号
[6] GB/T 16273.1—2008 设备用图形符号 第1部分:通用符号
[7] GB/T 30096—2013 实验室仪器和设备常用文字符号
[8] DB11/T 1062—2014 人员疏散掩蔽标志设计与设置

ICS 01.120
A 00

中华人民共和国国家标准

GB/T 20001.3—2015
代替 GB/T 20001.3—2001

标准编写规则
第3部分:分类标准

Rules for drafting standards—
Part 3: Classification standards

2015-09-11 发布　　2016-01-01 实施

中华人民共和国国家质量监督检验检疫总局
中国国家标准化管理委员会　发布

前　言

GB/T 20001《标准编写规则》、GB/T 1《标准化工作导则》、GB/T 20000《标准化工作指南》、GB/T 20002《标准中特定内容的起草》和GB/T 20003《标准制定的特殊程序》共同构成支撑标准制修订工作的基础性系列国家标准。

GB/T 20001《标准编写规则》拟分为如下部分：

——第1部分：术语标准；

——第2部分：符号标准；

——第3部分：分类标准；

——第4部分：试验方法标准；

——第5部分：规范标准；

——第6部分：规程标准；

——第7部分：指南标准；

……

——第10部分：产品标准。

本部分为GB/T 20001的第3部分。

本部分按照GB/T 1.1—2009给出的规则起草。

本部分代替GB/T 20001.3—2001《标准编写规则　第3部分：信息分类编码》。与GB/T 20001.3—2001相比，除编辑性修改外主要技术变化如下：

——修改了标准名称；

——修改了标准的适用范围(见第1章，2001年版的第1章)；

——增加了"分类标准"的定义(见3.1)；

——增加了编写分类标准的"总则"(见第4章)；

——增加了"标准名称"的编写规则(见6.1)；

——增加了"范围"的编写规则(见6.2)；

——增加了"分类"的编写规则(见6.3)；

——修改了"编码方法"的编写规则(见6.4.1和6.4.2，2001年版的6.3.3)；

——修改了"代码"编写要求(见6.4.3，2001年版的7.1.2)；

——修改了分类与代码表，形成分类表与代码表，并调整了格式和编写细则(见6.3.4和6.4.4，2001年版的6.3.4和第7章)；

——删除了将已发布标准的全部或部分代码作为所制定标准代码的一部分的相关规定(见2001年版的6.5)。

请注意本文件的某些内容可能涉及专利。本文件的发布机构不承担识别这些专利的责任。

本部分由全国标准化原理与方法标准化技术委员会(SAC/TC 286)提出并归口。

本部分起草单位：中国标准化研究院、机械工业仪器仪表综合技术经济研究所、中国家用电器研究院。

本部分主要起草人：白殿一、逄征虎、杜晓燕、欧阳劲松、王益谊、刘慎斋、薛海宁、马德军、陆锡林。

本部分所代替标准的历次版本发布情况为：

——GB/T 7026—1986；

——GB/T 20001.3—2001。

引　言

分类标准是针对某一标准化对象，按照某个属性进行分类和/或编码的标准。分类标准化是对标准化对象建立秩序的途径之一，分类标准的制定目的是促进相互理解，标准中所确立的分类体系是对标准化对象进一步标准化的基础。分类标准在文本形式上具有典型的结构、特定的要素构成及相应的内容表述规则，其主要技术要素是分类方法和/或编码方法以及分类结果和/或编码结果。分类结果是具有层级关系或非层级关系的类目和/或项目。这些类目和/或项目一般用名称(由文字组成)予以识别；如果对分类的结果进行编码，编码结果通常用代码(由阿拉伯数字、拉丁字母或它们的组合组成)予以识别。

GB/T 20001.3—2001《标准编写规则　第3部分：信息分类编码》仅仅规定了信息分类编码标准的编写，侧重于对编码方法及代码等进行规范，适用范围有限，因此需要进行修订。本次修订将分类标准作为独立的一类标准考虑，对其建立特定的、明晰的编写规则，以便从广义上指导产品、过程或服务分类标准的编写，从而保障标准要素的协调统一，提高标准的整体编写质量。

标准编写规则
第3部分：分类标准

1 范围

GB/T 20001的本部分规定了分类标准的结构、分类原则以及分类方法和命名、编码方法和代码等内容的起草表述规则，并规定了分类表、代码表的编写细则。

本部分适用于各层次标准中产品、过程或服务等标准化对象的分类标准以及在已经确定的分类体系基础上进行编码的标准的编写。

2 规范性引用文件

下列文件对于本文件的应用是必不可少的。凡是注日期的引用文件，仅注日期的版本适用于本文件。凡是不注日期的引用文件，其最新版本(包括所有的修改单)适用于本文件。

GB/T 1.1 标准化工作导则 第1部分：标准的结构和编写

GB/T 7027—2002 信息分类和编码的基本原则与方法

GB/T 10113 分类与编码通用术语

GB/T 20000.1 标准化工作指南 第1部分：标准化和相关活动的通用术语

3 术语和定义

GB/T 10113和GB/T 20000.1界定的术语和定义适用于本文件。为了便于使用，以下重复列出了其中的主要相关术语和定义。

3.1

分类标准 classfication standard

基于诸如来源、构成、性能或用途等相似特性对产品、过程或服务进行有规律的排列或划分的标准。

注：分类标准有时给出或含有分类原则。

[GB/T 20000.1—2014，定义7.4]

3.2

编码 coding

给事物或概念赋予代码的过程。

[GB/T 10113—2003，定义2.2.1]

3.3

代码 code

表示特定事物或概念的一个或一组字符。

注：这些字符可以是阿拉伯数字、拉丁字母或便于人和机器识别与处理的其他符号。

[GB/T 10113—2003，定义2.2.5]

4 总则

分类标准的编写应遵循以下原则：

a) 规范性:分类标准的结构、各要素的起草与表述以及编排格式应符合 GB/T 1.1 的规定;
b) 协调性:制定特定分类标准时,应与同领域的通用分类标准及其他相关标准相协调;
c) 适用性:应从方便使用和具有可操作性的角度出发确定用于分类的分类对象的属性,以便为标准使用者提供一种有条理地、清楚地划分分类对象的方法,从而促进相互理解;
d) 系统性:应根据分类对象的属性按一定顺序形成一个科学合理的分类体系,并明确界定分类后所形成的类目和/或项目的内涵和外延;
e) 扩展性:分类标准中所形成的分类体系通常应设置预留或收容类目和/或项目,以保证新增类目和/或项目时,不打乱已建立的分类体系。

5 结构

分类标准的必备要素包括:封面、前言、标准名称、范围。根据具体情况,在特定的分类标准中应至少包括“分类”和“编码”两个要素中的一个。

分类标准中要素的典型编排以及每个要素所允许的表述形式见表 1。编写标准时,可根据分类对象和制定标准的目的选择表 1 中的有关要素。分类标准还可视情况包含表 1 之外的其他规范性技术要素。

表 1 分类标准中要素的典型编排

要素类型	要素[a] 的编排	要素所允许的表述形式[a]
资料性概述要素	***封面***	***文字(标示标准的信息)***
	目次	*文字(自动生成的内容)*
	前言	***条文*** *注* *脚注*
	引言	*条文* *图* *表* *注* *脚注*
规范性一般要素	**标准名称**	**文字**
	范围	**条文** 图 表 *注* *脚注*
	规范性引用文件	文件清单(规范性引用) *注* *脚注*
规范性技术要素	术语和定义 分类 编码 …… 规范性附录	条文 图 表 *注* *脚注*

表 1 （续）

<table>
<tr><th>要素类型</th><th>要素[a] 的编排</th><th>要素所允许的表述形式[a]</th></tr>
<tr><td>资料性补充要素</td><td>资料性附录</td><td>条文
图
表
注
脚注</td></tr>
<tr><td>规范性技术要素</td><td>规范性附录</td><td>条文
图
表
注
脚注</td></tr>
<tr><td rowspan="2">资料性补充要素</td><td>参考文献</td><td>文件清单(资料性引用)
脚注</td></tr>
<tr><td>索引</td><td>文字(可含有图形)</td></tr>
<tr><td colspan="3">注：表中各要素的前后顺序即其在标准中所呈现的具体位置。</td></tr>
<tr><td colspan="3">[a] 黑体表示“必备的”；正体表示“规范性的”；斜体表示“资料性的”。</td></tr>
</table>

6 要素的起草

6.1 标准名称

6.1.1 分类标准的名称应含有分类的对象和分类的内容两个必备的要素，分类的内容宜包含文字“分类”或“编码”。

6.1.2 如果标准中仅包含“分类方法”(见 6.3.1)，并未给出分类的具体结构和类目，则宜使用“……分类方法”作为标准名称(见示例 1)。如果标准中包含了“分类方法”(见 6.3.1)和“命名”(见 6.3.3)，则宜使用“……分类与命名”作为标准名称(见示例 2)。如果标准中包含了“分类”(见 6.3)中的全部内容，则宜使用“……分类”作为标准名称(见示例 3)。

示例 1：<u>烟花爆竹　危险等级</u><u>分类方法</u>

示例 2：<u>环境工程技术</u>　<u>分类与命名</u>

示例 3：<u>湿地</u>　<u>分类</u>

注：上述示例中，以单下划线标示的内容为“分类的对象”，以双下划线标示的内容为“分类的内容”。

6.1.3 如果标准中仅包含“编码方法”(见 6.4.1)，并未给出代码，则宜使用“……编码方法”作为标准名称。如果标准中包含了“编码方法”(见 6.4.1)和“代码”(见 6.4.3)，则宜使用“……编码及代码”作为标准名称。如果标准中包含了“编码”(见 6.4)中的全部内容，则宜使用“……编码”作为标准名称。

6.1.4 如果标准中包含了“分类方法”(见 6.3.1)、“命名”(见 6.3.3)、“编码方法”(见 6.4.1)、“代码”(见 6.4.3)、代码表(见 6.4.4)等内容，则宜使用“……分类与编码”“……分类、编码及代码”“分类与代码”作为标准名称(见示例 1 和示例 2)。

示例 1：<u>职业</u>　<u>分类与代码</u>

示例 2：<u>物流服务</u>　<u>分类与编码</u>

注：上述示例中，以单下划线标示的内容为“分类的对象”，以双下划线标示的内容为“分类的内容”。

6.2 范围

6.2.1 范围应指出分类对象、说明分类的内容。必要时应说明使用该分类的限制。

6.2.2 范围还应说明分类标准适用的对象。

6.3 分类

6.3.1 分类方法

6.3.1.1 线分类法

线分类法是将分类对象按所选定的若干属性逐次地分成相应的若干层级的类目和/或项目，并形成一个逐渐展开的分类体系。该方法通常用于划分层级类目和/或项目的分类对象。

在这个分类体系中，被划分的类目称为上位类，划分出的类目称为下位类，上位类与下位类类目之间存在着隶属关系或整体与部分的关系。由一个类目直接划分出来的下一级各类目，彼此称为同位类，同位类类目之间存在着并列关系。

线分类法应满足以下要求：

a) 分类应从上位到下位依次进行，不宜有空层；

b) 上位类类目划分成若干个下位类类目时，应按同一属性来划分；

c) 上位类划分出的下位类类目的总范围应与该上位类类目范围相等；

d) 同位类类目彼此所覆盖的范围不交叉、不重复。

线分类法的具体示例见附录 A 中的示例 1。

6.3.1.2 面分类法

面分类法是将所选定的分类对象的若干属性视为若干个独立的“面”，每个“面”中又可分成彼此独立的若干个项目。该方法通常用于划分非层级类目和/或项目的分类对象，划分出的各个类目和/或项目之间是序列关系或主题关系（或实用关系）。序列关系主要有空间（位置）关系、时间关系、因果关系、发展关系；主题关系（或实用关系）主要有前提—结论关系、形式—内容关系、结构—功能关系、行为—动机（目的）关系等。

面分类法应满足以下要求：

a) 按照实际需要选择“面”；

b) 每个“面”或项目在分类体系中有固定的位置；

c) “面”彼此所覆盖的范围不交叉、不重复，项目彼此所覆盖的范围不交叉、不重复。

面分类法的具体示例见附录 A 中的示例 2。

6.3.1.3 混合分类法

混合分类法是将线分类法和面分类法组合使用，以其中一种分类法为主，另一种做补充的分类方法。混合分类法的具体示例见附录 A 中的示例 3。

6.3.2 分类方法的表述

分类标准中应指明每一次划分所依据的属性，给出基于属性对分类对象进行系统划分的类目和/或项目，宜指出上位类、下位类之间的层级关系或“面”之间以及项目之间彼此独立的非层级关系。

6.3.3　命名

6.3.3.1　类目名称

类目名称是对划分出的每个层级的层级统称。应对划分出的每个类目进行命名。如可用"……门""……目""……种""……类""……型""……式""……级""……省"等作为类目名称。

6.3.3.2　项目名称

项目名称是对每个层级内具体个体的命名，具有惟一性。项目名称通常包含了上位类的类目名称。根据具体情况，可对每个类目中划分出的具体项目命名。项目名称的命名规则应保持一致。每个具体项目宜选用现行标准中界定的术语，如不存在这样的术语，则应使用规范化词语命名。

6.3.4　分类结果的表述

6.3.4.1　分类结果可用条文或表格形式(即分类表)予以表述。

6.3.4.2　分类表通常用来展示分类体系，它由类目和/或项目名称栏和说明栏组成，见以下示例。如无需进行说明，可省略说明栏。根据具体情况，表头名称可进行相应调整(见附录A中的示例2)。

示例：

类目和/或项目名称	说　明
自然湿地	
近海与海岸湿地	
浅海水域	包括海湾、海峡
潮下水生层	包括海草原、热带海洋草地
珊瑚礁	
岩石海岸	包括岩石性沿海岛屿、海岩峭壁
……	
河流湿地	
永久性河流	仅包括河床部分
季节性或间歇性河流	
……	
湖泊湿地	包括自然湖、池、荡、漾、泡、海、错、淀、洼、潭、泊等
……	
……	
人工湿地	
水库	
淡水养殖场	
运河、输水河	
盐田	
……	

6.3.4.3　分类表中的类目和/或项目名称栏和说明栏的编写细则见附录B。

6.4　编码

6.4.1　编码方法

6.4.1.1　如果对分类的结果进行编码，应指明编码方法以及表示编码结果的字符。

6.4.1.2　根据具体情况，线分类法通常采用层次编码方法予以编码，面分类法通常采用并置编码方法或组合编码方法予以编码,混合分类法通常采用组合编码方法予以编码。层次编码方法、并置编码方法、组合编码方法应符合 GB/T 7027—2002 的 8.2.4、8.2.6、8.2.7 的规定。

6.4.1.3 编码应充分考虑所划分出的各类目的先后次序或关系以及各类目所划分出的具体项目的先后次序或关系,或者已经确定的分类体系中类目的先后次序或关系。

6.4.2 编码方法的表述

6.4.2.1 应指明所采用的编码方法,给出编码位数或编码结构、每个码位所代表的含义以及每个码位上所使用的代码字符(见 6.4.3)。

示例:编码采用层次编码方法。第一层用两位拉丁字母表示纲,第二层用两位阿拉伯数字表示目,第三层用两位阿拉伯数字表示科。

6.4.2.2 适宜时,可给出编码结构图。在采用层次编码方法的情况下,编码结构图中的码位基于所划分出的类目之间的层级关系排列。在采用并置编码方法的情况下,编码结构图中的码位根据实际需要排列。在采用组合编码方法的情况下,编码结构图中的码位根据实际需要以及类目之间的关系予以排列。编码的先后次序与类目和/或项目名称可能不一致。

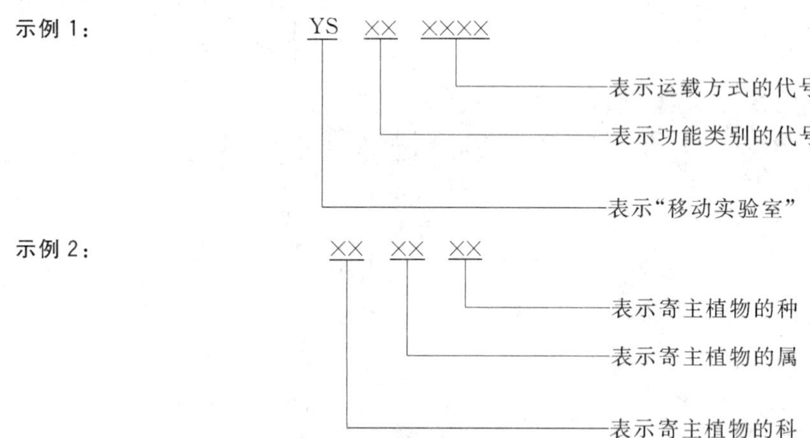

6.4.2.3 每个码位上所使用的代码位数可根据需要设定。

6.4.2.4 采用顺序码时,代码应等长,如用 001～999,而不用 1～999。采用层次码时,同一层次上的代码位数应等长。

6.4.3 代码

6.4.3.1 代码宜全部使用阿拉伯数字或全部使用拉丁字母。如果使用拉丁字母、阿拉伯数字混用的形式,则拉丁字母或阿拉伯数字宜在特殊位置(如首位或末位),不宜在随机的位置。

6.4.3.2 代码字符不应是语法表述或数学运算中可能用到的字符,如问号(?)、冒号(:)、加号(+)等,也不应是形相近的字符,如字母“I”和数字“1”、字母“O”和数字“0”等。

6.4.3.3 收容类目所使用的代码宜为代码序列中的最末位字符,如单个阿拉伯数字序列的“9”、拉丁字母序列的“Z”。

6.4.3.4 为了便于读写,各层次的代码之间可使用空格、“-”等分隔。例如,“754623”可写成“754-623”或“754 623”。

6.4.4 代码表

6.4.4.1 如果对类目和/或项目名称进行编码,应使用代码表的形式列出分类体系。

6.4.4.2 代码表一般由代码栏、类目和/或项目名称栏、说明栏组成,见以下示例。如无需进行说明,可省略说明栏。根据具体情况,表头名称可进行相应调整(见附录 A 中的示例 2)。

示例：

代　码	类目和/或项目名称	说　明
10	煤炭及煤制品	
01	无烟煤	
02	烟煤	
01	贫煤	
02	贫瘦煤	
03	瘦煤	
……		
03	褐煤	
04	煤制品	指除煤制油以外的煤炭制品
01	焦炭	包括焦炉焦炭、煤气焦炭、焦炭渣和半焦炭等
02	型煤	包括煤球、煤砖、煤棒、蜂窝煤等
……		
……		
15	泥炭及泥炭产物	
20	油页岩/油砂	
01	页岩气	
……		
……		

6.4.4.3　当表格内容比较简单时，为了减少篇幅，可以在一页中排两列以上的表格。

6.4.4.4　当说明栏的内容很多时，可同时列出两个表，一个表只列出代码栏以及类目和/或项目名称栏，以便于直观了解分类体系；另一个表再增加说明栏的内容。

6.4.4.5　代码表中代码栏、类目和/或项目名称栏和说明栏的编写见附录 B。

6.5　索引

若编码对象较多，可编写代码索引。代码索引可采用以下三种方式排序：

——按编码对象的汉语拼音字母顺序；

——按编码对象名称的英文对应词字母顺序；

——按有关的其他关系。

附 录 A
（资料性附录）
分类方法示例

线分类法见示例1，面分类法见示例2，混合分类法见示例3。

示例1：

表× 珠宝玉石及贵金属产品分类代码（部分代码表）

代　码	类目和/或项目名称	说　明
010000	贵金属及其合金	
010100	金及其合金	
010101	9K金	纯度千分数最小值为375
010103	14K金	纯度千分数最小值为585
010105	18K金	纯度千分数最小值为750
……	……	
010300	银及其合金	
010301	银800	纯度千分数最小值为800
010303	银925	纯度千分数最小值为925
010305	银990	纯度千分数最小值为990
……	……	
……	……	
020000	天然宝石	
020100	钻石	
……		
021900	石榴石	
021901	镁铝榴石	
……	……	
……	……	

注：上表选自GB/T 25071—2010。

珠宝玉石及贵金属产品分类采用线分类法，并用六位数字代码予以表示。珠宝玉石及贵金属产品按材质划分为三个层级，第一层级用第一、第二位数字码表示大类，第二层级用第三、第四位数字码表示中类，第三层级用第五、第六位数字码表示小类。

在上表中，“贵金属及其合金”相对于“金及其合金”是上位类类目，“金及其合金”相对于“贵金属及其合金”是下位类类目。“金及其合金”相对于“9K金”是上位类类目，“9K金”相对于“金及其合金”是下位类类目。“贵金属及其合金”与“天然宝石”，“金及其合金”与“银及其合金”，“9K金”“14K金”与“18K金”分别为同位类类目。“贵金属及其合金”相对于“金及其合金”是类目名称，“金及其合金”相对于“贵金属及其合金”是项目名称。“金及其合金”相对于“9K金”是类目名称，“9K金”相对于“金及其合金”是项目名称。

示例2：

表× 公民身份号码

公民身份号码	含　义
××××××××××××××××××	公民身份号码的18位组合码结构
××××××	行政区划代码
××××××××	出生日期
×××	顺序号
×	校验码

注：上表选自GB 11643—1999。

公民身份号码采用面分类法，并用十八位数字代码予以表示。这十八位数字代码分为四段，第一个代码段用六位数字码表示首次签发公民身份证的机关所在地的行政区划代码，第二个代码段用八位数字码表示公民出生日期，第三个代码段用三位数字代码表示在同一行政区划范围内同年、同月、同日出生的人的性别和编定的签发顺序，第四个代码段用一位校验码予以表示。

在上表中，前两个代码段标识了公民的空间和时间特性，第三个代码段则依赖于前两个代码段所限定的范围，第四个代码段依赖于前三个代码段赋值后的校验计算结果。

示例 3：

表× 国民经济行业分类和代码

代码				类目和/或项目名称	说明
门类	大类	中类	小类		
A				农、林、牧、渔业	本门类包括 01～05 大类
	01			农业	指对各种农作物的种植
		011		谷物种植	指以收获籽实为主，供人类食用的农作物的种植
			0111	稻谷种植	
			0112	小麦种植	
			0113	玉米种植	
			0119	其他谷物种植	
		……			
			……		
	02			林业	
		021		林木育种和育苗	
			0211	林木育种	
			0212	林木育苗	
		……			
			……		
	……				
		……			
			……		
B				采矿业	本门类包括 06～12 大类
	06			煤炭开采和洗选业	
		061		烟煤和无烟煤开采优选	
		……			
	……				
		……			
C				制造业	本门类包括 13～43 大类
	……				
		……			
			……		
……					

注：上表选自 GB/T 4754—2011。

国民经济行业分类采用混合分类法。国民经济行业采用面分类法按照产业活动单位和法人单位划分行业，将国民经济行业划分为农、林、牧、渔业，采矿业，制造业等 20 个门类。每个门类再采用面分类法进行划分，例如，农、林、牧、渔业采用面分类法划分为 5 个大类，采矿业采用面分类法划分为 7 个大类。划分至中类后，有的中类采用面分类法进一步细分，有的则采用线分类法进一步细分。例如，谷物种植采用线分类法按照谷物所包含的以收获籽实为主供人类食用的农作物进一步细分为稻谷种植、小麦种植、玉米种植和其他谷物种植。

附 录 B
（规范性附录）
分类表与代码表的编写细则

B.1 代码栏

B.1.1 代码一般在代码栏内左起顶格书写。当代码栏中给出全码时，可选择左起顶格书写或居中对齐书写（见附录A的示例1）。当代码层次较多时，代码栏可按层次再进行划分。不同层级的代码应逐级退移，同一层级的代码应左对齐（见6.4.4.2的示例）。

B.1.2 同一层级的代码字体应一致。当使用拉丁字母作代码时，应统一用大写或小写，不应大小写混用。

B.2 类目和/或项目名称栏

B.2.1 同一层级的类目和/或项目名称应左对齐，不同层级的类目和/或项目名称应逐级退移一个汉字的位置（见6.3.4.2和6.4.4.2的示例）。

B.2.2 每个类目和/或项目的名称均应单起一行，当类目和/或项目名称较长时，可自动换行，换行后应与该类目和/或项目名称的首行缩进对齐。

B.2.3 同一层级的类目和/或项目名称的字体应一致。

B.3 说明栏

B.3.1 说明栏的内容在说明栏中左起空一个汉字书写，针对每个类目和/或项目的说明均单起一行，当说明的内容较长时，换行后要左起顶格书写（见6.3.4.2和6.4.4.2的示例）。

B.3.2 说明是对容易混淆或具有特殊意义的类目和/或项目进行解释，以便正确理解类目和/或项目概念的内涵和外延，宜简短、扼要。

B.3.3 若一个类目和/或项目有多个名称，可在说明栏中列出该类目和/或项目名称的同义词。

参考文献

[1] GB/T 4754—2011 国民经济行业分类
[2] GB 11643—1999 公民身份号码
[3] GB/T 15161—1994 林业资源分类与代码 林木病害
[4] GB/T 24708—2009 湿地分类
[5] GB/T 25071—2010 珠宝玉石及贵金属产品分类与代码
[6] GB/T 29473—2012 移动实验室分类、代号及标记
[7] GB/T 29870—2013 能源分类与代码

ICS 01.120
A 00

中华人民共和国国家标准

GB/T 20001.4—2015
代替 GB/T 20001.4—2001

标准编写规则 第4部分:试验方法标准

Rules for drafting standards—Part 4:Test method standards

2015-09-11 发布　　2016-01-01 实施

中华人民共和国国家质量监督检验检疫总局
中国国家标准化管理委员会　发布

前　言

GB/T 20001《标准编写规则》、GB/T 1《标准化工作导则》、GB/T 20000《标准化工作指南》、GB/T 20002《标准中特定内容的起草》和GB/T 20003《标准制定的特殊程序》共同构成支撑标准制修订工作的基础性系列国家标准。

GB/T 20001《标准编写规则》拟分为如下部分：

——第1部分：术语标准；

——第2部分：符号标准；

——第3部分：分类标准；

——第4部分：试验方法标准；

——第5部分：规范标准；

——第6部分：规程标准；

——第7部分：指南标准；

……

——第10部分：产品标准。

本部分为GB/T 20001的第4部分。

本部分按照GB/T 1.1—2009给出的规则起草。

本部分代替GB/T 20001.4—2001《标准编写规则　第4部分：化学分析方法》。与GB/T 20001.4—2001相比，结构做了较大调整，将GB/T 20001.4—2001附录A的化学分析方法标准编写细则中试验方法的共性内容调整至正文，作为第6章。除编辑性修改外，主要技术变化如下：

——修改了标准的适用范围(见第1章，2001年版的第1章)；

——增加了针对同一特性存在多种试验方法的情况下，试验方法标准编制的原则(见4.2)；

——修改要素“警告”为“警示”(见6.2，2001年版的A.4)；

——修改了要素“范围”的起草规则(见6.3，2001年版的A.5)；

——增加了要素“试验条件”的起草规则(见6.5)；

——修改要素“仪器”为“仪器设备”，并修改了相对应的起草规则(见6.7，2001年版的A.11)；

——修改要素“采样”为“样品”，并修改了相对应的起草规则(见6.8，2001年版的A.12、A.13.2和A.13.6)；

——修改要素“分析步骤”为“试验步骤”，并修改了相对应的起草规则(见6.9，2001年版的A.13.1、A.13.3、A.13.4、A.13.5、A.13.6和A.13.7)；

——修改要素“结果计算”为“试验数据处理”，并修改了相对应的起草规则(见6.10，2001年版的A.14)；

——增加了测量不确定度的起草规则(见6.11.2)。

请注意本文件的某些内容可能涉及专利。本文件的发布机构不承担识别这些专利的责任。

本部分由全国标准化原理与方法标准化技术委员会(SAC/TC 286)提出并归口。

本部分起草单位：中国标准化研究院、深圳市华测检测技术股份有限公司、机械工业仪器仪表综合技术经济研究所。

本部分主要起草人：杜晓燕、逄征虎、白殿一、刘泽华、欧阳劲松、刘慎斋、陆锡林、王春喜、张珺。

本部分所代替标准的历次版本发布情况为：

——GB/T 1.4—1988；

——GB/T 20001.4—2001。

引　言

试验方法标准是给出测定材料、部件、成品等的特性值、性能指标或成分的步骤以及得出结论的方式的标准。试验方法标准化是将试验方法作为标准化对象，建立测定指定特性或指标的试验步骤和结果计算规则，以为试验活动和过程提供指导。试验方法标准的目的是促进相互理解。试验方法标准在文本形式上具有典型的结构，特定的要素构成以及相应的内容表述规则，其主要技术要素包括仪器设备、样品、试验步骤、试验数据处理和试验报告等。

试验方法是分析方法、测量方法等的统称。实践中，对材料、部件、成品等的指定特性或指标的测定可能涉及化学和光谱化学分析、机械和电工试验、风化试验、燃烧试验、辐射照射试验等多种不同类型的试验。而 GB/T 20001.4—2001《标准编写规则　第 4 部分：化学分析方法》仅规定了以化学分析方法为标准化对象的标准的编写规则，适用范围有限，因此需要修订。本次修订将试验方法标准作为独立的一类标准考虑，对其建立明晰的编写规则，以便普适性地指导各层次标准中试验方法标准的编写，从而保障标准要素的协调统一，提高标准的整体编写质量。

标准编写规则
第4部分:试验方法标准

1 范围

GB/T 20001 的本部分规定了试验方法标准的结构以及原理、试验条件、试剂或材料、仪器设备、样品、试验步骤、试验数据处理、试验报告等内容的起草规则。

本部分适用于各层次标准中试验方法标准的编写。

2 规范性引用文件

下列文件对于本文件的应用是必不可少的。凡是注日期的引用文件,仅注日期的版本适用于本文件。凡是不注日期的引用文件,其最新版本(包括所有的修改单)适用于本文件。

GB/T 1.1 标准化工作导则 第1部分:标准的结构和编写

GB/T 3358(所有部分) 统计学词汇及符号

GB/T 6379(所有部分) 测量方法与结果的准确度(正确度与精密度)

GB/T 20000.1 标准化工作指南 第1部分:标准化和相关活动的通用术语

3 术语和定义

GB/T 3358、GB/T 20000.1 界定的术语和定义适用于本文件。为了便于使用,以下重复列出了其中的主要相关术语和定义。

3.1

试验方法标准 test method standard

试验标准 testing standard

在适合指定目的的精密度范围内和给定环境下,全面描述试验活动以及得出结论的方式的标准。

注1:试验方法标准有时附有与测试有关的其他条款,例如取样、统计方法的应用、多个试验的先后顺序等。

注2:适当时,试验方法标准可说明从事试验活动需要的设备和工具。

[GB/T 20000.1—2014,定义 7.5,修改——增加了优先术语"试验方法标准"]

3.2

正确度 trueness

测试结果或测量结果期望与真值的一致程度。

注1:正确度的度量通常用偏倚表示。

注2:正确度有时被称为"均值的准确度",但不推荐这种用法。

注3:在实际中,真值用接受参考值代替。

[GB/T 3358.2—2009,定义 3.3.3]

3.3

精密度 precision

在规定条件下,所获得的独立测试/测量结果间的一致程度。

注1:精密度仅依赖于随机误差的分布,与真值或规定值无关。

注2:精密度的度量通常以表示"不精密"的术语来表达,其值用测试结果或测量结果的标准差来表示。标准差越大,精密度越低。

注 3：精密度的定量度量严格依赖于所规定的条件，重复性条件和再现性条件为其中两种极端情况。

[GB/T 3358.2—2009，定义 3.3.4]

3.4

准确度　accuracy

测试结果或测量结果与真值间的一致程度。

注 1：在实际中，真值用接受参考值代替。

注 2：术语“准确度”，当用于一组测试或测量结果时，由随机误差分量和系统误差分量即偏倚分量组成。

注 3：准确度是正确度和精密度的组合。

[GB/T 3358.2—2009，定义 3.3.1]

3.5

重复性　repeatability

重复性条件下的精密度。

注：重复性可以用结果的离散特性来定量表示。

[GB/T 3358.2—2009，定义 3.3.5]

3.6

重复性条件　repeatability conditions

为获得独立测试/测量结果，由同一操作员按相同的方法、使用相同的测试/测量设施、在短时间间隔内对同一测试/测量对象进行测试/测量的观测条件。

注：重复性条件包括：

——相同的测量程序或测试方法；

——同一操作员；

——在同一条件下使用同一测量或测试设施；

——同一地点；

——在短时间间隔内的重复。

[GB/T 3358.2—2009，定义 3.3.6]

3.7

重复性限　repeatability limit

r

指定概率为 95％的重复性临界差。

[GB/T 3358.2—2009，定义 3.3.9]

3.8

再现性　reproducibility

再现性条件下的精密度。

注 1：再现性可以用结果的离散特性来定量表示。

注 2：结果通常理解为已修正的结果。

[GB/T 3358.2—2009，定义 3.3.10]

3.9

再现性条件　reproducibility conditions

由不同的操作员按相同的方法，使用不同的测试或测量设施，对同一测试/测量对象进行观测以获得独立测试/测量结果的观测条件。

[GB/T 3358.2—2009，定义 3.3.11]

3.10

再现性限　reproducibility limit

R

指定概率为 95％的再现性临界差。

[GB/T 3358.2—2009,定义 3.3.14]

4 总则

4.1 试验方法标准的结构和编写规则及编排格式应符合 GB/T 1.1 的规定。

4.2 针对同一特性的测定,由于适用的产品不同,基于的测试技术不同等原因需要多种试验方法时,宜将每种试验方法作为单独的标准或单独的部分予以编制。

4.3 试验方法应能够确保试验结果的准确度在规定的要求范围内。必要时,试验方法应包含关于试验结果准确度限值的陈述。

5 结构

试验方法标准的必备要素包括:封面、前言、标准名称、范围、仪器设备、样品、试验步骤、试验数据处理。

试验方法标准中各要素的典型编排以及每个要素所允许的表述形式见表 1。编写标准时,可根据试验方法的特点选择表 1 中的有关要素。试验方法标准还可视情况包含表 1 之外的其他规范性技术要素,例如,化学分析方法标准还可包含化学品命名、反应式等其他规范性技术要素。仅适用于化学分析方法标准的规范性技术要素及其编写规则见附录 A。

表 1 试验方法标准中要素的典型编排

要素类型	要素[a]的编排	要素所允许的表述形式[a]
资料性概述要素	**封面**	**文字(标示标准的信息)**
	目次	*文字(自动生成的内容)*
	前言	**条文** *注* *脚注*
	引言	*条文* *图* *表* *注* *脚注*
规范性一般要素	**标准名称**	**文字**
	警示	文字
	范围	**条文** 图 表 *注* *脚注*
	规范性引用文件	文件清单(规范性引用) *注* *脚注*

表 1（续）

要素类型	要素[a]的编排	要素所允许的表述形式[a]
规范性技术要素	术语和定义 原理 试验条件 试剂或材料 **仪器设备** **样品** **试验步骤** **试验数据处理** 精密度和测量不确定度 质量保证和控制 **试验报告** 特殊情况 …… 规范性附录	条文 图 表 *注* *脚注* 公式
资料性补充要素	*资料性附录*	*条文* *图* *表* *注* *脚注* *公式*
规范性技术要素	规范性附录	条文 图 表 *注* *脚注* 公式
资料性补充要素	*参考文献*	*文件清单(资料性引用)* *脚注*
	索引	*文字*
注：表中各类要素的前后顺序即其在标准中所呈现的具体位置。		
[a] 黑体表示“必备的”；正体表示“规范性的”；斜体表示“资料性的”。		

6 要素的起草

6.1 标准名称

试验方法标准的名称通常由三种要素组成：试验方法适用的对象、所测的指定特性、试验方法的性质。

示例 1：工业用轻烯烃　痕量氯的测定　威克鲍尔德(Wickbold)燃烧法

若试验方法标准用于检测多种特性，则标准名称宜使用省略指定特性和试验方法性质的通用名称。

示例 2：丁基橡胶药用瓶塞　通用试验方法

当针对同一特性，标准中包含多个独立试验方法时，标准名称中宜省略有关试验方法性质的表述。

示例 3：硫化橡胶或热塑性橡胶　密度的测定

6.2 警示

所测试的样品、试剂或试验步骤，如对健康或环境可能有危险或可能造成伤害，应指明所需的注意事项，以引起试验方法标准使用者的警惕。表达警示要素的文字应使用黑体字。如果危险：

——属于一般性的或来自于所测试的样品，则应在正文首页标准名称下给出；

——来自于特定的试剂或材料，则应在"试剂或材料"标题下给出；

——属于试验步骤所固有的，则应在"试验步骤"的开始给出。

示例：（在标准正文首页标准名称下使用黑体字给出如下文字）

警示——使用本标准的人员应有正规实验室工作的实践经验。本标准并未指出所有可能的安全问题。使用者有责任采取适当的安全和健康措施，并保证符合国家有关法规规定的条件。

6.3 范围

范围应简明地指明拟测定的特性，并特别说明所适用的对象。必要时，可指出标准不适用的界限或存在的各种限制。

针对同一对象的同一特性，且基于同一基本测试技术，有时需要在标准中包含不止一种试验方法，例如，由于待测成分在样品中的含量不同或对测定的准确度有不同的要求，应在"范围"中清楚地指明所列方法的各自不同的适用界限或适用的检验类型，并将每种方法安排在各自独立的章中。

如果适用，范围还应包括使用的试验技术（例如，气相色谱分析法）以及进行试验的场所（例如实验室、现场或在线等）。

6.4 原理

必要时，"原理"可用于指明试验方法的基本原理、方法性质和基本步骤。

6.5 试验条件

如果试验方法受到试验对象本身之外的试验条件的影响，如温度、湿度、气压、风速、流体速度、电压和频率等，则应在"试验条件"中明确指明开展试验所需的条件要求。

示例 1：温度：23 ℃±2 ℃；相对湿度：25%～75%。

示例 2：进行水上试验的水域，应满足下列要求：

——试验时风速不大于 5 m/s；

——试验水域水温不高于 32 ℃。

6.6 试剂或材料

6.6.1 "试剂或材料"通常包括可选的引导语和详述试验中所使用的试剂和/或材料的清单。清单中的试剂和/或材料是在试验过程中使用的试剂和/或材料，其名称后同一行上紧跟着对该试剂和/或材料主要特性的描述（例如，浓度、密度等）。如果需要，应标示试剂纯度的级别。如果有，宜给出相应的化学文摘登记号。

6.6.2 应清楚地指出以市售形态使用的试剂和/或材料，并给出识别它们所需的详细说明（例如，化学名称、浓度、化学文摘登记号等）。

6.6.3 "试剂或材料"中所列的试剂和/或材料应顺序编号，以便于标识。编排的先后次序如下：

——以市售形态使用的试剂或材料（不包括溶液）；

——溶液和悬浮液（不包括标准滴定溶液和标准溶液）；

——标准滴定溶液和标准溶液；

——指示剂；

——辅助材料(干燥剂等)。

6.6.4 依照惯例，水溶液不应作为试剂和/或材料专门列出。

6.6.5 不应列出仅在制备某试剂和/或材料过程中所使用的试剂和/或材料。

6.6.6 如果需要，应在单独的段中特别指明贮存这些试剂和/或材料的注意事项和贮存期。

6.7 仪器设备

6.7.1 “仪器设备”应列出在试验中所使用的仪器设备的名称及其主要特性。如果适宜，应提及有关实验室的玻璃器皿和仪器的国家标准和其他适用的标准。特殊情况下，“仪器设备”还应提出仪器、仪表的计量检定、校准要求。

示例 1：“4.1 单刻线移液管，容量 50 mL，GB/T 12808 A 类。”

示例 2：“试验所用的测量仪器、仪表应经过计量检定机构的检定合格，并在有效期内。进入试验场后进行计量复查，复查合格后给出准用证。”

6.7.2 对于非市售的仪器设备，还应包括这类仪器设备的规格和要求，以便其他各方能进行对比试验。对于特殊类型的仪器设备及其安装方法，如果仪器设备制备要求的内容较多，则宜在附录中给出，正文中宜列出仪器设备的必要特性，并辅以简图或插图。所列的仪器设备的名称应顺序编号，以便标识。

6.8 样品

6.8.1 “样品”应给出制备样品的所有步骤(例如，研磨、干燥等)，明确试验前样品应满足的条件，例如，尺寸及数量、技术状态、特性(如粒度分布、质量或体积)、储存条件要求等，必要时，还应给出储存样品用的容器的特性(如材质、容量、气密性等)。当需要某特定形状的样品时，应注明包括公差在内的主要尺寸。“样品”也可辅以显示样品详细信息的示意图。

6.8.2 宜使用祈使句对人工采集样品给出必要指导。若试验结果是针对不同样品试验的组合，则需对如何采集样品进行特别描述。如果适用，采集样品的方法宜直接引用相关现行标准。如果没有相关现行标准，“样品”可包括采集样品的方案和步骤。此外，采集样品还宜对短缺样品的保存及检测准备工作给予必要指导。

6.8.3 如果适宜，“样品”还应陈述或用公式表示称量或量取样品的方法(例如，使用移液管)和样品的质量或体积及所需的测量准确度。

示例 1：“称取 5 g 样品，精确到 1 mg”。

示例 2：“称取约 2 g 样品，精确到 1 mg”。

示例 3：“称取 1.9 g～2.1 g 样品，精确到 1 mg”。

示例 4：“用移液管量取 10 mL 样品溶液”。

示例 5：“量取 10 mL±0.05 mL 样品溶液”。

示例 6：“$m=5\ g\pm1\ mg$”。

示例 7：“$m=(5\pm0.001)g$”。

6.8.4 试验过程中，如有必要保留某一试验步骤得到的产物(例如，滤液、沉淀或残余物)作为以后某试验步骤的“样品”，则应予以明确说明，并用大写拉丁字母标识该“样品”，当以后的试验过程中用到它时，便于识别。

示例 1：“保留滤液 C，用于钠含量的测定”。

如果样品是其他试验步骤的产物(例如，滤液、沉淀、残余物)，则应使用大写拉丁字母清楚地标识其来源。

示例 2：“溶液 A——由测定硫酸钙得到的滤液 C”。

6.8.5 “样品”也可以是整体产品、半成品或部件，如移动通信用手机、广播电视接收机、改装的半成品等。

6.9 试验步骤

6.9.1 通则

6.9.1.1 试验步骤包括试验前的准备工作和试验中的实施步骤。要进行多少个操作或系列操作,“试验步骤”就可分为多少条。如果试验的步骤很多,可将条进一步细分,逐条给出规定的试验步骤,包括必不可少的预操作在内。

6.9.1.2 试验步骤中的操作或系列操作应按照逻辑次序分组。为了便于陈述、理解和应用试验步骤,每一步操作应使用祈使句准确地陈述,并在适当的条或段中以容易阅读的形式陈述有关的试验步骤。

6.9.1.3 当给出备选步骤时,应阐明与主选步骤的相互关系,即哪个是优选步骤,哪个是仲裁步骤。

6.9.1.4 如果在试验步骤中可能存在危险(例如,爆炸、着火或中毒),且需要采取专门防护措施,则应在“试验步骤”的开头用黑体字标出警示的内容,并写明专门的防护措施。

6.9.1.5 必要时,可在附录中给出有关安全措施和急救措施的细节。

6.9.1.6 试验步骤中试剂或材料名称后的括号内可写上相应的编号,以避免重复这些试剂或材料的特性。如果不会引起混淆,则不必每次重复相应的编号。

6.9.1.7 试验步骤中仪器设备名称后的括号内可写上相应的编号,以避免重复这些仪器设备的特性。如果不会引起混淆,则不必每次重复相应的编号。

6.9.2 校准仪器

如果需要使用校准过的仪器,则应在“试验步骤”中适当的位置单独设立一条,以祈使句给出校准的详细步骤,并编制校准曲线或表格以及使用说明。

如果需要,还应包括校准频率(例如,批量测试时)。如果有关校准的详细步骤与试验步骤完全或部分相同时,那么校准的详细步骤应引用相应的试验步骤。

示例:“……以下按 9.3.4~9.3.8 步骤进行。”

6.9.3 试验

6.9.3.1 预试验或验证试验

“预试验”或“验证试验”应陈述组装后仪器功能的验证。

如果必要,应对所用仪器做一次预先检查(例如,检查气相色谱仪的性能特性),或用有证书的标准物质(标准样品)、合成样品或已知纯度的天然产品验证试验方法的有效性。“预试验或验证试验”中应给出进行这一验证需要的所有细节。

6.9.3.2 空白试验

如果需要空白试验,则应指明进行空白试验的所有条件。

空白试验应与测试平行进行,并采用相同的试验步骤,取相同量的所有试剂,但不加样品。

在某些情况下,不加样品可能导致空白试验的条件与实际测试的条件不同,而影响试验方法的应用。在这种情况下,应说明这些差异以及所需进行的调整。

6.9.3.3 比对试验

如果需要考虑或消除某种现象的干扰(例如,“背景”颜色、本底噪声),应给出一个适当的比对试验,包括试验步骤的所有细节。

6.9.3.4 平行试验

如适用,在测试的开头陈述:“平行做两份试验”。

6.10 试验数据处理

6.10.1 “试验数据处理”应列出试验所要录取的各项数据。

6.10.2 “试验数据处理”应给出试验结果的表示方法或结果计算方法,应说明以下内容:

——表示结果所使用的单位;

——计算公式;

——公式中使用的物理量符号的含义;

——表示量的单位;

——计算结果表示到小数点后的位数或有效位数。

如果某种符号代表同一个量的不同含义时,应将阿拉伯数字下标(0,1,2,…)加到符号上(例如:m_0,m_1,m_2)。

示例1:某物质的碱度测定采用滴定法,以盐酸标准滴定溶液作滴定剂。盐酸的浓度 $c(\mathrm{HCl})=0.2\ \mathrm{mol/L}$。

计算方法如下:

碱度以氢氧化钾(KOH)的质量分数 ω_a 计,数值以毫克每克(mg/g)表示,按下列公式计算:

$$\omega_a = \frac{VcM}{m}$$

式中:

V ——盐酸标准滴定溶液(给出“试剂或材料”中的相关编号)的体积的数值,单位为毫升(mL);

c ——盐酸标准滴定溶液浓度的准确数值,单位为摩尔每升(mol/L);

M——氢氧化钾的摩尔质量的数值,单位为克每摩尔(g /mol)($M=56.109$);

m ——样品的质量的数值,单位为克(g)。

计算结果表示到小数点后两位。

示例2:某物质的碱度测定采用滴定法,以盐酸标准滴定溶液作滴定剂。盐酸的浓度 $c(\mathrm{HCl})=0.2\ \mathrm{mol/L}$。

计算方法如下:

碱度以氢氧化钾(KOH)的质量分数 ω_a 计,按下列公式计算:

$$\omega_a = \frac{(V/1\,000)cM}{m} \times 100\%$$

式中:

V ——盐酸标准滴定溶液(给出“试剂或材料”中的相关编号)的体积的数值,单位为毫升(mL);

c ——盐酸标准滴定溶液浓度的准确数值,单位为摩尔每升(mol/L);

M——氢氧化钾的摩尔质量的数值,单位为克每摩尔(g /mol)($M=56.109$);

m ——样品的质量的数值,单位为克(g)。

计算结果表示到小数点后两位。

6.11 精密度和测量不确定度

6.11.1 精密度

对于经过实验室间试验的方法,应指明其精密度数据(例如,重复性和再现性)。精密度数据应按照GB/T 6379的有关部分或其他适用的标准计算。

应清楚地表明,精密度是用绝对项还是用相对项表示的。

精密度条款表述形式的示例,参见附录B。

应在附录中给出从实验室间试验结果得到的统计数据和其他数据,示例参见附录C。

6.11.2 测量不确定度

测量不确定度是表征使用试验方法所得的单个试验结果或测量结果的分散性的参数。适宜时，可给出测量不确定度。然而，试验方法不适于也无义务提供确切值以供使用者估算不确定度。

测量不确定度应以使用试验方法所得的实验室报告结果中收集到的数据为基础估算，并可与试验结果或测量结果一起报告。

"测量不确定度"应包括用于估算试验结果或测量结果不确定度的指导内容。进行不确定度估算宜考虑不确定度的潜在影响因素、每一影响因素的变量如何计算以及如何对它们进行组合。如果仅作为参考，则有关测量不确定度的内容可在资料性附录中给出。

6.12 质量保证和控制

"质量保证和控制"应说明质量保证和控制的程序。应给出有关控制样品、控制频率和控制准则等内容，以及当过程失控时，应采取的措施。使方法处于受控状态的最佳途径之一是使用控制图。

6.13 试验报告

试验报告至少应给出以下几个方面的内容：

——试验对象；

——所使用的标准(包括发布或出版年号)；

——所使用的方法(如果标准中包括几个方法)；

——结果；

——观察到的异常现象；

——试验日期。

6.14 特殊情况

"特殊情况"应包括测试的样品中是否因含有特殊成分而需对试验步骤作出的各种修改。每种特殊情况应给出不同的小标题。

修改试验方法的内容应包括以下方面：

——修改后试验方法的原理，包括对于一般试验步骤原理的必要修改，或陈述新试验步骤的原理。

——如果需要对一般采集样品的方法进行修改，则应说明新的采集样品的方法。

——新试验步骤或修改的说明。如果只给出修改内容，则有必要指明每个修改在一般步骤中的具体位置。简便方法为：指明未修改的步骤的最后一段(必要时重复最后一句或部分句子)，然后给出修改，最后指明紧跟在修改之后的第一个未修改的段落(必要时重复其第一句或部分句子)。

——适用于修改后的或附加的试验步骤的计算方法。

附 录 A
（规范性附录）
适用于化学分析试验方法的编写细则

A.1 化学品命名

化学品命名宜采用《无机化学命名原则》和《有机化学命名原则》的规定。（这两个文件是根据“国际理论化学与应用化学联合会”制定的关于高纯度化学品命名及其名称的拼写和印刷规定而制定的。）如有这些化学品名称的化学文摘登记号也宜给出。当某种试剂第一次出现时，如有俗名宜写在根据《无机化学命名原则》和《有机化学命名原则》提出的命名的后面，并用圆括号括起。在正文的其余部分，使用根据《无机化学命名原则》和《有机化学命名原则》提出的命名或俗名均可，但应只使用一种，不应混用。

尽管商品名或商标名使用较普遍，也应尽可能避免使用。

对于市售化学品（工业用基本化学品），宜在标准的名称和“范围”一章给出其俗名；而相应的根据《无机化学命名原则》和《有机化学命名原则》提出的命名宜写在俗名后的圆括号中，以后仅使用俗名。

化学品符号的使用应只限于化学分子式和指明以化学分子式表示的物质的量的符号，例如 $c(H_2SO_4)$。在行文中应给出化学品的全称。

A.2 原理

“原理”应符合 6.4 的要求。此外，考虑到对文本理解和计算的需要，化学分析试验方法标准中“原理”还应给出主要反应式，如适宜，以离子反应式表示。

给出这些反应式仅仅为了指导，并不试图解决任何有争议的问题。特别是在被测元素的氧化态相继发生若干变化时，这些反应式可以说明利用测试得到的数据进行的计算是正确的，也可以帮助更好地理解测试方法。

当涉及滴定分析时，反应式对于表示每摩尔反应物之间的摩尔比是十分有用的。

A.3 试剂或材料

A.3.1 通则

A.3.1.1 如适宜，“试剂或材料”应用下面一段引导语（或将下面的导语适当修改）作为开头：

“除非另有说明，在分析中仅使用确认为分析纯的试剂和蒸馏水或去离子水或相当纯度的水。”

例如，当需要使用按 GB/T 6682 所规定级别的水时，用下列表述：

“除非另有规定，仅使用分析纯试剂。

5.1 水，GB/T 6682，×级。”

A.3.1.2 如果需要标准滴定溶液或其他标准溶液，其制备方法应在“试剂或材料”中说明，必要时还应说明其标定方法。

A.3.1.3 如果所用试剂使用通用的制备和核验方法，已制定成标准，则应引用这些标准。

A.3.1.4 如果要验证试剂中不含干扰成分，应给出为此所采用的试验细节。

A.3.1.5 对于以市售形态使用的固体试剂或材料应写明结晶水。

A.3.2 确定了浓度的溶液

A.3.2.1 常用标准溶液

A.3.2.1.1 标准滴定溶液

标准滴定溶液是已知准确浓度的用于滴定分析的溶液。此种溶液的浓度应表示为物质的量浓度，单位为摩尔每升(mol/L)或摩尔每立方米(mol/m^3)。

浓度的数值应用整数(例如，1 mol/L，2 mol/m^3)或小数(例如，0.1 mol/L，0.06 mol/m^3)表示。符号为 c[例如，$c(CuSO_4)=0.1$ mol/L]。

A.3.2.1.2 基准溶液[1)]

基准溶液是用于标定其他溶液的作为基准的溶液。此种溶液的浓度应按标准滴定溶液中所述的相同方法表示(见 A.3.2.1.1)。

A.3.2.1.3 标准溶液

标准溶液是由用于制备该溶液的物质而准确知道某种元素、离子、化合物或基团浓度的溶液。此种溶液的浓度应用克每升(g/L)或其分倍数表示。

A.3.2.1.4 标准比对溶液[2)]

标准比对溶液是已知或已确定有关特性(如色度、浊度)的并用于评定试验溶液各项特性的溶液。此种溶液的浓度应按 A.3.2.1.1、A.3.2.1.2 或 A.3.2.1.3 所示方法表示。

A.3.2.2 其他溶液

A.3.2.2.1 如果溶液的浓度是以质量分数或体积分数给出的，应用毫克每千克(mg/kg)、克每克(g/g)、毫升每升(mL/L)或其分倍数表示。

A.3.2.2.2 如果浓度以质量浓度给出，则浓度应以克每升(g/L)或其分倍数表示。

A.3.2.2.3 如果溶液由另一种特定溶液稀释配制，应按下列惯例表示：

——“稀释 $V_1 \rightarrow V_2$”表示，将体积为 V_1 的特定溶液稀释为总体积为 V_2 的最终混合物；

——“$V_1 + V_2$”表示，将体积为 V_1 的特定溶液加入到体积为 V_2 的溶剂中。

“$V_1 : V_2$”或“V_1/V_2”的表示方法会引起不同的理解，应避免使用。

同样，也不应采用习惯上使用的与上述不同的溶液单位(例如，“过氧化氢，12 体积”)。

---

1) 它由第一标准物质制备或用一些其他方法标定过。许多能用于制备标准溶液的基准溶液市场有售。

2) “标准比对溶液”这个术语仅用于此类溶液的统称，其每个溶液通常用适当的形容词精确地定义(例如，“标准比色溶液”“标准比浊溶液”)。它可由标准滴定溶液、基准溶液、标准溶液或具有所需特性的其他溶液制备。

附 录 B
（资料性附录）
精密度条款表述形式的示例

示例1～示例4给出了重复性条件下精密度条款的表述形式。示例5～示例7给出了再现性条件下精密度条款的表述形式。

在重复性条件下，当精密度用绝对项表示时，精密度条款的表述形式见示例1；当精密度用相对项表示时，精密度条款的表述形式见示例2；当精密度与分析浓度有关时，精密度条款的表述形式见示例3和示例4。

示例1：

在同一实验室，由同一操作者使用相同设备，按相同的测试方法，并在短时间内对同一被测对象相互独立进行测试获得的两次独立测试结果的绝对差值不大于……，以大于……的情况不超过5%为前提。

示例2：

在同一实验室，由同一操作者使用相同设备，按相同的测试方法，并在短时间内对同一被测对象相互独立进行测试获得的两次独立测试结果的绝对差值不大于这两个测定值的算术平均值的……%，以大于这两个测定值的算术平均值的……%的情况不超过5%为前提。

示例3：

在同一实验室，由同一操作者使用相同设备，按相同的测试方法，并在短时间内对同一被测对象相互独立进行测试获得的两次独立测试结果的绝对差值不超过重复性限(r)，超过重复性限(r)的情况不超过5%，重复性限(r)按下列方程式计算：

油中铜的含量：

$$r = 0.010 + 0.139\,9\,m$$

式中：

m——两个测定值的平均值，单位为毫克每千克(mg/kg)。

示例4：

在同一实验室，由同一操作者使用相同设备，按相同的测试方法，并在短时间内对同一被测对象相互独立进行测试获得的两次独立测试结果的测定值，在以下给出的平均值的范围内，这两个测试结果的绝对差值不超过重复性限(r)，超过重复性限(r)的情况不超过5%，重复性限(r)按以下数据采用线性内插法求得：

铜含量(mg/kg)：	0.5	5.8	35.8
r(mg/kg)：	0.06	0.8	3.6

注1： 上述陈述可以更简短些，例如，示例1可陈述为：在重复性条件下获得的两次独立测试结果的绝对差值不大于……，以大于……的情况不超过5%为前提。

在再现性条件下，当精密度用绝对项表示时，精密度条款的表述形式见示例5；当精密度用相对项表示时，精密度条款的表述形式见示例6；当精密度与分析浓度有关时，精密度条款的表述形式见示例7。

示例5：

在不同的实验室，由不同的操作者使用不同的设备，按相同的测试方法，对同一被测对象相互独立进行测试获得的两次独立测试结果的绝对差值不大于……，以大于……的情况不超过5%为前提。

示例6：

在不同的实验室，由不同的操作者使用不同的设备，按相同的测试方法，对同一被测对象相互独立进行测试获得的两次独立测试结果的绝对差值不大于这两个测定值的算术平均值的……%，以大于这两个测定值的算术平均值的……%的情况不超过5%为前提。

示例7：

在不同的实验室，由不同的操作者使用不同的设备，按相同的测试方法，对同一被测对象相互独立进行测试获得的两次独立测试结果的测定值，在以下给出的平均值的范围内，这两个测试结果的绝对差值不超过再现性限(R)，超过再

现性限(R)的情况不超过5%,再现性限(R)按以下数据采用线性内插法求得:

铜含量(mg/kg): 0.5 5.8 35.8

R(mg/kg): 0.2 2.6 11.6

注2:上述陈述可以更简短些,例如,示例5可陈述为:在再现性条件下获得的两次独立测试结果的绝对差值不大于……,以大于……的情况不超过5%为前提。

附 录 C
（资料性附录）
从实验室间试验结果得到的统计数据和其他数据

可在资料性附录中列出从实验室间试验结果得到的统计数据和其他数据。即以数据表的形式列出对方法的合作研究结果进行统计分析得到的数据(下面给出了一个示例)。

在表格中可能不需要包括全部数据，但至少要包括以下资料：

a) 试验结果可接受的实验室个数(即除了试验结果属界外值而被舍弃的实验室)；

b) 在每个测试样品中的被测定物的浓度的平均值；

c) 重复性和再现性二者的标准差；

d) 载有实验室间试验结果的引用文件。

测量方法的偏倚和确定其值时所用的参照值以及痕微量成分测定的回收率数据宜一并陈述。当偏倚随被测定物的浓度改变时，宜用表格形式给出平均值的数据、所确定的偏倚和测试中所用的参照值。

示例：

表 × 统计结果表

样品的标识	A	B	C
参加试验室的数目	32	32	32
可接受结果的数目	25	28	27
平均值/(g/100 g)	0.15	0.75	0.77
真值或可接受值/(g/100 g)	—	—	—
重复性标准差(s_r)	0.011	0.047	0.050
重复性变异系数	7.5%	6.2%	6.4%
重复性限(r)(2.8×s_r)	0.031	0.14	0.14
再现性标准差(s_R)	0.022	0.15	0.13
再现性变异系数	15%	20%	17%
再现性限(R)(2.8×s_R)	0.062	0.42	0.37

参 考 文 献

[1] GB/T 533—2008 硫化橡胶或热塑性橡胶 密度的测定

[2] GB/T 6682—2008 分析实验室用水规格和试验方法

[3] GB/T 12808—1991 实验室玻璃仪器 单标线吸量管

[4] GB/T 19381—2003 丁基橡胶药用瓶塞通用试验方法

[5] GJB 0.1—2001 军用标准文件编制工作导则 第1部分:军用标准和指导性技术文件编写规定

[6] ISO 78-2:1999 Chemistry—Layouts for standards—Part 2: Methods of chemical analysis

ICS 01.120
A 00

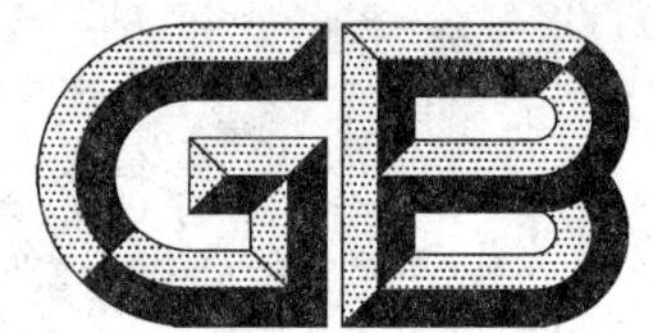

中华人民共和国国家标准

GB/T 20001.5—2017

标准编写规则 第5部分：规范标准

Rules for drafting standards—Part 5: Specification standards

2017-12-29 发布 2018-04-01 实施

中华人民共和国国家质量监督检验检疫总局
中国国家标准化管理委员会 发布

前　　言

GB/T 20001《标准编写规则》与GB/T 1《标准化工作导则》、GB/T 20000《标准化工作指南》、GB/T 20002《标准中特定内容的起草》、GB/T 20003《标准制定的特殊程序》和GB/T 20004《团体标准化》共同构成支撑标准制定工作的基础性系列国家标准。

GB/T 20001《标准编写规则》分为如下部分：

——第1部分：术语标准；

——第2部分：符号标准；

——第3部分：分类标准；

——第4部分：试验方法标准；

——第5部分：规范标准；

——第6部分：规程标准；

——第7部分：指南标准；

……

——第10部分：产品标准。

本部分为GB/T 20001的第5部分。

本部分按照GB/T 1.1—2009《标准化工作导则　第1部分：标准的结构和编写》给出的规则起草。

请注意本文件的某些内容可能涉及专利。本文件的发布机构不承担识别这些专利的责任。

本部分由全国标准化原理与方法标准化技术委员会(SAC/TC 286)提出并归口。

本部分起草单位：中国标准化研究院、机械科学研究总院、中国家用电器研究院。

本部分主要起草人：白殿一、杜晓燕、逄征虎、刘慎斋、王益谊、李佳、强毅、陆锡林、马德军。

引　言

标准化活动主要包括制定标准和应用标准，其中制定标准的工作之一是起草高质量的标准文本。为了保证标准化活动的有效性，我国已经建立并不断完善支撑标准制定工作的基础性国家标准体系。在该标准体系中，GB/T 1.1—2009《标准化工作导则　第1部分：标准的结构和编写》是确立普遍适用于起草各类标准通用规则的国家标准。实践中，每个标准都发挥着特定的功能，相同功能的标准的要素构成及其内容表现形式具有一定的相似性。按照功能可以将标准划分为术语、符号、分类、试验方法、规范、规程和指南等类型。在GB/T 1.1规定的总体规则基础上，GB/T 20001针对这些不同类型的标准分别确立起草规则，建立标准起草规则体系。本部分即是这一规则体系中针对规范标准的起草确立的特定规则。

对产品、过程或服务等标准化对象进行标准化，典型的做法之一就是在标准中规定这些标准化对象需要满足的要求。如果有必要判定声称符合这些标准的各种活动及其结果是否满足了这些要求，就要在标准中描述对应的证实方法。这样形成的标准即是规范标准。规范标准的功能是通过提供可证实的要求对标准化对象进行“规定”，其必备要素包括“要求”和“证实方法”。这两个要素是规范标准区别于其他类型标准的一个显著特征，它们的有机结合使得判定各种活动及其结果是否符合标准中的规定成为可能。因而规范标准可以作为采购、贸易的基础，作为判定产品、过程或服务符合性的依据，作为自我声明、认证的基准。

目前，我国国家标准中有2 400余项规范标准。随着人们对标准的功能的认识不断深入，对这类标准的需求也将不断增加，因而急需对规范标准的起草确立规则。在国际国外标准组织发布的文件中，已经确立了一些与规范标准有关的起草规则。例如，在ISO/IEC导则中，从产品标准的角度规定了“要求”与“试验方法”的编写要求；在《美国试验与材料协会标准的构成及格式》和《英国标准的结构和起草规则》中，均将标准划分为不同的类型，规范标准是其中的一种，并且这两个文件都在一定程度上规定了规范标准的起草规则。

本部分在参考国际国外标准组织有关规范标准起草规则的基础上，结合我国已有研究和实践，通过从标准的结构、总体原则和要求、技术要素编写以及技术内容表述等方面确立规范标准的起草规则，使我国规范标准的要素及其技术内容的选择和编写有据可依，规定的要求准确、可证实，从而提高标准本身的起草质量和应用效率，有效发挥这类标准的功能。

标准编写规则　第5部分：规范标准

1　范围

GB/T 20001 的本部分确立了起草规范标准的总体原则和要求，规定了规范标准的结构以及标准名称、范围、要求和证实方法等必备要素的编写和表述规则。

本部分适用于各层次标准中以产品、过程、服务为标准化对象的规范标准的起草。

注：除非特殊说明，本部分中的产品包括原材料、零部件、制成品、系统等。

2　规范性引用文件

下列文件对于本文件的应用是必不可少的。凡是注日期的引用文件，仅注日期的版本适用于本文件。凡是不注日期的引用文件，其最新版本(包括所有的修改单)适用于本文件。

GB/T 1.1　标准化工作导则　第1部分：标准的结构和编写

GB/T 20000.1　标准化工作指南　第1部分：标准化和相关活动的通用术语

GB/T 20001.4　标准编写规则　第4部分：试验方法标准

3　术语和定义

GB/T 1.1 和 GB/T 20000.1 界定的以及下列术语和定义适用于本文件。为了便于使用，以下重复列出了 GB/T 20000.1 中的一个术语和定义。

3.1

规范标准　specification standard

规定产品、过程或服务需要满足的要求以及用于判定其要求是否得到满足的证实方法的标准。

[GB/T 20000.1—2014，定义 7.6]

3.2

功能　function

标准化对象所具有的或预期能产生的作用。

3.3

性能　performance

反映产品**功能**的某种能力。

3.4

效能　efficacy

反映过程或服务**功能**的某种能力。

3.5

特性　characteristic

标准化对象所具有的可被辨识的特定属性。

注：特性通常被赋值。

4 总体原则和要求

4.1 总体原则

4.1.1 目的导向原则

目的导向原则是标准的技术要素中拟标准化的特性或内容的选取原则,即标准中拟标准化的特性或内容的选取与确定取决于标准化的目的。在起草规范标准时需要明确标准化的目的。在此基础上,对标准化对象进行功能分析有助于识别标准中拟标准化的特性或内容。

注:标准化的目的通常有:保证可用性,保障健康、安全,保护环境或促进资源合理利用,便于接口、互换、兼容或相互配合,利于品种控制,促进相互理解和交流等。

4.1.2 性能/效能原则

性能/效能原则是标准中要求的表述原则,即标准中的要求由反映产品性能、过程或服务效能的具体特性来表述,通常不使用其他特性(如描述特性、设计特性等)来表述,以便给技术发展留有最大的自由度。在遵守性能/效能原则时,需注意确保要求中不疏漏对标准化对象的功能产生重要影响的产品性能或过程/服务效能。

性能/效能原则是考虑如何针对特性规定要求时优先考虑的原则。在遵守这一原则时,有可能无法确定恰当的性能/效能特性及特性值,也有可能引入既耗时又复杂且昂贵的证实过程,还有可能无法找到恰当的证实方法。因此,是用性能/效能特性表述要求,还是用其他特性表述要求,需要认真权衡利弊。

4.1.3 可证实性原则

可证实性原则指标准中只规定能够在较短时间内得到证实的要求。遵守可证实性原则意味着针对要求描述对应的证实方法,但这并不意味着这些方法一定要实施。只有在应有关方面要求时才予以实施。

规范标准的要素“要求”中规定的每个要求都需要符合可证实性原则。因此,仅定性地规定要求或规定没有证实方法的定量要求通常都是没有意义的。

4.2 总体要求

起草规范标准时,凡本部分未作具体规定的,应遵守 GB/T 1.1 的有关规定。

5 结构

规范标准的必备要素包括:封面、前言、标准名称、范围、要求和证实方法。规范标准中各个要素的典型编排以及每个要素所允许的表述形式见表 1。

表 1 规范标准中要素的典型编排

要素类型	要素[a] 的编排	要素所允许的表述形式[a]
资料性概述要素	**封面**	**文字**(标示标准的信息)
	目次	文字(自动生成的内容)

表 1(续)

<table>
<tr><th>要素类型</th><th>要素[a] 的编排</th><th>要素所允许的表述形式[a]</th></tr>
<tr><td rowspan="2">资料性概述要素</td><td>***前言***</td><td>**条文**
注
脚注</td></tr>
<tr><td>*引言*</td><td>条文
图
表
注
脚注</td></tr>
<tr><td rowspan="3">规范性一般要素</td><td>**标准名称**</td><td>**文字**</td></tr>
<tr><td>**范围**</td><td>**条文**
图
表
注
脚注</td></tr>
<tr><td>规范性引用文件</td><td>文件清单(规范性引用)
注
脚注</td></tr>
<tr><td>规范性技术要素</td><td>术语和定义
……
要求
证实方法
……
规范性附录</td><td>条文
图
表
注
脚注</td></tr>
<tr><td>资料性补充要素</td><td>*资料性附录*</td><td>*条文*
图
表
注
脚注</td></tr>
<tr><td>规范性技术要素</td><td>规范性附录</td><td>条文
图
表
注
脚注</td></tr>
<tr><td rowspan="2">资料性补充要素</td><td>*参考文献*</td><td>*文件清单(资料性引用)*
脚注</td></tr>
<tr><td>*索引*</td><td>*文字(自动生成的内容)*</td></tr>
<tr><td colspan="3">**注**:表中各个要素的前后顺序即其在标准中所呈现的具体位置。</td></tr>
<tr><td colspan="3">[a] 黑体表示“必备的”;正体表示“规范性的”;斜体表示“资料性的”。</td></tr>
</table>

根据实际需要,规范标准还可包含表 1 之外的其他规范性技术要素,例如,符号、代号和缩略语、分类(或分级)、标准化项目标记等。根据标准的表述需要,表 1 中的要素“要求”和“证实方法”的标题可直

接作为章标题，也可根据具体情况做相应调整，或编排成多个章。

6 要素的编写

6.1 标准名称

6.1.1 规范标准的名称应包含词语“规范”，以表明标准的类型。如果标准中只包含要素“要求”和“证实方法”，或者同时还包含其他方面（例如，符号、代号和缩略语、分类等）但不是所有基本方面，那么词语“规范”通常应置于标准名称的补充要素中（见示例1、示例2）；在编写标准的某个部分的名称时，词语“规范”可置于主体要素中（见示例3）。

示例1：γ辐照装置　设计、建造和使用　规范

示例2：税控收款机　第3部分：税控器规范

示例3：社区能源计量抄收系统规范　第6部分：本地总线

6.1.2 当规范标准中仅包含针对一个或两个标准化目的（参见4.1.1的注）的要求时，宜在标准名称中包含表述标准化目的的词语（见示例1和示例2）。当规范标准中包含了针对三个及以上标准化目的的要求时，宜在标准名称中使用“技术规范”（见示例3），不宜使用“技术条件”。

示例1：γ辐照装置　辐射防护与安全规范

示例2：镍冶炼　安全生产规范

示例3：1 000 kV变电站监控系统　技术规范

6.1.3 对于适用于一类或多种产品的规范标准，标准名称中应包含“通用”“总”等限定词。

示例1：再生橡胶　通用规范

示例2：漏泄电缆无线通信系统　总规范

示例3：无线传声器系统　通用规范

6.1.4 在标准化对象为产品的情况下，如果标准中包含了要素“要求”和“证实方法”在内的所有基本方面，且该标准是有关该产品的惟一标准（而且拟继续保持），那么可用产品名称作为该规范标准的名称。

示例1：饲料添加剂　氯化钠

示例2：墙板自攻螺钉

6.1.5 规范标准的标准名称的英文译名中对应的词语“规范”应译为“specification”。

示例1：Gamma irradiation facilities—Design, construction and use—Specifications

示例2：Fiscal cash register—Part 3: Specification of fiscal processor

示例3：Specification for society energy metering for reading system—Part 6: Local bus

示例4：1 000 kV substation automation system—Technical specification

示例5：Reclaimed rubber—General specification

6.2 范围

范围应对规范标准中的主要技术内容做出提要式的说明，指明规定的要求的种类和证实方法。

范围的典型表述形式为：“本标准（部分）规定了……[产品、过程或服务]的……要求/通用要求，描述了对应的证实方法，……”。表述“要求”时，使用词语“规定”，表述“证实方法”时，使用词语“描述”。

示例1：本标准规定了手持式金属探测器的通用要求，描述了对应的试验方法。

示例2：本标准规定了太阳能供电系统的通用要求，描述了对应的试验方法，给出了太阳能供电系统的组成与分类等内容。

示例3：本标准规定了金融租赁服务中申请、受理、审查、合同签订和履行、租后管理的整个流程的要求，描述了对应的证实方法。

示例4：本标准规定了汽车租赁服务的服务效果、响应性、宜人性等方面的要求，描述了对应的证实方法。

6.3 要求

6.3.1 通用要求

规范标准中的要素“要求”应通过直接或引用的方式规定以下内容：

——保证产品/过程/服务适用性的所有特性；

——特性值；

——适宜时，描述证实方法。

当标准化对象为系统时，规范标准中的要素“要求”应通过直接或引用的方式规定以下内容：

——保证完整的、已安装的系统适用性的所有特性，根据具体情况，还可包括系统各构成要素(或子系统)的特性；

——特性值；

——适宜时，描述证实方法。

根据具体情况，还可包括确立系统的构成要素(或子系统)以及各要素(或子系统)之间的关系的内容。

附录A给出了以产品、过程、服务为标准化对象的规范标准的编写示例，其中A.1的示例1示出了以系统为标准化对象的规范标准的编写。

6.3.2 产品规范标准中的要求

6.3.2.1 只要可能，产品规范标准中表述要求时需遵守性能原则，即由反映产品性能的具体特性及特性值来表述要求，不宜对设计特性、描述特性或相关过程规定要求。

6.3.2.2 产品规范标准通常针对以下类别的产品性能规定要求：使用性能、理化性能、生物学/病理学/毒理学性能、人类工效学性能、环境适应性等。选择各类性能以及确定具体特性可考虑诸如以下内容：

a) 使用性能：优先考虑规定直接反映产品使用性能的特性，例如，洗净率、磨损率、加热效率、功率、噪声、灵敏度、可靠性、药性等(参见A.1的示例2)；在无法规定或找到直接反映产品使用性能的特性时，可使用间接反映使用性能的可靠代用指标。

b) 理化性能：当产品的理化性能对其使用十分重要，或者产品的使用需要用理化性能加以保证时，规定产品的物理、化学和电磁方面的特性，例如，产品的强度、硬度、塑性、黏度、纯度、酸度、耗氧量、磁感应强度、磁辐射(限)等。

c) 生物学/病理学/毒理学性能：当产品的生物学、病理学或毒理学性能对其使用十分重要，或者产品的使用需要用生物学、病理学或毒理学性能加以保证时，规定产品的生物学、病理学或毒理学特性，例如，生长速度、酶活、绝对致死量、半数致死量、最大无作用量等。

d) 人类工效学性能：当人机界面上用户的体验影响产品的使用效果时，规定产品的人机界面以及满足视觉、听觉、味觉、嗅觉、触觉等外观或感官需求的特性，如易读性、易操作性等。

e) 环境适应性：当产品本身对使用的环境条件有适应性要求时，规定产品对温度、湿度、气压、海拔、冲击、振动、辐射等适应的程度，以及产品抗风、抗磁、抗老化、抗腐蚀的性能等。参见A.1的示例2。

6.3.2.3 产品规范标准通常不对产品结构规定要求。然而，在为了便于产品的互换性、兼容性、相互配合或者为了保证安全的情况下，可对产品结构、尺寸等提出要求。规定产品结构尺寸时，宜给出结构尺寸图样，并在图上注明相应尺寸。

6.3.2.4 产品规范标准通常不对材料规定要求。然而，为了保证产品性能和安全，可对材料提出要求或指定产品所用的材料。在对材料规定要求时，如果存在现行适用的相关材料标准，那么应引用这些标准；如果没有适用的标准，那么可在附录中对材料性能做出规定。在指定产品所用的材料时，可规定允许使用性能不低于有关材料标准规定的其他材料。

6.3.2.5 产品规范标准通常不对生产过程、工艺等规定要求。然而,为了保证产品性能和安全,不得不限定生产过程、工艺时,可在附录中做出相关规定。

6.3.3 过程规范标准中的要求

6.3.3.1 只要可能,过程规范标准中表述要求时需遵守效能原则,即由反映过程效能的具体特性及特性值(例如,赞成率、通过率、检出率等,参见 A.2 的示例 1)来表述要求,而不应对履行过程的具体行为作指示。

6.3.3.2 当无法确定反映过程效能的特性,或者当过程效能的实现确需活动内容加以保证时,可对活动内容或与活动内容有关的特性进行规定,例如,实施影响达到预期效果的关键程序、阶段或步骤的持续时间,活动内容构成,特殊情况处理,告知,记录等。参见 A.2 的示例 1。

6.3.3.3 当无法确定反映过程效能的特性,或者当过程运作的控制条件对于达到预期效果十分重要,需要控制条件加以保证时,可规定与过程运作的控制条件有关的特性,例如,温度、湿度、水分、杂质等。参见 A.2 的示例 2。

6.3.3.4 根据实际需要,过程规范标准可在规定要求之前,陈述执行某个过程所经历的程序、阶段或步骤。

6.3.4 服务规范标准中的要求

6.3.4.1 只要可能,服务规范标准中表述要求时需遵守效能原则,即由反映服务效能的具体特性及特性值来表述要求;除非特殊情况(见 6.3.4.5),否则不应对组织机构、人员资质或提供服务所使用的物品、设备等规定要求。

6.3.4.2 服务规范标准应首先选择规定服务提供者与服务对象接触界面的要求。通常,应针对以下类别的服务效能规定要求:服务效果、宜人性、响应性、普适性等。选择各类服务效能以及确定具体特性可考虑诸如以下内容:

a) 服务效果:优先考虑规定反映服务需达到的效果的特性或预期交付给服务对象的服务的特性,例如,满意度、有效投诉率、差错率等。参见 A.3 的示例 1。
b) 宜人性:当服务对象的体验感受对实现服务效果十分重要,或服务效果需要通过限定服务提供者的行为加以保证时,规定服务提供的便利性、舒适性、愉悦性、感受性等方面的特性以及服务行为(包括发生在服务提供之前、服务提供过程中和服务提供之后与服务对象接触界面上的行为)要求,例如,服务人员倾听服务对象需求、按时通知服务对象、使用简洁适用的语言回答服务对象的问题(例如方言、外语等)、服务人员文明用语等。参见 A.3 的示例 2。
c) 响应性:当服务效果需要通过规定响应服务对象需求的能力加以保证时,规定反映帮助服务对象并及时提供服务的特性,例如,服务持续时间、等待时间、反馈意见处理时间、突发问题处理周期、紧急突发情况应对等。参见 A.3 的示例 2。
d) 普适性:当服务的适用范围和程度对于服务效果的实现非常重要时,规定反映照顾和考虑所有服务对象的需求的特性,例如,考虑老年人、残疾人、儿童、孕妇等特殊人群需求等。

6.3.4.3 当无法确定反映服务效能的特性时,或服务效能的实现确需服务内容加以保证时,服务规范标准可规定与服务内容有关的特性,例如,服务内容的构成、辅助服务提供的文件或材料等。

6.3.4.4 当无法确定反映服务效能的特性时,或服务效能的实现确需服务环境加以保证时,服务规范标准可规定与服务环境有关的特性。

6.3.4.5 服务规范标准如果选择不出拟标准化的特性或内容,不得不对机构或人员资质、设备设施等提出要求时,应引用现行适用的相关标准,当没有适用的标准时可在附录中做出适当的规定。

6.3.5 要求的表述

6.3.5.1 规范标准中的要素“要求”都应以要求型条款表述。规范标准中要求型条款的文字表述的典型句式为：

——“特性”按“证实方法”试验“应”符合“特性值”的规定；

——“特性”按“证实方法”试验“应”大于/小于“特性值”；

——按“证实方法”试验，“特性”“应”大于/小于“特性值”；

——“特性”“应”保证/达到“特性值”的规定；

——“谁”“应”“怎么做”。

注：以上句式中，根据具体情况，措辞“试验”可调整为“测定”“测量”等。

示例 1：甲醛含量按 4.5 测定应小于 20 mg/kg。

示例 2：快件的投递时限以发件人签发时间到收件人签收时间为准应少于 24 h。

示例 3：出租汽车经营者接到投诉后应在 24 h 内告知乘客是否受理，并于 10 d 内处理完毕且将处理结果告知乘客。

6.3.5.2 为了确保可证实性，规范标准中不应使用诸如“足够坚固”“适当的强度”“相对完善”等无法证实的表述形式。

6.3.5.3 适宜时，规范标准中的要求型条款可使用表格表述。表格的表头的典型形式为：编号、特性、特性值、证实方法等。其中，证实方法栏通常给出证实方法的章条号或者给出引用的标准编号及章条号。该表格应在正文中使用 6.3.5.1 中的典型句式予以提及。

示例：

编号	特性	特性值	证实方法

6.4 证实方法

6.4.1 概述

规范标准中的证实方法可以是：

a) 测量和试验方法，例如，强度试验、电性能测量方法、泄漏电流测量方法等，参见 A.1 的示例 2；

b) 信息化方法，例如，扫码、网络等；

c) 主观评价等其他证实方法，例如，目测、记录、客户确认/评价等，参见 A.2 的示例 1 和示例 2、A.3 的示例 2。

产品规范标准通常考虑编写 a)中所述的证实方法，过程规范标准和服务规范标准通常考虑编写 b)和 c)中所述的证实方法。

6.4.2 一般要求

6.4.2.1 规范标准针对要素“要求”中的每项要求都应描述对应的证实方法。证实方法在规范标准中可以：

——作为单独的章；

——并入要求中；

——作为标准的规范性附录。

6.4.2.2 证实方法作为单独的章时，应按照与其具有对应关系的“要求”的先后次序编写。

6.4.2.3 编写证实方法时，如果存在现行适用的标准，那么应引用这些标准；如果没有适用的标准，那么可在标准中描述相应的证实方法。

6.4.2.4 如果存在多种适用的证实方法，原则上只描述一种方法。由于某种原因需要列入多种方法时，应指明仲裁方法。

6.4.3 证实方法的内容及编写

6.4.3.1 编写测量和试验方法，应包括用于证实产品、过程或服务是否满足要求以及保证结果再现性的所有条款。通常应包含：

——测量/试验步骤；

——数据处理(包括计算方法、结果的表述)。

综合考虑相关需要等因素，还可增加其他内容，例如，试剂或材料、仪器设备、技术条件、环境条件等。然而，通常不涉及证实方法的原理等内容。测量/试验步骤、数据处理等内容应按照GB/T 20001.4给出的有关规则编写。

6.4.3.2 编写信息化方法以及主观评价等其他证实方法，应描述实施该特定证实方法的主体、实施频率(或持续时间、起始时间、实施时间)以及扫描上传、观察、记录、确认/评价的内容，以及相应的计算方法(根据实际需要)等。

附 录 A
（资料性附录）
规范标准编写示例

本附录以标准文本形式给出示例的目的，在于帮助标准使用者理解 GB/T 20001 的本部分的相关规定。示例仅是为了说明本部分的规定而编写或由其他文件改编，选取的要素及其技术内容不保证是最佳和准确的。

A.1 产品规范标准编写示例

示例 1 示出了以系统为标准化对象的产品规范标准，在确立系统的构成要素及各要素之间关系、规定系统的特性及特性值时的编写方法。其中的第 5 章确立了 1 000 kV 变电站监控系统的构成要素，描述了这些构成要素之间的关系（见 5.1），并进一步描述了该系统的各个构成要素的功能及其构成（见 5.2、5.3 和 5.4）；第 7 章规定了系统整体的性能要求（见 7.1 和 7.2）。

示例 1：

1 000 kV 变电站监控系统　技术规范

……

5 系统结构

5.1 变电站监控系统由站控层、间隔层两部分组成，并用分层、分布、开放式网络系统实现连接。在应用电子互感器、合并单元的情况下，可增加过程层。

5.2 站控层由计算机网络连接的主机、操作员站和工作站等设备构成，提供站内运行的人机联系界面，实现管理控制间隔层设备等功能，并能与调度中心通信。

5.3 间隔层由测控单元、间隔层网络和各种网络、通信接口设备等构成，完成面向单元设备的监测控制等功能。

5.4 过程层面对电气一次设备对象，包括智能开关、智能终端等智能一次及辅助设备。

……

6 系统功能

6.1 数据采集处理

6.1.1 系统应通过测控单元实时采集模拟量、开关量。测控单元以下列方式获取模拟量和开关量：

……

7 性能要求

7.1 系统性能要求

系统性能应符合表 1 规定的要求。

表 1 系统性能要求

序号	技术参数名称	参数
1	模拟量 U、I 测量误差	≤0.2%
……	……	……
5	通信变位传送时间（至站控层）	≤1 s
……	……	……

7.2 电磁兼容性能要求

装置不应通过交直流输入回路外接抗干扰元件来满足有关电磁兼容要求。按表 2 的方法进行试验，装置电磁兼容能力应达到相对应的级别。

表 2 电磁兼容性能要求及试验方法

编号	特性	特性值(级别)	证实方法
1	静电放电抗扰度	四级	GB/T 17626.2
2	射频电磁场辐射抗扰度	三级	GB/T 17626.3
……	……	……	……

……

示例 2 示出了以制成品为标准化对象的产品规范标准,在规定产品的性能特性及特性值、描述试验方法时的编写方法。对于手持式金属探测器,根据性能原则优先规定的是使用性能——探测性能(见 4.1)。探测性能进一步由灵敏度、探测能力、稳定性等特性及特性值来表达,示例中的 5.1 描述了与探测性能相对应的试验方法。除此之外,手持式金属探测器对工作环境的适应能力也是影响其使用的重要因素,示例中的 4.3 规定了环境适应性方面的要求。

示例 2:

手持式金属探测器 通用技术规范

……

4 技术要求

4.1 探测性能

4.1.1 灵敏度范围

按 5.1.1 的方法操作探测器,至少应适合或覆盖一个检测等级。

4.1.2 探测能力

针对每个检测等级,按 5.1.2 的方法试验,应满足表 1 的要求。

表 1 不同检测等级的探测能力要求

<table>
<tr><th rowspan="2">检测等级</th><th colspan="4">应报警</th><th colspan="4">不应报警</th></tr>
<tr><th>检测方式</th><th>测试物</th><th>探测距离</th><th>姿态</th><th>检测方式</th><th>测试物</th><th>探测距离</th><th>姿态</th></tr>
<tr><td>A</td><td rowspan="3">接近、擦过</td><td rowspan="3">T1</td><td>65 mm</td><td rowspan="3">横向</td><td rowspan="3">接近、擦过</td><td rowspan="3">T1</td><td>100 mm</td><td rowspan="3">横向</td></tr>
<tr><td>B</td><td>45 mm</td><td>……</td></tr>
<tr><td>C</td><td>25 mm</td><td>……</td></tr>
</table>

4.1.3 持续工作稳定性

探测器持续工作时间不应短于 40 h,且在持续工作期间不做任何调整的情况下应能够稳定可靠地工作,并应满足 4.1.2 的要求。

……

4.3 环境适应性

4.3.1 工作环境

室内工作型探测器在 5 ℃~40 ℃、最大相对湿度 95%的环境条件下工作,应满足 4.1.2 的要求。

……

5 试验方法

5.1 探测性能试验

5.1.1 灵敏度试验

……

5.1.2 探测能力试验

……

A.2 过程规范标准编写示例

示例1示出了过程规范标准中过程效能、过程的活动内容两方面的要求及对应的证实方法的编写方法。示例中的4.4.3规定了专利处置过程的效能特性。活动内容是影响专利处置过程效能实现的重要因素，示例中的4.1.1、4.1.2、4.1.3、4.4.1、4.4.2规定了专利处置过程中披露活动和会议活动的内容要求，4.1.4、4.4.3描述了对应的证实方法。

示例1：

标准制定的特殊程序　涉及专利的处置规范

……

4　标准制定过程中的专利处置要求

4.1　披露要求

4.1.1　在标准制修订过程中的任何阶段，参与标准制修订的组织或个人应尽早向相关全国专业标准化技术委员会或归口单位披露自身及关联者拥有的必要专利，宜尽早披露其所知悉的他人(方)拥有的必要专利。

4.1.2　在标准制修订过程中的任何阶段，披露必要专利信息时，应按要求填写必要专利信息披露表(见表A.1)并保证所有必填项被100%正确填写。

4.1.3　应将必要专利信息披露表与所有证明材料一并提交至标准归口的全国专业标准化技术委员会或归口单位。提交的证明材料应包括：

——专利证书复印件或扉页，适用于已授权专利；

——专利公开通知书复印件或扉页，适用于已公开但尚未授权的专利申请；

——专利申请号和申请日期，适用于未公开的专利申请。

4.1.4　全国专业标准化技术委员会或归口单位在接收组织或个人提交的必要专利信息披露表与相关证明材料时，检查必要专利信息披露表填写的完整性，所提供的证明材料的齐全性，是否符合4.1.3的要求，并将接收必要专利信息披露表与相关证明材料的时间、接收人、材料检查情况等进行记录，作为标准制定过程工作文件存档。

……

4.4　会议要求

4.4.1　在标准制修订过程中的每次会议期间，会议主持人都应提醒参会者慎重考虑标准草案是否涉及专利，通告标准草案涉及专利的情况和询问参会者是否知悉标准草案涉及的尚未披露的必要专利，并将结果记录在会议纪要中。

4.4.2　在涉及专利的标准审查会上，在标准必要专利方面，委员应审查：

a)　标准制定过程中召开的所有会议的会议纪要中是否记录了4.4.1规定的内容；

b)　标准必要专利信息披露表、证明材料、已披露的专利清单和必要专利实施许可声明表的填写是否完整。

4.4.3　委员对4.4.2 a)和b)存有异议或对标准涉及专利的必要性不赞同，可投反对票。在反对票比率超过25%时，审查结论应为不通过。

……

示例2示出了过程规范标准中过程运作的控制条件方面的要求及对应的证实方法的编写方法。示例中，木材的含水率、胶粘剂的定型温度对于胶合结构组件加工非常重要，因而，5.2、5.4等规定了加工过程中的温度、含水率等要求。示例中的第6章描述了与这些控制条件对应的证实方法。

示例2：

木材及人造板的胶合结构组件加工　规范

……

5　加工过程要求

5.1　胶粘剂的选择

应从胶粘剂厂商获得如下信息：

a)　贮存条件和保存期限；

b)　适用期；

c) 定型和固化时间；

……

应按照厂商关于胶粘剂使用的最佳条件，选择适用的胶粘剂，并应在胶粘剂的适用期内，完成装配。

5.2 组件调节

组件中木材的含水率应在使用中的木材的预期平均值的5%以内，人造板的平衡含水率应低于实木的平衡含水率，并应置于最低温度保持在15 ℃的封闭空间中。

5.3 胶层加压

……

5.4 固化

在固化的整个阶段，装配的组件应保持在胶粘剂厂商建议的定型温度，且不应扭曲和干扰胶层。

……

6 证实方法

6.1 含水率测定试验

木材含水率按照GB/T ×××××—××××中的方法进行测定。

人造板含水率按照GB/T ×××××—××××中的方法进行测定。

……

6.3 生产记录

6.3.1 制造商记录并保持以下日常生产信息：

a) 使用的材料的含水率的范围；

b) 使用的胶粘剂的类型和批号；

c) 使用的材料的温度；

d) 生产区域的温度和湿度；

……

6.3.2 制造商记录并保持以下一般生产信息：

a) 施加和保持胶层压力所采用的方法；

b) 使粘合剂达到所需的定型温度的方法；

……

A.3 服务规范标准编写示例

示例1示出了服务规范标准中服务效果和证实方法的编写方法。对于翻译服务，根据效能原则优先规定的是反映服务效能的特性及特性值——翻译服务的综合差错率(见示例中的4.1)。示例中的5.1描述了与综合差错率对应的证实方法。

示例1：

翻译服务规范 第1部分：笔译

……

4 要求

4.1 综合差错率

译文综合差错率不应超过0.15%。

……

5 证实方法

5.1 综合差错率计算

5.1.1 计算步骤

5.1.1.1 确定译文使用目的

按使用目的，译文分为2类：Ⅰ类作为正式文件、法律文书或出版文稿使用；Ⅱ类作为一般文件和材料使用。根据与服务对象的沟通，确定译文使用目的。

5.1.1.2 **确定综合难度系数**

……

5.1.2 **计算方法**

综合差错率的计算见式(1)：

$$\text{综合差错率} = KC_{\mathrm{A}} \frac{c_{\mathrm{I}} D_{\mathrm{I}} + c_{\mathrm{II}} D_{\mathrm{II}}}{W} \times 100\% \quad \cdots\cdots (1)$$

式中：

K ——综合难度系数，建议取值范围 0.5～1.0；

C_{A} ——译文使用目的系数，建议取值：

Ⅰ类使用目的系数：$C_{\mathrm{A}}=1$；

Ⅱ类使用目的系数：$C_{\mathrm{A}}=0.75$；

W ——合同计字总字符数；

D_{I}、D_{II} ——Ⅰ类、Ⅱ类差错出现的次数，重复性错误按一次计算；

c_{I}、c_{II} ——Ⅰ类、Ⅱ类差错的系数，建议取值如下：

$c_{\mathrm{I}}=3$；

$c_{\mathrm{II}}=1$。

示例2示出了服务规范标准中响应性、宜人性等方面的要求以及证实方法的编写方法。根据热线服务的特点，热线服务效果需要通过规定响应服务对象需求的能力、限定服务提供者的行为等加以保证，因而，示例中的4.2、4.3规定了热线服务的响应性、宜人性等方面的要求。示例中的第5章描述了与响应性、宜人性等方面要求对应的证实方法。

示例2：

热线服务规范

……

4 **要求**

4.1 **通用要求**

4.1.1 **记录要求**

服务人员应在提供服务后的4 h内完成记录工单，工单内容包括但不限于：

——工单编号(信息系统自动生成的除外)；

——服务对象信息，如姓名、地址、联系方式、诉求分类等；

——事项内容，如诉求事项发生的时间、地点、过程、现状、服务对象的要求等；

……

4.2 **响应性**

4.2.1 服务人员应在15 s之内接听热线电话，连续24 h内呼叫接通率应大于或等于95%。

4.2.2 服务人员通过短信及其他媒体接收热线，响应时间不应超过3 min。

4.2.3 服务人员通过邮件接收热线时，响应时间不应超过24 h。

4.2.4 遇到突发应急事件，服务人员应及时上报热线管理人员。

……

4.3 **宜人性**

4.3.1 服务人员提供服务时，应耐心细致地引导服务对象表达诉求。宜使用普通话。

4.3.2 服务人员提供服务时，宜使用推荐的服务用语，见附录A。

……

5 **证实方法**

5.1 **记录**

热线服务提供者归档并管理以下信息：

——已办结事项的工单；

——事项督办情况；

……

5.2 **响应性**

热线服务提供者通过内控信息化系统记录、控制和统计呼叫接听、短信及其他媒体、邮件等的响应时间。

……

5.3 **宜人性**

热线服务提供者录制并保持服务人员与服务对象的通话录音。

……

ICS 01.120
A 00

中华人民共和国国家标准

GB/T 20001.6—2017

标准编写规则　第6部分:规程标准

Rules for drafting standards—Part 6:Code of practice standards

2017-12-29 发布　　　　2018-04-01 实施

中华人民共和国国家质量监督检验检疫总局
中国国家标准化管理委员会　发布

前　言

GB/T 20001《标准编写规则》与GB/T 1《标准化工作导则》、GB/T 20000《标准化工作指南》、GB/T 20002《标准中特定内容的起草》、GB/T 20003《标准制定的特殊程序》和GB/T 20004《团体标准化》共同构成支撑标准制定工作的基础性系列国家标准。

GB/T 20001《标准编写规则》分为如下部分：

——第1部分：术语标准；

——第2部分：符号标准；

——第3部分：分类标准；

——第4部分：试验方法标准；

——第5部分：规范标准；

——第6部分：规程标准；

——第7部分：指南标准；

……

——第10部分：产品标准。

本部分为GB/T 20001的第6部分。

本部分按照GB/T 1.1—2009《标准化工作导则　第1部分：标准的结构和编写》给出的规则起草。

请注意本文件的某些内容可能涉及专利。本文件的发布机构不承担识别这些专利的责任。

本部分由全国标准化原理与方法标准化技术委员会(SAC/TC 286)提出并归口。

本部分起草单位：中国标准化研究院、中国家用电器研究院、机械工业仪器仪表综合技术经济研究所。

本部分主要起草人：杜晓燕、白殿一、王益谊、逄征虎、刘慎斋、李佳、马德军、欧阳劲松、王文利、张宇春。

引　言

标准化活动主要包括制定标准和应用标准，其中制定标准的工作之一是起草高质量的标准文本。为了保证标准化活动的有效性，我国已经建立并不断完善支撑标准制定工作的基础性国家标准体系。在该标准体系中，GB/T 1.1—2009《标准化工作导则　第1部分：标准的结构和编写》是确立普遍适用于起草各类标准通用规则的国家标准。实践中，每个标准都发挥着特定的功能，相同功能的标准的要素构成及其内容表现形式具有一定的相似性。按照功能可以将标准划分为术语、符号、分类、试验方法、规范、规程和指南等类型。在GB/T 1.1规定的总体规则基础上，GB/T 20001针对这些不同类型的标准分别确立起草规则，建立标准起草规则体系。本部分即是这一规则体系中针对规程标准的起草确立的特定规则。

规程标准的标准化对象为过程。对过程进行标准化，典型的做法之一就是在标准中对过程效能提出要求。然而，实践中，有时不能够清晰识别出过程的效能特性及特性值，或者技术上能够识别但由于其他原因致使不能制定过程规范标准。有时已经有现行的相关规范，但有必要为活动的开展规定明确的“程序”。针对这些情况，通常可以考虑规定一系列明确的履行程序的行为指示以及程序的阶段/步骤之间的转换条件/程序最终结束条件。如果有必要判断声称符合这些标准的各种活动是否履行了标准中规定的程序，就要在标准中描述对应的追溯/证实方法。这样形成的标准即是规程标准。规程标准的功能是通过明确具体、可操作、可履行的行为指示的方式对过程/程序进行“规定”，其必备要素包括“程序确立”“程序指示”和“追溯/证实方法”。这三个要素是规程标准区别于其他类型标准的一个显著特征。它们的有机结合使得判定各种活动是否履行了规定的程序成为可能。

目前，我国国家标准中约有400项规程标准，且随着人们对标准的功能的认识不断深入，对这类标准的需求也将不断增加，因而急需对规程标准的起草确立规则。在国外标准组织发布的文件中，已经确立了一些与规程标准有关的起草规则。例如，在《美国试验与材料协会标准的构成及格式》和《英国标准的结构和起草规则》中，均将标准划分为不同的类型，规程标准是其中的一种，并且这两个文件都在一定程度上规定了规程标准的起草规则。

本部分在参考国外标准组织有关规程标准起草规则的基础上，结合我国已有研究和实践，通过从标准的结构、总体原则和要求、技术要素编写以及技术内容表述等方面确立规程标准的起草规则，使我国规程标准的要素及其技术内容的选择和编写有据可依，规定的行为指示可操作、可追溯，从而提高标准本身的起草质量和应用效率，有效发挥这类标准的功能。

标准编写规则　第6部分:规程标准

1　范围

GB/T 20001的本部分确立了起草规程标准的总体原则和要求,规定了规程标准的结构以及标准名称、范围、程序确立、程序指示和追溯/证实方法等必备要素的编写和表述规则。

本部分适用于各层次标准中以过程为标准化对象的规程标准的起草。

2　规范性引用文件

下列文件对于本文件的应用是必不可少的。凡是注日期的引用文件,仅注日期的版本适用于本文件。凡是不注日期的引用文件,其最新版本(包括所有的修改单)适用于本文件。

GB/T 1.1　标准化工作导则　第1部分:标准的结构和编写

GB/T 20000.1　标准化工作指南　第1部分:标准化和相关活动的通用术语

GB/T 20001.4　标准编写规则　第4部分:试验方法标准

3　术语和定义

GB/T 1.1和GB/T 20000.1界定的以及下列术语和定义适用于本文件。

3.1

规程标准　code of practice standard

为活动的过程规定明确的程序以及判定该程序是否得到履行的追溯/证实方法的标准。

注1:过程包括但不限于设计、制造、安装、维护或使用;申请、评定或检验;接待、商洽、签约或交付等。

注2:履行规程标准中由行为指示构成的程序(见6.4)不产生试验结果。

3.2

指示型条款　instruction provision

表达需要履行的行动的条款。

注:指示型条款用祈使句表达。

4　总体原则和要求

4.1　总体原则

4.1.1　可操作性原则

可操作性原则即标准中规定的履行程序的行为指示清晰、明确、具体、容易操作或履行。

可操作性原则意味着只要执行标准中规定的行为指示,并且遵守阶段/步骤之间的转换条件(以下简称转换条件)或程序最终结束条件(以下简称结束条件),就可以顺利地履行完成标准中确立的程序。

规程标准的要素"程序指示"中的规定需要符合可操作性原则。为此,要按照一定的规律对履行程序的行为给予指示,并且对程序中所需的转换条件和结束条件规定明确的要求,以保证阶段/步骤之间的衔接是连贯的,程序的完成是明确的。

4.1.2 可追溯/可证实性原则

可追溯/可证实性原则即标准中规定的程序是否被履行要能够通过溯源材料的提供或有关证实方法得到证明或证实。符合可追溯/可证实性原则意味着标准中需要描述对应的追溯/证实方法，但这并不意味着这些方法都一定要实施。只有应有关方面要求时才予以实施。

规程标准的要素“程序指示”中的规定需要符合可追溯/可证实性原则。因此，含混的行为指示、转换条件或结束条件通常都是没有意义的。

4.2 总体要求

起草规程标准时，凡本部分未作具体规定的，应遵守 GB/T 1.1 的有关规定。

5 结构

规程标准的必备要素包括：封面、前言、标准名称、范围、程序确立、程序指示、追溯/证实方法。规程标准中各个要素的典型编排及每个要素所允许的表述形式见表 1。

表 1 规程标准中要素的典型编排

要素类型	要素[a]的编排	要素所允许的表述形式[a]
资料性概述要素	**封面**	**文字**(*标示标准的信息*)
	目次	文字(*自动生成的内容*)
	前言	**条文** *注* *脚注*
	引言	*条文* *图* *表* *注* *脚注*
规范性一般要素	**标准名称**	**文字**
	范围	**条文** 图 表 *注* *脚注*
	规范性引用文件	文件清单(规范性引用) *注* *脚注*
规范性技术要素	术语和定义 …… **程序确立** **程序指示**[b] **追溯/证实方法**[c] …… 规范性附录	条文 图 表 *注* *脚注*

表 1（续）

要素类型	要素[a] 的编排	要素所允许的表述形式[a]
资料性补充要素	*资料性附录*	*条文* *图* *表* *注* *脚注*
规范性技术要素	规范性附录	条文 图 表 *注* *脚注*
资料性补充要素	*参考文献*	*文件清单(资料性引用)* *脚注*
	索引	*文字(自动生成的内容)*
注：表中各个要素的前后顺序即其在标准中所呈现的具体位置。		
[a] 黑体表示“必备的”；正体表示“规范性的”；斜体表示“资料性的”。 [b] “程序指示”中的指示型条款是声明符合标准时需要满足并且不准许存在偏差的条款。 [c] “追溯/证实方法”中的指示型条款是应有关方面要求时才予以实施的条款。		

根据实际需要，规程标准还可包含表 1 之外的其他规范性技术要素，例如符号、代号和缩略语、分类（或分级）、标准化项目标记等。根据标准的表述需要，表 1 中的要素“程序确立”“程序指示”和“追溯/证实方法”的标题可直接作为章标题，也可根据具体情况做相应调整，或编排成多个章。

6 要素的编写

6.1 标准名称

6.1.1 规程标准的名称应包含词语“规程”，以表明标准的类型。通常，词语“规程”应置于标准名称的补充要素中（见示例 1）。在编写标准的某个部分的名称时，词语“规程”可置于主体要素（见示例 2）中。根据具体情况，可在标准名称中包含程序或阶段的具体名称（见示例 2）。

示例 1：马铃薯脱毒试管苗繁育　规程

示例 2：起重机械　检查与维护规程　第 9 部分：升降机

6.1.2 规程标准的标准名称的英文译名中对应的词语“规程”应译为“code of practice”。

示例 1：In-vitro virus free seed potatoes plantlets breeding—Code of practice

示例 2：Lifting appliances—Code of practice for inspection and maintenance—Part 9：Lifters

6.2 范围

范围应对规程标准中的主要技术内容做出提要式的说明，指明标准中所针对的具体程序的名称，阐明规定了程序中哪些具体阶段/步骤的行为指示（如操作指示、管理指示等）以及转换条件或结束条件，指出所描述的追溯/证实方法。

范围的典型表述形式为：“本标准（部分）确立了……程序，规定了……阶段/步骤的（操作、管理等）指示，以及……阶段/步骤之间的转换条件，描述了……追溯/证实方法。”表述具体程序时，使用词语“确立”;表述行为指示和转换条件时,使用词语“规定”;表述追溯/证实方法时,使用词语“描述”。

示例:本标准确立了马铃薯脱毒试管苗繁育程序,规定了田间选择、类病毒/病毒检测筛选、催苗处理与病毒钝化、茎尖培养、病毒检测、试种观察、基础苗培养、扩繁和壮苗培养等阶段的操作指示,以及上述阶段之间的转换条件,描述了过程记录、标记、试验方法等追溯方法。

6.3 程序确立

6.3.1 要素“程序确立”应按照通常的逻辑次序确立标准中所针对的具体程序的构成(参见附录A示例中的第4章)。

注:根据标准中规定的内容,要素“程序确立”给出的可能是进行某项活动的完整程序,也可能是程序的某个阶段。

6.3.2 根据具体情况,程序可划分为步骤。如果程序内含有的步骤很多,也可先将程序细分为阶段,每个阶段再进一步细分为步骤。

6.3.3 采取以下方式确立标准中所针对的具体程序的构成:

a) 使用陈述型条款;

b) 使用流程图。

如果使用a)方式足以清晰、明确地描述出程序的构成,那么,可仅使用a)方式确立程序。

如果程序很复杂,使用a)方式不足以清晰、明确地描述出程序的构成,那么,可综合运用a)方式和b)方式确立程序。在这种情况下,使用a)方式描述程序构成的陈述型条款的内容宜简练,且a)方式和b)方式所表述的内容不应冲突或矛盾。流程图可包含具有确定含义的符号、简单的说明性文字等。流程图中所使用的符号、符号名称及用途应符合相关领域现行适用的标准(例如,GB/T 1526等)的规定。

6.3.4 当一个阶段/步骤存在多个可供选择的后续阶段/步骤时,应阐明这些后续阶段/步骤各自的适用情形。根据实际需要,还可阐明这些供选择的后续阶段/步骤之间的关系。

6.3.5 根据具体情况,程序确立的内容可并入要素“程序指示”,并位于“程序指示”的起始部分。

6.4 程序指示

6.4.1 要素“程序指示”应包括:

——履行阶段/步骤的行为指示;

——转换条件/结束条件。

根据履行程序的需要,在一个阶段/步骤存在多个可供选择的后续阶段/步骤时,要素“程序指示”应规定针对每个后续阶段/步骤的转换条件,并保证这些转换条件之间是合理、可区分的。

如果要素“程序确立”给出的是程序的某个阶段或者不需要规定转换条件,那么要素“程序指示”应规定结束条件。

6.4.2 行为指示应按照通常的逻辑次序编排,使用指示型条款表述(见示例1)。转换条件和结束条件应使用要求型条款表述。规程标准中要求型条款用文字表述的典型句式为“只准许……”(见示例2)。

示例1:选择出无病斑、虫蛀、机械损伤且性状符合品种特征的幼龄薯。

示例2:只准许经检测不含病毒的块茎或植株直接进入基础苗培养。

6.4.3 “程序指示”应根据“程序确立”的情况设置章或条(参见附录A示例中的第5章)。通常,阶段可以设置成章,步骤设置成条。根据履行阶段/步骤需要进行的操作,规定相应的指示。

6.4.4 行为指示宜以带有编号的列项的形式编排,以便更好地展现先后顺序。

6.4.5 如果在行为指示中可能存在危险,且需要采取专门措施,则应在“程序指示”的开头用黑体字标出警示的内容,并写明专门的防护措施。根据实际需要,可在附录中给出有关安全措施和急救措施的细节。

6.5 追溯/证实方法

6.5.1 概述

规程标准中判定程序是否得到履行的方法可以是:

a）追溯方法，例如，过程（现场）记录/标记、录音、录像等；

b）证实方法，例如，对比、证明文件、测量和试验方法等。

对于行为指示，通常考虑编写a)中所述的追溯方法，对于转换条件、结束条件，通常考虑编写b)中所述的证实方法。

6.5.2 一般要求

6.5.2.1 起草规程标准应遵守可追溯/可证实性原则。针对要素"程序指示"中规定的行为指示应描述在关键节点的对应的追溯方法，针对转换条件、结束条件应描述满足这些条件对应的证实方法。追溯/证实方法在规程标准中可以：

——并入"程序指示"中；

——作为单独的章；

——作为标准的规范性附录。

6.5.2.2 当追溯/证实方法作为单独的章时，应按照与其具有对应关系的行为指示、转换条件、结束条件的先后次序编写。

6.5.2.3 编写追溯/证实方法时，如果存在现行适用的标准，那么应引用这些标准；如果没有适用的标准，那么可在标准中描述相应的追溯/证实方法。

6.5.2.4 如果存在多种适用的追溯/证实方法，原则上只描述一种方法。由于某种原因需要列入多种方法时，应指明仲裁方法。

6.5.3 追溯/证实方法的内容及编写

6.5.3.1 编写测量和试验方法，应包括：

——试验步骤；

——数据处理（包括计算方法、结果的表述）。

综合考虑相关需要等因素，还可增加其他内容，例如，试剂或材料、仪器设备、技术条件、环境条件等。然而，通常不涉及测量和试验方法的原理等内容。试验步骤、数据处理等内容应按照GB/T 20001.4给出的有关规则编写。

6.5.3.2 编写过程（现场）记录/标记、录音、录像、对比、证明文件等追溯/证实方法，应描述实施该特定证实方法的主体、实施频率（或持续时间、起始时间、实施时间）、地点以及记录/标记/录制/对比/证明材料的内容等。

附 录 A
（资料性附录）
规程标准编写示例

本附录以标准文本形式给出示例的目的，在于帮助标准使用者理解 GB/T 20001 的本部分的相关规定。示例仅是为了说明本部分的规定而编写或由其他文件改编，选取的要素及其技术内容不保证是最佳和准确的。

以下示例示出了规程标准的程序确立、程序指示、追溯/证实方法等必备要素的编写方法。示例的第 4 章陈述了马铃薯脱毒试管苗繁育程序的构成，并使用流程图予以展示；第 5 章规定了履行马铃薯脱毒试管苗繁育程序中各阶段/步骤的行为指示（见 5.1.1、5.2.1、5.5.1、5.6.1、5.7.1），以及阶段与阶段之间的转换条件（见 5.1.2、5.2.2、5.2.3、5.5.2、5.6.2）；第 6 章描述了判定程序是否得到履行的追溯方法。

示例：

马铃薯脱毒试管苗繁育　技术规程

……

4　马铃薯脱毒试管苗繁育程序的构成

马铃薯脱毒试管苗繁育程序包括 9 个阶段。其中，茎尖培养阶段细分为 3 个步骤。在第 2 个阶段检测无病毒的情况下，阶段 3、4、5 和 6 可省略。程序流程图如图 1 所示。

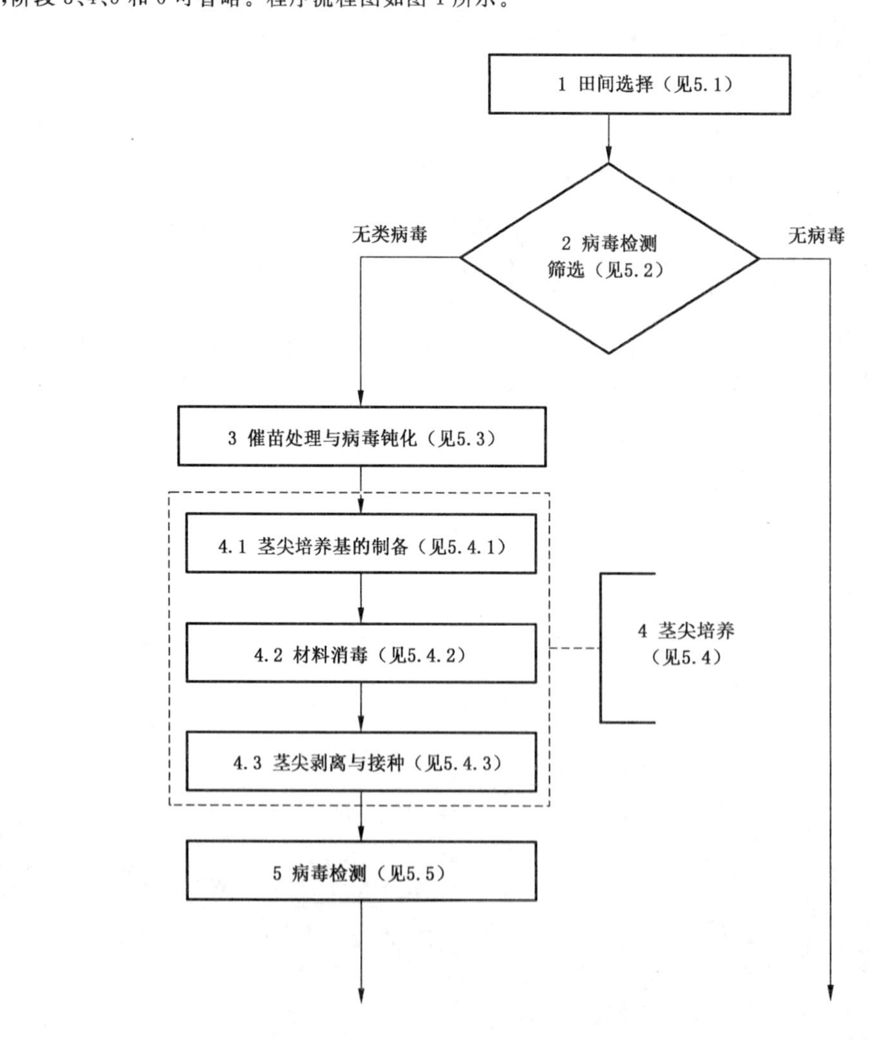

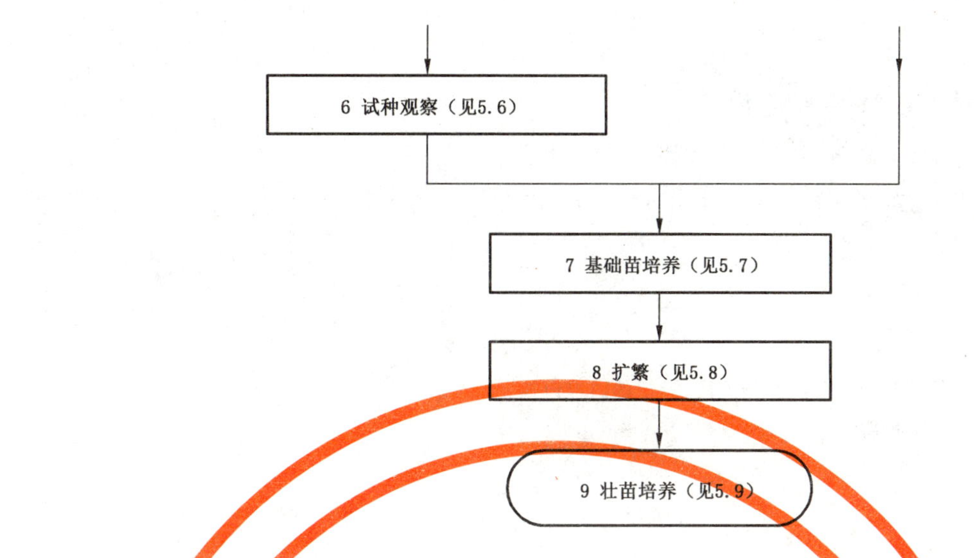

图 1 马铃薯脱毒试管苗繁育程序流程图

5 马铃薯脱毒试管苗繁育

5.1 田间选择

5.1.1 田间选择的操作如下：

a) 于现蕾期至开花期，选择具备原品种典型性状的健康植株，贴上标记。

b) 生育后期到收获期，在已做好标记的植株中选择出无病斑、虫蛀、机械损伤且性状符合品种特征的幼龄薯。

5.1.2 只准许无病斑、虫蛀、机械损伤且性状符合品种特征的幼龄薯进入病毒检测筛选。

5.2 病毒检测筛选

5.2.1 按照 GB/T ×××××—××××的××××方法检测类病毒(PSTVd)。

5.2.2 只准许经检测不含类病毒(PSTVd)的块茎或植株进入催苗处理与病毒钝化。

5.2.3 只准许经检测不含病毒的块茎或植株进入基础苗培养。

5.3 催苗处理与病毒钝化

……

5.4 茎尖培养

5.4.1 茎尖培养基的制备

……

5.4.2 材料消毒

……

5.4.3 茎尖剥离与接种

……

5.5 病毒检测

5.5.1 病毒检测的操作如下：

a) 将试管苗植株下部 1/3～1/2 的茎段装入病毒检测的样品袋中。

b) 按照 GB/T ×××××—××××的××××方法检测。

5.5.2 只准许经检测不含 PVX、PVY、PVS 病毒的试管苗进入试种观察。

5.6 试种观察

5.6.1 试种观察的操作如下：

a) 将经检测不带病毒的试管苗取出一部分移栽到防虫网棚，等待结薯。

b) 将结出的小薯种植到田间。

c) 观察田间种植的小薯，检验其是否发生变异。

5.6.2 只准许符合原品种典型性状的核心苗进入基础苗培养。

5.7 基础苗培养

5.7.1 基础苗培养的操作如下：

a) 在超净工作台上，对核心苗进行切段。

……

5.8 扩繁

……

5.9 壮苗培养

……

6 追溯方法

6.1 标记方法

在马铃薯脱毒试管苗繁育的田间选择阶段，标记的内容包括：

- 做标记时植株的性状；
- 标记的编号；
- 做标记的人员姓名；
- 标记时间；
- 其他。

6.2 过程记录

在执行第 5 章所规定的各个阶段的程序指示过程中，记录并保持以下内容：

- 执行各个阶段程序指示的人员姓名；
- 时间；
- 地点；
- 执行的具体操作内容；
- 操作的结果或观察到的现象；
- 其他。

……

ICS 01.120
A 00

中华人民共和国国家标准

GB/T 20001.7—2017

标准编写规则　第7部分：指南标准

Rules for drafting standards—Part 7：Guide standards

2017-12-29 发布　　　　2018-04-01 实施

中华人民共和国国家质量监督检验检疫总局
中国国家标准化管理委员会　发布

前　言

GB/T 20001《标准编写规则》与 GB/T 1《标准化工作导则》、GB/T 20000《标准化工作指南》、GB/T 20002《标准中特定内容的起草》、GB/T 20003《标准制定的特殊程序》和 GB/T 20004《团体标准化》共同构成支撑标准制定工作的基础性系列国家标准。

GB/T 20001《标准编写规则》分为如下部分：

——第1部分：术语标准；

——第2部分：符号标准；

——第3部分：分类标准；

——第4部分：试验方法标准；

——第5部分：规范标准；

——第6部分：规程标准；

——第7部分：指南标准；

……

——第10部分：产品标准。

本部分为 GB/T 20001 的第7部分。

本部分按照 GB/T 1.1—2009《标准化工作导则　第1部分：标准的结构和编写》给出的规则起草。

请注意本文件的某些内容可能涉及专利。本文件的发布机构不承担识别这些专利的责任。

本部分由全国标准化原理与方法标准化技术委员会(SAC/TC 286)提出并归口。

本部分起草单位：中国标准化研究院、机械工业仪器仪表综合技术经济研究所、机械科学研究总院。

本部分主要起草人：王益谊、白殿一、李佳、刘慎斋、逄征虎、杜晓燕、张宇春、欧阳劲松、王文利、强毅。

引　言

标准化活动主要包括制定标准和应用标准，其中制定标准的工作之一是起草高质量的标准文本。为了保证标准化活动的有效性，我国已经建立并不断完善支撑标准制定工作的基础性国家标准体系。在该标准体系中，GB/T 1.1—2009《标准化工作导则　第1部分：标准的结构和编写》是确立普遍适用于起草各类标准通用规则的国家标准。实践中，每个标准都发挥着特定的功能，相同功能的标准的要素构成及其内容表现形式具有一定的相似性。按照功能可以将标准划分为术语、符号、分类、试验方法、规范、规程和指南等类型。在GB/T 1.1规定的总体规则基础上，GB/T 20001针对这些不同类型的标准分别确立起草规则，建立标准起草规则体系。本部分即是这一规则体系中针对指南标准的起草确立的特定规则。

在对某些宏观、复杂、新兴的主题进行标准化时，为了加强对主题的认识、揭示其发展规律，需要提供方向性的指导、具体的建议或给出有参考价值的信息，这比规定关于主题的具体特性、规定活动开展的具体程序或描述具体的检测方法更能满足实际需求。在这种情况下就需要编制指南标准。指南标准的功能是提供普遍性、原则性、方向性的指导，或者同时给出相关建议或信息，其必备要素是"需考虑的因素"，这也是指南标准区别于其他类型标准的一个显著特征。指南标准能够帮助标准使用者起草相关标准（通常为方法标准、规范标准和规程标准等）或技术文件，或者形成与该主题有关的技术解决方案。

目前，我国国家标准中有500余项指南标准。随着人们对标准的功能的认识不断深入，对这类标准的需求也将不断增加，因而急需对指南标准的起草确立规则。在国外标准组织发布的文件中，已经确立了一些与指南标准有关的起草规则。例如，在《美国试验与材料协会标准的构成及格式》和《英国标准的结构和起草规则》中，均将标准划分为不同的类型，指南标准是其中的一种，并且这两个文件都在一定程度上规定了指南标准的起草规则。

本部分在参考国际国外标准组织有关指南标准起草规则的基础上，结合我国已有研究和实践，通过从标准的结构、总体原则和要求、技术要素编写以及技术内容表述等方面确立指南标准的起草规则，使我国指南标准的要素及其技术内容的编写有据可依，提供的指导方向明确，从而提高标准本身的起草质量和应用效率，有效发挥这类标准的功能。

标准编写规则　第7部分:指南标准

1　范围

GB/T 20001 的本部分确立了起草指南标准的总体原则和要求,规定了指南标准的结构以及标准名称、范围、总则、需考虑的因素和附录等要素的编写和表述规则。

本部分适用于各层次标准中以产品、过程、服务或系统为标准化对象的指南标准的起草。

本部分不适用于提供指南的管理体系标准的起草。

2　规范性引用文件

下列文件对于本文件的应用是必不可少的。凡是注日期的引用文件,仅注日期的版本适用于本文件。凡是不注日期的引用文件,其最新版本(包括所有的修改单)适用于本文件。

GB/T 1.1　标准化工作导则　第1部分:标准的结构和编写

GB/T 20000.1　标准化工作指南　第1部分:标准化和相关活动的通用术语

3　术语和定义

GB/T 1.1 和 GB/T 20000.1 界定的以及下列术语和定义适用于本文件。

3.1

指南标准　guide standard

以适当的背景知识提供某主题的普遍性、原则性、方向性的指导,或者同时给出相关建议或信息的标准。

注:改写 GB/T 20000.1—2014,定义 7.8。

4　总体原则与要求

4.1　指导方向明确原则

指南标准中的指导是不可缺少的技术内容。通常,要素"总则"中的指导是编写要素"需考虑的因素"需要依据的总框架,要素"需考虑的因素"中的指导是为标准使用者提供更具体明确的引导。在提供指导的同时,通常会给出相关信息(适当时包括背景信息),必要时还会提供相关建议。

指南标准的技术内容需要构成明确的指导方向,从而能够帮助标准使用者起草涉及相关主题的标准(通常为方法标准、规范标准和规程标准等)或技术文件,或者形成与该主题有关的技术解决方案,进而实现指南标准所要达到的目的。如果无法形成清楚、准确,且具有明确方向性的技术内容,那么意味着起草指南标准的基本条件还未成熟。

4.2　总体要求

起草指南标准时,凡本部分未作具体规定的,应遵守 GB/T 1.1 的有关规定。

5 结构

指南标准的必备要素包括:封面、前言、标准名称、范围、需考虑的因素。指南标准中各类要素的典型编排以及每个要素所允许的表述形式见表1。

表1 指南标准中要素的典型编排

<table>
<tr><th>要素类型</th><th>要素[a]的编排</th><th>要素所允许的表述形式[a]</th></tr>
<tr><td rowspan="4">资料性概述要素</td><td>封面</td><td>文字(标示标准的信息)</td></tr>
<tr><td>目次</td><td>文字(自动生成的内容)</td></tr>
<tr><td>前言</td><td>条文
注
脚注</td></tr>
<tr><td>引言</td><td>条文
图
表
注
脚注</td></tr>
<tr><td rowspan="3">规范性一般要素</td><td>标准名称</td><td>文字</td></tr>
<tr><td>范围</td><td>条文
图
表
注
脚注</td></tr>
<tr><td>规范性引用文件</td><td>文件清单(规范性引用)
注
脚注</td></tr>
<tr><td>规范性技术要素</td><td>术语和定义
总则
……
需考虑的因素
……
规范性附录</td><td>条文
图
表
注
脚注</td></tr>
<tr><td>资料性补充要素</td><td>资料性附录</td><td>条文
图
表
注
脚注</td></tr>
</table>

表 1（续）

要素类型	要素[a] 的编排	要素所允许的表述形式[a]
规范性技术要素	规范性附录	条文 图 表 注 脚注
资料性补充要素	*参考文献*	*文件清单(资料性引用)* *脚注*
	索引	*文字(自动生成的内容)*
注：表中各类要素的前后顺序即其在标准中所呈现的具体位置。		
[a] 黑体表示“必备的”；正体表示“规范性的”；斜体表示“资料性的”。		

指南标准宜设置“总则”，如需要还可包含表 1 之外的其他规范性技术要素，例如，符号、代号和缩略语、分类(或分级)等。根据标准的表述需要，表 1 中列出的要素“总则”和“需考虑的因素”可直接作为章标题，也可根据具体情况做相应调整，或编排成多个章。

6 要素的编写

6.1 标准名称

6.1.1 指南标准的标准名称应包含词语“指南”，以表明标准的类型。通常，词语“指南”应置于标准名称的补充要素中(见示例 1 和示例 2)。在编写标准的某个部分的名称时，词语“指南”可置于主体要素中(见示例 3 和示例 4)。

示例 1：建筑用绝热材料　性能选定指南

示例 2：团体标准化　第 1 部分：良好行为指南

示例 3：社区服务指南　第 1 部分：总则

示例 4：振动发生器　选择指南　第 1 部分：环境试验设备

6.1.2 指南标准的英文译名中对应的汉语“指南”应译为“guidance”“guidelines”或“guide”。

示例 1：Environment tests for electric and electronic products—**Guidance for** damp heat tests

示例 2：Arc-welded joints in steel—**Guidance on** quality levels for imperfections

示例 3：Plastics—Methods of exposure to laboratory light sources—Part 1：General **guidance**

示例 4：Graphical symbols—Technical **guidelines for** the consideration of consumers' needs

示例 5：Building environment design—**Guidelines to** assess energy efficiency of new buildings

示例 6：Project risk management—Application **guidelines**

示例 7：Electromechanical equipment **guide for** small hydroelectric installations

示例 8：Apricots—**Guide to** cold storages

6.2 范围

范围应对不同类别(见 6.4.1)指南标准中的主要技术内容做出提要式的说明，指明涉及了哪些“需考虑的因素”，指出包含哪方面指导，如果还有建议或信息，也应予以指出。

范围的典型表述形式为：“本标准(部分)提供/给出了……[某主题]的……指导/建议/信息，……”。

表述指导和建议时，使用词语“提供”；表述信息时，使用词语“给出”。

指明不同类别指南标准中涉及的哪些“需考虑的因素”时，宜根据具体情况选择恰当的、惯用的名称或措辞。

示例1：本标准提供了硫化橡胶或热塑性橡胶进行磨耗试验时涉及的磨耗原理、磨耗试验类型、摩擦材料、试验条件、磨耗试验机以及试验步骤等方面的指导。

示例2：本标准提供了自驾游目的地配套设施建设的指导，以及道路交通、停车场、露营地以及汽车停车站/点等方面的建议，并给出了相关信息。

示例3：本部分提供了预防与降低谷物中真菌毒素污染操作程序的指导和建议，给出了谷物种植、收获前、收获、储藏和运输等阶段中与需考虑要点有关的信息。

6.3 总则

总则是对某主题的总体认识和把握，是经提炼总结形成的具有普适性的指导原则。根据具体情况，“总则”的标题还可为“总体原则”“总体考虑”“基本原则”等。如果指南标准设置了“总则”，那么应在“总则”的基础上编写“需考虑的因素”的内容。

“总则”与“需考虑的因素”之间对应关系的具体示例参见附录A中的A.1。

6.4 需考虑的因素

6.4.1 通则

“需考虑的因素”是指南标准的核心技术内容。根据具体情况，其标题还可为“需考虑的内容”“需考虑的要点”等。

指南标准一般可分为但不限于试验方法类、特性类和程序类等类别。指南标准类别的不同、所涉及主题的不同，“需考虑的因素”的具体结构和内容也会不同。

6.4.2 试验方法类指南标准

如果对于某项试验方法的原理、条件和步骤等还不明确，那么可通过起草试验方法类指南标准，提供针对现有试验技术认识的指导、建议或信息，也可指导标准使用者形成相关的试验方法标准、技术文件，或者形成与试验方法有关的技术解决方案。

试验方法类指南标准中要素“需考虑的因素”根据所涉及的主题选择和确定，一般包括试验原理、试剂或材料、试验条件、仪器设备、试验步骤、试验数据处理以及试验报告等。在“需考虑的因素”中，可提供方法性质、选择原则和需考虑的要点等，从而提供指导或在指导的基础上提供建议；也可针对具体“需考虑的因素”推荐系列选择以及选择的原则，供标准使用者选取。

这类指南标准中不应包括具体的原理、条件和步骤。

试验方法类指南标准“需考虑的因素”的具体示例参见A.2.1。

6.4.3 特性类指南标准

为了促进某些新兴或复杂的领域、系统的持续发展，有必要在发展初期就建立适用的规则。然而考虑到与所针对主题的功能直接相关的技术特性或特性值还不明确，可通过起草特性类指南标准，提供针对特性选择、特性值选取的指导、建议或信息，也可指导标准使用者形成相关的规范标准、技术文件，或者形成与特性有关的技术解决方案。

特性类指南标准中要素“需考虑的因素”的具体结构和内容与所涉及的主题有关，根据具体情况可考虑“特性选择”“特性值选取”两个方面。在“需考虑的因素”中，可提供选择特性或特性值的要素框架、确定原则和需要考虑的要点等，从而提供方向性的指导或在指导的基础上提供建议；也可针对特性值推荐供选择的系列数据，或一定范围的数据，供标准使用者选取；还可给出大量的具有技术内容的资料、文件、发展模式案例等信息，供标准使用者在特性选择、特性值选取时参考。

这类指南标准中不应规定要求，也不应描述证实方法。

特性类指南标准“需考虑的因素”的具体示例参见 A.2.2。

6.4.4 程序类指南标准

针对特定过程，若其活动的程序或程序指示还不明确，则可通过起草程序类指南标准，提供针对程序确立、程序指示的指导、建议或信息，也可指导标准使用者形成相关的规程标准、技术文件，或者形成与程序有关的技术解决方案。

程序类指南标准中要素“需考虑的因素”的具体结构和内容应能够表明该活动的规律，根据具体情况可考虑“程序确立”“程序指示”两个方面。在“需考虑的因素”中，可提供指导程序确立或程序指示的原则、方法和需要考虑的要点等，从而提供指导或在指导的基础上提供建议；也可针对程序指示推荐供选择的系列行为指示、转换条件/结束条件，并给出选择的原则，供标准使用者选取。

这类指南标准中不应规定具体的履行程序的指示和条件，也不应描述证实方法。

程序类指南标准“需考虑的因素”的具体示例参见 A.2.3。

6.5 附录

指南标准附录中可包含资料、文件、详细信息的图表和案例以及具体的建议等技术内容。通常，推荐型内容形成规范性附录，其他内容则形成资料性附录。

7 要素的表述

7.1 指南标准通常包含指导、建议或信息等。在表述上，指导宜使用推荐型条款或陈述型条款，建议应使用推荐型条款，信息应使用陈述型条款。指南标准中不应含有要求型条款，不应含有“要求”“总体要求”“一般要求”“规定”等措辞。如果需要强调，可以使用“……是至关重要的”“……是十分必要的”“……是……重要因素”“最重要的是……”等表述形式。

注：推荐型条款表述指导时通常涉及方向性、原则性的内容；表述建议时通常涉及较具体的内容。

7.2 提供指导时，通常在“总则”中予以表述，其他具体的指导宜表述在“需考虑的因素”中相关章或条的起始部分。

7.3 提供建议时，宜在指导的基础上给出具体内容，表述在“需考虑的因素”中。

7.4 给出信息时，宜将相关内容表述在“需考虑的因素”中。

附　录　A
（资料性附录）
总则与需考虑的因素示例

本附录以标准文本形式给出示例的目的，在于帮助标准使用者理解GB/T 20001本部分的相关规定。示例仅是为了说明本部分的规定而编写或由其他文件改编，选取的要素及其技术内容不保证是最佳和准确的。

A.1　总则示例

以下给出了指南标准中“总则”与“需考虑的因素”之间对应关系的具体示例，此示例属于程序类指南标准。

示例中，第4章给出了“总则”，第6章给出了“需考虑的因素”。从示例中可以看出，“需考虑的因素”中所有内容都符合对应的“总则”，比如：6.2中“团体宜在全体成员范围内通报团体标准制修订项目计划”和“团体宜通过合适的渠道向社会公布团体标准制修订项目计划”都符合4.3给出的透明原则。

示例：

团体标准化　第1部分：良好行为指南

……

4　总则

4.1　开放

团体开展标准化活动宜向全体成员开放，反映成员需求，并确保成员能够有机会参与标准化活动。

4.2　公平

团体开展标准化活动宜确保成员享有与成员身份相对应的权利，并承担相应的义务。

4.3　透明

团体开展标准化活动宜通过适当的渠道向全体成员提供团体的标准化组织机构、运行机制、决策规则、标准制定程序及标准化工作进展等方面的信息，团体可通过公开的渠道向社会公布与团体标准化活动有关的信息。

……

6　团体标准制定程序

6.1　提案

……

6.2　立项

立项阶段的主要工作是管理协调机构对团体标准项目建议书的必要性、可行性等进行审查，审查通过后形成团体标准制修订项目计划。团体宜在全体成员范围内通报团体标准制修订项目计划，以便成员参与标准编制工作或发表意见。团体宜通过合适的渠道向社会公布团体标准制修订项目计划。

6.3　起草

……

A.2　需考虑的因素示例

A.2.1　试验方法类指南标准

以下给出了试验方法类指南标准中“需考虑的因素”具体示例。

示例中，第4章至第10章针对硫化橡胶或热塑性橡胶磨耗试验给出了“需考虑的因素”。其中，第

6章中“选择摩擦材料首先宜考虑……”提供了摩擦材料的选择原则;第7章针对所选择的试验条件“温度”给出了需考虑的要点:滑动程度与速度、接触压力、连续或间断接触、润滑剂和污染物等,并对这些要点进行定性而非定量的描述,比如7.2中的表述内容并没有给出滑动程度与速度对摩擦表面温度影响的具体范围,只是给出了相关信息;第10章中“选择试验步骤和试验条件的主要目的……才可能获得良好的相关性”、“通常试验步骤宜符合……”分别对试验步骤的操作提供了指导和建议。需要注意的是,该示例并未包括具体的原理、条件及步骤。

示例:

硫化橡胶或热塑性橡胶　磨耗试验指南

……

4　磨耗原理

橡胶在运动中与另一种材料接触而产生的磨耗原理是复杂的,但产生磨耗的主要因素是切割和疲劳。磨耗原理可以通过多种方式分类,而通常按以下方法区分:

……

5　磨耗试验类型

磨耗试验主要分为两大类型:一种采用松散的摩擦材料,另一种采用致密的摩擦材料。

……

6　摩擦材料

选择摩擦材料首先宜考虑与实际使用条件保持最好的相关性,也宜考虑摩擦材料的使用方便性。

……

7　试验条件

7.1　温度

尽管温度对磨耗速率有非常大的影响,并且是影响实验室测试和实际使用条件相关性的重要因素之一,但在试验过程中控制温度是非常困难的。磨耗试验通常在标准实验室温度下进行。然而,由于摩擦表面的温度比环境温度更重要,摩擦表面温度的高低取决于如滑动程度与速度、接触压力、连续或间断接触、润滑剂和污染物等试验因素。

7.2　滑动程度与速度

在带有一个固定的摩擦材料的磨耗结构中,摩擦材料与试样之间存在相对运动或滑动,其滑动程度是确定摩擦表面温度的主要因素……滑动速度取决于从动构件的运转速度,滑动速度的增加也将产生大量的热,从而导致摩擦表面温度上升。

……

10　试验步骤

选择试验步骤和试验条件的主要目的是为了获得与实际使用条件的相关性。只有在摩擦材料和试验条件可再现实际使用条件,尤其是再现实际的磨耗原理时,才可能获得良好的相关性。如果具体的使用条件不好确定时,建议选用一系列范围内的摩擦材料和试验条件进行试验。

……

通常试验步骤宜符合特定的试验方法标准或仪器制造商的使用说明。GB/T 2941中规定了试样条件、试样尺寸和试样制备的要求,宜按规定执行。

……

A.2.2　特性类指南标准

以下给出了特性类指南标准中“需考虑的因素”具体示例。

示例1中,第4章给出了起草标准时考虑老年人和残疾人需求的“总则”。第7章为在标准中考虑老年人和残疾人需求时的特性选择,提供了要素框架(7.2中各表格所包含的“需考虑的因素”)以及确定原则(7.3中针对不同标准确定了合适的“需考虑的因素”)。第8章的章标题即“需考虑的因素”,8.2~8.5为具体的“需考虑的因素”。其中,8.2中“如果可行,声音信号宜……”为听觉信息可选方式提供了建议;8.3 中"位置合理"、"扶手坚固"给出了在使人对使用环境更有安全感时,建筑物设计所考虑的要点;8.4 中"合适的照明能够确保……"为考虑照明和炫光时提供了指导。第 9 章针对每一项人的能力进行了描述,并对其受到的年老的影响、设计时的注意事项以及风险和危险等都进行了详细的解释,给出了大量的信息,为在标准中考虑老年人和残疾人的需求时的特性选择提供了指导。该示例没有规定定量的要求,也没有描述证实方法。

示例 1:

标准中特定内容的起草　第 2 部分:考虑老年人和残疾人需求的指南

……

4　总则

4.1　使产品、服务和环境满足老年人和残疾人的需求不仅是人道主义的要求,还会带来巨大的经济效益,最明显的是增加潜在客户。如果产品和服务适用于残疾人,那么其他人就可以更便捷、更容易地使用这些产品和服务。当人们有暂时性困难,如眼镜丢失、腿脚骨折、携带婴儿车或大件行李包旅行时,这种功能尤其有用。

……

7　确保标准包含无障碍设计规定需考虑的因素表

7.1　简介

表 2 至表 8 给出了帮助标准制定者确定影响不同程度残疾人使用产品、服务或环境的诸因素的信息。宜注意产品的个人使用者可能有多方面的能力损伤,所以制定标准时宜考虑所有残疾人的需求。

……

7.2　表格的内容

每个表格都确定了标准中需考虑的因素,其中:

表 2:信息——标签、使用说明和警示

表 3:包装——开启、关闭、使用和处置

……

7.3　表格的使用

建议标准制定者在使用表格之前,首先考虑哪些表格与他们起草的标准相关,即,标准制定者希望标准中包含哪些方面的条款。例如:

电子产品相关标准可以具有信息、包装、材料、安装、用户界面与维护方面的条款,因此表 2 至表 7 是制定电子产品相关标准时宜采用的表格。

……

8　需考虑的因素

8.1　概要

本章宜与表 2 至表 8 和第 9 章中对能力的更完整描述一同使用,这些条款详细地介绍了帮助或阻碍老年人和残疾人的产品、服务和环境的特征。

……

8.2　听觉信息的可选方式

如果可行,声音信号宜由可视或其他器官模拟产品支持,为那些有听觉障碍的人提供方便(如用书面、图形符号、振动或手语进行交流)。特别是听觉警告(如火灾警报)宜启动视觉模拟,如闪烁的灯光就是很好、很清楚的指示。

……

8.3　信息和控制装置的位置和布局及手柄的定位

建筑物的设计可结合简单的方法,使人对使用环境更有安全感,如位置合理、扶手坚固等。易于够到的控制装置和门把手,便于那些在灵敏性、操作、移动或力量方面有障碍的人使用。

……

8.4　照明和眩光

合适的照明能够确保视力有障碍的人员更好地看清楚说明和控制装置。这方面也宜为听力障碍的人士考虑,帮助他们清楚地唇读或看清手语交流。

……

8.5 **颜色和对比度**

颜色如何组合最好，主要取决于信息传达的目的(无论用于指导还是用于危险警示)，以及最便于阅读信息的照明条件。如，在黄色或浅灰色背景上配黑色是普通的搭配，它能保证很高的清晰度又不会很刺眼；淡青色背景上加淡青色阴影或浅灰色背景上写红色的字或符号，就很难看清，宜避免使用。

……

9 **人的能力及损伤后果的详细解释**

……

9.2 **听力**

9.2.1 **描述**

听力功能用来感受声音的存在，并识别声音的位置、语速、声音的大小、质量及对声音的理解等。听力损伤的范围从轻微下降到重度失聪等。

9.2.2 **年老的影响**

大多数有听力障碍的人都是年龄较大的人，他们更容易丧失分辨高频声音的能力。很多老年人都使用助听器。

9.2.3 **设计时的注意事项**

无论使用或不使用助听器，任何声音的音量、频率或清晰度非常重要。先天失聪的人在理解书面和口头语言方面可能会有一些困难。

9.2.4 **风险和危险**

如果口头宣布和警告的声音不够大，或者对他人来说不容易理解，或者频率太高而听不到，听力损伤的人遇到的危险都有可能提高。

9.3 **视觉**

……

示例2中，第4章给出了自驾游目的地配套设施建设的“总体原则”。在此总体原则的指导下，示例中的第5章至第8章给出了道路交通、停车场、露营地、汽车维修站/点等方面“需考虑的因素”。示例中的6.1对停车场的建设提供了原则性的指导；6.2和6.3对停车场的特性选择提供了建议。该示例没有规定具体的特性值，也没有描述证实方法。

示例2：

自驾游目的地配套设施　建设指南

……

4 **总体原则**

良好畅通的通往自驾游目的地的道路，完善的车辆停泊、补给设施，以及充足的辅助服务设施，对于自驾游目的地配套设施建设是至关重要的。

……

5 **道路交通**

5.1 有高速公路、国道或省道可以直达自驾游目的地，或者交通道路可通行大型自驾游车队或房车。

5.2 宜有景观公路通往自驾游目的地，路边主要风景点宜设置可停车的观景区域。

5.3 根据需要(如远离城镇，但自驾车游客有短暂休息的需求)在自驾游线路沿途合理设置自驾车驿站。

……

6 **停车场**

6.1 纳入自驾游目的地的休闲旅游区、经营场所需要重点考虑的配套设施之一是满足自驾游需要的停车场。

6.2 停车场宜设有适合自驾游的旅游大客车、房车和客车分区停泊的区域，并配备房车水电补给设施，以便合理满足自驾游车辆的需求。

6.3 宜考虑建立生态停车场，并提供清洁能源补给的设施或服务。

……

> **7 露营地**
>
> 7.1 建成与自驾游相适应的露营地，尽可能含有帐篷营地、木屋营地、房车营地、青少年营地等多种类型的露营地。
>
> 7.2 露营地宜设置住宿区、露营区、儿童游乐区、户外运动区、服务保障区、停车场等特色功能区。
>
> ……
>
> **8 汽车维修站/点**
>
> 8.1 充分考虑自驾游的需要规划汽车维修站/点的类型、数量和布局。
>
> 8.2 在汽车维修期间，维修站/点宜为自驾车游客提供换车服务。
>
> ……

A.2.3 程序类指南标准

以下给出了程序类指南标准中“需考虑的因素”的具体示例。

示例中，第 3 章至第 7 章给出了预防与降低谷物中真菌毒素污染操作各阶段“需考虑的因素”。其中，第 3 章中“宜尽量将散落在田间的陈谷穗、谷壳、秸秆和其他残体……”针对种植前的操作提供了建议；第 4 章中“在谷物种植时，考虑建立和维持谷物轮作制度……”给出了谷物种植时的操作原则，提供了指导；第 5 章中“收获前，宜使用……”对收获前谷物真菌污染的预防，提供了建议。此示例并没有规定一步步具体的程序指示和条件，也未描述证实方法。

示例：

> **预防与降低谷物中真菌毒素污染操作指南**
>
> ……
>
> **3 种植前**
>
> 谷物种植前，宜尽量将散落在田间的陈谷穗、谷壳、秸秆和其他残体犁到地下或清除掉，避免这些残留物可能成为产毒真菌的生长的基质。
>
> ……
>
> **4 种植**
>
> 在谷物种植时，考虑建立和维持谷物轮作制度。一般情况下，避免连续两年在同一农田种植同一谷物，或轮种对同一真菌寄主敏感的不同谷物，以减少田间的感染。
>
> ……
>
> **5 收获前**
>
> 收获前，宜使用微生物标准检测方法检测样品中的真菌感染情况，对谷物上真菌毒素污染的预防，如玉米赤霉烯酮和单端孢霉烯族化合物，宜在扬花期就建立谷穗上镰刀菌感染情况的监测，并宜对收获前代表性样品中真菌毒素的含量进行检测。
>
> ……
>
> **6 收获期**
>
> 收获时，尽可能避免谷物受到机械损伤，且不宜与土壤接触。
>
> 收获完成后，宜采取措施将田间被侵染的谷穗、谷壳、秸秆和其他残体收集起来并尽可能防止散布，以免真菌孢子侵染后种植的谷物。
>
> ……
>
> **7 储存**
>
> 谷物储存设施宜完好，包括具有良好的干燥和通风设施。这些储存设施宜能防雨、防地下水渗漏以及防止啮齿类动物和鸟类进入，并能减少大气温湿度的影响。
>
> ……

ICS 01.120
A 00

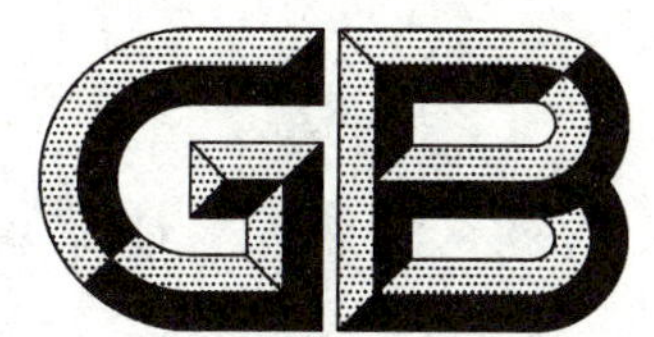

中华人民共和国国家标准

GB/T 20001.10—2014

标准编写规则 第10部分:产品标准

Rules for drafting standards—
Part 10: Product standards

2014-12-31 发布 2015-06-01 实施

中华人民共和国国家质量监督检验检疫总局
中国国家标准化管理委员会 发布

前　言

GB/T 20001《标准编写规则》、GB/T 1《标准化工作导则》、GB/T 20000《标准化工作指南》、GB/T 20002《标准中特定内容的起草》和GB/T 20003《标准制定的特殊程序》共同构成支撑标准制修订工作的基础性系列国家标准。

GB/T 20001《标准编写规则》拟分为如下部分：

——第1部分：术语标准；

——第2部分：符号标准；

——第3部分：分类标准；

——第4部分：试验方法标准；

——第5部分：规范标准；

——第6部分：规程标准；

——第7部分：指南标准；

……

——第10部分：产品标准。

本部分为GB/T 20001的第10部分。

本部分按照GB/T 1.1—2009给出的规则起草。

本部分由全国标准化原理与方法标准化技术委员会(SAC/TC 286)归口。

本部分起草单位：中国标准化研究院、机械科学研究总院、中国电子技术标准化研究院、煤炭科学研究总院、中国家用电器研究院。

本部分主要起草人：白殿一、逄征虎、薛海宁、强毅、刘慎斋、陆锡林、姜英、王益谊、马德军、吴学静。

引　言

GB/T 1.1—2009《标准化工作导则　第1部分:标准的结构和编写》已经发布实施。GB/T 1.1是针对标准编写的普遍性、一般性要求所做出的规定,而产品标准作为产品生产、检验、使用、维护及贸易洽谈等方面的技术依据,在标准结构和标准要素起草方面有其特殊性。为了更好地指导产品标准的编写,有必要对产品标准的内容和结构的确定以及要素的编写作出统一规定,以满足我国标准化工作的实际需要。

标准编写规则
第10部分:产品标准

1 范围

GB/T 20001的本部分规定了起草产品标准所遵循的原则、产品标准结构、要素的起草要求和表述规则以及数值的选择方法。

本部分适用于国家、行业、地方和企业产品标准的编写,具体适用于编写有形产品的标准,编写无形产品的标准可参照使用。

2 规范性引用文件

下列文件对于本文件的应用是必不可少的。凡是注日期的引用文件,仅注日期的版本适用于本文件。凡是不注日期的引用文件,其最新版本(包括所有的修改单)适用于本文件。

GB/T 1.1 标准化工作导则 第1部分:标准的结构和编写

GB 190 危险货物包装标志

GB/T 191 包装储运图示标志

GB/T 321 优先数和优先数系

GB 5296(所有部分) 消费品使用说明

GB/T 6388 运输包装收发货标志

GB/T 9969 工业产品使用说明书 总则

GB/T 20000.1 标准化工作指南 第1部分:标准化和相关活动的通用术语

GB/T 20000.4—2003[1] 标准化工作指南 第4部分:标准中涉及安全的内容

GB/T 20001.4 标准编写规则 第4部分:化学分析方法

GB/T 20002.3 标准中特定内容的起草 第3部分:产品标准中涉及环境的内容

GB/T 27000 合格评定 词汇和通用原则

3 术语和定义

GB/T 20000.1和GB/T 27000界定的以及下列术语和定义适用于本文件。为了便于使用,以下重复列出了GB/T 20000.1中的某些术语和定义。

3.1

产品标准 product standard

规定产品需要满足的要求以保证其适用性的标准。

注1:产品标准除了包括适用性的要求外,也可直接包括或以引用的方式包括诸如术语、取样、检测、包装和标签等方面的要求,有时还可包括工艺要求。

注2:产品标准根据其规定的是全部的还是部分的必要要求,可区分为完整的标准和非完整的标准。由此,产品标

1) GB/T 20000.4—2003已修订,即将被批准为GB/T 20002.4《标准中特定内容的起草 第4部分:标准中涉及安全的内容》。

准又可分为不同类别的标准,例如尺寸类、材料类和交货技术通则类产品标准。

注3:若标准仅包括分类、试验方法、标志和标签等内容中的一项,则该标准分别属于分类标准、试验方法标准和标志标准,而不属于产品标准。

[GB/T 20000.1—2014,定义7.9]

3.2

性能特性　performance characteristic

与产品使用功能相关的物理、化学等技术性能。

注:如速度、亮度、纯度、功率、转速等。

3.3

描述特性　descriptive characteristic

与产品使用功能相关的设计、工艺、材料等特性。

注:描述特性往往可以显示在实物上或图纸上,如在图纸上描述的尺寸、形状、光洁度等。

4　总则

4.1　规范性

产品标准各要素的起草以及标准的结构和编排格式除应符合GB/T 1.1的相关规定外,还应符合本部分的规定。

4.2　技术要素的选择原则

4.2.1　一般原则

产品标准的技术要素及其内容的选择,取决于标准化对象(也就是具体的产品)、标准的使用者以及标准的编制目的。

4.2.2　确定标准化对象

起草产品标准时,首先应确定标准化对象或领域。产品标准的标准化对象通常为有形产品、系统、原材料等,编写产品标准涉及的标准化对象或领域通常有:

——某领域的产品,如"家用电器";

——完整产品,如"电视接收机";

——产品部件,如"电视接收机　显示屏"。

4.2.3　明确标准的使用者

起草产品标准时,应明确标准的使用者。产品标准的使用者通常有:

——制造商或供应商(第一方);

——用户或订货方(第二方);

——独立机构(第三方)。

国家标准、行业标准中的产品标准的使用者通常为上述三方。因此,在起草这类产品标准时应遵守"中立原则",即应使得产品标准的要求能够作为第一方、第二方或第三方合格评定的依据。

企业标准中的产品标准通常供企业自身使用。因此,在起草这类产品标准时应明确标准的使用者是企业的生产者还是采购者。

4.2.4 确定标准的编制目的

任何产品都有许多特性，但只有其中的一些特性可以作为标准的内容。标准的编制目的是特性选择的决定因素之一。对相应产品进行功能分析有助于选择标准所要包括的技术要素。

编制产品标准的目的通常有：保证产品的可用性，保障健康、安全，保护环境或促进资源合理利用，便于接口、互换、兼容或相互配合，利于品种控制等。（见 6.5.2）

注：在标准中，通常不指明各要求的目的（标准和某些要求的目的可以在引言中进行阐述）。然而，最重要的是在工作的最初阶段（起草征求意见稿前）确认这些目的，以便决定标准包括哪些要求。

4.2.5 符合性能特性原则

只要可能，要求应由性能特性、而不用描述特性来表述，以便给技术发展留有最大的余地。采用性能特性表述要求时，需要注意保证性能要求中不疏漏重要的特性。

然而，是以性能特性表述要求，还是以描述特性表述要求，需要认真权衡利弊，因为用性能特性表述要求时，可能引入既耗时又费钱的复杂的试验过程。

注：性能特性原则的实质是要求“结果”优先，相对于“结果”，“过程”的途径多种多样。因此，不同的生产者可以采用不同的技术、不同的方法达到性能特性要求的“结果”。

4.2.6 满足可证实性原则

不论产品标准的目的如何，标准中应只列入那些能被证实的技术要求。或者说，如果没有一种试验方法能在相对较短的时间内证实产品是否符合稳定性、可靠性或寿命等要求，则标准中不应规定这些要求。

注：生产者声称符合没有证实方法的要求，只能视作生产者做出的保证。保证条件不属于标准的内容，它是商业概念或合同概念，而不是技术概念。

为了满足可证实性原则，标准中的要求应定量并使用明确的数值（见 GB/T 1.1）表示。不应使用诸如“足够坚固”或“适当的强度”之类的定性的表述。规范性要求的数值应与只供参考的数值明确区分。

4.3 避免重复和不必要的差异

避免重复是标准化方法论的一项首要原则，同时还应尽可能减少不必要的差异。为此，有关产品的要求只应在一项标准中规定，可以采取以下具体措施：

——将适用于一组产品的通用要求规定在某项标准的一个部分中；

——将适用于一组产品、两个或两个以上类型的产品的试验方法规定在产品标准的某一个部分中。

涉及上述产品的每一个部分或标准均应引用通用要求部分或试验方法部分（可指出各种必要的修改）。

注 1：如果在编制产品标准时，有必要对某种试验方法标准化，并且多个标准都需要引用该试验方法，则需要为该方法编制一个单独的试验方法标准。

注 2：如果在编制产品标准时，有必要对某种试验设备标准化，并且测试其他产品也可能用到该设备，为了避免重复，需要与涉及该试验设备的技术委员会协商，以便为该设备编制一个单独的标准。

5 结构

产品标准的必备要素包括：封面、前言、标准名称、范围、技术要求等。产品标准中要素的典型编排以及每个要素所允许的表述方式见表 1。

表 1　产品标准中要素的典型编排

要素类型	要素[a]的编排	要素所允许的表述形式[a]
资料性概述要素	***封面***	**文字**
	目次	*文字(自动生成的内容)*
	前言	**条文** *注、脚注*
	引言(见 6.1)	条文、图、表、注、脚注
规范性一般要素	**标准名称(见 6.2)**	**文字**
	范围(见 6.3)	**条文** 图、表 *注、脚注*
	规范性引用文件	文件清单(规范性引用) *注、脚注*
规范性技术要素	术语和定义 符号、代号和缩略语 分类、标记和编码(见 6.4) **技术要求**(见 6.5) 取样(见 6.6) 试验方法(见 6.7) 检验规则(见 6.8) 标志、标签和随行文件(见 6.9) 包装、运输和贮存(见 6.10) 规范性附录	条文、图、表 *注、脚注*
资料性补充要素	*资料性附录*	*条文、图、表、注、脚注*
规范性技术要素	规范性附录	条文、图、表 *注、脚注*
资料性补充要素	*参考文献*	*文件清单(资料性引用)、脚注*
	索引	*文字(自动生成的内容)*
注：表中各类要素的前后顺序即其在标准中所呈现的具体位置。		
[a] 黑体表示“必备要素”；正体表示“规范性要素”；斜体表示“资料性要素”。		

根据产品的特点，一项产品标准不但不一定包括表 1 中的所有规范性技术要素，而且还可以包含表 1 之外的其他规范性技术要素。按照产品标准的表述需要，表 1 中的规范性技术要素可以合并或拆分，其标题可做相应调整。

6　要素的起草

6.1　引言

可在引言中解释标准和某些要求的目的。(见 4.2.4 和 6.5.2)

6.2 标准名称

6.2.1 产品标准如包含了6.4～6.9的全部技术要素，可用产品名称作为标准名称。

示例1：小麦

示例2：墙板自攻螺钉

示例3：船用消防接头

6.2.2 产品标准的规范性技术要素中如仅包括了“技术要求”和“试验方法”(见6.5和6.7)，或者同时还包括了6.4、6.6、6.8、6.9中的部分技术要素，可使用“技术规范”或“规范”作为标准名称的补充要素。

示例1：白炽照明灯 规范

示例2：空气压缩机阀片用热轧薄钢板 技术规范

6.2.3 同类产品共同使用的“技术规范”，可使用“通用技术规范”或“总规范”作为标准名称的补充要素。

示例1：地面雷达 通用技术规范

示例2：船舶电器 总规范

6.3 范围

6.3.1 范围应明确标准所涉及的具体产品，还应按照6.4～6.10的顺序指出所涉及的具体内容。如必要，还应针对编制标准的目的指出技术要求所涉及的方面。

6.3.2 范围还应指出标准的预期用途和适用界限，或标准的使用对象。

6.4 分类、标记和编码

6.4.1 产品标准中分类、标记和编码为可选要素，它可为符合规定要求的产品建立一个分类(分级)、标记和(或)编码体系。产品标准中的标准化项目标记应符合GB/T 1.1中的相关规定。根据分出的类别的识别特点，可以使用“分类”“分类和命名”“分类和编码”“分类和标记”作为该要素的标题。

6.4.2 根据具体情况，该要素可并入技术要求(见6.5)，或编制为标准的一个部分，也可编制为单独的标准[2]。

6.4.3 产品分类的基本要求如下：

——划分的类别应满足使用的需要；

——应尽可能采用系列化的方法进行分类；

——对于系列产品应合理确定系列范围与疏密程度等，尽可能采用优先数和优先数系或模数制。

6.4.4 可根据产品不同的特性(如来源、结构、性能或用途等)进行分类。产品分类一般包括下述内容：

——分类原则与方法；

——划分的类别，如产品品种、型式(或型号)和规格及其系列；

——类别的识别，通常可用名称(一般由文字组成)、编码(一般由数字、字母或它们的组合而成)或标记(可由符号、字母、数字构成)进行识别。

6.5 技术要求

6.5.1 一般要求

产品标准中技术要求为必备要素，它应包括下述内容：

a) 直接或以引用方式规定的产品的所有特性；

b) 可量化特性所要求的极限值。

---

2) 这种情况，该标准属于“分类标准”，不属于产品标准。

c) 针对每项要求，引用测定或验证特性值的试验方法，或者直接规定试验方法(见 6.7)。

该要素中不应包括合同要求(有关索赔、担保、费用结算等)和法律或法规的要求。

在某些产品标准中，可能需要规定产品应附带的针对安装者或使用者的警示事项或说明，并规定其性质。另一方面，由于安装或使用要求并不用于产品本身，因此应规定在一个单独的部分或一个单独的标准中。

如果标准只列出特性，其特性值要求由供方或需方明确而标准本身并不予以规定时，在标准中应规定如何测量和如何表述(如在标志、标签或包装上)这些数值。(见 7.3)

6.5.2 适用性的要求

6.5.2.1 可用性

为了保证可用性，需要根据产品的具体情况规定产品的使用性能、理化性能、环境适应性、人类工效学等方面的技术要求。针对不同类别的产品可考虑诸如以下内容：

a) 使用性能：选择直接反映产品使用性能的指标或者间接反映使用性能的可靠代用指标，如生产能力、功率、效率、速度、耐磨性、噪声、灵敏度、可靠性等要求。

注 1：有可靠性要求的产品可定量地规定可靠性指标，如故障率、失效率、平均寿命(MTTF)、平均失效间隔时间或平均失效间工作时间(MTBF)或强迫停机率(FOR)等。

注 2：用不同测试方法得出的不同指标的数据或得出的同一指标的不同数据，经过一定换算，能够在实用范围内得到同样有效的判断或结论时，可用这些数据中的某些数据代替别的数据作为衡量产品性能的指标。这时，前者被称为后者的代用指标。

b) 理化性能：当产品的理化性能对其使用十分重要，或者产品的要求需要用理化性能加以保证时，应规定产品的物理(如力学、声学、热学)、化学和电磁性能，如产品的密度、强度、硬度、塑性、黏度；化学成分、纯度、杂质含量极限；电容、电阻、电感、磁感等。

c) 环境适应性：根据产品在运输、贮存和使用中可能遇到的实际环境条件规定相应的指标，如产品对温度、湿度、气压、烟雾、盐雾、工业腐蚀、冲击、振动、辐射等适应的程度，产品对气候、酸碱度等影响的反应，以及产品抗风、抗磁、抗老化、抗腐蚀的性能等。

d) 人类工效学：产品的人机界面要求，产品满足视觉、听觉、味觉、嗅觉、触觉等外观或感官方面的要求，如对表面缺陷、颜色的规定，对易读性、易操作性的规定等。

6.5.2.2 健康、安全，环境或资源合理利用

如果保障健康、安全，保护环境或促进资源合理利用成为编制标准的目的之一，则应根据具体情况编制相应的条款，诸如：

a) 对产品中有害成分的限制要求；

b) 对产品运转部分的噪声限制、平衡要求；

c) 防爆、防火、防电击、防辐射、防机械损伤的要求；

d) 产品中的有害物质以及使用中产生的废弃物排放对环境影响的要求；

e) 对直接消耗能源产品的耗能指标的规定，如耗电、耗油、耗煤、耗气、耗水等指标。

这些要求可能需要含有极限值[最大值和(或)最小值](见 7.1)或严格尺寸的某些特性，有时这些要求中还可能包括结构细节(例如保证安全的防错装结构)(见 6.5.3.1)。在规定极限值水平时应尽可能降低风险因素。

为了便于法规引用，这些要求宜编制成标准中单独的章，或标准的单独部分，以至单独的标准。

GB/T 20000.4—2003 给出了起草标准中涉及安全内容的指南，GB/T 20002.3 给出了编写产品标准中涉及环境内容的指南。

注：如果标准只涉及健康、安全、环境保护或资源合理利用中的一种或多种要求，则属于强制性标准。如果这些要

求规定在强制性标准或技术法规中，相应的试验方法需要编制成单独的推荐性标准，而强制性标准或技术法规通常要引用这些试验标准。

6.5.2.3 接口、互换性、兼容性或相互配合

便于接口、互换性、兼容性或相互配合等要求是编制标准的重要目的之一。具体产品的标准化可以只针对这几个方面。如果编制标准的目的是保证互换性，则关于该产品的尺寸互换性和功能互换性均应予以考虑。

注：由于贸易、经济或安全等原因，互换件的可获得性是重要的。

需要满足尺寸互换时，在规定接口尺寸时，应规定其公差。

6.5.2.4 品种控制

对于广泛使用的材料、物资或机械零部件、电子元器件或电线电缆等，利于品种控制是编制标准的重要目的。

品种可包括尺寸和其他特性。在涉及品种控制的标准中应提供可选择的值(通常给出一系列数据)，并规定其公差。

6.5.3 其他要求

6.5.3.1 结构

需要对产品的结构提出要求时，应做出相应的规定。规定产品结构尺寸时，应给出结构尺寸图，并在图上注明相应尺寸(长、宽、高三个方向)，或者注明相应尺寸代号等。

6.5.3.2 材料

产品标准通常不包括材料要求。为了保证产品性能和安全，不得不指定产品所用的材料时，如有现行标准，应引用有关标准，或规定可以使用性能不低于有关标准规定的其他材料；如无现行标准，可在附录中对材料性能作出具体规定。

注：对于原材料，如果无法确定必要的性能特性时，宜直接指定原材料，最好再补充如下文字：“……或其他已经证明同样适用的原材料。”

6.5.3.3 工艺

产品标准通常不包括生产工艺要求(如加工方法、表面处理方法、热处理方法等)，而以成品试验来代替。然而为了保证产品性能和安全，不得不限定工艺条件，甚至需要检验生产工艺(例如压力容器的焊接等)时，则可在“要求”中规定工艺要求。

6.5.4 要求的表述

6.5.4.1 涉及产品适用性的某些要求，有时可使用产品的类型(例如深水型)或等级(例如宇航级)，或使用需要满足使用条件的描述术语(如“防震”)来表达，以便在产品上做标记或标志(例如手表外壳上的“防震”字样)，同时规定只在能使用标准试验方法证明相应要求得到满足时才可使用这些术语或标志。

6.5.4.2 要求型条款用文字表述的典型句式为：

——对结果提要求：“特性”按“证实方法”测定“应”符合“特性的量值”的规定；

——对过程提要求：“谁”“应”“怎么做”。

6.5.4.3 要求型条款用表格表述时，其表头的典型形式为：编号、特性、特性值、试验方法等，其中试验方法栏通常给出该标准中规定试验方法的章条编号，或者给出引用的标准编号及章条号。该表格应在正文中使用要求型条款提及。

示例：

编号	特性	特性值	试验方法

6.6 取样

产品标准中取样为可选要素，它规定取样的条件和方法，以及样品保存方法。该要素可位于要素6.7的起始部分。

6.7 试验方法

6.7.1 一般要求

6.7.1.1 产品标准中试验方法为可选要素，编写试验方法的目的在于给出证实技术要求中的要求是否得到满足的方法。因此，该要素中规定的试验方法应与技术要求(见6.5)有明确对应关系。

在标准中该要素可以：

——作为单独的章；

——融入技术要求(见6.5)中；

——成为标准的规范性附录；

——形成标准的单独部分。

技术要求、取样和试验方法虽然是不同的要素，但在产品标准中它们是相互关联的，应作统筹考虑。

6.7.1.2 由于一种试验方法往往稍加变动或原封不动就适用于几种产品或几类产品，所以试验方法最容易出现重复现象。因此，在编制产品标准时，如果需要对试验方法进行标准化，应首先引用现成适用的试验方法。

规定试验方法时应考虑采用通用的试验方法标准和其他标准中类似特性的相应试验方法。只要可能，应采用无损试验方法代替置信度相同的破坏性试验方法。

不应将正在使用的试验方法不同于普遍接受的通用方法作为理由，而拒绝在标准中规定普遍接受的通用方法。

6.7.1.3 在标准中列出的各项试验方法，并不意味着具有实施这些试验的义务，而仅仅是陈述了测定的方法，当有要求或被引用时才予以实施。

如果在标准中指明产品的合格评定采用统计方法，则符合标准的陈述是指整体的或成批的产品合格。

如果标准中指定每件产品需按照标准进行试验，则产品符合标准的陈述意味着每件产品均经过了试验并满足相应的要求。

6.7.2 试验方法的内容

6.7.2.1 试验方法的内容应包括用于验证产品是否符合规定的方法，以及保证结果再现性步骤的所有条款。如果各项试验之间的次序能够影响试验结果，标准应规定试验的先后次序。

通常情况下产品标准中的试验方法应包括试样的制备和保存、试验步骤和结果的表述(包括计算方法以及试验方法的准确度或测量不确定度)，也可根据需要增加其他内容，如原理、试剂或材料、仪器、试验报告等。

化学分析方法的编写见GB/T 20001.4的规定。该标准的大部分内容亦适用于非化学品的产品试验方法。

6.7.2.2 如果试验方法涉及到使用危险的物品、仪器或过程时，应包括总的警示用语和适宜的具体警示用语。建议的警示用语见 GB/T 20000.4—2003。

6.7.3 供选择的试验方法

如果一个特性存在多种适用的试验方法，原则上标准中只应规定一种试验方法。如果因为某种原因，标准需要列入多种试验方法，为了解决怀疑或争端，应指明仲裁方法。

6.7.4 按准确度选择试验方法

6.7.4.1 所选试验方法的准确度应能够对需要评定的特性值是否处在规定的公差范围内做出明确的判定。

6.7.4.2 当技术上需要时，每个试验方法应包括其准确度范围的相应陈述。

6.8 检验规则

6.8.1 产品标准中检验规则为可选要素，针对产品的一个或多个特性，给出测量、检查、验证产品符合技术要求所遵循的规则、程序或方法等内容。

6.8.2 产品标准不应涉及合格评定方案和制度的通用要求。使产品符合相关技术要求不应依赖于质量管理体系标准，即产品标准中不应规范性引用诸如 GB/T 19001。

6.8.3 若标准中需要规定检验规则，应指出该检验规则的适用范围，必要时应明确界定供制造商或供应商(第一方)、用户或订货方(第二方)和合格评定机构(第三方)分别适用的检验类型、检验项目、组批规则和抽样方案以及判定规则等，其内容编写参见附录 A。

6.9 标志、标签和随行文件

6.9.1 一般要求

6.9.1.1 产品标准中标志、标签和随行文件为可选要素，可作为相互补充的内容，只要有关应纳入标准，特别是涉及消费品的产品标准。如果需要，标记的方法也应做出规定或建议。

6.9.1.2 该要素不应涉及符合性标志。符合性标志通常使用认证体系的规则(参见 GB/T 27023)。涉及标准机构或其发布的文件(即符合性声明)的产品标志参见 GB/T 27050.1 和 GB/T 27050.2。

GB/T 20000.4—2003 给出了有关安全标准和涉及安全内容的条款。

6.9.1.3 可在资料性附录中给出订货资料的示例，对标志或标签加以补充。

6.9.2 标志和标签的要求

6.9.2.1 适用时，含有产品标志内容的产品标准应规定：

a) 用于识别产品的各种标志的内容，适宜时，包括生产者(名称和地址)或总经销商(商号、商标或识别标志)，或产品的标志[例如生产者或销售商的商标、型式或型号、标记(见 GB/T 1.1 中的相关规定)]，或不同规格、种类、型式和等级的标志；

b) 这类标志的表示方法，例如，使用金属牌(铭牌)、标签、印记、颜色、线条(在电线上)或条形等方式；

c) 这类标志呈现在产品或包装上的位置。

6.9.2.2 如果标准要求使用标签，则标准还应规定标签的类型，以及在产品或其包装上如何拴系、粘贴或涂刷标签。

6.9.2.3 如果需要给出有关产品的生产日期(或表明日期的代码)、有效期、搬运规则、安全警示等，则相应的要求应纳入涉及标志和标签的章条。

6.9.2.4 用作标志的符号应符合 GB 190、GB/T 191、GB/T 6388 以及其他相应的标准。

6.9.3 产品随行文件的要求

产品标准可要求提供产品的某些随行文件，例如可包括：

——产品合格证，参见 GB/T 14436；

——产品说明书；

——装箱单；

——随机备附件清单；

——安装图；

——试验报告；

——搬运说明；

——其他有关资料。

适用时，标准中应对这些文件的内容做出规定，见 GB 5296、GB/T 9969 以及其他相关标准。

6.10 包装、运输和贮存

产品标准中包装、运输和贮存为可选要素，需要时可规定产品的包装、运输和贮存条件等方面的技术要求，这样既可以防止因包装、运输和贮存不当引起危险、毒害或污染环境，又可以保护产品。包装、运输和贮存的编写参见附录 B。

7 数值的选择

7.1 极限值

根据特性的用途可规定极限值[最大值和（或）最小值]。通常一个特性规定一个极限值，但有多个广泛使用的类型或等级时，则需要规定多个极限值。

7.2 可选值

7.2.1 根据特性的用途，特别是品种控制和某些接口的用途，可选择多个数值或数系。适用时，数值或数系应按照 GB/T 321（进一步的指南参见 GB/T 19763 和 GB/T 19764）给出的优先数系，或者按照模数制或其他决定性因素进行选择。

当试图对一个拟定的数系进行标准化时，应检查是否有现成的被广泛接受的数系。

采用优先数系时，宜注意非整数（例如：数 3.15）有时可能带来不便或要求不必要的高精确值。这时，需要对非整数进行修约（参见 GB/T 19764）。宜避免由于同一标准中同时包括了精确值和修约值，而导致不同使用者选择不同的值。

7.2.2 根据产品的分类，可以对某些特性提出不同的特性值，这时应清楚的指明类别和值的对应关系。

7.3 由供方确定的数值

如果允许多样化，则不必对产品的某些特性规定特性值（尽管这些特性对产品的性能有明显的影响）。标准中可列出全部由供方自行选择的特性，其值由供方确定，可规定以何种形式（如铭牌、标签、随行文件等）表明特性值。例如，对于某些纺织品，在标准中不必具体规定羊毛含量的特性值，只需要求供方在标签上注明即可。

对于大多数复杂产品，只要规定了相应的测试方法，则由供方提供一份性能数据（产品信息）清单比标准中给出具体性能要求更好。

对于健康和安全要求，标准应规定其特性值，不准许采用由供方确定的特性值。

附 录 A
（资料性附录）
质量评定程序或检验规则

A.1 检验分类

根据行业和产品特点可选择下列一类或多类检验：

——型式检验(例行检验)、定型检验(鉴定检验)、首件检验等；

——出厂检验(常规检验、交收检验)、质量一致性检验等。

可供选择的检验分类组合示例如下。

示例1：型式检验(或例行检验)、出厂检验(或交收检验)。

示例2：定型检验(或鉴定检验)、质量一致性检验。

示例3：首件检验、质量一致性检验。

示例4：定型检验(或鉴定检验)、首件检验、质量一致性检验。

示例5：首件检验、出厂检验。

示例6：出厂检验。

A.2 检验项目

根据选定的检验类别，分别确定需要检验的项目，可用表的形式表示。表一般可包括序号、检验项目名称、“要求”的章条号和“试验方法”的章条号。不同检验类别的检验项目可单列表也可合并列表。

当检验项目的次序可能影响检验结果时，需对检验项目的次序作出规定。

除出厂检验或质量一致性检验按照惯例进行外，其他检验宜根据需要规定检验的时机，例如转产、转厂、停产后复产、结构或材料或者工艺有重大改变、合同规定等。

A.3 组批规则和抽样方案

A.3.1 组批规则和抽样方案需根据产品的特点、供需双方的需求以及愿意承担的风险予以确定。组批规则通常需确定组批条件、批量、组批时机、组批方法等。

示例1：

钢板应成批验收。每批钢板由同一炉罐号、同一厚度、同一热处理工艺的钢板组成。钢板厚度6 mm～16 mm时，每批质量不大于15 t；钢板厚度大于16 mm时，每批质量不大于25 t。

示例2：

一个检验批可由一个生产批组成，或由符合以下条件的几个生产批组成：

——采用基本相同的材料、工艺和设备等；

——几个生产批间隔的时间通常不超过一周，除非另有规定，但也不超过一个月。

A.3.2 具体抽样方案需根据有关的要素，例如抽样方案类型、不合格分类等，进行确定。

A.4 判定规则

每一类检验都需要有判定规则，即判定产品为合格或不合格的条件。

附 录 B
（资料性附录）
包装、运输、贮存要求的编写规则

B.1 包装

需要对产品的包装提出要求时，可将有关内容编入标准，也可引用有关的包装标准。

包装要求的基本内容包括：

a） 包装技术和方法，指明产品采用的包装，以及防晒、防潮、防磁、防震动、防辐射等措施；

b） 包装材料和要求，指明采用的包装材料，以及材料的性能等；

c） 对内装物的要求，指明内装物的摆放位置和方法，预处理方法以及危险物品的防护条件等；

d） 包装试验方法，指明与包装有关的试验方法。

B.2 运输

对产品运输有特殊要求时，可规定运输要求，运输要求的基本内容包括：

a） 运输方式，指明运输工具等；

b） 运输条件，指明运输时的要求，例如遮篷、密封、保温等；

c） 运输中的注意事项，指明装、卸、运方面的特殊要求，以及运输危险物品的防护条件等。

B.3 贮存

必要时，可规定产品的贮存要求，特别是对有毒、易腐、易燃、易爆等危险物品应规定相应的特殊要求。

贮存要求的基本内容包括：

a） 贮存场所，指明库存、露天、遮篷等；

b） 贮存条件，指明温度、湿度、通风、有害条件的影响等；

c） 贮存方式，指明单放、码放等；

d） 贮存期限，指明规定的贮存期限，贮存期内定期维护的要求，以及贮存期内的抽检要求。

参 考 文 献

[1] GB/T 2471 电阻器和电容器优先数系
[2] GB/T 2822 标准尺寸
[3] GB/T 14436 工业产品保证文件 总则
[4] GB/T 19001 质量管理体系 要求
[5] GB/T 19763 优先数和优先数系的应用指南
[6] GB/T 19764 优先数和优先数化整值系列的选用指南
[7] GB/T 27023 第三方认证制度中标准符合性的表示方法
[8] GB/T 27050.1 合格评定 供方的符合性声明 第1部分:通用要求
[9] GB/T 27050.2 合格评定 供方的符合性声明 第2部分:支持性文件

GB/T 20002
标准中特定内容的起草

ICS 01.120
A 00

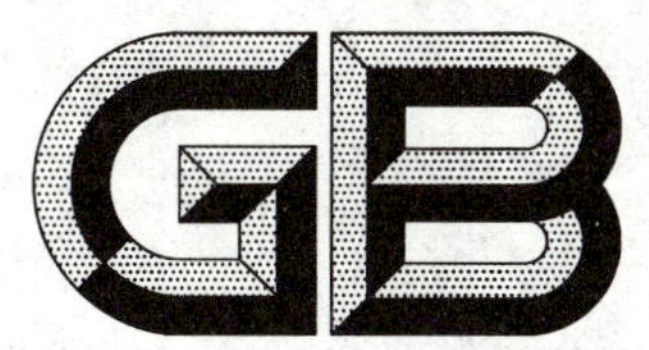

中华人民共和国国家标准

GB/T 20002.1—2008/ISO/IEC Guide 50:2002
代替 GB/T 13433—1992

标准中特定内容的起草 第1部分:儿童安全

Drafting for special aspects in standards—Part 1:Child safety

(ISO/IEC Guide 50:2002,Safety aspects—Guidelines for child safety,IDT)

2008-05-04 发布　　2008-07-01 实施

中华人民共和国国家质量监督检验检疫总局
中国国家标准化管理委员会　发布

前　言

GB/T 20002《标准中特定内容的起草》与GB/T 1《标准化工作导则》、GB/T 20000《标准化工作指南》和GB/T 20001《标准编写规则》共同构成支撑标准编制工作的基础性系列国家标准。

GB/T 20002《标准中特定内容的起草》分为如下几部分：

——第1部分：儿童安全；

——第2部分：老年人和残疾人的需求。

本部分为GB/T 20002的第1部分。

本部分等同采用ISO/IEC指南50:2002《安全方面　儿童安全的指南》(英文版)。本部分等同翻译ISO/IEC指南50:2002。为了便于使用，本部分做了下列编辑性修改：

a) 将ISO/IEC指南50:2002第1章“范围”中的有关“产品”的描述条款，改为条文的注的形式描述，内容不变；

b) 将ISO/IEC指南50:2002第2章“规范性引用文件”中引用的ISO/IEC指南51:1999替换为我国相对应标准GB/T 20000.4《标准化工作指南　第4部分：标准中涉及安全的内容》，并增加了一个脚注，说明本部分引用的上述标准的相应内容没有技术性差异；

c) 将ISO/IEC指南50:2002的5.10第二段中描述的正在制定中的有关安全图形符号的指南在本部分中明确提及，并列入本部分的参考文献中；

d) 将ISO/IEC指南50:2002的参考文献中提及的文件，凡是有对应的我国标准的，都用我国标准替代。

本部分代替GB/T 13433—1992《产品标准中有关儿童安全的要求》。本部分与GB/T 13433—1992相比主要变化如下：

——本部分提供了用于儿童安全的风险评定以及预防和减少伤害的基本方法；

——本部分对于儿童发育和行为以及所处自然和社会环境做了深入地分析和陈述；

——本部分对于各类伤害危险做出了更加深入的解析并提供了实例，给出的对策更加详细；

——本部分增加了对突出物、爆炸、溺水、生物等伤害危险的分析和防治对策的内容；

——本部分提供了一个适用于评定标准的检查表示例，供标准制定者自评定对儿童安全问题的考虑程度；

——本部分列举了一系列参考文献。

本部分由中国标准化研究院提出。

本部分由全国标准化原理与方法标准化技术委员会(SAC/TC 286)归口。

本部分起草单位：中国标准化研究院、中国机械科学研究院、纺织工业标准化研究所、中国电子技术标准化研究所。

本部分主要起草人：逄征虎、白殿一、强毅、郑宇英、陆锡林、刘慎斋、赵文慧。

本部分所代替标准的历次版本发布情况为：

——GB/T 13433—1992。

引　言

0.1 儿童安全相关性

儿童安全是社会关心的一个主要问题，在许多国家，童年和青春期伤害是死亡和残疾的主要原因。儿童在成年人环境中出生和成长，缺乏危险经验和对危险的了解，但有与生俱来的好奇心。因此，在童年时期遭遇伤害的可能性特别大。由于监护不可能达到总是能够防止或控制潜在有害互作用的程度，因此有必要额外采取预防伤害对策。

旨在保护儿童的干预对策应认识到儿童不是小大人。儿童易受伤性和受伤特性不同于成年人。这些干预对策也应认识到这一基本概念：使儿童不误用产品或周围物。儿童与周围物的互作用方式反映了正常的儿童行为，这随着儿童的年龄和发育程度而改变。因此，旨在保护儿童的干预对策与旨在保护成年人的干预对策可能不同。

面临的挑战是以最大限度减少儿童潜在伤害的方式开发产品、结构、设备和服务(统称为“产品”)。预防伤害是每一个人的责任。预防伤害可通过设计和技术、立法和教育来解决。

0.2 标准对于儿童安全的作用

标准可在伤害预防和控制中起到关键作用，这是因为标准有以下特性：

——吸取设计和制造技术知识；

——通过立法实施解决方案；

——通过提供说明、警示、插图、符号等进行教育。

如果标准起草者能够充分考虑到儿童与标准涉及的产品的互作用方式，而不管这些产品是否专门为儿童设计，那么标准在儿童伤害预防和控制中将发挥它们的作用。

0.3 GB/T 20000 的本部分的文本结构的说明

本部分包括了以下三项主要内容和两个附录：

——儿童安全防护的一般方法，包括系统解决危险的原则(4.1 和 4.2)；

——使儿童处于特殊伤害危险处境的特殊发育特点(4.3)；

——在使用产品或与产品互作用期间儿童可能面临的危险以及解决这些危险的特殊建议(第 5 章)。GB/T 20000.4 列出了这些危险，但本部分的核心是儿童与这些危险相关的特殊风险。

——附录 A 提供了危险、潜在伤害和解决方法一览表。但该附录只提供了几个解决方案实例，因此有必要结合本部分的正文阅读该附录；

——附录 B 提供了一个适用于评定标准的检查表示例，供标准起草者自评定其所编标准考虑儿童安全问题的程度。

标准中特定内容的起草
第1部分:儿童安全

1 范围

GB/T 20002的本部分提供了解决儿童使用或接触产品、过程或服务(尽管它们并非为儿童而专门设计)可能给儿童带来的意外身体伤害(危险)问题的框架,以便减少对儿童的伤害风险。

本部分主要适用于参与标准编制和修订的人员,也包含了设计师、建筑师、制造商、服务提供者、宣传者和政策制定者等关注的重要信息。

对于有特殊需要的儿童,补充适当的要求是可取的。本部分并未全面涉及这些补充要求。

对于预防或减少心理或精神伤害或故意伤害,本部分没有提供任何专门的指导。

注:产品可包括商品、结构、建筑物、设备或它们的组合。

2 规范性引用文件

下列文件中的条款通过GB/T 20002的本部分的引用而成为本部分的条款。凡是注日期的引用文件,其随后所有的修改单(不包括勘误的内容)或修订版均不适用于本标准,然而,鼓励根据本部分达成协议的各方研究是否可使用这些文件的最新版本。凡是不注日期的引用文件,其最新版本适用于本部分。

GB/T 20000.4 标准化工作指南 第4部分:标准中涉及安全的内容(GB/T 20000.4—2003,ISO/IEC Guide 51:1999,Safety aspects—Guidelines for their inclusion in standards,MOD)[1]

3 术语和定义

下列术语和定义适用于GB/T 20002的本部分。

3.1

风险 risk

对伤害的一种综合衡量,包括伤害发生的概率和伤害的严重程度。

[GB/T 20000.4—2003,定义3.2]

3.2

伤害 harm

对人的物理损伤或对人身健康的损害或对财产或环境的损害。

注:在本部分中“损伤”包括对健康的损害。

[本定义在GB/T 20000.4—2003定义3.3基础上修改]

3.3

危险(源) hazard

可能导致伤害的潜在根源。

[GB/T 20000.4—2003,定义3.5]

3.4

儿童 child

从出生至14周岁的人。

1) 本部分引用的GB/T 20000.4—2003的内容与ISO/IEC Guide 51:1999的相应内容没有技术性差异。

4 儿童安全防护的一般方法

4.1 概述

本章涉及的儿童安全是从一般安全概念中区分出来的。这些概念是对 GB/T 20000.4 内容的补充。

4.2 风险评定

在伤害预防对策中，风险评定是一个重要步骤。GB/T 20000.4 概述了一般方法。在风险评定过程中询问的主要问题如下：

a) 可能发生什么？

b) 概率多大？

c) 最终伤害有多严重？

讨论儿童安全时，对上述这些问题的回答应考虑下列特殊因素：

a) 儿童受伤可能性；

b) 儿童与人员和产品的互作用；

c) 儿童发育和行为；

d) 儿童缺乏知识和经验；

e) 社会和(或)环境因素。

4.3 预防和减少伤害

能量(机械能、热能、电能)的传递或暴露在超出人体承受能力的介质(生物、辐射)之下的状况，能够导致损伤和疾病。通过干预它们发生前后的一系列事件的过程，可预防或减少伤害或疾病。

可采取如下对策：

——防止伤害事件的发生或减少危险源暴露(第一层预防)；

——降低伤害严重程度(第二层预防)；

——通过救护、治疗或康复，减少伤害长期影响(第三层预防)。

此外，对策可以是被动或主动的。被动式对策不必个人采取预防措施。主动式对策需要个人采取某些措施。设计安全产品通常是第一层预防；融合被动式预防对策通常能确保更大的成功率。

可运用不同的数据源鉴别与产品相关的伤害的可能性。这些数据源包括但不限于：

——伤害统计；

——从伤害监视系统获得的详细信息；

——调查研究；

——案例报告调查；

——投诉数据。

注意：没有报告伤害不一定表示没有任何危险。

由于儿童伤害与他们在不同年龄所处的发育阶段和危险源暴露紧密相关，因此按年龄组将儿童伤害分类以鉴别出现的模式相当重要。例如，对于年龄不满 5 周岁的儿童，烤箱门灼伤、烫伤、药物和家用化学品中毒以及溺死事故率最高；对于 5 周岁～9 周岁的儿童，与从游乐场设备上跌落相关的伤害事故率最高；对于 10 周岁～14 周岁的儿童，与体育运动相关的碰撞或跌落造成的伤害的事故率最高。

通过研究和评定过程，特别是根据流行病学、工程学和生物力学方法以及有关逐步改进的设计的反馈，确定了合适的防范措施和对策。当选择预防性措施时，应认识到对于成年人可容许的安全或风险水平可能对于保护儿童是不足的。当引进旨在保护成年人的措施时，有必要考虑这种措施可能增加儿童受伤害的风险(例如汽车乘客侧安全气囊)。

4.4 儿童发育和行为

4.4.1 总则

儿童不是小大人。儿童的不同发育阶段天性与暴露于危险源的状况相结合，决定了他们遭受伤害风险的方式不同于成年人。从广义上说，发育阶段包括儿童身体尺寸、外形、生理、体能和认知能力、情感发展和行为。这些特性随着儿童发育快速改变。父母和成年人通常高估或低估儿童处于不同发育阶段的能力，从而导致危险源的暴露。此外儿童周围的许多环境是为成年人而设计的。

在确定与产品相关的潜在危险时，需要考虑下述的所有儿童特性。切记这些特性可能组合发生作用，增加儿童受伤风险。例如：

——探险行为可能导致儿童攀爬梯子；

——有限的认知能力可能妨碍儿童认识到梯子可能太高或不稳定；

——有限的运动神经控制可能导致儿童失去握持能力和坠落。

儿童使用这些产品和与这些产品互作用的方式应视为正常的童年行为。就儿童而言，在这一点上术语“误使用”容易产生误导，可能导致有关儿童危险的不当决策。调查证据显示儿童经常使用不是为他们而设计的产品，譬如微波炉。当儿童与产品互作用时，难以区分玩耍、主动学习或预定使用。从安全考虑，试图区分这些互作用不会有帮助。

安全考虑应在伤害风险和儿童探索刺激性环境和学习的自由度之间取得适当的平衡，目标是通过设计减少伤害风险，直到儿童具有评定风险和采取合适措施的能力。

4.4.2 儿童身体尺寸和人体测量数据

某些儿童的身体尺寸和体重分布特性使他们容易受伤。他们的总质量较小，因此降低了他们吸收致伤能量的能力。与成年人相比，儿童身体尺寸和体重分布特征使儿童受伤的实例如下：

a) 就灼伤而言，较小的接触面积可导致儿童较大体表面积的受伤。对于较小的体重，这样较大体表面积受伤可造成灼伤部位损耗更大比例的体液。

b) 与身体尺寸比较，幼童的头大。重心高增加了跌倒的可能性，例如可能从坐立、攀爬或站立的家具或构件上掉下。儿童掉下通常头直接着地，而不会使用手臂支撑着地。

c) 高重心的另一个影响是增加了儿童弯腰或够东西时，直接掉入池塘、桶、马桶等的危险，因此增加了溺死危险。

d) 相对大的头部尺寸意味着与身体余下部分相比，需要更大的穿过空间。当脚先穿过缝隙时，由于头部不能穿过，可能发生卡夹事故。

e) 儿童可能将手指、手或身体的其他部分插入小孔内接触旋转件、电线或其他危险物。

f) 相对大的头部质量增加了颈椎过度屈伸损伤的可能性和严重程度。

由于儿童的身体尺寸与其周围环境相关，所以有必要检查儿童的人体测量数据，包括身体总高度、身体各部位长度、宽度和围长。为确定正态分布和安全余量，应查询人体测量数据。

4.4.3 运动神经发育

运动神经发育指的是雏形运动到优良运动的成熟过程。该过程包括从初始无意识反射动作到有意目标定向动作的变化。在该过程中的阶段性标志包括抬头、蹲伏、端坐、翻转、爬行、站立、攀登、摇摆、行走、奔跑的力量和技巧以及用手和手指操纵物件的能力。在平衡、控制和力量充分发育之前，儿童一直处于跌落和进入不安全位置无法逃脱的风险之中。下面是一些实例：

a) 当躺着时，婴儿可移动到产品表面的边缘并滚落，但自己无法回到原位置。结果，婴儿坠入产品之中或产品之间，发生位置性或压缩性窒息事故。

b) 站立的婴儿和学步儿童可能缠上绳索、带或窗帘。当他们坐下或跌落时，绳索可能绕颈部缠紧，发生勒死事故。

c) 爬行的婴儿可能将衣服卡在家具或突出部位。如果他们不能自己摆脱，可能悬空。

d) 儿童由于失去平衡或握力不足，从高处掉下。

了解儿童能够或不能实现的哪些运动神经技能是设计安全产品和干预措施的关键。例如，可将升降机平台入口设计成爬行者无法够到的样式，以及可利用儿童运动神经技能没有充分发育的特点而采取的儿童安全措施。

4.4.4 生理发育

除身体尺寸和运动神经功能外，儿童还有许多正在发育的其他生理功能，包括感官功能、生物力学特性、反应时间、新陈代谢和器官发育。下面是不完全生理发育可成为伤害因素的一些实例：

——因为药物、化学品和植物使儿童中毒所需的剂量比成年人低，所以儿童容易中毒；

——儿童的皮肤特性使儿童更容易遭受灼伤；

——儿童的骨骼没有充分发育，承受机械力的能力不同。

4.4.5 认知发育

儿童的认知发育阶段决定了儿童判断风险和做出正确决定的能力。未充分发育的认知功能使幼童缺乏判断自己所处环境的能力和摆脱危险的能力。儿童在1岁或2岁时，似乎没有危险意识。因此，尽管通常可以允许对于用户显而易见而产品功能中必然存在的危险，但是，儿童却不可能清楚地看到这些危险。在童年早期的某些阶段，先前的经验和父母或照看人员的教育开始影响儿童的行为。因此，应付有限的风险成为儿童教育的自然组成部分。

与童年早期相关的某些行为特点也使儿童处于受伤危险之中。这些行为特点包括：

——将东西放入口内，有吞咽和呼吸风险，尤其在3岁以前；

——将东西放入身体的其他孔口内，有被嵌塞和撕裂风险；

——天生好奇和探险行为；

——相对小的头部宽度加之相对大的头部高度和厚度使得儿童能够首先将头部朝一个方向伸入缝隙内，但他们不知道如何定位头部和从缝隙中退出；

——在大约2岁时开始发展个性，喜欢说"不"和拒绝帮助，例如喜欢自己吃食物，拒绝别人喂食；

——在大约3岁至4岁时坚持独立性；

——口味、气味、图案和颜色的吸引力(例如药物)。

由于幼童喜欢用口尝试他们使用的产品或可能在他们周围的用品，因此不应让儿童得到易拆的小部件。本不是放入口中的物件(例如橡皮或小玩具)不应做成类似食物的式样。

儿童通常模仿成年人和大一点儿童的行为。当儿童不了解他们行为的内在含义时，这种模仿行为可能是危险的。例如，他们可能给更年幼的兄弟姐妹服药，操作锁定机构和开启家用电器。

不能期望儿童一定能识别真物品与仿制品或模型之间的差别，仿制品或模型可能是有害的。使用其形状可能联想到玩具的产品时，例如卡通形的吹风机、灯具及打火机，可能误导儿童并给儿童带来潜在的伤害。

阅读和交流技能需要岁月的积累才能掌握。警示和信息[包括诸如象形图(符号)之类的简单方法]可能对于儿童没有什么意义。

4.5 自然和社会环境

4.5.1 总则

除考虑儿童发育之外，还需要考虑儿童使用或接触产品所在的自然环境和社会环境。产品安全性可能受到自然环境和人文环境，例如气候、语言、习惯、态度和信仰、知识和用户经验的影响。

4.5.2 自然环境

应考虑与预定和非预定使用场所(例如室内或室外、私人或公共场所、被监视或没有被监视区域)有关的特定自然环境因素，以及诸如气候和地形等影响因素。还涉及到与其他活动和人的互作用，无监督活动的可能性以及儿童处于特定环境的可能性。不是为儿童设计，但儿童可能处于或进入的环境(例如父母的工作场所和交通系统)带来更大的挑战。如果不能控制危险源，应设置隔离的屏障。

4.5.3 社会环境

可能影响预定或非预定用途的心理预期也可能与产品所在的全球地理位置有关。全球贸易活动需要重视语言的准确翻译和基于文化或民族差异的风俗习惯和流行看法，从而不会由于疏忽而使产品使用说明书成为危险源。

父母或成年人与儿童之间的关系可随着地理、文化、种族和社会经济差异而变化。我们应认识到教育、监护和安全意识方面的文化差异。尽管监护是儿童安全的一个重要方面,但它不能替代固有的安全性,即使儿童在父母或成年人的视觉和听觉范围之内。

随着儿童进入青春期,同龄人压力和冒险行为可能影响产品的使用或消费。娱乐活动可能含有姑且认为增加了防护的所谓"安全"设备带来的更高风险的行为,也可能含有竞争性体育运动具有的内在的攻击行为和带来更大伤害风险的炫耀技巧的行为。

5 涉及儿童的危险

5.1 总则

根据上述条款阐述的事实,对于儿童而言,与产品相关的风险可能较高。以下分析与产品相关的危险以及它们伤害儿童的可能性,并提供了已报告的伤害方式的实例,以帮助本部分的使用者理解危险。重要的是,要认识到各个危险组合产生的伤害可能不同于单个危险独立产生的伤害,甚至更加严重。

同样重要的是要认识到,随着技术发展和生活方式的改变,新危险可能出现并进入儿童环境,例如在家上班(远程工作)和高级家庭医疗护理(例如使用气瓶和监视设备)。

通常在评定卡夹或缠绕危险时,应考虑可接近程度和年龄组。应优先考虑可接近的产品部件。若产品对其预定用途没有严格规定,合适的做法可能是,除了评定可接近区域外,还要评定缝隙和开口。

考虑产品安全时,主要考虑产品的使用范围。例如,若一个产品的试验条件不是该产品实际使用条件,那么,在实际使用期间,该产品的性能可能不同。同样,当一个产品始终与另一个产品组合使用时(例如在浴盆中婴儿使用的座席,或者汽车内使用的儿童安全带),应检查两个产品的组合性能,以减少风险。

产品在其生命周期的不同阶段和超过预期的使用期限能导致死亡或伤害事故。当处置产品时,重要的是不要形成新的危险源。同样,产品维修的容易程度和维修频度可能影响到危险的发生与否。

5.2 机械危险

5.2.1 缝隙和开口引起的危险

可接近的缝隙和开口可能导致整个身体或身体部分卡夹,以及衣服或附件缠绕。造成卡夹和缠绕不只限于坚硬的产品,也可以在绳索或带圈中发生。图1给出了卡夹或缠绕状态的示意图。

潜在伤害包括擦伤和切断。如果开口的尺寸是可变的,还可能存在被碾或被勒的危险(见5.2.9)。当儿童不能抬起自身体重减缓压力时,他的头或身躯就可能被夹住。头被夹住时,尤其儿童的脚不能接触支持表面时,存在很高的致命或严重伤害的风险。

旨在避免或减少由于缝隙和开口所引起的风险的对策包括:

——避免缝隙;

——规定缝隙和开口的尺寸,这与正在发育儿童的人体测量数据有关。

当涉及卡夹可能性时,应使用现有标准规定的指形可接近性探测规、躯干和头部试验支架。

实例:

- 头部被卡夹的两种不同方式:
  ——头先钻进,例如钻过阳台围栏;
  ——脚先迈进,例如插进双层床的挡板。
- 当缝隙大小改变时(例如车库电动门或车窗),发生身体或颈部卡夹,可阻止呼吸或挤压儿童。
- 手指陷入弹簧机构、游乐场秋千的链条、折叠机构中,造成骨折、撕裂或供血不足。
- 儿童衣服上松散的纽带或丝带落入V形开口或缝隙,该开口或缝隙足以容纳这些绳带,但是,其宽度又不能通过绳端的栓扣或绳结。当栓扣或绳结卡住时,儿童的运动突然停止。当纽带位于衣服的领口时,儿童被勒死。
- 当儿童的腰带卡在车门、卡在电梯和自动扶梯时,儿童被拖曳。

图 1　卡夹和缠绕在缝隙中的实例

5.2.2　突出物引起的危险

突出物可在一定范围内撞击或缠绕衣服或其他佩戴物。由此造成的伤害可能是勒死、划伤、刺伤或钝伤。绳带（衣服）或项链等挂在突出物上，可能将儿童勒死。

旨在避免或减少由于突出物造成的风险的对策包括：

——避免不必要的突出物；

——确保突出物为圆形，且突出表面的高度尽可能地小。可使用试验绳带、链条或其他装置评定危险(见参考文献[12]、[14])。

实例：

- 儿童的衣服，特别是绳带和兜帽，可能挂在床角柱上、滑梯上面的柱子上和突出的螺栓上，从而导致勒死事故。
- 游乐场设备齐头高的柱子导致头部受伤。

5.2.3 转角、边缘和尖物(包括抛掷尖物)引起的危险

接触危险源的转角、锐边和尖物可能造成划伤或刺伤。抛掷尖物特别危险，这是由于抛掷尖物的路径并不总是可以预测的，而它们的撞击能量往往集中在相对小的面积。

儿童在家庭和学习环境中碰到的许多产品，为满足其功能要求被设计成锋利和尖角状(例如刀、针、厨房设备或花园或车库中使用的工具)。

物件破裂可产生锐边或危险尖物。在家用产品(例如饮水杯、餐桌、其他家具等)和结构功能件(门、窗户、屏幕等)中使用的玻璃当破裂或有未处理的边缘时，产生特殊的危险。

幼童将玩具和家用物件放入口中四处走动和乱跑是正常行为。

旨在避免或减少由于转角、边缘和尖物造成的风险的对策包括：

——避免、防护或倒圆暴露的边缘，以减少划破危险；

——使用难以破裂或者破裂时残留物不太可能导致严重伤害的玻璃(即安全玻璃)；在家庭某些高风险位置和儿童自由运动的其他地方，建筑结构应考虑采用非玻璃材料；

——限制幼童接触尖物，譬如笔、铅笔和织针；

——通过适当的指导，限制儿童接触玩具突出的部分；

——当儿童能够使用锋利工具时，教导儿童如何使用锋利的工具，一开始在严密的监视下，使用危险小的型号(例如没有锋利刀刃的剪刀)教儿童如何使用。

实例：

- 碰撞家用餐桌或厨房工作台面的小圆角边缘可能造成面部划伤、牙齿或眼睛受伤。
- 儿童摔倒在非“安全”玻璃桌面的桌子上时，由于划破主血管而死亡。碰撞门或其他家具上的竖直的非“安全”玻璃，也可能导致严重划伤。
- 口内含有物件时摔倒可能导致上腭穿透损伤。

5.2.4 小物件引起的危险

现有标准(例如GB/T 6675、EN71-1和ASTM F 963-96a)规定的产品部件和小物件对儿童还有潜在的危险，尤其是对于幼童。

除人们都知道可进入气管和食道的小物件之外，某些圆形(例如球形)物件在口后部有可能堵塞气管，产生危险。

下面的危险情况可能发生：

——物件可被吸入，进入并驻留在气管内或食道较深处；

——物件可被摄入，导致食道、胃或肠堵塞或穿孔危险；

——物件可被插入身体孔口内，导致疼痛、膨胀、堵塞或其他伤害。

旨在避免或减少由于小物件造成的风险的对策包括：

——淘汰小物件；如果可行，尤其要避免球形和锥形的小物件；

——向用户提供适合年龄的指导和警示，使用户了解与幼童有关的危险；

——采用二次防护对策，例如，提供持续通气孔路，这样，一旦吸入小物件，儿童仍然能够呼吸；

——对照看人员进行急救方法培训，以便一旦发生小物件堵塞，其后果可减至最轻。

实例：

- 与唾液混合时，在大小、形状或组织结构方面发生变化的物件可能堵塞气管。
- 当微型电池插入身体孔口(例如鼻孔)或吞入时，可能导致堵塞、漏电、腐蚀或导致局部有害电化学反应。
- 吞入小磁体时，可能彼此吸引和破坏小肠。
- 儿童被类似食物或与食物一起夹带的小物件噎住而窒息。
- 柔软物件(例如整个或破裂的乳胶气球)驻留在气管内。
- 大一点的儿童常常将笔帽放在口内，由于笔帽的形状，可被吞入。
- 吃含有不可食用产品(例如玩具)的食物时，导致吞入或咽下小物件。

5.2.5 不透气密闭物引起的危险

不透气的密闭物可能造成窒息的风险，尤其对于幼童更是如此。在玩耍过程中，他们可能将自己完全隐藏在产品内，或者放在面部或头部。可导致风险的产品包括：

可紧贴面部呈现面部形状，并因此可盖住鼻子和口部的软质材料薄片；

——封闭的空间。

旨在避免或减少由于不透气密闭物造成的风险的对策包括：

——限制软质材料的尺寸(例如塑料袋的开口)；

——在材料上设有通气孔；

——使用柔性差的材料。

实例：

- 儿童将塑料袋放在他们的头部或面部时，可能发生窒息和不可康复的脑损伤。
- 儿童被关在玩具箱、旧冰箱、便携式保温箱和车辆后备箱时，由于这些容器没有通气孔，而且儿童又没有能力打开盖或门，结果造成儿童窒息身亡。

5.2.6 稳定性不足引起的危险

稳定性不足的产品可能翻倒，伤害在其内部、上面或附近的儿童。视产品功能而定，伤害性质可能不一样。例如：

——炊具翻倒时，热液体导致烫伤；

——家具重物造成的压伤；

——不稳定的无支架灯具倾翻造成失火而导致烧伤。

旨在避免或减少稳定性不够导致的风险的对策包括：

——正确设计产品的某些性能(重心位置、重量、与支持面接触点的位置)，保证产品能承受任何预期的不稳定负载；

——限制产品翻倒时造成的影响(例如，防止溢漏的杯子)。

实例：

- 当儿童推拉轮式家具时，例如电视架，有发生危险的可能。
- 钩接式椅子连接到托架式桌子时，该桌子可能翻倒。
- 用打开的洗碗机或烘箱门作攀登辅助工具时，可能导致危险情况。
- 某些类型的燃气炉不稳定，炉内有燃料和火焰时，特别危险。

5.2.7 结构完整性不良引起的危险

结构完整性不良可造成骨折、内伤和撕裂。结构完整性不良也可能导致产品破裂,从而释放小部件或产生其他危险。由于维护不当,产品在使用期内可能发生故障。维护对于许多产品十分重要。某些产品规定采用以下方式之一组装或安装:

——每次使用时都需要组装或安装(例如折叠式手推婴儿车);

——一次性组装或安装(例如衣柜、自行车或建筑环境中的构件,如篱笆)。

自己组装产品的安全性取决于产品的设计、说明书的清楚详尽和组装人员的技术。每次使用时组装的产品通常包括儿童可接近的锁定机构,儿童可能打开该锁定机构,或者不能正确地固定它们。

旨在避免或减少由于结构完整性不良导致的风险的对策包括:

——如果一个产品看上去儿童能坐、站或爬到上面,要确保该产品确实能承载儿童的重量;产品能够在过载的条件下不毁坏;试验方法应反映产品在其寿命期内可合理预见的使用状态。

——产品的设计应使其尽量不需要维修;如果需要维修,应提供合适的使用说明书。

——使产品不能进行不完全或不正确的组装(包括使用锁定机构);若产品组装不正确,则不能使用(见5.10)。

——确保儿童不能操作可能导致产品毁坏的锁定机构。

实例:

- 儿童认为坚固的玻璃面咖啡桌,当儿童站上去时,玻璃破裂,结果造成致命的划伤。
- 由于检查或维修不良,游乐场设备发生故障。当秋千断裂时,造成致命伤害。
- 由于锁定不当,坐有儿童的折叠式手推婴儿车毁坏,造成儿童手指切断。

5.2.8 高处引起的危险

从高处掉下可能导致内伤(脑部和其他内部器官)和骨折,尤其是手臂和腿骨折。伤害类型和程度取决于儿童跌落的高度,在跌落过程中遭遇的危险以及着地表面的特性。

旨在避免或减少高处所导致的风险的对策包括:

——设计屏障,防止儿童攀爬活动;

——通过设计,使用垂直而不是水平设计部件(消除立足点),消除儿童攀爬可能性;

——当建造房屋时,在楼梯的顶部和底部安装防护装置;

——在新楼宇中安装窗户护栏和锁定机构,并制定标准,以要求翻新改造旧的住宅;

——防止跌落(例如,适用时,采用的结构件尺寸能够便于儿童抓牢;提供适当的保护措施);

——减少跌落造成的后果(例如降低可能跌落的高度,产品的设计和安装使儿童跌落时避免与危险源接触,或提供能吸收跌落能量的表面材料);

——通过设计适用的安全设备和环境,以及修改规则,减少体育运动或休闲活动造成的跌落后果。

实例:

- 在家中,最严重的跌落发生在可接近的开口处(窗户和门)和下楼梯时。
- 儿童可钻过或翻越的阳台护栏可能造成致命跌落。
- 在游乐场,儿童使用不适合他们能力的设备时可能发生跌落。
- 随着儿童的年龄增长,以及越来越多地参与可能导致跌落的降落运动和碰撞运动,体育运动和休闲活动造成的骨折越来越多。

5.2.9 运动和旋转物件引起的危险

与运动物件的碰撞可能导致压伤、内伤、骨折等。伤害严重程度与物件的质量和运动速度相关。因此,机动车辆造成的伤害(包括对于乘客和行人的伤害)导致的死亡,比其他类型意外伤害导致的死亡要多。为减少车祸伤亡可能性,主要工作集中于二次防护的应急保险措施,例如较好的限速系统和安全气囊。不应忽视一次防护工作。这些工作包括(但不限于):设计具有较安全交通线路的道路,预计有儿童通过的区域降低车速,提供良好的照明并修建有保护设施的人行道和自行车道。

与运动和旋转物件(例如风扇叶片、碎肉机刀片和铰链装置)接触可能导致划伤、创伤性断肢和其他严重伤害。这种接触还可导致头发、衣服或佩戴物缠绕或吸入,如吸入自动扶梯、滑雪者用的机动运送设备、电梯和汽车门,结果造成窒息、撕掉头皮或被拖曳。

旨在避免或降低因运动和旋转部件产生的风险的对策包括:

——使儿童接触不到此类产品;

——限制此类产品的动能(例如速度);

——为此类产品提供合适的制动装置;

——提供合适的方法吸收发生碰撞时的冲击能量;

——产品的设计使儿童不能接触运动或旋转部件,例如,加外壳或防护网;

——确保运动部件之间的距离大小足以防止发生伤害,此距离的大小应根据人体测量数据确定;

——采用儿童无能力弄坏的安全锁或其他安全措施。

实例:

- 头发被旋转部件缠绕并吸入农用机械时,儿童的头皮被剥掉。
- 某些厨房设备包含运动旋转部件。手指划伤和断肢多与粉碎机、搅拌机和类似器具有关。
- 儿童的手脚被卷进游乐场设备内,例如旋转木马。
- 电梯和自动扶梯卡夹儿童的手指、手、脚、衣服和佩戴物。
- 由于自行车轮辐条没有采取充分的防护措施,搭载在自行车上的许多幼童的脚发生受伤事故。
- 旋转门导致许多儿童伤害事故,尤其在门的接口一侧。

5.2.10 噪声引起的危险

噪声引起的危险在各种文件中已有明确的规定。当耳内敏感脆弱的听觉器官受到太高的声压刺激时,伤害发生。听力的损害通常是不可康复的。

幼童的听力比成年人更容易损伤。由于儿童可能意识不到也不能报告他们的问题,听力损伤难以发现。通常当他们表现出听力上有严重困难、或者有语言问题或社交问题时才被发现。

噪声暴露分为下述两大类:

a) 峰值噪声或脉冲噪声

——该类噪声源的实例是炮击、气囊爆破、爆炸、敲打声等;

——峰值噪声可立即造成耳损伤。

b) 持续噪声

——该类噪声源的实例有音乐、蜂鸣产品、马达噪声等。大多数发声产品均属于此类。一定时间持续发出的噪声可能造成伤害。危险评定需要考虑声级水平和暴露时间。

当确定风险时,也应考虑噪声源和耳朵之间的距离。

旨在避免或减少噪声引起的风险的对策包括:

——降低产品可发出的峰值噪声水平;

——当开启产品时,自动重置到低音量;

——用消音器消除噪声;

——清楚标记音量控制;

——告知或提醒儿童危险。

实例：

峰值和脉冲噪声

- 儿童处于爆炸物环境中，例如使用子弹或鞭炮的玩具。儿童处于靠近耳朵的敲打噪声源。

持续噪声

- 婴儿接触嘈杂声、蜂鸣声、嘎嘎声、音乐盒声音、闹钟声等。婴儿通常自己不能操作玩具，通常由他人，诸如他的兄弟姐妹或照看人员控制这些噪声源与他的耳朵之间的距离，某些情况下还控制噪声源的声级水平。
- 儿童使用产生噪声的产品，但是却意识不到这些噪声对于他们自身和其他儿童的危险。
- 年龄稍大的儿童自己进入噪声环境，例如迪斯科舞厅和道路车辆噪声。
- 配有耳机的产品或噪声源靠近耳朵的产品可能特别危险。

5.2.11 **溺死危险**

淹没在水中可能造成溺死或几乎溺死。幼童不会游泳，非常容易溺死。即使短时间缺氧也可能导致脑部损伤。同样，如果浅水淹没儿童的面部，也可能致命。

旨在避免或降低溺死风险的对策包括：

——设置屏障，减少儿童进入家里和周围蓄水区域的机会，例如花园池塘、游泳池、洗衣机和浴缸。

——用盖子盖紧蓄水池、水井和其他蓄水场所等。

——教导成年人，保证从不把婴儿和幼童单独留在浴盆内(包括浴盆座)、池塘或蓄水场所附近。

——从易于监视的角度设计水环境；

——设计警报系统，例如报警器，作为屏障的支持；

——在儿童年幼时教他游泳；

——确保儿童在水上运动时穿戴合适的浮力设备或救生衣。

实例：

- 儿童试图走过水池盖时，落入积水的水池，或落入岸边被植物遮盖的花园池塘时被淹死。
- 幼童模仿成年人洗衣，掉入顶接式洗衣机内。
- 儿童陷入不透明的水池盖下面。
- 儿童溺死在水桶里。

5.2.12 **吸力危险**

产品(例如玩具箭或标枪)上的吸盘，打到人体各部位都可能造成创伤。打到眼睛伤害可能更严重，甚至造成失明。如果由于一些其他方式的吸力或黏着力(例如，表面附着力)堵在鼻子或口部，都可能发生窒息。

儿童的头发或身体部分吸入旋涡/水池排水管时可能溺死。当以蹲坐姿势卡在游泳池排水道上方时，他们的肠子被吸出。

旨在避免或减少吸力引起的风险的对策包括：

——设置隔离吸力的屏障；

——减小实际和潜在的吸力；

——设计的吸盘的凹陷度尽量小或尺寸特别小，使其不能盖住鼻子或口部；

——通过设计，减少形成真空或其他吸附作用发生的可能性。

实例：

- 当空心、圆拱形或半球形玩具紧紧吸附在鼻子或口部发生窒息。
- 儿童将吸盘吸在身体的某个部位上。

5.3 热危险

5.3.1 可燃性和燃烧特性

火灾是意外伤害或死亡的主要原因之一。可燃性材料处于明火、高温、火花可被点燃或自然燃烧。燃烧速率和自熄灭趋势是影响火焰是否蔓延或被遏制的因素。

旨在避免或减少由于可燃性和燃烧材料引起的风险的对策包括：

——选择非可燃性材料或降低材料的可燃性；但由于阻燃添加剂的化学特性，阻燃添加剂可能产生新的问题(见 5.4)；

——在应使用可燃性材料情况下，配置保护儿童的能降低着火可能性的装置，并对装置的使用、搬运和处置提供适用的说明书。

实例：

- 宽松衣服比紧身衣服有更大的着火危险。
- 年龄稍大的儿童，尤其男孩，尝试用液体燃料点火。当液体燃料泼溅在衣服上时，如果他们靠近点火源，可能造成严重烧伤。
- 婴儿无法自己从失火的房屋中逃脱。年龄稍大的儿童可能能够逃跑，但不能估计形势和了解减少伤害要采取哪些措施。幼童有时隐藏起来，以“保护”自身免遭房屋失火的伤害，这使得营救人员难以发现他们。
- 众所周知，儿童喜欢玩耍火柴和打火机。

5.3.2 冷热表面引起的危险

与冷热表面接触可导致热损伤。表面可能变热或变冷的原因是内部有发热部件(例如引擎、电池、制冷器)或是外露于阳光或寒冷天气。材料的热吸收/反射特性决定了表面的温度。某些表面预定使用时可能发热(例如电炊具铁架)或变冷(例如冰箱)。儿童由于识别相关伤害可能性的能力有限，很可能触摸热或冷表面。冷热产品和器具如果没有提供相应指示，可能产生特殊问题。

旨在避免或减少由于热或冷表面引起的风险的对策包括：

——对于固有生热的器具，装配自动切断或定时切断发热源的装置；

——对于可能暴露于大气环境的产品(例如游乐场设备、游泳池岸边、门、儿童车座或室外家具)，使用吸热或吸冷性能都很低的材料；随产品提供有关安装和使用的详细说明书，可减少伤害；

——通过降低或提高表面温度，设置屏障或增加温度变化直观显示(尽管指示器对于幼童不一定有效)，从而减少触及热或冷表面的烧伤；

——避免发热表面吸引儿童的注意；

——确保由于功能原因需要变热的表面在使用后快速冷却下来。

实例：

- 游乐场面向太阳或非阴凉的一侧可能变得发烫，导致接触损伤。
- 加热的器具，例如炊具铁架，在关闭后仍然发烫，这对于儿童而言可能不是显而易见的。
- 烤箱灯可能对于幼童有更大的吸引力。
- 电加热器的发红的电热元件自然地引发幼童的好奇。应采取充分的防护措施防止儿童用手接触发热元件。
- 极冷的栏杆、儿童车的金属部件(后支架)和从冰箱取出的冷冻食品，幼童用嘴舔时可能受到损伤。

5.3.3 冷热液体引起的危险

热液体可能造成烫伤。在厨房或餐厅场所，由于儿童的好奇心，特别存在烫伤的风险。

旨在避免或减少由于冷热液体引起的风险的对策包括：

——使用防溅茶杯和咖啡杯；

——提高容器（例如水壶和咖啡罐）的稳定性；

——增加防护盖；

——限制可用的热液体量；

——将热水加热器的温度预先设置为安全水平；

——使用恒温冷热水混合水龙头，控制从水龙头出来的水的温度；

——向用户说明热水水龙头有烫伤的可能性。

实例：

- 盛有热饮的大饮料杯很容易倾翻。
- 儿童拉悬挂的物件，如挂在桌子的台布或工作台上的电源线，结果拉动放在上面盛有热液体的容器。
- 婴幼儿抢夺成年人手上的水杯。
- 由于儿童落入有热水的浴缸，或在无人看管时自己或兄弟姐妹打开热水管，导致烫伤。儿童没有成年人帮助不能出浴缸。

5.3.4 明火引起的危险

明火对于成年人来说是显而易见的危险源，但可能吸引儿童。有2岁年龄的幼童就由于玩火柴和打火机而点燃火苗，导致烧伤。该玩耍行为可能与火苗或打火机的吸引有关，或者与尝试模仿大人行为有关。由于儿童玩火很可能使火苗靠近自己的身体，可能造成严重的损伤。

旨在避免或减少由于明火引起的风险的对策包括：

——在打火机和其他点火源的设计中考虑到儿童防护性能，例如，要求按规定的顺序或步骤使用（见 ISO 9994）；

——避免打火机和其他点火源的外观设计对儿童有吸引力（例如外观类似熟悉的卡通字符或玩具）；反之，类似打火机的玩具或糖果盒可能给儿童这样一种概念：打火机是为儿童设计的东西；

——使用物理屏障阻挡家用壁炉的火苗；屏障应防止儿童接触或投掷物件到火和将余烬从火中抛出；燃烧木材的炉需要防护装置，它们的外表面可能变得很热；

——在蜡烛上贴上标记，提醒用户远离可燃物质（包括服饰品和被褥），当点燃蜡烛时，不要使蜡烛处于无人看管状态。

实例：

- 幼童被烤箱架的发光或明火的火苗所吸引。
- 气溶胶喷溅时可能留下易燃性溶剂轨迹；靠近明火时，可能引起回火，导致气溶胶罐爆炸。
- 儿童经常能够轻易地得到打火机，这是潜在的火灾源。

5.3.5 熔化引起的危险

某些固体产品，例如某些塑料，当加热时软化，而另一些固体产品加热时可能液化。皮肤与软化的固体或热液体接触时，由于皮肤接触面积必然扩大和接触时间必然延长，皮肤很可能受到严重损伤。成年人可能知道与该类型变化相关的危险，但儿童不会知道。

旨在避免或减少由于熔化行为引起的风险的对策包括密封可熔化或软化的材料，或者使用替代材料。

> 实例：
> - 熔化的蜡烛油可能烧伤儿童或导致儿童丢弃燃烧的蜡烛。
> - 在帐篷中使用的合成纤维布当燃烧时可能熔化，滴落到帐篷居住者身上。
> - 用合成纤维布制造的衣服点燃时可能熔化，粘结到皮肤上。

5.3.6 高温和低温危险

当儿童在高温环境(例如室内或汽车内)中，可能出现过热(中心温度升高)。这是造成婴儿突然死亡并发症的一个因素。室温和导致热量积累的产品(例如婴儿棉被或电毯)结合构成了危险。

当陷入冷藏室或在极冷的气候条件下不能进入或返回到家里，可能出现体温下降。

旨在避免或减少由于高温和低温引起的风险的对策包括：

——使用设备限制室温；

——在毯子和类似产品上加上过热警示。

> 实例：
> - 在炎热太阳光照射下，滞留在汽车内的儿童由于温度过高而死亡。

5.4 化学品危险

暴露于危险化学品环境可能是突发的，也可能是长期发生的。这可以在产品整个寿命期内发生，也可以在产品被处置后发生。潜在伤害包括中毒、外部和内部化学烧伤、过敏反应、慢性疾病和癌症、化学肺炎和影响生殖能力。

要想降低这种伤害风险，应考虑危害潜在期很长这一事实可能不被众人所知。

旨在避免或减少危险化学品引起的风险的对策包括：

——限制单次暴露或重复暴露的化学品的使用量；

——在相应容器或安全存储设备上加放隔挡物，例如儿童安全罩；

——使用无毒性或毒性小的化学品替代；

——使用燃烧时产生的毒性气体少的材料，切记当有机材料燃烧时通常释放一氧化碳；

——禁止使用可疑或已知的诱发物和致癌物；

——避免已知的过敏物和腐蚀剂；

——避免外观、口味和气味对儿童有吸引力的化学品；

——提供产品信息，包括成分、急救措施、制造厂商标识和联系方式；

——提供相关和足够的警示；

——提供安全存放和处置信息。

> 实例：
> - 房屋火灾通常产生致命的有毒散发物。
> - 儿童在吞咽或吸入家用化学品、药物或杀虫剂后通常需要药物救治。
> - 儿童由于接触或吞入强清洁产品和电池，造成化学烧伤。
> - 皮肤接触乳胶和镍可能产生过敏反应。
> - 长期暴露于某些重金属环境可对健康产生不良影响。

5.5 用电危险

用电危险可造成伤害或死亡。由于儿童不能"看见"或了解危险，这种危险尤其隐蔽。

旨在避免或减少用电引起的风险的对策包括：

——防止触及带电部件；儿童可触及的开孔的位置和尺寸是相当重要的；

——若产品功能要求,需设有易于接触的开口,如电源插座,则应对这些开口采用有效的绝缘方法(包括快速断电装置、开关或其他屏障);

——制造由电池驱动或采用安全特低电压(SELV)操作的玩具或儿童产品;但应认识到这些方法可引起其他重大危险。

除了用电以外,用电产生的危险按本部分的其他条款处理,例如5.2.9(运动和旋转物件引起的危险)和5.3(热危险)。

实例:

- 外观(例如鸭子形状)吸引儿童的吹风机可能导致儿童将它们放入浴盆内。
- 形状有吸引力的插入式夜间照明灯可能导致儿童认为插座是无害的。

5.6 辐射危险

5.6.1 电离辐射(即放射性)

对于需要儿童接近的电离辐射一般都予以严格控制。自然环境产生的电离辐射,如某些地区的氡气,可以用法规支持的当地房屋设计措施,将其慢性效应降至最低。

5.6.2 紫外线辐射

太阳光紫外线的辐射是最常见的辐射暴露,短期暴露可能造成阳光灼伤。长期暴露可导致以后患皮肤癌。

旨在避免或减少由于紫外线辐射所产生的风险的对策包括:

——通过健康宣传使该信息广为人知;成年人应确保在儿童玩耍的环境中有遮阳之处;

——建议衣服采用具有高阳光保护系数(SPF)的布匹制造;但应注意,某些布料湿润或伸长变形时,保护作用很小;

——对于儿童,不提倡使用防护功能不足的仿制太阳镜(见5.9);

——在产生紫外线辐射的产品中内置安全装置,如鞣革软床,防止长期暴露于紫外线辐射;提供明确的警示,声明这些产品不是儿童用品。

5.6.3 高强度光或集束光

远离高热或在强光下遮住眼睛是普通的人反应,但婴儿在这种情况下就不能本能地采取这些保护动作。

间歇光(如有规律的闪光或闪光灯)对有癫痫病的儿童可能产生影响。

实例:

- 过度暴露于阳光可导致灼伤、皮肤癌和眼睛损伤。使用防护服、防晒油和太阳镜可减少这种伤害。
- 强聚焦的高强度可见光,包括激光束(笔),很快就能导致皮肤和眼睛损伤。
- 某些儿童对闪光(有时是电视画面或电脑游戏画面)十分敏感,可能产生痉挛。比较差的环境照明可加剧这些有害的影响。

5.7 生物危险

微生物(例如病毒和细菌)可导致所有人生病,但众所周知,很小的儿童没有足够的抵抗力或免疫力。这种危险通常不会产生急性损伤,而是患上伤害定义中所包含的各种疾病(见3.2)。

玩具、童车等产品中可能产生生物污染(如霉菌)。

旨在避免或减少生物污染物暴露引起的风险的对策包括:

——设计产品时,考虑到方便清洗,必要时,提供进行全面清洗的说明书;

——设计使用热水管冲洗,以避免军团菌的繁殖。

实例：
- 玩具中有某些被污染的液体(例如水)。
- 产品裂缝或奇怪形状限制了清洗效果。
- 军团菌通过没有充分加热的水系(例如旋涡、阵雨)扩散，尤其影响儿童和抵抗力有限的老年人。

5.8 爆炸危险

爆炸危险取决于产品的易燃性和燃烧特性。此外，内部压力也可引起爆炸。爆炸性混合物可有意制造(烟花、子弹枪)，也可能无意形成(例如气体泄漏、汽油气化等)。儿童暴露在危险中特别与有意制造的爆炸性混合物相关。青少年希望试验各种类型的产品，包括烟花。

旨在避免或减少由于爆炸物引起的风险的对策包括：

——限制儿童接触到爆炸物(尽可能)；

——若不能达到此要求，使儿童远离爆炸物；

——限制烟花中飞出的燃烧物的数量和燃烧颗粒的飞散距离；

——将产品包装起来，例如玩具枪子弹，使其自燃爆炸的风险降至最小；

——由于玩具枪爆炸点离儿童耳朵的距离通常较小，保证其子弹近距离噪声级处于安全值(见5.2.10)；

——通过儿童可能接触的爆炸产品的设计，确保爆炸时间尽可能准确和尽可能减少飞出颗粒的可能性；

——当儿童故意握持可能爆炸的物质时(例如在学校化学课上)，使用防护装置，譬如符合相应性能要求的防护面具和手套。

对于儿童而言，在没有监护情况下，烟花不可能是安全的。

注：某些国家禁止向公众销售烟花，要求只有获得许可的成年人才能进行烟花表演。

实例：
- 不合格的烟花可能过早或延迟爆炸，而儿童又特别愿意尝试和使用更便宜类型的烟花。
- 爆炸通常伴有飞出的颗粒和可能损害眼睛的闪光。
- 烟花燃放可产生热和燃烧的颗粒，导致皮肤烧伤。
- 爆炸产生的噪声对于儿童的耳朵十分有害。由于儿童的手臂短，在玩耍过程中使用某些爆炸性产品(子弹枪)，存在特别的危险。
- 硬化玻璃器皿受到热冲击可能发生自爆。此外，对于哪种容器可在明火上使用或是在微波炉中使用，并非总是十分清楚。
- 处于热源或被抛入火中的电池和液化气包装物可能发生爆炸。
- 如果限压阀工作不正常，压力锅可能爆炸。
- 电池极性反接可能引起爆炸。

5.9 不充分的保护功能

某些产品，例如安全帽、太阳镜、救生衣、“安全”门和屏障旨在减少死亡和伤害可能性，或者减少伤害严重程度。重要的是，这些产品实际上能否提供最起码的保护能力。当仿制防护装置做成产品而不能提供防护作用时，还可能出现安全问题。这些产品通常是玩具，例如玩具安全帽或玩具太阳镜。

有时防护装置是为儿童以外的部分人群设计的。当这些装置工作时，可能给婴儿和儿童带来危险。例如，当婴儿和幼童坐在乘客座位上，乘客安全气囊打开时，导致儿童受伤或致死。

有时防护装置在没有预见的环境中使用时可能产生问题。例如，儿童要到游乐场去玩，他停下自行车但又没取下头盔，游乐场设备通常设计一个开口来防止头部被夹，这个开口或是很小，小到头部不能进入，或是很大，头部能安全穿过，若儿童戴着头盔，头部尺寸加大，妨碍了头部自由穿过开口。

由于自行车头盔的紧固带做成从自行车上跌落时不会松开的，因此当儿童悬挂在游乐场设备上时，也不会松开，这样儿童可能死亡。而目前已有这样的设计改变，固紧带既能在游戏场悬挂情况下松开，又能为骑手提供足够的保护，当然，严重的交通事故除外。

旨在避免或减少由于缺乏保护功能而引起的风险的对策包括：

——禁止使用假冒(玩具)防护装置，或者要求它们达到安全标准；

——及时就潜在的危险向公众发布明确的信息；

——重新设计产品使其能在实际的使用环境下良好工作。

实例：

- 自行车骑手所戴的玩具头盔在骑手跌倒时不能防止头部受伤。
- 玩具护膝不能对滑冰者或滑板者跌倒时提供保护。
- 玩具救生设备没有正确标记，导致将它们当作真正的救生设备或救生衣。
- 用于防止接近某些环境的屏障，由于有地脚支撑，可能被儿童攀爬。

5.10 不充分的信息

对于无法通过设计消除或通过防护装置或屏障充分控制的产品的相关危险，为避免可能的后果，应提供必要的信息。信息应清晰、准确，并在可能发生相应危险时或发生期间能被看见。给出信息的载体不应给儿童带来新的危险(例如因吞入脱落的标签发生梗塞窒息事故)。

关于使用说明书和在购买之前信息的一般准则，可查找 ISO/IEC 指南 14 和 GB/T 5296.1。涉及符号使用的规定可查找 ISO/IEC 指南 74。

面向儿童的产品信息应采用儿童能够理解的方式撰写。这应经过测试。尽管产品不是为儿童而设计的，如果儿童很可能使用，也应提供必要的产品信息，以便他们可以正确地使用产品。

提供的信息不应鼓励儿童错误行动，例如在有毒物质上标注对儿童有吸引力的符号，这可能鼓励儿童接触该有毒物质。

提倡采用文字或符号相配合的方式，给出产品适用和不适用于某个年龄段儿童的信息(例如，对于3岁以下儿童不适用的玩具有关年龄的警示符号)。

实例：

- 化学玩具(化学装置)可能包含对于玩具功能必不可少的、毒性已知的化学品(例如硫酸铜)，应通过标签和使用说明书清楚地标明包含这种化学品。

附 录 A
（资料性附录）
危险预防措施实例

表 A.1 列出了某些危险和伤害事件，并提供了相关的预防措施实例。

在每一行中，特殊的危险与伤害事件实例和儿童伤害实例联系。通过不同类型的危险情况或不同的伤害事件（其定义见 GB/T 20000.4—2003 的 3.4）来看，大多数危险还可能引起其他的伤害。此外，提供了预防措施实例。条的编号表示其他信息见本部分的该条款。

当使用表 A.1 时，有必要考虑所有危险类型。例如，涉及电动产品时，考虑电危险是不够的，因为产品可能有发烫的表面、运动部件，而且产品也可能产生有毒烟雾。

表 A.1　危险预防措施实例

危险	条的编号	伤害事件实例	伤害实例	合理预防措施实例
机械危险				
缝隙和开口	5.2.1	身体部分卡夹，尤其头部、颈部和手指	窒息、限制血液供应、手指或脚趾切断	规定极小的尺寸，以致儿童不能进入开口；或者规定足够大的尺寸，以便身体部分能够从开口中出来；运用人体测量数据。
		衣服/附件卡夹在 V 形或窄的缝隙内	勒死	避免朝下或朝行进方向的 V 形开口。
突出物	5.2.2	衣服环状物卡住在突出物上	勒死	限制扩展部分（包括螺栓）和要求圆形。
		碰撞突出物	划破、创伤、刺破	限制扩展部分，要求软材料。
转角、边缘和尖物	5.2.3	运动时接触	划破、创伤	要求大半径；除非安全玻璃，避免在家具中使用玻璃；提供不尖锐的产品类型。
		与物件碰撞	刺破，眼睛损伤	玩具箭或标枪端部采用圆形；告诫儿童不要将尖物放入口内。
抛掷尖物	5.2.3	碰撞	刺入损伤	玩具箭或标枪端部采用圆形。
小物件	5.2.4	吸入小物件或部件	呛住	根据人体测量数据减少小物件的尺寸；避免球形和锥形；提供通气孔；创造互作用屏障；使小部件难以拆除；避免与水或唾液接触导致尺寸发生改变的材料。
		咽下小物件或部件	内伤	要求不透 X 射线的材料；设置警示标志，让吸引物在儿童接触不到的地方；运用苦味剂；避免使用与水或唾液接触导致尺寸发生改变的材料。
不透气密闭物	5.2.5	儿童将头部插入	窒息	设置通风孔；避免柔软的塑料布。
		儿童困在内部	窒息	提供进入和退出可能；规定打开盖可能性等。

表 A.1(续)

危险	条的编号	伤害事件实例	伤害实例	合理预防措施实例
稳定性不足	5.2.6	儿童在产品上时产品翻倒	脑部或其他内伤，骨折	规定产品应能够承受的足够负载。
		儿童被卡夹在产品下面	挫伤、骨折	规定产品应能够承受的足够负载；限制产品质量。
结构完整性不良	5.2.7	儿童在产品上时产品塌陷	脑部或其他内伤，骨折	规定产品应能够承受的足够负载；考虑动态负载。
		儿童被卡夹在产品下面	挫伤、骨折	规定产品应能够承受的足够负载；考虑动态负载。
危险高处	5.2.8	从高处掉下	脑部或其他内伤、骨折	在设备或建筑物高处部分装配屏障。
运动和旋转物件	5.2.9	碰撞	划伤、挤压、切断	装配防护装置或屏障；减速。
		缠绕	切断、勒死	避免剪切结构；对于运动/旋转件，装配防护装置或屏障。
噪声	5.2.10	处于高峰或脉冲噪声	听力损伤	限制产品发出的声音水平。
		处于持续噪声	听力损伤	限制声音水平和(或)暴露时间。
溺死	5.2.11		窒息	限制儿童接近水(含水的产品)。
吸力	5.2.12	半圆形物件放在口部和鼻子上	窒息	避免产生真空可能性。
热危险				
可燃性和燃烧特性	5.3.1	火灾	烧伤	通过选择材料限制可燃性；对于可燃产品，要求儿童安全包装；提供安全使用信息。
冷热表面	5.3.2	接触	烧伤	限制表面温度；避免产品被太阳光加热；提供说明。
冷热液体	5.3.3	接触	烧伤、烫伤	调节出口温度；要求容器稳定。
明火	5.3.4	火灾	烧伤	提供屏障；对于打火机，要求儿童安全装置。
熔化	5.3.5	接触	烧伤	
高温和低温	5.3.6	儿童处于热环境	太高中心温度	限制环境温度。
化学品危险				
毒性	5.4	接触，吸入，摄食	中毒，窒息	要求儿童安全包装；规定警示信息。
腐蚀性	5.4	接触，吸入，摄食	化学烧伤，窒息	对于腐蚀性产品，要求儿童安全包装；规定警示信息。
过敏性	5.4	接触，吸入，摄食	系列过敏反应	避免已知皮肤接触可能产生过敏反应的物质；规定警示信息。
致癌性	5.4	接触，吸入，摄食	生理反应	避免已知的致癌物。
用电危险				
产品吸引力和位置	5.5	儿童被产品吸引，触摸热表面，例如灯泡	烧伤	非玩具避免吸引儿童的设计；给热表面装防护装置。

表 A.1（续）

危险	条的编号	伤害事件实例	伤害实例	合理预防措施实例
带电部件可接近性	5.5	触摸带电部件	电死	限制开口尺寸；安装手指感应器；安装快速断电装置。
过热	5.5	产品导致火灾	烧伤，烟雾中毒	安装过热关闭装置。
电线	5.5	绊倒；儿童抓住电线	烫伤，勒死	限制电线长度；要求固定产品。
电池	5.5	儿童吞入电池	化学烧伤、内部堵塞、中毒	使儿童难以打开电池盒。
辐射危险				
电离辐射	5.6.1	接触建筑材料发出的氡气；处于烟雾检测器的放射性源	长期健康影响	限制放射性活度水平；要求处置说明。
紫外线辐射	5.6.2	晒伤，尤其眼睛	烧伤，眼睛损伤	对于儿童太阳镜规定合适的要求；告知父母暴晒的危险。
高强度光和集束光	5.6.3	儿童误用激光灯	皮肤和眼睛损伤，神经反应（闪光）	限制强度；对于激光笔，规定合适的警示信息。
生物危险				
生物介质	5.7	接触，吸入，摄食	生理反应	
爆炸危险				
易燃性和燃烧特性	5.8	接触烟花	由于光和外部引起的烧伤、明伤、眼睛损伤	要求法规限制使用烟花。
噪声和冲击波	5.8	爆炸太靠近耳朵	听力损害	限制最高声音水平。
不充分的保护功能				
不充分的保护功能	5.9	认为产品能保护儿童安全	跌落伤害，与带电部件接触	设计考虑到儿童人体测量数据的防护产品。
不充分的信息				
不充分的信息	5.10	儿童不能理解说明	各种各样	采用儿童能够理解的方式制定特定产品的安全说明。

附 录 B
（资料性附录）
适用于评定标准的检查表

对于每一个新的工作项目，技术委员会应使用表 B.1 所提供的检查表核实他们已经将儿童作为可能的接触群体进行考虑。

起草标准时，该检查表将作为标准的一个附件。可基于标准评定所报告的伤害，并对标准进行必要的修改。

表 B.1 适用于评定标准的检查表

编号	问 题	是	否	不相关
1	考虑了儿童与产品、服务、过程、设备的互作用吗？			
2	儿童安全专家参与了设计或标准化过程吗？			
3	考虑了下列危险吗？			
	——机械			
	——热			
	——化学			
	——电			
	——辐射			
	——生物			
	——爆炸			
	——不足的保护功能			
	——不足的信息			
4	评定危险时考虑了儿童的身体和发育特点吗？			
	——身体尺寸			
	——运动神经发育			
	——生理发育			
	——认知发展和行为			
5	考虑了残疾儿童的需要吗？ 见 ISO/IEC 指南 71			
注：如果问题 1 的回答是“否”，可忽略余下的问题。				

在填完检查表后，应确认充分讨论了问题 3 中标记“是”的危险，从该讨论中产生的功能要求涉及问题 4 中所提及的特性引起的所有危险。

其他人可使用该检查表辅助有关产品、服务或过程（如果它们可能与儿童互作用的话）的危险分析。

参 考 文 献

[1] GB/T 5296.1 消费品使用说明 总则

[2] GB/T 5465 电器设备用图形符号

[3] GB/T 6675 国家玩具安全技术规范

[4] GB/T 10001 标志用公共信息图形符号

[5] GB/T 12103 标志用图形符号的制订和测试程序

[6] GB/T 16273 设备用图形符号

[7] ISO 9994,Lighters—Safety specification

[8] IEC 61032,Protection of persons and equipment by enclosures—Probes for verification

[9] ISO/IEC Guide 14,Purchase information on goods and services intended for consumers

[10] ISO/IEC Guide 71,Guidelines for standards developers to address the needs of older persons and persons with disabilities

[11] ISO/IEC Guide 74,Graphical symbols—Technical guidelines for the consideration of consumers' needs

[12] EN 71-1:1998,Safety of toys—Part 1: Mechanical and physical properties

[13] EN 563:1994,Safety of machinery—Temperatures of touchable surfaces—Ergonomics data to establish temperature limit values for hot surfaces

[14] CEN Report CR 13387:1999, Child use and care articles—General and common safety guidelines

[15] ASTM F 963-96a, Standard Consumer Safety Specification on Toy Safety

[16] Handbook for Public Playground Safety, US Consumer Product Safety Commission, Publication No. 325,1997

[17] Child data—The handbook of child measurements and capabilities. UK Department of Trade and Industry(DTI), 1995

ICS 01.120
A 00

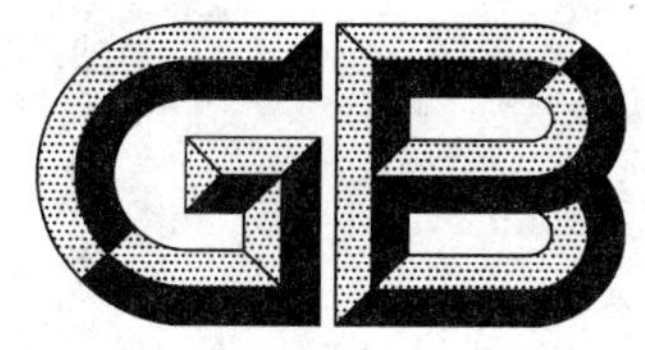

中华人民共和国国家标准

GB/T 20002.2—2008/ISO/IEC Guide 71:2001

标准中特定内容的起草 第2部分:老年人和残疾人的需求

**Drafting for special aspects in standards—
Part 2:The needs of older persons and persons with disabilities**

(ISO/IEC Guide 71:2001,Guidelines for standards developers to address the needs of older persons and persons with disabilities,IDT)

2008-07-16 发布　　2008-12-01 实施

中华人民共和国国家质量监督检验检疫总局
中国国家标准化管理委员会　发布

前　　言

GB/T 20002《标准中特定内容的起草》与 GB/T 1《标准化工作导则》、GB/T 20000《标准化工作指南》、GB/T 20001《标准编写规则》共同构成支撑标准编制工作的基础性系列国家标准。

GB/T 20002《标准中特定内容的起草》分为如下几部分：

——第 1 部分：儿童安全；

——第 2 部分：老年人和残疾人的需求。

本部分为 GB/T 20002 的第 2 部分。

本部分等同采用 ISO/IEC 指南 71:2001《标准制定者考虑老年人和残疾人需求的指南》。

本部分由全国标准化原理与方法标准化技术委员会(SAC/TC 286)提出并归口。

本部分主要起草单位：中国标准化研究院、中国残疾人联合会、全国老龄工作委员会、中国消费者协会、国家康复辅具研究中心。

本部分主要起草人：冯卫、马凤领、陆锡林、杨洋、李伟洪、程勇、陈剑、刘太杰。

引　言

社会发展的一个重要目标是:所有成员都有权无障碍地使用产品、接受服务、享用工作场所和环境。

随着世界人口中老年人口比例的逐渐上升,产品和服务的无障碍性和可用性问题越来越突出。尽管并非所有老年人都有残疾,但残疾或身体缺陷在老年人口中所占的比例最高。

根据国家2005年全国1%人口抽样调查数据公报,我国现有60岁及以上的人口为14 408万人,占总人口的11.03%;根据第二次全国残疾人抽样调查数据推算,我国现有各类残疾人总数为8296万人,占全国人口总数的6.34%。在相关标准制定中充分考虑老年人和残疾人的特殊需求,对于保障老年人、残疾人的权益,促进其平等参与社会生活,共享社会物质文化成果具有十分重要的意义。

人们的需求和能力随着年龄的变化而变化,并且每个人的能力在任一特定年龄段也各不相同。重要的是要认识到,年长的人在能力和认知上的缺陷不同于未成年人,如轻微听力丧失、只能戴眼镜阅读、失明、失聪或不能移动身体的某个部位及全身。应当注意,尽管某些限制从先天性和综合的角度看不严重,但随着年龄的增长,这些限制有可能变成严重的问题。

多年来,各国标准化组织和国际标准化组织在制定人体辅助技术和无障碍建筑设计方面的标准时,已经考虑到上述人群的需求。然而,在制定或修订日常用品和服务的其他相关标准时,并没有充分考虑老年人和残疾人的需求。各标准化组织正在着手解决老龄化和残疾问题,并不断制定和实施也适用于他们的产品与服务的政策和计划,以满足老年人和残疾人的需求。重要的是,在上述解决方案的制定过程中,要切实代表老年人和残疾人的利益。

各标准化组织支持对具有更易获得性的产品和服务的需求,本部分旨在成为各标准化组织所采用构架的组成部分。ISO和IEC于2000年发表的《ISO/IEC政策说明　在标准化工作中考虑老年人和残疾人的需求》所制定的规则能够确保将老年人和残疾人[1)]的需求体现到标准制定过程中,并提供基于人道主义和经济基础的判断标准。本部分通过确认标准起草时需要考虑的问题,对ISO/IEC政策说明进行补充,并使人们认识到标准通常不应该受设计局限的约束。本部分涉及到标准的起草和修订,也包含了对相关人员(如制造商、设计人员、服务提供商和培训人员)有用的信息。

本部分提供的仅是总的指导原则,仅针对无需进行特定的解决方案,就能够确保残障人士可用性的情况。进一步还需要为特殊的老年人、残疾人产品或服务制定其他相关的指南。

---

1) 无障碍领域的发展引起了全球各不相同的与老年人和残疾人相关的各种术语和定义的形成和使用。例如,某些人喜欢使用"带残疾的人"一词,另一些人则喜欢"残废人"。总体来讲,相关术语越来越精确,越来越带描述性,而不带否定或侮辱性质。由于没有通用叫法,因此本指南采用的术语是国际机构(如联合国和世界卫生组织)通常使用的语言。

标准中特定内容的起草 第2部分:老年人和残疾人的需求

1 范围

1.1 GB/T 20002 的本部分为各类相关标准的制定者就如何考虑老年人和残疾人的需求提供了指导。

但是,某些残疾程度严重或复杂的人的需求不属于本部分的范围。本部分是针对轻度生理障碍人员,只需将标准中的方法做较小的更改,就能很容易地满足他们的需求,从而扩展产品或服务的市场。

本部分的目的:

a) 告知、进一步了解和认识人类的能力对产品、服务和环境可用性的影响;

b) 概述标准中的要求与产品或服务的无障碍化、可用性之间的关系;

c) 从更广阔的市场,提高对采用无障碍设计原理获得益处的认识。

1.2 本部分适用于日常生活中经常遇到的,供消费市场和工作场所使用的产品、服务和环境。就本部分的目的而言,"产品和服务"这一术语通常反映上述所有目的。

1.3 本部分的内容包括:

a) 标准制定过程中对老年人和残疾人的需求考虑过程的说明;

b) 为确保满足不同能力的人群需求,为标准制定者提供了能够将标准相关条款与应当考虑的因素相关联的表格;

c) 描述了人体机能或人类能力以及残疾的实际含义;

d) 为标准制定者提供了一系列可用于更详细、具体研究的指导性资料。

1.4 本部分提供的只是一般性指导。对特殊的产品或服务的因素应当考虑制定相应具体的指南。

1.5 尽管大家都已认识到无障碍化和可用性对产品和服务的重要性,但在全球范围内开展的服务标准工作仍处于初步阶段。目前,本部分的内容考虑对产品的指导远比服务要多。

2 规范性引用文件

下列文件中的条款通过 GB/T 20002 的本部分的引用而成为本部分的条款。凡是注日期的引用文件,其随后所有的修改单(不包括勘误的内容)或修订版均不适用于本部分,然而,鼓励根据本部分达成协议的各方研究是否可使用这些文件的最新版本。凡是不注日期的引用文件,其最新版本适用于本部分。

GB 5296.1 消费品使用说明 第1部分:总则

GB/T 20000.4 标准化工作指南 第4部分:标准中涉及安全的内容(GB/T 20000.4—2003,ISO/IEC Guide 51:1999,Safety aspects—Guidelines for their inclusion in standards,MOD)

GB/T 20002.1 标准中特定内容的编写 第1部分:儿童安全(GB/T 20002.1—2008,ISO/IEC Guide 50:2002,IDT)

ISO/IEC 2000 年政策说明 在标准化工作中考虑老年人和残疾人的需求

ICIDH-2 Beta-2 功能与残疾的国际分类,世界卫生组织

3 术语和定义

下列术语和定义适用于 GB/T 20002 的本部分。

注:本部分对人类工效学、无障碍化和标准化领域使用的某些术语进行了分类,但未对人体机能和损伤进行描述。上述信息见第9章(或见引言中的脚注1)。

3.1

人类工效学 ergonomics

人因学 human factors

包括已知并理论化的人类行为和生物特征的科学技术分支，可以用于产品和系统的规范、设计、评估、运营和维护，以提高安全和效率，满足个人、群体和组织的使用要求。

3.2

无障碍设计 accessible design

此类设计注重将标准设计扩展到具有某些机能缺陷的特殊人群，通过下列方法最大限度地增加易于使用产品、建筑物或服务的潜在客户的数量。

——设计让大多数使用者无需任何修改就能很容易地使用产品、服务和环境；

——让产品或服务适合不同使用者(用户适配接口)；

——设有标准化接口，以便能与残疾人专用产品兼容。

注1：为所有人群的设计、无障碍设计、相容性设计和为各年龄段人群的设计等术语虽然用法相近，但却具有不同含义。

注2：无障碍设计是通用设计的一个分支，其产品和环境可以供所有人在最大范围内使用，而无需适应或特殊设计。

3.3

辅助技术 assistive technology

辅助设备 assistive device

用于提高、维持或改进残疾人的机体能力的设备、产品系统、硬件、软件或服务等。

注：技术或设备通过采购成品即可上市，也可进行商用化改装或个性化定制获得。本术语包括对残疾人的技术辅助。辅助设备不能消除损伤，但可以减轻残疾人在特定环境下执行任务或活动的困难程度。

3.4

损伤 impairment

残损

人体机能或组织出现的问题，如功能严重衰退或丧失，这可能是暂时性的(如由于受伤引起的)或永久性的，可能随着时间的推移而有所变化，特别是年老引起的功能退化更加明显。

注1：人体机能是人体系统的生理或心理机能。人体组织是指解剖学意义上的人体各部分，如器官、肢体及其他部位(如1999年7月ICIDH-2的定义)，也请参见引言中的脚注1。

注2：本定义不同于ISO 9999和ISO 2001的定义，与2001年5月WHO发布的ICIDH-2/ICF定义也略有不同。

3.5

活动受限 activity limitation

个人在从事工作或某些活动时行动受到限制。

3.6

使用者 user

与产品、服务或环境相互作用的人。

注：根据ISO 9241-11:1998改编。

3.7

可用性 usability

特定的使用者在规定的使用范围内使用产品，所能达到的有效、经济和满意的程度。(参照ISO 9241-11:1998)

3.8

可选方式 alternative format

让感官机能有缺陷或有其他缺陷人员使用产品和服务时可选择的不同方式。

3.9

工作犬 working dog

导盲犬、助听犬、为中风等通常需要行动辅助服务提供帮助和用于社会治疗的犬，或这些功能任意组合的犬。

4 总则

4.1 使产品、服务和环境满足老年人和残疾人的需求不仅是人道主义的要求，还会带来巨大的经济效益，最明显的是增加潜在客户。如果产品和服务适用于残疾人，那么其他人就可以更便捷、更容易地使用这些产品和服务。当人们有暂时性困难，如眼镜丢失、腿脚骨折、携带婴儿车或大件行李包旅行时，这种功能尤其有用。

4.2 在设计阶段的早期而不是后期考虑老年人和残疾人的需求，能使制造商以较低的成本或预算来设计、制造或提供更多人能够使用的产品、服务和环境。标准化在该领域将发挥重要作用，将大大影响产品和服务的设计，而这也是消费者感兴趣和关心的。

4.3 鼓励各标准化机构在起草标准时尽量满足老年人和残疾人的需求。本部分旨在为标准制定者和其他相关人员提供系统的方法，在制定和修订标准时解决老年人和残疾人的问题，并协助标准化机构评估他们在工作中是否满足上述需求。

4.4 建议标准化机构应将风险评估作为其分析的组成部分(见 GB/T 20002.1 和 GB/T 20000.4 中的定义)。本部分能够为各标准化机构确认潜在的危险(对残障人员的危险可能更大)评估风险提供帮助。

4.5 应该考虑对日用品的需求潜力，需要专门为老年人和残疾人设计更多的辅助设备。以设备、软件或服务等形式提供的辅助技术，可以满足老年人和残疾人的某些需求。重要的是它要与普通产品保持一致。如，浴缸和浴座应该可供正常人和残疾人使用，助听器和电话也应如此。

4.6 有时提供个别援助(包括工作犬援助)对残疾人来说是不可或缺的，但不能仅依赖它而取代无障碍设计原则。在服务领域，当无障碍设计不能完全满足老年人和残疾人的需求时，则仍然需要人们的援助。

4.7 在产品设计中，安全性和可用性之间可能存在潜在冲突。如，用来防止儿童接触的药品包装，同时也会让视力下降的老年人更难打开，或者可能导致他们的力量或灵敏度降低。尽管安全是主要目标，各标准化机构也应努力制定还能满足人类工效因素的解决方案。满足儿童需求方面的指南见 GB/T 20002.1。

5 标准的使用

5.1 本部分第 6 章提供了标准制定者在制定标准的过程中，考虑老年人和残疾人需求需要考虑的事项。

5.2 第 7 章提供的表格，能够帮助标准制定者确认影响产品、服务或环境使用的因素，并考虑这些因素对具有不同能力的人的重要性。

5.3 第 8 章利用表格中列出的关键词，更详细地解释了需要考虑的因素。

5.4 第 9 章对人的不同能力、感官、身体(状况)和认知(参见表格)进行了描述，并对损伤因果关系进行了说明。还对可能限制个人活动，甚至在某些情况下可能危及生命的过敏症进行了描述。希望所有标准制定者通过阅读第 9 章，加深对问题的认识。

5.5 本部分同时还提供了参考文献，列出了一系列标准制定者可用来更详细、更具体地研究本部分的资料来源。

6 制定标准——标准制定过程中需要考虑的事项

表 1 的各项程序中需要考虑的事项，将有助于各标准化机构确保标准考虑了老年人和残疾人的需

求。在起草新标准或修订现行标准时，仔细阅读这些程序将能实现其目标。

表 1 标准制定过程中需要考虑的事项

确定标准项目	确保委员会处于良好准备状态	制定标准的内容	审查程序	标准颁布
明确： ● 标准的目的 ● 标准化产品或服务的最终使用者 ● 当前产品或服务对广大使用者的无障碍化 来源： ● 供应商 ● 代表老年人和残疾人的团体 ● 用户调查 ● 消费者测试 ● 导则和政策	确保： ● 委员会成员意识到老年人和残疾人问题，例如向专家和使用者描述和(或)提供培训 ● 老年人和残疾人可用的会议室 ● 采用各种格式编写的委员会资料 ● 可用于解决使用者问题的数据，如损伤数据，重点群体研究	使用本标准和其他指导性材料，帮助确定： ● 老年人和残疾人的特殊需求和安全问题 ● 通过满足新的或更高要求，最大限度地减小危险的方式 ● 最大限度地提高产品或服务对广大使用者的无障碍化 ● 需要其他解决方案(如辅助技术)的地方	确保： ● 标准中对可用性需求已经做了评估，例如通过消费者测试调查 ● 标准采用的语言和术语可被老年人和残疾人接受(不应区别对待) ● 草案发送给广大使用者，包括代表老年人和残疾人权益的团体	确保： ● 该标准可用其他方式进行复制

7 确保标准包含无障碍设计规定需考虑的因素表

7.1 简介

表 2 至表 8 提供了帮助标准制定者确定影响不同程度残障人士使用产品、服务或环境的诸因素的工具。应当注意产品的个人使用者可能有多方面的能力损伤，所以制定标准时应当考虑所有残障人士的需求。

7.2 表格的内容

每个表格都确定了标准的一般规定或内容，其中：

表 2：信息——标签、使用说明和警示

表 3：包装——开启、关闭、使用和处置

表 4：材料

表 5：安装

表 6：用户界面——操作、控制装置和反馈

表 7：维护、贮存和处置

表 8：建筑环境(建筑物)

7.3 表格的使用

7.3.1 建议标准制定者在使用表格之前，首先考虑哪些表格与他们起草的标准相关，即，标准制定者希望标准中包含哪种类型的条款。例如：

电子产品相关标准可以具有信息、包装、材料、安装、用户界面与维护方面的条款，因此表 2 至表 7 是制定电子产品相关标准时应当采用的表格。

食品包装标准可以具有信息、包装、材料、用户界面和维护方面的规定。因此，表 2、表 4、表 6 和表 7 是制定食品包装标准时应当参考的表格。

建筑物通道标准一般包括信息、材料、安装、用户界面和建筑环境等规定，制定该类标准时建议查看表 2、表 4、表 5、表 6 和表 8。

表 2 信息章条中需要考虑的因素

设计优秀的产品或服务不需要任何说明信息，只需通过形状和外观就能表示其使用方式。而且，某些使用者不会注意所提供的任何信息。但某些信息仍然需要提供给产品或服务的所有使用者，尤其是安全警示。GB 5296.1 提供了通用性指南，以下是确保老年人和残疾人具有最大无障碍化的方式：

与信息相关的标准章条中需要考虑的因素（标签、使用说明和警示）	人的能力												
	9.2 感官					9.3 身体					9.4 认知		9.5 过敏性
	视觉 9.2.1	听觉 9.2.2	触觉 9.2.3	味觉和嗅觉 9.2.4	平衡 9.2.5	灵敏度 9.3.1	操纵能力 9.3.2	移动能力 9.3.3	肌力 9.3.4	声音 9.3.5	智力/记忆力 9.4.2/9.4.3	语言/文字 9.4.4	接触/进食/呼吸
8.2 可选方式	√	√	√	√		√						√	
8.3 位置/布局	√	√	√		√		√	√	√			√	
8.4 照明/眩光	√												
8.5 颜色/对比度	√										√		
8.6 字号/字体	√												
8.7 语言清晰	√	√									√	√	
8.8 符号/图	√										√	√	
8.9 音量/音调		√											
8.10 速度缓慢		√									√	√	
8.11 特殊形式	√		√								√	√	
8.12 易于操作	√				√	√	√		√		√	√	√
8.13 保质期标签	√			√								√	
8.14 内装物标签	√			√							√		√
8.15 表面温度	√		√										
8.16 无障碍通道	√				√			√					

表 3　包装章条中需要考虑的因素

需要考虑的方面包括:与表 2(使用说明)和表 4(材料)中提供的信息重复的包装标签,以及打开和处置包装的程序。

与包装相关的标准章条中需要考虑的因素(开启、关闭、使用和处置)	人的能力												
	9.2　感官					9.3　身体					9.4　认知		9.5 过敏性
	视觉 9.2.1	听觉 9.2.2	触觉 9.2.3	味觉和嗅觉 9.2.4	平衡 9.2.5	灵敏度 9.3.1	操纵能力 9.3.2	移动能力 9.3.3	肌力 9.3.4	声音 9.3.5	智力/记忆力 9.4.2/9.4.3	语言/文字 9.4.4	接触/进食/呼吸
8.2　可选方式	√		√			√			√				
8.4　照明/眩光	√												
8.5　颜色/对比度	√										√		
8.6　字号/字体	√												
8.8　符号/图	√										√	√	
8.11　特殊形式	√		√									√	
8.12　易于操作	√		√		√	√	√		√				
8.17　程序合理	√										√		
8.18　表面光洁	√		√			√							√
8.19　非过敏性/毒性				√									√

表 4　材料章条中需要考虑的因素

材料的属性会影响使用者与之相互作用。

与材料相关的标准章条中需要考虑的因素	人的能力												
	9.2　感官				9.3　身体						9.4　认知		9.5 过敏性
	视觉 9.2.1	听觉 9.2.2	触觉 9.2.3	味觉和嗅觉 9.2.4	平衡 9.2.5	灵敏度 9.3.1	操纵能力 9.3.2	移动能力 9.3.3	肌力 9.3.4	声音 9.3.5	智力/记忆力 9.4.2/9.4.3	语言/文字 9.4.4	接触/进食/呼吸
8.4.4　眩光	√												
8.5　颜色/对比度	√										√		
8.11　特殊形式	√		√										
8.12　易于操作					√	√	√	√	√		√		
8.14　内装物标签													√
8.15　表面温度			√								√	√	
8.18　表面光洁	√		√		√	√	√	√	√				√
8.19　非过敏性/毒性	√			√									√
8.20　声音	√	√									√		

表 5　安装章条中需要考虑的因素

很多情况下，安装由或应由合格人员进行，但仍然需要注意尽可能适用于不同人群。

与安装信息相关的标准章条中需要考虑的因素	人的能力												
	9.2　感官				9.3　身体						9.4　认知		9.5 过敏性
	视觉 9.2.1	听觉 9.2.2	触觉 9.2.3	味觉和嗅觉 9.2.4	平衡 9.2.5	灵敏度 9.3.1	操纵能力 9.3.2	移动能力 9.3.3	肌力 9.3.4	声音 9.3.5	智力/记忆力 9.4.2/9.4.3	语言/文字 9.4.4	接触/进食/呼吸
8.4　照明/眩光	√												
8.8　符号/图	√										√	√	
8.11　特殊形式	√		√								√	√	
8.12　易于操作	√				√	√	√	√	√		√	√	
8.17　程序合理	√		√								√	√	
8.18　表面光洁	√		√			√			√				√
8.19　非过敏性/毒性				√									√
8.21　故障安全	√										√		

表 6 用户界面章条中需要考虑的因素

以下是对广大使用者的可用性影响最大，需要注意的因素：

与用户界面相关的标准章条中需要考虑的因素（操作、控制装置和反馈）	人的能力												
	9.2 感官					9.3 身体					9.4 认知		9.5 过敏性
	视觉 9.2.1	听觉 9.2.2	触觉 9.2.3	味觉和嗅觉 9.2.4	平衡 9.2.5	灵敏度 9.3.1	操纵能力 9.3.2	移动能力 9.3.3	肌力 9.3.4	声音 9.3.5	智力/记忆力 9.4.2/9.4.3	语言/文字 9.4.4	接触/进食/呼吸
8.2 可选方式	√	√	√	√		√		√	√	√	√	√	
8.3 位置/布局	√		√		√	√	√	√	√		√	√	
8.4 照明/眩光	√												
8.5 颜色/对比度	√										√		
8.6 字号/字体	√												
8.7 语言清晰	√										√	√	
8.8 符号/图	√										√	√	
8.9 音量/音调													
8.10 速度缓慢	√										√	√	
8.11 特殊形式	√		√								√	√	
8.12 易于操作	√		√		√				√		√	√	
8.15 表面温度			√										
8.17 程序合理	√										√	√	
8.18 表面光洁	√		√						√				
8.19 非过敏性/毒性													√
8.20 声音		√											
8.21 故障安全	√		√								√		

表 7　维护、贮存和处置章条中需要考虑的因素

以下是除使用者本人之外的人需要考虑的因素，参见表 5。

与维护、贮存和处置相关的标准章条中需要考虑的因素	人的能力												
	9.2　感官					9.3　身体					9.4　认知		9.5 过敏性
	视觉 9.2.1	听觉 9.2.2	触觉 9.2.3	味觉和嗅觉 9.2.4	平衡 9.2.5	灵敏度 9.3.1	操纵能力 9.3.2	移动能力 9.3.3	肌力 9.3.4	声音 9.3.5	智力/记忆力 9.4.2/9.4.3	语言/文字 9.4.4	接触/进食/呼吸
8.2　可选方式	√	√	√			√		√	√	√	√	√	
8.4　照明/眩光	√												
8.8　符号/图	√										√	√	
8.11　特殊形式	√		√								√	√	
8.12　易于操作	√		√		√	√	√	√	√		√	√	
8.17　程序合理	√		√								√	√	
8.19　非过敏性/毒性													√

表 8　与建筑环境相关的章条中需要考虑的因素

建筑环境的设计可能需要考虑辅助技术的其他要求，例如，需要较宽阔的走廊允许轮椅通过。拒绝动物进入的建筑还应当提供专用工作犬通道。而在设计解决方案受限制的地方，应向诸如盲人或坐轮椅的使用者提供人为援助，帮助他们进入。

与建筑环境（建筑物）相关的标准章条中需要考虑的因素	人的能力												
	9.2　感官					9.3　身体					9.4　认知		9.5 过敏性
	视觉 9.2.1	听觉 9.2.2	触觉 9.2.3	味觉和嗅觉 9.2.4	平衡 9.2.5	灵敏度 9.3.1	操纵能力 9.3.2	移动能力 9.3.3	肌力 9.3.4	声音 9.3.5	智力/记忆力 9.4.2/9.4.3	语言/文字 9.4.4	接触/进食/呼吸
8.2　可选方式	√	√	√	√						√		√	
8.3　位置/布局	√				√	√	√	√	√		√	√	
8.4　照明/眩光	√				√								
8.5　颜色/对比度	√										√		
8.6　字号/字体	√												
8.7　语言清晰	√										√	√	
8.8　符号/图	√										√	√	
8.9　音量/音调													
8.10　速度缓慢											√	√	
8.12　易于操作	√				√	√	√	√	√				
8.15　表面温度	√	√	√								√	√	√
8.16　无障碍通道	√				√			√	√		√	√	
8.18　表面光洁	√		√		√	√	√	√	√				√
8.19　非过敏性/毒性				√									√
8.20　声音		√											
8.22　空气流通													√
8.23　防火	√							√					√

7.3.2　每个表格内，第一栏通过关键字确定应当考虑的因素。本部分第8章对关键字进行了编号。

例如：对于电子产品，起草信息和警示条款时，应当考虑给出可选方式、信息的位置和布局、能够看清产品的照明条件等。关键字的“可选方式”的详细解释请见8.2，“位置与布局”的解释见8.3，等等。

7.3.3　每个表格中以阴影表示的栏目，表示这些因素对不同机能受损者的重要性。尽管阴影表示的是特别重要的因素，但所有因素都很重要，每个不同的案例都应当考虑所有因素。因此在表2中，信息和警示采用可选方式足以显示所有因素对感官损伤（视觉、听觉、触觉、味觉或嗅觉）人员，以及对那些灵活性、语言和文字能力有损伤的人士的重要性。

相关可选方式随残障人士能力的不同而不同，但很显然，采用的可选方式越多，适用的人群就越多。每一种人类个体能力都进行了编号，如第9章所示。更多的信息，如视觉信息和由缺损引起的潜在风险见9.2.1。

7.3.4　标准制定者应当依据与其标准相关的列表和因素，有选择地使用这些表格。一旦确定相关表格和因素后，就应当考虑所有后续行中列出的人类能力。因为与产品、服务或环境相关的所有因素可能对不同能力的人而言都是非常重要的。

8　需要考虑的因素

8.1　概要

8.1.1　本章应与表2至表8和第9章中对能力的更完整描述一同使用，这些条款详细地介绍了帮助或阻碍老年人和残疾人的产品、服务和环境的特征。

8.1.2　从8.2起对表格中的关键词进行了解释，就可使用的产品和服务阐述了应该考虑的因素。虽然其中也提供了一些可能的解决方案事例，但这些只应作为指导方针，而不是规范。所列出的问题和解决方案也并不是毫无纰漏的。

8.1.3　对于与无障碍相关的标准项目，应该在起草新标准或修订标准之前，考虑符合7.3.3的表格的要求。

8.2　可选方式

8.2.1　基本考虑事项

可选方式（如3.8中的定义）描述了一种可以使产品和服务易于被接触或感觉到的不同表示方式。通过所有的输入、输出（即：信息和功能），提供至少通过一种可选方式，如视觉和触觉的方式，使包括语言和读写能力有障碍的更多的人获得帮助。对于灵敏性差，力量受损的人，需要考虑提供可替代的包装方式。

8.2.2　视觉信息的替代方式

表面光洁的类型和纹理对于提供触觉反馈是很重要的，因为它能够提高对视力受损的人的指示和警示。如果产品或建筑物的主要指示形式是书面形式，那么可替代的形式还可以是语音（通过某种产品或服务进行的语音指示）、声音（通过滴答声、铃声或蜂鸣声）或接触（触觉的标记或手柄）。

如果认为可行，在电子产品上显示的视觉信息还应该可以用于音频产品或其他用于视觉功能障碍的感官模拟产品，方便那些无法阅读盲文以及阅读有障碍和不能进行阅读的人。印刷的视觉信息也应该以其他形式（如盲人可以感觉到的电子音频、放大而且凸起的字体或盲文等）和以视力较差的人能看见的大字体进行印刷。

8.2.3　听觉信息的替代方式

如果可行，声音信号应该由可视或其他感官模拟产品支持，为那些有听觉障碍的人提供方便（如用书面、图形符号、振动或手语进行交流）。特别是听觉警告（如火灾警报）也应该启动视觉模拟，如闪烁的灯光就是很好、很清楚的指示。

8.2.4　语音输入的替代方式

如果用语音输入来激活某种流程（如建筑物入口处的安全系统），那么就应该考虑诸如写字板的可替代方式或使用视频监视。

8.2.5 生物识别和操作

如果采用计量生物学的识别方式,那么还应该提供可替代的识别或激活方式,例如,如果系统需要进行视网膜扫描,而某个人却没有视网膜;或者系统需要指纹识别,而某个人没有手或使用假肢,这样的人就不能操作该设备,除非以其他可选方式替代。

8.2.6 突发症的避免

闪烁率或闪烁文字、物体或视频应该避免最有可能引发视觉突发症的频率。

8.3 信息和控制装置的位置和布局及手柄的定位

8.3.1 位置

产品上或建筑内信息和控制装置的位置,乃至提供服务信息的位置(例如干洗店接收衣服进行干洗处理的提醒)都非常重要。对于视力有障碍或语言/阅读有障碍的人,这些信息的位置需要给予明显的提醒,如某人从站立或坐在轮椅上的视角都能看见,并且坐着或站立的使用者都能易于触及控制装置,而无需弯腰和把手伸很远。这意味着定位必须是灵活的、可调整的或安装多个同样的装置。当一个产品可用一只手或双手抓握时,或有力量障碍的人用不同的方式抓握此产品时,其信息或控制装置应位于不妨碍他们操作的位置。

8.3.2 建筑

建筑物的设计可结合简单的方法,使人对自然环境更有安全感,如位置合理、扶手坚固等。易于够到的控制装置和门把手,便于那些在灵敏性、操作、移动或力量方面有障碍的人使用。

8.3.3 布局

信息和控制装置的布局也将决定具有视觉或认知障碍的人阅读的难易程度。应考虑的因素包括信息和控制装置的合理分组、文本中每行的长度、信息的相关性和控制装置与所要采取的控制动作间的关系。

8.4 照明和眩光

8.4.1 照明要求

合适的照明可以确保视力有障碍的人员能够更好地看清说明和控制装置。这方面也应为听力障碍的人士考虑,帮助他们清楚地唇读或看清手语交流。

8.4.2 考虑周围环境照明的影响

应考虑通常使用的照明,例如可以在黑暗的房间中操作电视控制键,也可以在昏暗的地方对产品进行安装。

8.4.3 建筑物

在建筑物中需要对照明进行调整以适应不同需求,但应该避免对灯光亮度的突然改变。

8.4.4 避免眩光

灯光亮度太高或某个方向的光线太强会导致很大的阴影或使人感到刺眼,应该避免信息板、指导手册上的光面纸或包含提醒的包装的表面反光,以减少眩光。

8.5 颜色和对比度

8.5.1 颜色选择

容易辨别和看见是很重要的。某些颜色组合在一起会更加有效。但需考虑一些人(患有色盲的人)无法识别红色或绿色。

8.5.2 颜色组合

颜色如何组合最好,主要取决于信息传达的目的(无论用于指导还是用于危险警示),以及最便于阅读信息的照明条件。如,在黄色或浅灰色背景上配黑色是普遍的搭配,它能提供很高的清晰度又不会很刺眼;淡青色背景上加淡青色阴影或浅灰色的背景上写红色的字或符号,就很难看清,应尽量避免使用。

8.5.3 信息的颜色代码

所有用颜色传递的信息也都应该可以在无需识别颜色的情况下使用。颜色代码不应该作为传递信息、指示反应或区别视觉元素的唯一方式。

8.6 信息、警示和控制装置标签的字体、字号和符号

信息、警示和控制装置标签的字体、字号与可能的阅读距离、照明亮度,以及文本的颜色与背景的对比度有关。字体的选择,无论有无衬线,无论是垂直形式还是斜字体、灯光、媒介或粗体显示也会对易读性有重要影响。标准制定者还应该知道使用大写字母印制的文本更难阅读,这对于视力有障碍的人来说更是如此。应该考虑使用指定字体、字号和警示的符号。

8.7 书面或口语语言清晰

8.7.1 文本信息

除其他格式外,信息还应该使用文本格式,以帮助识别和转化成语音或翻译成其他语言,方便那些阅读、识别或理解非文本信息有困难的人。

8.7.2 信息的复杂性

太复杂的指示或操作信息经常导致老年人和智力有障碍的人无法使用产品或设备。简单的书面或语音信息更容易被视力或听力有障碍的人理解。

8.7.3 印刷指示

应该使用简单、直接、非技术性的短句,可以包括简单的图例。

8.7.4 语音信息

语音信息规则与印刷信息规则相似,应该确保信息内容是有意义的,而且要按照逻辑顺序进行指示。关键点应该反复强化。如果语音的发声不够大,或如果音调太高或太低,听力有障碍的人就有可能遭受很大的危险或处于非常不利的形势。

8.7.5 多种语言

如果用多种语言传达指示,那么每种语音的书面信息应该在手册的不同部分呈现,而不是隔行出现。语音信息应该优先于以同种语言传达的清晰的书面说明。

8.8 图形符号和图例

除了文本之外,应该考虑在使用说明或产品上,用有含义的图形符号或图例,以便于安装或使用。例如,当安装产品或在控制装置标签上使用时,相同符号应该用在零件的相应连接处。

8.9 非语音交流的音量和音调

如果提示音不够大或音调太高或太低,听力有障碍的人就有很大的危险。在可能的情况下,信息也应该以尽可能多的频率出现(如,警告信号应该在多种频率下包含很强的成分)。音量应该可调节,且应该避免音量的突然变化。

8.10 慢速信息表示

以比较慢的速度公布信息,可使听众选择有用的信息,在信息之间停顿,使听众可以了解信息,并按照信息行动。如果信息传达的速度太快,听力或视力有障碍或丧失听觉能力的人就很难听懂。如果信息以滚动方式显示或暂时显示,然后再移走,就应该考虑信息显示的时间足够长。

8.11 产品、控制装置或包装的区别性形状

8.11.1 根据形状识别

有区别性的形状可以使视觉有障碍的人更容易识别,无需靠接触来识别产品,或在组装过程中识别产品的部件,或识别不同控制装置的产品。熟悉的形状对感知能力差的人也很有帮助。

8.11.2 产品或控制装置的定向

如果可能,产品或控制装置的形状也应该能说明产品或控制装置的方向,这样,视觉有障碍的人就可以识别顶部还是底部、前面还是后面。

8.11.3 触觉警告

在容器或包装上普遍使用的触觉警告可识别有毒或有腐蚀的材料。同样在建筑物上(例如楼梯、台阶、平台或危险的存储区域)通常需要触觉警告。

8.12 易于操作

8.12.1 尺寸、外形和重量

产品的这些特性将影响它提起、握持和搬运。如果物品的形状易于握持(无论是一只手还是两只手),那么提起和搬运就更容易。轻巧、简洁的物品一般更好使用,因此需要考虑生产材料的密度。任何时候安全性都不能被忽视,产品应该能够用一只手操作,最好是用哪只手都可以操作。

8.12.2 使用说明手册和标签位置

使用说明手册的尺寸、页数、纸张重量都会影响握持和翻页的方便性,并将影响其使用范围。

8.12.3 控制装置

8.12.3.1 操作

转动、推动、拽、托或扣紧所要求的力量对有各种缺陷的残疾人来说都非常重要。操作控制装置要求抓握方便,不要扭手腕,避免同时操作,提供尽可能小的阻力。为了增加摩擦力,结构表面应有助于力量的施加。其他控制的方法应提供更大的平衡或考虑辅助动力。尤其是对有认知障碍的人,预编程操作和个人优选设置方式是很有效的。

8.12.3.2 间距

两个控制装置之间应有一定间隔,以避免操作时相互干扰。

8.12.3.3 状态

应根据控制装置的状态,提供多种感知的反馈信息。

8.12.4 容器和包装

采用合适的形状、尺寸和表面光洁度进行包装,容器应能轻松打开和关闭。如果包装(例如一些食品的包装就很难打开)需要使用者使用尖刀或其他小器具才能打开,那就可能造成受伤。开启的力量应尽量的小,并应适应内装物的安全要求。

8.12.5 动作的持续时间

产品不应该需要很长的处理时间,应该避免不必要的重复操作。

8.12.6 定时的反应

如有可能,使用者应能控制任何的时间限制,以便进行阅读或反应。

8.12.7 建筑物和建筑环境中的因素

建筑物的构件和零部件(如窗户、门、浴室、电梯、大厅和对讲系统等)应该可以轻松地被接触到和易于被控制。这就涉及力量的应用、定位、逻辑结构,而且在使用自助设备时,应该有足够的空间可以移动。

上述情况同样适用于建筑环境(例如街上的设施、人行横道、停车场的记录表)和公共交通设施的操作(门、售票机等)。

这些方面对于那些视力、平衡、灵敏度、听力、操作、移动、肌力和认知有障碍的人特别有用。参见8.3和8.16。

8.13 有效期标志

为了减少食品中毒的危险,食品应该有清楚的生产日期和有效期标志,这一点非常重要,对此理解的能力也同样重要。它对味觉或嗅觉有障碍的人来说尤为重要。

8.14 内装物标签和过敏警示

8.14.1 清楚的产品内装物标签,对那些有食品过敏或接触过敏的人非常重要。潜在的危险物质(如化学品、气体和烟)的警示对于视觉、味觉或嗅觉有障碍的人来说特别重要。清楚的产品内装物标签和包装对那些食品或接触过敏的人特别重要。应重视现有产品成分的任何改变。

8.14.2 在经过过敏测试的产品和包装上贴上特殊标签，以及对安全使用或操作提供清楚的指示都是很有必要的。

8.15 （表面）温度

8.15.1 在正常操作过程中不小心接触到的表面不应该过冷或过热。例如，使用材料应慎重选择（如在寒冷条件下，应该考虑选择适当的绝缘材料）。

8.15.2 由于某些功能原因，需要对表面温度过高或过低进行警告，这对于触觉不灵敏的人特别重要。提醒的形式应该采用视觉或认知有障碍的人可以接受的方式。

8.16 无障碍通道

8.16.1 高度的改变

在建筑物内或接近建筑物的周围地方要避免不必要的高度改变，例如门口和电梯入口，即使非常小的高度、边缘和伸缩的改变都可能导致绊倒。如果必须改变高度，则必须尽可能地小幅变动，并清楚地标示出来。

8.16.2 电梯/自动扶梯和斜坡

在地面高度有变化的地方，应提供电梯/扶梯和斜坡道。为了安全并且能在其上使用电动车、助行器和轮椅，斜坡的坡度应适当。电梯/扶梯也需要有适当的规格。

8.16.3 楼梯

楼梯和台阶的设计应该符合老年人和残疾人的需要，例如在两侧安装合适直径和高度的扶手。台阶应该一样高，并且符合成年人的步幅。台阶走完的地方应该用合适的颜色进行对比标记。

8.16.4 地板

地板应该防滑、坚固和稳定，参见8.18.3。应该为有视力障碍的人提供提示。

8.16.5 转门、滑门或电动门关闭系统

对那些会使人失去平衡的转门、滑门或电动门关闭系统，应该使用安全机制。考虑其他控制方式，例如自动操作（免去了人工操作）。任何程序或操作的限时都应该给行动缓慢者提供足够的时间。

8.16.6 座位

应该在合适的位置设置座位，便于使用者休息。

8.16.7 覆盖面

在人们正常工作或使用环境时，所有地方都应该具备接近性。它应该尽可能地确保接近线路能通过路径连接到这些区域。在进入的路线中应包括可使卫生设施车辆进出的通道。

8.16.8 导向信息

建筑物内的进出路线指示对于视力、行动或认知有障碍的人特别重要。

8.16.9 应急路线

应急疏散路线对于使用轮椅的使用者和其他行动或视觉有障碍的人要非常明显、直观而且易于达到。

8.17 合理的程序

8.17.1 操作

包装和装配、安装或产品操作，这些都应该遵循简单、直接的逻辑顺序，它可为视力或认知有障碍的人提供帮助。

8.17.2 反馈

当每个活动成功完成之后，应该考虑提供合适的反馈。

8.17.3 重复动作

在某项任务中，重复是有帮助的，因为它让学习变得更容易（这对肌力有障碍的人是个难题）。感官有障碍的人可以使用专门设计的控制装置和显示，但需要花更长的时间去学习如何使用，并需要防错措施。

8.18 表面光洁

8.18.1 防滑和纹理

产品或材料的表面光洁对于灵敏度很差的人特别重要。非光滑的表面可以引人注意，并加以控制。不同纹理的使用也可以帮助视觉有障碍的人分辨产品的不同部分，并找到可抓握的地方。

8.18.2 尖锐棱角

表面应该避免尖锐的角或边，这对视力或触觉有障碍的人可能造成危险。

8.18.3 地板

地板应该防滑，使视力、平衡和做一般性动作有障碍的人便于行动。避免使用加垫子的地毯，因为有弹性的表面会让人站立不稳，陷入很深的垫子会使走路不稳的人跌倒。这类地毯对使用助行器的人也很危险。表面材料的改变也会产生危险，应该加以说明。

8.19 非致敏或无毒的材料

避免使用有毒的过敏材料，对于味觉或嗅觉有障碍或接触、食物或呼吸过敏的人特别重要。每个包含镍或铬的物体，都会产生过敏反应，包括门把手和窗框。

对依赖触觉的视力有障碍的人来说，在接触过敏材料的时候可能会遇到危险。

8.20 声学

8.20.1 声学设计

请注意声学设计应保证环境适于人们在低噪音、低回音和高质放大的背景下进行良好的语言交流。视力或认知有障碍的人更需要声音的引导。

8.20.2 放大和调节

将放大、调节和感应装置整合到音频设备中能拓展使用者范围。

8.20.3 通信系统

即使在良好的声音环境下，听力有障碍的人在离声源一段距离外就会听不清楚，这意味着应该使用如感应回路、红外线和无线电等通信系统。

8.21 故障安全

产品或系统的设计应该确保不正确的安装或错误控制发生时，产品或系统能进入安全模式，这样就不会对使用者造成危险。

8.22 通风

通风系统不应该导致或引发呼吸道过敏或刺激。

8.23 防火安全材料

应考虑为残疾人提供具有防火性能的产品或建筑物。通过诸如香烟、火柴或其他小的易燃品等小火源就容易引发火灾的材料具有潜在的危险，如果它们继续燃烧，就会产生有毒的烟雾，并迅速导致火灾。

行动迟缓或视力不好的人在这种情况下非常危险。

9 人的能力及损伤后果的详细解释

9.1 基本考虑事项

9.1.1 人的需要和能力随着他们从童年到老年的成长而不断发生变化，而且，在任何年龄组内，个体之间的能力都有很大的差异。重要的是，要认识到功能和认知局限从相对较小损伤到更大损伤之间存在的差异。

9.1.2 本章应与第8章结合使用，它提供了一些工具，用以识别和解决老年人和丧失劳动能力的人在标准化工作中的需要。

9.1.3 表格中对每种能力给出了简明定义和描述，并对应给出了年老的影响和感觉迟钝所致损伤的实际含义。正如示例显示，老年人和残疾人由于功能缺陷，可能面临更大的风险。

9.2 能力

9.2.1 视觉

9.2.1.1 描述

视觉与感受光的存在，以及感受视觉刺激的形式、大小、形状和颜色有关。

9.2.1.2 年老的影响

视力障碍的发生频率及严重性随年龄的增长而增长。眼睛的生理构造的变化影响着视觉功能的几个方面，其中包括：

——视力敏锐度的损失(图像变得模糊)；

——近视和(或)远视(不能够适应焦点的变化)；

——视野下降(不能够发现所观察物体的侧面、上部或底部)；

——颜色感知，包括与年龄有关的黄视症(不能区分颜色)；

——深浅度感知(不能判断距离)；

——对光强度改变的适应速度(在眼睛根据不同的光强度进行调节时，暂时无法看到周围的事物。如在进入建筑物时)；

——光敏感性。一般来说，老年人在阅读时需要的光线比他们在20岁阅读时需要的要强。

9.2.1.3 设计时的注意事项

视力不佳的人主要依靠触觉和声音，大多数视力有障碍的人都有一定的视力，因此，他们会使用视觉刺激，如大小、亮度和颜色对比等。一般来说，一个图像越简单，它的定义越清晰，也就更容易被发现和阅读。

9.2.1.4 风险和危险

有视力障碍的人在如下方面的危险性更大：

——接触被操作的产品上锋利的角和刃，特别是当使用者依靠触摸来识别特征时；

——状态不稳定的物体，常落在预定范围之外；

——表面、障碍物或突出部分的变化可能导致滑倒、摔倒、碰撞和跌落危险，或造成受伤的情况；

——明火或火焰；

——不经意间可能被碰到的灼热表面；

——未标注任何普遍认可的触觉警告的腐蚀性物质；

——仅仅依靠视觉指示的疏散程序；

——仅依赖颜色或正文与背景之间的很弱对比的视觉警示。

9.2.2 听力

9.2.2.1 描述

听力功能用来感受声音的存在，并识别声音的位置、语速、声音的大小、质量及对声音的理解等。听力损伤的范围从轻微下降到重度失聪等。

9.2.2.2 年老的影响

大多数有听力障碍的人都是年龄较大的人，他们更容易丧失分辨高频率声音的能力。很多老年人都使用助听器。

9.2.2.3 设计时的注意事项

无论使用或不使用助听器，任何声音的音量、频率或清晰度非常重要。先天失聪的人在理解书面和口头语言方面可能会有一些困难。

9.2.2.4 风险和危险

如果口头宣布和警告的声音不够大，或者对他人来说不容易理解，或者频率太高而听不到，听力损伤的人遇到的危险都有可能提高。

9.2.3 触觉

9.2.3.1 描述

触觉功能与感受物体表面及它们的纹理或质量有关。这要依靠其他的刺激,特别是视觉和听觉刺激。

9.2.3.2 年老的影响

随着人的年龄增长,灵敏度就会降低,将不能再依靠触觉或疼痛来对温度或伤害进行早期反馈了。

9.2.3.3 设计时的注意事项

安装了假肢或有触觉障碍的人可能无法使用触摸屏或类似的控制设备。

9.2.3.4 风险和危险

对触觉高度敏感的人可能会因为刺激而受伤,而这些刺激对其他人而言只会感到不太舒服。举例来说,如摸到锋利的角和刃,以及温度非常高或低的表面。这些刺激还有可能对那些不敏感的人造成伤害,因为他们会与这些东西保持较长的接触时间。

9.2.4 味觉和嗅觉

9.2.4.1 描述

味觉和嗅觉是独立的感官,但由于它们有着相似的实际含义,在表中就被放在了一组。味觉通过舌头上的感觉器官来感受四种基本味道:苦、甜、酸、咸;嗅觉是使用鼻子里的感觉器官来感受气味。味觉和嗅觉一起使用来识别正常可以区分的味道范围。

9.2.4.2 年老的影响

随着人的年龄增长,他们感受气味的能力也在下降。

9.2.4.3 风险和危险

味觉或嗅觉感官的障碍降低了人体对有害物质的防备。例如,人们可能无法发现食物已经变质,或者不能预防一些危险,如烟雾等。

9.2.5 身体平衡

9.2.5.1 描述

保持身体平衡而避免摔倒的能力要依靠一个非常复杂的系统来完成,这个系统包括协调视觉刺激的大脑、来自耳朵里的身体平衡机制的反馈和肢体的移动等。事实上,所有类型的活动都要求有持续的平衡控制。

9.2.5.2 年老的影响

由于平衡功能损伤而产生的跌倒现象会随着年龄的增长而上升。与年龄有关的注意力不能集中和视力损伤能降低避免危险及对失去平衡做出反应的能力。

9.2.5.3 风险和危险

滑倒、摔倒或其他一些意料之外的对平衡的干扰都要求关节旋转和肢体运动的快速响应,并可能对平衡控制系统提出超常要求。即使是很小的边缘和突出都可能造成滑倒。老年人由于更容易发生骨折,因此他们在跌倒时更容易受伤,随之而来的并发症还可能会威胁他们的生命。平衡功能损伤可以导致对跌倒的恐惧,坐轮椅的人、骑动力独轮车的人及步行者都可能存在平衡功能不足,受伤会严重影响他们的独立性。

9.3 机体反应能力

9.3.1 手部灵活性

9.3.1.1 描述

灵活性与手和手臂的活动有关,特别与在使用一支手、几根手指,尤其是拇指来处理物体、拾起物体、操纵和释放物体时的协调活动有关。

9.3.1.2 设计时的注意事项

手部灵活性障碍包括不能将拇指和其他手指紧紧地并在一起,或不能把它们分得很开。复杂的活动(如推和转)要求持续的压力并转动手腕,这可能会很疼或无法完成。这些活动都包含对大小、形状和位置的控制。总是不由自主地进行活动的人对做一些要求准确性的任务会有一定的困难,如打开包装、进行紧固操作等。

9.3.1.3 风险和危险

手部缺乏灵活性的人往往容易伤害到自己,例如不小心激活控制装置,或者不能够快速地把手从危险状况(如火焰)缩回来。

9.3.2 操控

9.3.2.1 描述

操控与搬运、移动和操作物体等这些活动有关,指用腿、脚、胳膊和手来完成伸、举、放下、拉、推、踢、抓、放、转、掷和捉等活动。

9.3.2.2 年老的影响

在进行活动时,由于不能同时使用双手(或双脚),操作可能会受到影响。当关节运动,特别是手或胳膊受限时,操作也会受到影响。由于反应时间较慢,行动迟缓,处理速度也随着年龄的增加而放慢。

9.3.2.3 风险和危险

有操控障碍的人如果在使用设备时,由于不经意地移动设备,就可能造成伤害。产品设计需要把这种无意识行为的危险和后果降至最小。

9.3.3 运动

9.3.3.1 描述

运动是指保持和改变身体姿势,用腿、脚、手臂和手使自己从一个地点到达另一个地点的活动。

9.3.3.2 年老的影响

很多晚年有运动障碍的人在他们的日常生活中都会有一定的困难,如穿衣、睡觉和起床等。这样的例子包括:

——腿上承受不了大的压力;

——行走速度及步长和(或)步高下降;

——手臂、腿和脊骨的关节运动幅度受限;

——在进行有约束的和需要协调的运动时有困难。

9.3.3.3 设计时的注意事项

有些活动不便的人需要轮椅或助行器之类设备的帮助,另外一些人可能需要他人的帮助。在这两种情况中,在他们周围都需要额外的空间,以便移动和操纵设备。

9.3.3.4 风险和危险

有运动障碍的人在进行车辆或建筑物紧急疏散时危险特别大。

9.3.4 肌力和耐力

9.3.4.1 描述

肌力是指在开展一项活动时,由肌肉或肌肉组的收缩而产生的力量。肌力可以是在一个特定的行为(如,推)或作用到一个特定物体(如,开瓶盖)中由身体的一个特定部位使出的力量。这样的活动包括拉、举、压、握、夹、扭等。

肌力还依赖于人的耐力。耐力是指人维持力量的容量,它与人的心肺功能有很大关系。很多身体上有残疾的人往往肌力也很弱,这也是他们不能操作设备的一个主要原因。

9.3.4.2 年老的影响

肌力和耐力的下降在老年人中十分普遍,也因此导致了他们力量的下降。手握力量的下降使操作一个具有阻力或扭矩的器具时有些困难或产生疼痛感,耐力不足则导致在长时间使用一种东西时产生疲劳。由于这些困难的出现,被动运动[也就是说,一种外力(如重力)导致的运动]的控制会受到影响,如把一个重物放低或坐到椅子上等。

9.3.5 语音

9.3.5.1 描述

语音是指由发音器官所产生的声音，通常是指讲话。语言障碍一般来讲会影响讲话，或讲话的某几个方面，如清晰度、音量、流利性、语速、语调和节奏等。

9.3.5.2 设计时的注意事项

语言障碍的首要后果就是交流和社会交往的障碍。其他的交流形式，如视觉语言，或设备如语音放大器、语音合成器，或传真、键盘、字幕的使用等对交流都有一定的帮助。

9.4 认知能力

9.4.1 总则

9.4.1.1 认知是对信息的理解、综合及处理的过程。信息包括对观点和时间管理的提炼和组织。

9.4.1.2 认知功能损伤的人在学习新事物、进行概括和联想以及通过口头和书面语言表达自己方面会有一些障碍。这些损伤可能会使人产生焦虑、孤独、沮丧、错觉、困惑和强迫性冲动等情绪。类似的情绪紊乱会使人的精力无法集中在一件事情上。

9.4.2 智力

9.4.2.1 描述

智力是指人认识、理解和推理的能力。

9.4.2.2 年老的影响

随着年龄的增大，人们在集中精力和持续地把注意力集中在一件事情上就有更大的难度。睡眠/清醒节奏的变化可能意味着老年人更容易犯困，这样在白天就打不起精神。一些老年人容易犯的疾病，如痴呆和阿尔茨海默氏病，会导致他们的智力逐渐下降，从而引起糊涂和方向感的迷失。

9.4.2.3 设计时的注意事项

认知功能损伤会导致一些感知问题，如接受、注意和区分感官信息有些困难，在问题处理方面，如认识问题、识别、选择和实施解决办法及评估结果等也有一些困难。

9.4.3 记忆力

9.4.3.1 描述

记忆力是指存储和记录信息，并在需要时进行检索信息的特定脑力功能。

9.4.3.2 年老的影响

记忆力下降会影响人的回忆及学习事物的能力，还可能导致人变得糊涂，影响到短期或长期记忆力。短期记忆力对产品使用更为重要，在完成一项任务前，记忆力下降的人可能会忘记他们应该做什么。

9.4.3.3 风险和危险

如果未完成任务导致一些危险情况的发生(如打开了煤气，却没有点燃)，记忆力障碍就有可能导致危险。设计时需要确保系统是“安全可靠的”。

9.4.4 语言或读写能力

9.4.4.1 描述

语言和读写能力是认识和使用标志、符号及其他语言组成要素的特定大脑功能。

9.4.4.2 年老的影响

年龄的增加有时会影响一个人的语言表达能力，如中风后遗症。人们患上中风后，他们的语言能力就会受到影响。他们能以同样的方式思考，但却无法用语言表达自己的想法。语言障碍可能导致对书面或口语的理解或表达上的部分或全部障碍。各个年龄段有阅读困难的人在阅读和书写上都有困难。

9.4.4.3 风险和危险

有语言障碍的人如果不能理解书面警示或重要提示时，就很容易处于危险的境地。

9.5 过敏症

9.5.1 描述

9.5.1.1 过敏症是一种对物质的免疫反应，它常常会造成非常严重的后果，有时甚至会威胁生命。当接触到需要避免接触的过敏源（身体对这种物质非常敏感的物质）时，所引起的过敏症还可能导致功能丧失，身体活动受限。

关于产品的说明，特别是产品标签和警示，我们已经在前面的内容中讨论过了。

9.5.1.2 造成过敏反应的过敏源种类包括花粉、灰尘颗粒、霉孢子、食物、乳胶、昆虫的毒液和某些药物等。很多产品和设备都包含一些可能造成过敏反应的物质，如镍。

9.5.1.3 过敏症反应程度有所不同，轻则令人烦躁，重则导致疾病突发而且威胁生命。突发的过敏反应如：误食了某种食物后，会引发喉咙肿大和严重的呼吸困难。

9.5.2 接触过敏

接触过敏是由过敏源通过皮肤进入体内造成的。这些过敏源一般是包含在粉末、洗液、香水、有香味的产品、化妆品、日用化工产品、有些金属或乳胶中。这些东西在很多家庭、建筑物和电子设备中都可能存在。世界上约有15%的人口患有接触过敏症，且症状常常是终身的。

9.5.3 食物过敏

食物过敏是对一种或多种食物的反应或不耐受性。大量的食物可能造成过敏反应，最常见的就是牛奶、小麦、大豆、鸡蛋、花生和鱼。食物的色素、防腐剂及添加剂也是导致过敏的主要原因。

9.5.4 呼吸道过敏

9.5.4.1 空气传播的过敏源附着在人们所呼吸的物质上进入人体，如灰尘、花粉、微粒、霉菌及动物残屑等。最典型的呼吸道过敏症是哮喘，它会导致呼吸道紧缩和呼吸停止。

9.5.4.2 本章还包括了化学灵敏症，即人类环境中对化学制品的反应。这些类似过敏症的反应可能是由于暴露在多种不同的合成及自然物质中而引起的，如那些在油漆、毡毯、建筑材料、塑料、香水、卷烟和植物等中发现的物质。

参 考 文 献

注：本参考文献并不详尽，使用者应查找当前的更新，留意以后的出版物，并查阅相关网站以获取更多其他资料。

[1] GB/T 2893.1—2004 图形符号 安全色和安全标志 第1部分：工作场所和公共区域中安全标志的设计原则

[2] ISO 7176-5:1986 轮椅 第5部分：总体尺寸、质量和转向空间的测定

[3] GB/T 16432 残疾人辅助器具 分类和术语(GB/T 16432—2004，ISO 9999:2002，IDT)

[4] GB/T 18978.11 使用视觉显示终端(VDTs)办公的人类工效学要求 第11部分：可用性指南(GB/T 18978.11—2004，ISO 9241-11:1998，IDT)

[5] ISO/TR 9527:1994 建筑物建设 残疾人在建筑物中的需要 设计指导方针

[6] 通用设计的文件的网址在：www.design.ncsu.edu/cud/pubs/center/books/ud_file/appendix.pdf

[7] JIS S 0011:2000 针对包括老年人和残疾人在内的所有人的指导方针 在消费品上标上触觉可感知的点

[8] JIS S 0012:2000 针对包括老年人和残疾人在内的所有人的指导方针 消费品的可用性

[9] JIS S 0021:2000 针对包括老年人和残疾人在内的所有人的指导方针 包装和容器

[10] JIS X 6310:1996 预付卡 一般规范

[11] Kyoyo-Hin 2001 年白皮书，定义、市场的背景及 Kyoyo-Hin 和 Kyoyo 服务的取样列表 http://Kyoyohin.org/eng/

[12] 欧洲无障碍化概念，欧洲委员会，1996年3月. www.eca.lu

[13] 老年人用品安全导则，荷兰消费者安全学会，1999. cd-rom www.eisenwijzer.nl

[14] 通用设计，为所有人规划和设计，挪威国家残疾人理事会，1997.

[15] 联合国老年人法则，1991.

[16] 联合国残疾人机会均等标准规则，1994.

[17] 标准和老年人：安全改进建议，荷兰消费者安全协会和英国消费者协会

[18] 人类工效和中年人手册，Fisk, A., Rogers, W. (Editors), ISBN 0-12-257680-2 学院出版社，Harcourt Brace，纽约，多伦多，1997.

[19] 纽约洲立大学通用设计中心 Story, M.F., Mueller, J.L., Mace, D.L，通用设计文件：为不同年龄和不同能力的人设计. 1998.

[20] 无障碍设计，Covington, G., Hannah, B., John Wiley 和 Sons，纽约.

[21] ANEC 导则：满足老年人和残疾人的需要-产品设计和测试导则（ANEC2000/SN/015-GL.：www.anec.org./public/docweb/sn015-00.pdf 和 www.ricability.org.uk/anec/default.htm)

[22] Handboek voor Toegankelijkheid (无障碍手册，建筑环境、建筑物和房间的人类工效学)，Dutch text, ISN 90-5439-104-9, elsevier, Doetinchem, the Netherlands, 4 ed. 2001.

ICS 01.120
A 00

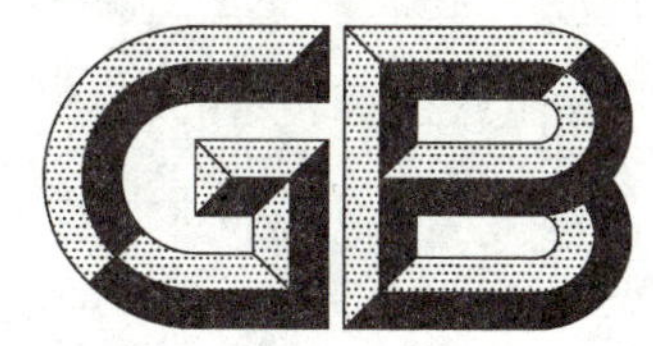

中华人民共和国国家标准

GB/T 20002.3—2014
代替 GB/T 20000.5—2004

标准中特定内容的起草 第3部分:产品标准中涉及环境的内容

**Drafting for special aspects in standards—
Part 3:Addressing environmental issues in product standards**

(ISO Guide 64:2008,Guide for addressing environmental issues in product standards,MOD)

2014-12-31 发布　　2015-06-01 实施

中华人民共和国国家质量监督检验检疫总局
中国国家标准化管理委员会　发布

前 言

GB/T 20002《标准中特定内容的起草》、GB/T 1.1《标准化工作导则》、GB/T 20000《标准化工作指南》、GB/T 20001《标准编写规则》和GB/T 20003《标准制定的特殊程序》共同构成支撑标准制修订工作的基础性系列国家标准。

GB/T 20002《标准中特定内容的起草》拟分为如下几部分：

——第1部分：儿童安全；

——第2部分：老年人和残疾人的需求；

——第3部分：产品标准中涉及环境的内容；

——第4部分：标准中涉及安全的内容。

本部分为GB/T 20002的第3部分。

本部分按照GB/T 1.1—2009给出的规则起草。

本部分代替GB/T 20000.5—2004《标准化工作指南　第5部分：产品标准中涉及环境的内容》。与GB/T 20000.5—2004相比，除编辑性修改外主要技术变化如下：

——标准名称由《标准化工作指南　第5部分：产品标准中涉及环境的内容》调整为《标准中特定内容的起草　第3部分：产品标准中涉及环境的内容》；

——增加了起草产品标准的有关环境条款时，推广使用生命周期理念的规定；

——增加了基于生命周期理念对产品标准环境条款的步进法途径的内容(见引言)；

——增加了除非与环境问题密切相关，否则，本部分不包括职业健康安全或消费者安全问题的规定(见第1章)；

——增加了“环境”“环境问题”“环境条款”“相关方”“生命周期理念”“产品”“产品环境因素”“产品环境影响”“标准起草者”的术语和定义(见2.1，2.2，2.3，2.4，2.6，2.8，2.9，2.10，2.12)；

——删除了“环境因素”“环境影响”的术语和定义(见2004年版的2.1和2.2)；

——增加了让环境专家参与产品标准起草工作的规定(见第3章)；

——增加了生命周期理念的原则及途径的内容(见第3章)；

——增加了从自然资源的有效利用、污染预防及环境风险的最小化角度使产品标准积极有效的改善环境状况，同时减少产品的潜在负面环境影响的方法(见第3章)；

——增加了预防原则的规定，即如有可能，当证实对环境或人体健康具有严重或不可逆损害威胁时，不宜以缺乏科学确定性为理由推迟将环境条款纳入到标准中(见第3章)；

——删除了由于技术创新较快，当应用新知识能显著减少不利的环境影响时，应考虑对产品标准进行复审的规定(见2004年版的第3章)；

——删除了产品标准条款不宜过松和过严的规定(见2004年版的3.5及4.1)；

——增加了所有产品环境因素同样适用于服务项目的规定；同时指出有些服务项目、生命周期理念不能直接应用的情况(见4.1)；

——改写了产品标准涉及环境问题的影响因素的输入和输出的内容(见第4章，2004年版的第4章、第5章)；

——增加了在产品标准中宜体现出告知消费者此产品的重要环境因素的规定(见4.4.2)；

——增加了通过应用产品环境因素和影响的数据收集及环境检查表的系统方法识别产品环境因素的规定(见第5章)；

——增加了尽可能使用当前现有环境信息来识别并评价产品环境因素和影响的规定(见5.2)；

——增加了以优先顺序排列的有用信息源的内容(见 5.2);

——删除了环境影响评价技术的内容(见 2004 年版的第 6 章);

——增加了将环境条款纳入产品标准的指南(见第 6 章);

——增加了制定专业环境内容的指南(见附录 A);

——增加了标准中环境条款的示例(见附录 B)。

本部分使用重新起草法修改采用 ISO 指南 64:2008《产品标准中的环境问题指南》。

为了和支撑标准编制工作的基础性系列国家标准的名称协调一致,将 ISO 指南 64:2008《产品标准中的环境问题指南》的名称改为《标准中特定内容的起草 第 3 部分:产品标准中涉及环境的内容》。

为了符合标准编写规则的一般原则和方法,对国际标准的结构作如下调整:

——本部分将 ISO 指南 64:2008"范围"一章中有关制定指南的目的的内容移到本部分的引言中;

——将有关参与标准制定的人员及项目管理人员应遵循的基本原则与方法移到本部分的 3.1。

本部分由全国标准化原理与方法标准化技术委员会(SAC/TC 286)归口。

本部分起草单位:中国标准化研究院、冶金工业信息标准研究院、中国电子技术标准化研究所、深圳市华测检测技术股份有限公司。

本部分主要起草人:逄征虎、白殿一、吴学静、张宇春、陆锡林、刘慎斋、熊正隆、薛海宁、朱平。

引言

产品在生命周期的各个阶段都对环境产生影响，影响的强度或大或小，影响的持续时间可长可短，影响的范围可至本地、区域或全球。而产品环境影响与产品标准的条款相关。

需要减少产品在生命周期各个阶段给环境带来的不利影响已成为全球的共识。重视产品标准中的环境问题能减少产品给环境带来的不利影响。

本部分的意图，一是促使产品标准的起草者在支持国际贸易持续发展的同时重视环境问题；二是帮助产品标准的起草者弄清并了解相关的产品环境因素和影响，并判定环境问题能否借助于产品标准解决。具体内容包括：

——概括产品标准条款与产品环境因素和影响之间的关系；

——协助起草或修订产品标准条款，以便在产品的整个生命周期不同阶段减少对环境的不利影响；

注 1：示例参见附录 B。

——强调将环境问题纳入产品标准范围是复杂的过程，并要求保持竞争优势的平衡；

——推荐使用生命周期理念起草产品标准的环境条款；

——促进标准起草者依照本部分的原则和途径制定相关的专业指南和处理产品标准中的环境问题。

注 2：参见附录 A。

识别产品在生命周期内涉及的各种不同环境因素并预测这些因素的影响是一个复杂的过程。制定产品标准，重要的是要尽早评价产品在不同的生命周期阶段对环境的影响。这种评价结果对制定标准的条款尤为重要。无疑，标准起草者会主动按照国家、地区和本地与产品相关的一切适用法规考虑评价结果。

为减少产品给环境带来的不利影响，本部分依据生命周期理念（见 3.2.1）原则，提出如图 1 所示的步进法途径，以安排本部分各章的内容。

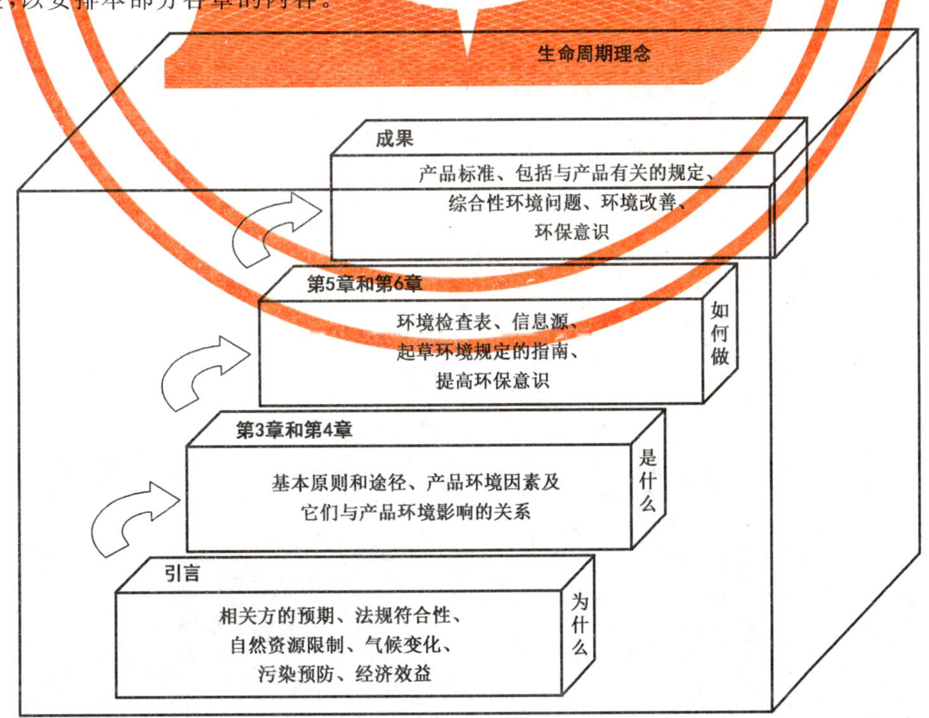

图 1 产品标准中基于生命周期理念环境条款的步进法途径

第 3 章阐述基本原则和途径，帮助标准起草者认识标准为何能对环境改善起到有效作用，认识怎样才能减少产品给环境带来的不利影响。

第 4 章阐述产品在生命周期内和环境如何相互联系，说明哪些环境因素与标准相关(即“内容”)，以便判定标准能否和适宜考虑环境问题。

第 5 章给出环境检查表，帮助标准起草者应用生命周期理念获取环境信息、产品知识和环境知识，据此评定产品的环境因素。

第 6 章给出明确环境因素与影响以及起草产品标准环境条款的技术“方法”。附录 B 给出从现行标准中选取的一些实例。

根据得出的结果、获得的信息以及补充的指导意见，起草产品标准的环境条款。

标准中特定内容的起草 第3部分:产品标准中涉及环境的内容

1 范围

GB/T 20002 的本部分提供了处理产品标准中环境问题的指南。

本部分主要适用于产品标准中环境内容的编写。

本部分不包括作为产品生命周期特定方面的职业健康安全或消费者安全问题,与环境问题密切相关的情况除外。标准起草者可在其他指南中找到解决此类问题的指导原则和方法。

注:详见参考文献中的其他指南。

2 术语和定义

下列术语和定义适用于本文件。

2.1

环境 environment

组织运行活动的外部存在,包括空气、水、土地、自然资源、植物、动物、人,以及它们之间的相互关系。

注:从这一意义上讲,外部存在从组织内延伸到全球系统。

[GB/T 24001—2004,定义 3.5]

2.2

环境问题 environmental issue

任何涉及环境因素和环境影响的问题。

2.3

环境条款 environmental provision

标准中关于处理环境问题的任何要求、建议或陈述。

2.4

相关方 interested party

关注组织的环境绩效或受其环境影响的个人或团体。

[GB/T 24001—2004,定义 3.13]

2.5

生命周期 life-cycle

寿命周期

产品系统从原材料采购或自然资源产生到最终处置的前后衔接的阶段。

注1:GB/T 24040—2008 对术语"产品系统"进行了定义及进一步解释。

注2:改写自 GB/T 24040—2008,定义 3.1。

2.6

生命周期理念 life cycle thinking

在整个产品生命周期内,考虑所有相关的环境因素。

[GB/T 20877—2007,定义 3.10]

2.7

污染预防 prevention of pollution

为了减少负面环境影响，单独或综合运用过程、惯例、技术、材料、产品、服务或能源来避免、减少或控制任何污染物或废料的产生、释放或排放。

注1：污染预防可包括资源削减或消除，过程、产品或服务的更改，资源的有效利用，材料或能源的替代，再利用、回收、再循环、再生和处理。

注2：改写自GB/T 24001—2004，定义3.18。

2.8

产品 product

任何商品或服务。

[GB/T 24050—2004，定义4.2]

2.9

产品环境因素 product environmental aspect

在产品生命周期内能与环境发生相互作用的产品要素。

2.10

产品环境影响 product environment impact

全部或部分的由**产品环境因素**(2.9)给环境造成的任何变化。

2.11

产品标准 product standard

规定产品应满足的要求以确保其适用性的标准。

注1：产品标准除了包括适用性的要求外，还可直接地或通过引用间接地包括诸如术语、抽样、测试、包装和标签等方面的要求，有时还可包括工艺要求。

注2：产品标准根据其规定的是全部的还是部分的必要要求，可区分为完整的标准和非完整的标准。同理，产品标准又可区分为其他不同类别的标准，例如尺寸类、材料类和交货技术通则类标准。

注3：若标准仅包括分类、试验方法、标志和标签等内容中的一项，则该标准分别属于分类标准、试验标准和标志标准，而不属于产品标准。

[GB/T 20000.1—2014，定义7.9]

2.12

标准起草者 standards writer

所有参与标准起草的人。

3 基本原则和途径

3.1 概述

本章包含标准起草者宜考虑的原则和途径。起草产品标准或修订现行产品标准时，项目管理人员、技术委员会主任和(或)工作组召集人宜积极推广应用本部分。此外，在标准制定程序的任何阶段，专家们宜考虑环境问题。

起草产品标准时，由于要考虑产品的多样性及产品特定的环境影响，并且需要相关的环境知识，所以环境专家参与标准起草工作十分有益。项目管理人员、技术委员会主任和(或)工作组召集人可参考其他现行特定指南和标准的环境条款。

3.2 基本原则

3.2.1 生命周期理念

3.2.1.1 原则

标准起草者宜考虑产品生命周期所有阶段的相关环境因素和影响(见图2)。

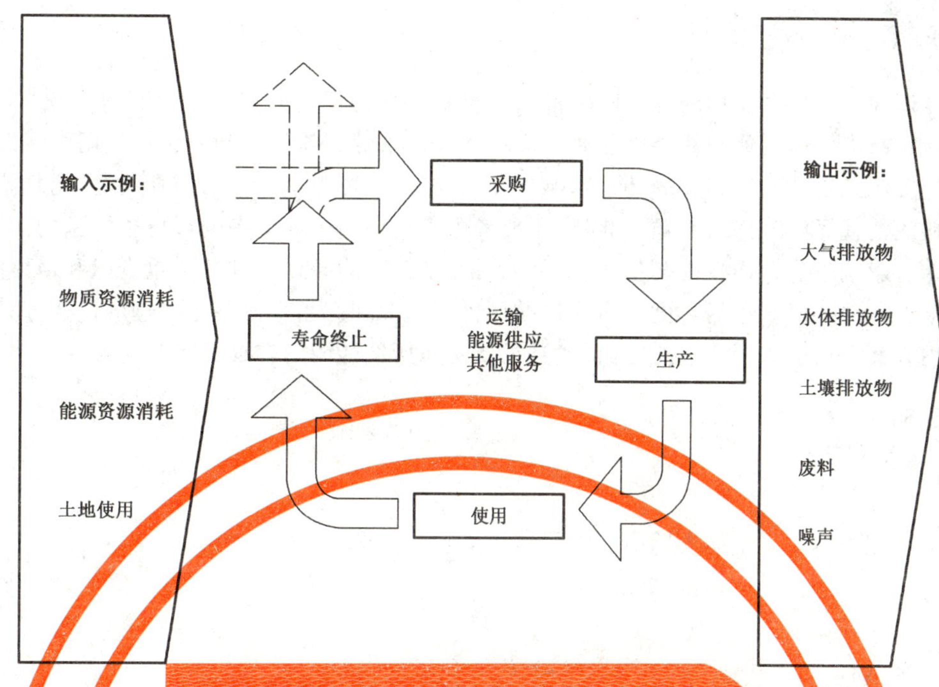

图 2 生命周期理念

3.2.1.2 说明

图 2 展示了产品生命周期的四个主要阶段(并不排除还有其他阶段)：

——原材料采购；

——生产；

——使用；

——寿命终止。

诸如运输、能源供应和其他服务等过程，因不属于产品生命周期的任何具体阶段并通常出现在两个阶段之间，而设置于图 2 的中心部位。输入和输出可能与上述所有阶段和过程都有联系。

“生命周期理念”是一种整体理念，强调全面考虑产品在其生命周期所有阶段的所有环境因素，而不是专注其中某个阶段环境因素的改善，以避免单一阶段的改善给其他阶段带来不利的环境影响。标准起草者宜确保对单个阶段环境影响的考虑不致使下列方面发生不利的改变或产生不利的影响：

——与产品相关的环境影响总负荷；

——本地、区域或全球环境的其他因素。

示例：在生产阶段，热水和鼓风过程替代溶剂清洗过程致使生产阶段的能耗增加。

这个理念在制定特定范围和仅适用于某些阶段的产品标准时尤为关键。

运用生命周期理念能明确产品生命周期的重要阶段和环境因素。这些重要阶段和因素很大程度上取决于产品的性质，产品标准中的环境条款宜对这些环境因素做出规定。

产品标准制定过程中，宜尽早考虑是否包含环境条款。

3.2.2 自然资源的有效利用

3.2.2.1 原则

标准起草者在起草产品标准条款的同时，宜努力减少自然资源的消耗，尤其需要考虑自然资源稀缺的问题。

3.2.2.2 说明

本原则强调在产品生命周期的各个阶段都需要提高资源使用的有效性和节俭性。例如,原材料的选择和使用,水源、能源和土地的使用以及通过废料回收而来的其他材料和能源的使用。

除考虑与资源获取及使用相关的环境影响外,还要考虑不可再生资源的消耗问题,尤其需要考虑矿藏和化石燃料的消耗无法维持的问题。此外,还要考虑消耗率高于再生率的可再生资源的消耗。

人类活动能影响生物多样性以及生物种群的繁衍,甚至可能导致物种的严重衰退和最终的灭绝。

标准起草者宜从环境效益的角度给出优选的可再生资源和产品寿命终止处理的优选方案。

能源利用方面有诸多需要考虑的方面,尤其需要考虑所选能源的转换效率和能源的有效利用问题。

3.2.3 污染预防

3.2.3.1 原则

标准起草者宜考虑产品生命周期所有阶段的污染预防问题。

3.2.3.2 说明

产品标准条款有助于预防污染。预防污染形式多样,而且能在产品生命周期的各个阶段具体化。例如,可能又可行的情况下,可采取这种方式,以危害性更小的物质和材料代替产品标准所规定的危险、有毒或其他有害的物质和材料。

本原则推行源头预防法,即在源头就优先考虑污染预防,通过做好源头预防(包括环境方面的设计、开发,材料替代,产品、过程或技术的改进,材料和能源的有效利用和转换),在源头减小或杜绝污染,达到无污物和无排放物产生的目标。

此外,还宜考虑下述污染预防方案:

——内部重复使用或循环使用(重复使用或循环使用过程或设施内的材料);

——外部重复使用或循环使用(厂区外重复使用或循环使用材料);

——回收和处理(工厂内外废物源的能源回收、排放处理以及工厂内外废物释放,以便减少其环境影响)。

3.2.4 环境风险的最小化

3.2.4.1 原则

标准起草者宜从事件和事故发生的概率和产生的后果来考虑减小环境风险的需求。

3.2.4.2 说明

本部分中风险的大小根据事件(或事故)发生的概率和产生后果的组合来测量。

在产品生产、使用和处置过程中,是否对环境造成有害影响宜遵循预防事件和事故发生并将环境影响(包括人体健康)降至最小的原则。

为了改善决策和输出,宜预防和最小化环境风险,从计划或期望的情况识别潜在风险变化和风险管理与该环境风险有关。组织用来预防和降低环境风险的原则和技术能提供有效措施预防和降低产品标准应用造成的风险。制定产品标准的过程中,预防并降低环境风险宜与处理其他环境因素保持一致。

这包括,诸如:

——减少与非职业事件和事故相关的人体健康风险;

——无论是作为产品部件还是在生产中充当促进剂或催化剂,都要减少或避免使用有害物质;

——与过程相关的、不可避免的风险识别和适当管理;

——使用或拆卸期间可控或不可控有害物的潜在排放或释放。

3.2.5 预防方案的选择

3.2.5.1 原则

标准起草者在制定标准的过程中宜考虑预防方案的选择原则。

3.2.5.2 说明

当证实对环境或人体健康具有严重或不可逆损害时，如可能，则不宜以缺乏科学确定性为理由推迟将环境条款纳入标准。

其实，预防方案的选择是采取预防措施以防止在缺乏科学确定性的情况下进行生产实践活动或采用某种物质，而不是继续还处在研究中或没有研究依据的可疑行动。

预防方案选择方法关心的不是可接受的危害等级，而是下列问题：

——此产品或活动是否必要？

——能避免多少污染物？

——此产品或活动的替代方案是什么？它们是否安全？

预防方案的选择原则更加关注的是选择方案和解决方案，而不是环境风险。

3.3 途径

3.3.1 产品设计

3.3.1.1 通则

标准起草者宜尽可能考虑产品设计的环境因素，因为在产品生命周期的所有阶段，产品设计是避免潜在环境影响最为有力的工具。

3.3.1.2 说明

有一些考虑资源保护和污染预防因素(见 3.2)的产品设计方法。这些方法广泛应用于各类产品的设计阶段。制定产品标准时，标准起草者宜考虑这些方法，例如环境设计(DFE)。

注：将环境因素整合至产品设计和开发阶段可称作环境意识设计(ECD)或生态设计，是产品监管的环境要求部分。

考虑的因素包括：

——材料选择；

——材料和能源的有效利用；

——材料的循环、回收和重复利用；

——生产；

——产品使用和维护；

——寿命终止处理。

GB/T 24062—2009 提供了将环境因素整合到产品设计流程的相关信息；该标准可作为标准化应用指南。

3.3.2 产品使用

3.3.2.1 通则

标准起草者宜考虑产品的维护要求、使用要求、非预期使用要求和上述要求对环境的影响。

3.3.2.2 说明

设备"使用阶段"的耗水和耗能对该产品整个生命周期的环境影响重大。对于许多耗水和耗能的设备,宜优先考虑其使用阶段的环境影响。为水和能源的有效使用制定条款并将其作为产品标准的一部分,能减少产品的环境影响,但改进往往带来其他问题。

3.3.3 产品环境信息

3.3.3.1 通则

标准起草者宜确保标准内相关环境信息的交流。

3.3.3.2 说明

与个人或职业消费者就产品的预期使用进行交流时,涉及环境因素方面的信息越来越多。国家标准 GB/T 24040—2008、GB/T 24021—2001、GB/T 24024—2001 和 GB/T 24025—2009 提供了环境标志方面的原则、示例和要求,例如产品环境声明。为了恰当使用产品,人们还期望就产品维护、修理和寿命终止处理的建议进行探讨。

许多标准起草者已意识到,在起草国家标准或国际标准时,需要考虑产品的环境特征。

4 产品标准中需考虑的环境因素

4.1 总则

为了明确产品标准起草者宜通过何种方式识别产品环境因素,有必要了解产品在其生命周期期间是如何影响环境的。产品环境因素示例包括:

——大气排放物;

——水体和土壤排放物;

——原料的使用;

——能源和水的消耗;

——土地使用。

产品的环境因素都有各自的产品环境影响。环境因素通过因果关系与环境影响相互联系。环境受产品标准条款正面和负面影响的示例包括:

a) 气候变化(通过温室气体排放);

b) 大气污染[微粒和有毒气体向大气的控制性排放和(或)未处理排放或事故性排放];

c) 不可再生资源的消耗(化石燃料和矿物的消耗)。

起草产品标准时,为了充分考虑环境问题,标准起草者宜编制有关产品环境因素的预案。第 5 章给出了识别产品环境因素推荐方法的指南。

产品的环境影响与输入(能源、水源、土地等)的消耗、产品的使用过程以及产品生命周期所有阶段产生的排放物息息相关。应用第 3 章阐述的基本原则和途径能降低产品环境因素对环境的负面影响。

本章阐述的所有产品环境因素同样适用于服务领域。不过,对于有些服务项目,生命周期理念不能直接应用。

4.2 输入

4.2.1 概述

输入包括资源的消耗,这些资源可能为天然材料(例如矿物、水、天然气、油、煤和木材)、可能为从工业环境产生的材料(例如回收的材料、共生产品、中间产品和能源)或利用土地产生的材料。

从实际角度考虑,这些资源可大致归类为“材料”“水”“能源”和“土地使用”。

4.2.2 材料

材料输入在从资源开采到最终处置的产品生命周期所有阶段都起着至关重要的作用。材料输入可产生各种各样的环境影响。这些影响包括资源的消耗、土地的不当使用以及有害材料暴露在环境中或人为接触到有害物质。材料输入还可产生废物、大气排放物以及排放至土壤和水源的物质。

4.2.3 水

世界许多地区都普遍存在着缺水的情况,尤其是地表或地下淡水资源的缺乏。此时需要考虑产品生命周期不同阶段对水的有效使用。另外,把水运送到需要的地区还要消耗能源。

保护自然栖息地和生物多样性对于海洋、湖泊和河流极为重要。水污染、河道裁直和沿岸地区的变化都能破坏自然界的水生动植物群。

注:硝酸盐和磷污染都能造成水体的富营养化作用,这可能危及受影响区域的生物体。

4.2.4 能源

在产品生命周期的大多数阶段都需要能源输入。能源主要包括化石燃料、核燃料、回收热能、水电、地热、生物质能、太阳能和风能。各种能源都有自身的环境影响。

4.2.5 土地

土地使用能导致生物多样性的减少并且影响土壤质量,土壤复原需要很长时间。即使人们努力在破坏的土壤区域重新种植,但恢复生态系统的自然平衡需要较长时间,也可能永远恢复不到先前的正常水平。

4.3 输出

4.3.1 概述

产品生命周期期间的输出通常包括大气排放物、水体排放物、土壤排放物、废料、中间产品和共生产品以及其他排放物。

4.3.2 大气排放物

大气排放物包括释放到大气的气体、水蒸气或颗粒物质。排放物(例如灰尘、有毒物质、腐蚀性物质、易燃物质、易爆物质、酸性物质或含异味物质)能给动植物群以及人类带来负面影响。此外,酸雨可能给建筑物和具有文物价值的场所带来危害。这些排放物还能带来其他的环境影响,例如造成气候变化和平流层臭氧消耗或形成光化毒物。大气排放物包括受控源和失控源的排放、处理和未处理排放、正常操作排放和事故排放。

注1:失控排放可能来自事故造成的泄漏和蒸发。

注2:温室气体引起气候变化。导致气候变化的温室气体主要包括二氧化碳、甲烷、一氧化氮、六氟化物、氟烷和全氟化碳。

4.3.3 水体排放物

水体排放物包括向排水沟、下水道或河道排放的物质。营养物、有毒物质、腐蚀性物质、放射性物质、不易分解的物质、聚集物或耗氧物质的排放都能给环境带来负面影响,其中包括对水生生态系统的诸多污染和水质恶化。水体排放物包括受控源和失控源排放、处理的和未经处理的排放、正常操作排放和事故排放。

注：失控排放可能来自事故泄漏。

4.3.4 土壤排放物

所有对土壤的排放和处置以及土壤应用都宜考虑其带来的潜在环境影响。不但需要考虑有害材料，还需考虑无害材料对环境的潜在影响，不过这取决于无害材料的浓度和使用方式。需要考虑排放物对土壤和地下水质的潜在影响。

土壤排放物包括受控源和失控源的排放、处理的和未处理的排放、正常操作排放和事故排放。

注：失控排放可能来自事故泄漏。

4.3.5 废料

废料和废品大致能划分为下述类别：

——作为最终处置的材料，例如无能源回收或土地填埋价值的焚化；

——使用后收集的且适合回收(包括再循环)的材料；

——某生产流程产生的并且在收集前不作进一步处理和使用的材料。

国家或区域法规可对废品和废料的后续处理进行规定。

4.3.6 中间产品和共生产品

宜考虑其他输出，例如从废料(高热值废料)回收的能源、循环材料、副产品和循环水。

4.3.7 其他排放物

其他排放物包括噪声和震动、辐射和热量。

4.4 其他相关问题

4.4.1 事故或非预期使用导致的环境风险

产品生命周期期间可产生各种各样的环境影响，爆炸、碰撞、容器滑落以及其他事件都能对环境造成影响。

有意或无意的滥用行为也会对环境造成影响。例如，不按照说明书的要求或其预期用途使用产品，包括：

——超过农药的推荐使用剂量导致的土壤和水体污染；

——运输工具发生事故导致的化学品泄漏风险；

——电冰箱和空调等的不当使用导致的能量消耗等。

4.4.2 消费者信息

真实的、可信赖的、通俗易懂的、可比较的信息能告知消费者与该产品有关的重要环境因素。如果与环境相关，则标准中宜给出必要的与环境相关的信息，例如有害物质的分类、含量和(或)释放、能效等。另外，还宜考虑有关这些信息的法规要求。

消费者信息在购买产品前宜容易获得。

注：GB/T 24021—2001、GB/T 24024—2001 和 GB/T 24025—2009 有关于环境标志和声明的要求。标准的消费者信息章条部分可参考这些标准。

5 产品环境因素的识别

5.1 通则

产品标准起草者宜基于生命周期理念制定一项程序来系统评定与产品有关的环境因素。

环境检查表是完成此项任务的有效工具，该检查表基于有用的环境信息、产品和环境专业知识以及生命周期理念方法而设计。

完整的检查表用来确认产品生命周期各个阶段及其相关环境因素，产品标准宜包含生命周期阶段相关环境因素的条款。

检查表还可用来检查某项已出版的标准是否需要修订，尤其是那些由于环境原因而需要修订的标准。

5.2 识别产品环境因素和环境影响的数据收集

识别与产品生命周期相关的环境因素和环境影响以及产品标准如何对它们产生影响较为复杂，需要时可向环境专家进行咨询。宜尽可能使用现有环境信息来识别和评价产品的环境因素和环境影响。

有用信息源包括下列内容(以优先顺序排列)：

a) 相关专业指南(参见附录A)；

b) 生命周期评定(LCA)研究，宜应用符合GB/T 24040—2008和GB/T 24044—2008要求的LCA方法进行生命周期评定研究；

注：LCA是评定与产品有关的环境因素和潜在环境影响的技术，并且通过以下方式进行评定：

——编制系统的相关输入和输出目录；

——评价与这些输入和输出有关的潜在环境因素；

——正确解释与研究目的有关的目录和影响评定阶段的结果。

c) 产品相关的环境影响或风险研究、技术数据报告、出版的环境分析结果或研究成果、有毒物质清单；相关监测数据；

d) 产品规范、产品开发数据、材料和(或)化学安全数据表、能源和材料平衡数据；环保产品声明；

e) 环境要求和其他相关法律要求；

f) 特定环境规程、国家政策和国际政策、指南和工作程序；

g) 紧急情况报告和事故报告。

5.3 环境检查表

制定标准的所有阶段，宜完成并更新适用的环境检查表(见表1)，同时将其附在标准草案中。表1提供的内容尤其适用于产品标准。在某些情况下，例如服务领域，其他工具或其他形式的检查表可能更适合某地区或部门的特定问题。例如，生命周期阶段可修改为提供更好服务的典型阶段。在其他情况下，如果用涉及整个生命周期阶段的系列标准描述一项产品，那么完成系列标准的环境检查表比完成单项标准的检查表更合适。

环境检查表的目的在于解释项目建议是否包含相关产品环境因素，如果包含，则标准草案是如何处理这些相关环境因素的。标准出版时不必附有环境检查表。

下列信息宜标注在检查表上：

——文件编号(如有)；

——标准名称；

——技术委员会和(或)分技术委员会和(或)工作组的编号；

——工作项目编号(如有)；

——环境检查表版本；

——环境检查表的修订日期。

鼓励技术委员会成员参与完成环境检查表，并考虑所收集的数据(见5.2)，并按以下方式完成环境检查表：

表 1　环境检查表

<table>
<tr><td colspan="4">文件编号(如有)：</td><td colspan="4">标准名称：</td><td colspan="4">技术委员会和(或)分技术委员会和(或)工作组编号：</td></tr>
<tr><td colspan="4">工作项目编号(如有)：</td><td colspan="4">环境检查表版本：</td><td colspan="4">环境检查表的修订日期：</td></tr>
<tr><td rowspan="3">环境问题</td><td colspan="10">生命周期阶段</td><td rowspan="2">所有阶段</td></tr>
<tr><td colspan="2">采购</td><td colspan="2">生产</td><td colspan="3">使用</td><td colspan="3">寿命终止</td></tr>
<tr><td>原材料和能源</td><td>预加工材料和部件</td><td>制造</td><td>包装</td><td>使用</td><td>维护和修理</td><td>辅助产品使用</td><td>再使用和(或)材料和能源回收</td><td>无能源回收价值的焚烧</td><td>最终处置</td><td>运输</td></tr>
<tr><td colspan="12">输入</td></tr>
<tr><td>材料</td><td></td><td></td><td></td><td></td><td></td><td></td><td></td><td></td><td></td><td></td><td></td></tr>
<tr><td>水</td><td></td><td></td><td></td><td></td><td></td><td></td><td></td><td></td><td></td><td></td><td></td></tr>
<tr><td>能源</td><td></td><td></td><td></td><td></td><td></td><td></td><td></td><td></td><td></td><td></td><td></td></tr>
<tr><td>土地</td><td></td><td></td><td></td><td></td><td></td><td></td><td></td><td></td><td></td><td></td><td></td></tr>
<tr><td colspan="12">输出</td></tr>
<tr><td>大气排放物</td><td></td><td></td><td></td><td></td><td></td><td></td><td></td><td></td><td></td><td></td><td></td></tr>
<tr><td>水体排放物</td><td></td><td></td><td></td><td></td><td></td><td></td><td></td><td></td><td></td><td></td><td></td></tr>
<tr><td>土壤排放物</td><td></td><td></td><td></td><td></td><td></td><td></td><td></td><td></td><td></td><td></td><td></td></tr>
<tr><td>废料</td><td></td><td></td><td></td><td></td><td></td><td></td><td></td><td></td><td></td><td></td><td></td></tr>
<tr><td>噪声、震动、辐射和热量</td><td></td><td></td><td></td><td></td><td></td><td></td><td></td><td></td><td></td><td></td><td></td></tr>
<tr><td colspan="12">其他相关方面</td></tr>
<tr><td>事故或非预期使用导致的环境风险</td><td></td><td></td><td></td><td></td><td></td><td></td><td></td><td></td><td></td><td></td><td></td></tr>
<tr><td>消费者信息</td><td></td><td></td><td></td><td></td><td></td><td></td><td></td><td></td><td></td><td></td><td></td></tr>
<tr><td colspan="12">备注</td></tr>
<tr><td colspan="12">注 1：包装阶段指的是加工产品的初次包装操作。为运输而进行的二次或三次包装会发生在生命周期的某些阶段或所有阶段，该二次或三次包装指的是运输阶段包装。
注 2：运输可视为所有阶段的一部分(详见检查表)或作为单独的分阶段。为了适应与产品运输和包装相关的特定问题，可添加新的内容和(或)增加备注。</td></tr>
</table>

a) 确认与产品相关的各环境因素。

b) 如果包含重要的产品环境因素，则在框内标记“是”，如果不包含重要的产品环境因素或者内容不相关，则在框内标记“否”。

c) 对于标注“是”的各项，确认此产品环境因素能否在标准中阐述，并在这些框内标记三个星号（* * *）。

d) 在相应的框内填写产品环境因素的标准章条号。

e) 在备注框内填写附加信息。可给出各产品环境因素（标记“是”的方框）和如何处理这些环境因素（或为什么没有处理该环境因素）的简短描述。此外，还可给出标准草案中与环境相关的备注以及技术委员会对这些备注所作的回复。

f) 在产品的整个生命周期阶段评定不同环境因素需要注意的是，环境压力不宜从一个生命周期阶段转移至另一个阶段，也不宜从一种介质转移至另一种介质。

5.4 环境检查表与本部分条款之间的关系

环境检查表确定了重要的产品环境因素时，可分别就这些环境因素起草环境条款。第 6 章包含与检查表相关的特定指南，见表 2。

表 2 生命周期不同阶段的标准起草指南

结构	生命周期阶段										所有阶段
	采购		生产		使用			寿命终止			
	原材料和能源	预加工材料和部件	制造	包装	使用	维护和修理	辅助产品的使用	重新使用和（或）材料与能源回收	无能源回收价值的焚烧	最终处置	运输
条	6.2	6.2	6.3	6.3	6.4.2	6.4.3	6.4.4	6.5	6.5	6.5	6.6

6 将环境条款纳入产品标准的指南

6.1 概述

就与其他准则的适用性要求和保持一致而言，基于产品生命周期理念起草的标准环境条款宜有助于将产品生命周期不同阶段的潜在负面环境影响降至最低。

表 3 至表 10 基于生命周期理念给出了起草生命周期各个阶段的标准环境条款可能需要的建议，包括需要作出选择的限制条件和示例。标准起草者宜根据有关的环境影响的性质和标准范围来决定这些条款是否需要纳入标准，如果需要纳入标准，则需决定该条款是要求型条款、推荐型条款还是陈述型条款。

附录 B 给出了现行标准生命周期某些阶段或所有阶段的条款示例。

6.2 采购

表 3 给出了环境条款宜包括的有关原材料选择和采购的建议事项，其中包括能源、预加工材料和组件，同时需要考虑限制条件和可能的决策冲突。

表 3 原材料、预加工材料和组件的采购

标准中涉及环境条款的建议事项	选择和限制条件示例
尽可能使用最少量的材料	如果需要使用大量 A 材料且资源充足或使用较少量的 B 材料且资源十分有限，宜做适当选择
使用易于回收或再循环的材料	包装宜使用可焚烧或填埋的轻质材料或使用牢固、较重且可循环使用的容器包装，宜做适当选择，例如硬纸板箱或钢罐
使用再循环或再生的材料	材料寿命终止的回收率要大于回收产品在产品生产中的使用率； 如缺乏回收材料材质的相关知识，可限制这些材料的使用，例如化学成分(有害物质、污染物)
使用可再生资源并且将不可再生原料的使用降至最低	此准则只在可对可再生资源进行可持续管理并且其再生速度快于消耗速度时有效(见 4.1)
检查产品的可重复使用价值	如果再生的产品比新产品消耗更多的能源，宜做适当选择
限制使用因功能需要而无法避免的有害物质尤其是有毒物质、剧毒物质、致癌物质和基因突变物质	如果少量有害物质溶解于再循环材料，宜做出选择。在这种情况下，需要考虑溶解的有害材料的生物利用率
选用耐久性和使用期限最优的原料	无
使用标准化的元件、零件和组件以便维护、再使用和再循环	无
材料品种的最小化	无
再生组件的利用	如果可重复使用的组件比新组件使用更多能源或造成更多的环境影响，宜做适当选择
原料采购期间宜最小化能源消耗和温室气体排放	例如，在公路和铁路用车的材料是钢或铝的选用上可产生分歧，使用阶段的能源消耗可能是一项重要的环境因素
规定性能准则如环保性能，而不是规定所使用材料或物质的性能	这通常要求制造商制定综合规范并对产品进行进一步测试； 技术性能准则和环保性能准则可能相互矛盾

6.3 生产

表 4 和表 5 给出了环境条款宜包括的产品制造和包装方面的建议事项，还有限制条件和可能的决策冲突的示例。

表 4 制造

标准中涉及环境条款的建议事项	选择和限制条件示例
生产期间宜最小化能源消耗和温室气体排放	低能耗流程生产低性能产品和耗能较多的流程生产在使用中具有优良环保性能的产品，宜做适当选择
选择生产或制造设备，宜优先考虑将环境影响降至最低的设备，例如能量泵或废热回收装置	在某些情况下，即使一些新设备对环境的影响较少，但仍无法轻易取代现有设备，这是因为现有设备使用寿命较长
选用生产阶段造成最少污染的辅助材料	这样可能阻止人们将废料用作辅助材料，例如钢铁或水泥生产行业
适用时，选用造成最少污染的表面处理的材料，例如优先考虑水基涂层而不是溶剂涂层	如果水基涂层性能劣于溶剂涂层性能，那么宜做适当选择； 水基涂层可能需要使用更多能源
引用和使用可将环境影响降至最低的产品试验方法	无

表 5　包装

标准中涉及环境条款的建议事项	选择和限制条件示例
采用适当类型的包装将损坏和损失降至最低	此包装可需要更多原材料、能源或是难于再循环的材料
包装材料的再使用或再循环	如果为了包装材料的再使用或循环使用而收集和回收使用的包装材料需付出很多努力，或者为了材料的循环使用需耗费大量能源或化石燃料，宜做适当选择

6.4　产品使用

6.4.1　概述

产品使用是产品生命周期中最耗能的一个阶段。尽管标准起草者无法控制产品的使用，但是环境条款在产品的使用阶段能给环境带来极大影响。这些条款包括：

——正常使用期间将产品带来的负面环境影响降至最低的条款(见 6.4.2)；

——维护和修理期间延长产品的使用期限并将负面环境影响降至最低的条款(见 6.4.3)；

——与辅助产品使用相关的条款(见 6.4.4)。

6.4.2　正常使用

表 6 给出了环境条款宜包括的正常使用产品的建议事项，还有限制条件和可能的决策冲突的示例。

表 6　正常使用

标准中涉及环境条款的建议事项	选择和限制条件示例
撤销辅助功能、断开电源(开关)或减少辅助功能电源消耗	根据功能和突发事件做出适当选择
在产品上粘贴信息标志以告知使用产品的最佳能效方式	在不超过标志能承载信息量的情况下选择公开的信息
产品使用期间将能量的总体使用和温室气体排放降至最低	无
将产品的启动时间降至最短	根据功能做适当选择，例如预热功能
改善保温措施以减少热损耗	隔热材料的生产对环境有影响，其用量需要进行优化
使用轻型部件，例如车辆和运动机械零部件	对轻金属生产的能耗问题与塑料和复合材料的再循环问题做出选择
使用期间将用水量降至最低，这可通过减少用水总量或使用循环水来实现；用户手册内宜注明标准耗水级别	如果只有额外使用化学品或消耗能源才能实现节水，那么就这一点可能存在决策冲突
将产品使用期间产生的废料量降至最低	无
确保不释放有害物质，这要考虑到所有的可能释放情况(大气和室内空气排放物以及土壤和水体排放物)	在不妨碍功能的条件下将有害材料的使用降至最低，并且为产品的使用和处置制定合适的指南
产品使用期间，将产品噪声级别降至最低；产品的用户手册上宜标注标准噪声级别	对于隔音层的厚度以及隔音材料的环境影响宜做出决策
给出产品的使用说明，例如产品用户手册宜提供建议方法，告知人们如何将非预期使用和负面环境影响风险降至最低	无

6.4.3 产品的耐用性、维护和修理

表7给出了环境条款宜包括的有关产品耐用性、维护和修理的建议事项，还有限制条件和可能的决策冲突的示例。

表7 产品的耐用性、维护和修理

标准中涉及环境条款的建议事项	选择和限制条件示例
改善产品的预期寿命	有时只能通过使用有害材料进行表面处理才能实现，例如铬
改善抗腐蚀性	需要额外的表面处理
产品的设计方式宜为易于清洗和(或)不易染尘	需要额外的表面处理
使用易于更换的零部件	无
清洁、修理和维护操作期间将污染降至最低	适用于清洁、修理和维护期间需要辅助产品的操作
采用易于连接及断开的连接技术，例如方便修理	适用于通过修理操作可大幅提高寿命的产品
确保部件易于修理和更换	需要增加产品的数量，意味着在原材料采购和生产阶段造成更大的环境影响
确保可使用标准工具进行维护	无
确保备用件的可获得性	适用于部件寿命较短或频繁损坏的组装产品
提供可能的产品升级或改良	无
包括维护和服务期间的修理和维护操作指南	适用于那些可通过修理操作而大幅延长使用寿命的产品
最大限度降低维护和表面处理需要	无

6.4.4 辅助产品的使用

表8给出了环境条款宜包括的关于辅助产品使用的建议事项，还有限制条件和可能的决策冲突的示例。

注：辅助产品示例包括用于清洗机器或咖啡机过滤袋所用的清洁剂。

表8 辅助产品的使用

标准中涉及环境条款的建议事项	选择和限制的示例
辅助产品的规范	无
使用最少量辅助产品的说明	无
适用的情况下，鼓励最少量的用水并促使其循环使用	无
使辅助产品可重复使用、再循环使用、可回收利用，并可进行生物降解	无
除非对环境有利，否则最低限度使用一次性部件	无
使用标准部件和产品(例如电源、连接器)作为辅助产品	无

6.5 寿命终止

当产品寿命终止时，经过分解或进一步处理后产品可能是再生的和(或)可回收的或是被处置的(不论何时根据需要进行处理后)。生命周期此阶段的最佳环境选择取决于诸多因素，其中包括本地有效的废物管理基础设施、废物流的性质和(或)价值以及生物降解性，最后一条但同样重要的是初期选用的产

品设计方案。从整个生命周期角度来看，关注生命终止阶段，不宜危害产品的环境优化方案。

表 9 给出了环境条款宜包括的与产品寿命终止操作相关的建议事项，还有限制条件和可能的决策冲突的示例。

表 9　寿命终止

标准中涉及环境条款的建议事项	选择和限制条件示例
为便于分类，对于不同组件做不同的标记	建议仅用于那些经常需要拆卸的大型组件
产品内放置的不可再循环及不可重复使用的材料，宜以易于移除的方式放置	如果产品不预先进行某项拆卸操作，那么不必对其进行粉碎和分类操作
避免使用不可分离的复合材料	复合材料有助于整个生命周期期间的环境优化，例如减轻质量
最大限度减少拆卸的时间和路径	仅适用于经常需要拆卸的产品
确保高收集率	仅适用于大批量生产制造的产品(例如罐体、蓄电池等)
最大限度减少所用材料的种类	考虑分离技术(磁力分选和电磁分选等)
避免使用给产品重复使用或再循环使用带来阻碍的部件、组件、附加材料和表面处理工艺	此类部件可能对产品的环保绩效具有很大影响
使用标准化的且易于重复使用的元件及零部件	主要适用于作为备件且频繁使用的部件
确保有害物质或有价值物质或材料的简易拆卸或分类	无
在不影响功能的情况下，避免使用持久有害的物质	无
宜向终端用户提供适宜的寿命终止操作的指导说明和(或)张贴标志，告知他们如何区分有害废物和无害废物	无
重复使用或循环使用包装材料	无

6.6　运输

产品标准几乎很难列举与物流供应链组织相关的条款，而产品设计在生命周期的任何一个阶段的运输过程都可能对环境造成至关重要的影响。产品设计有助于节省原材料和减少能耗，通过确保产品的高效配送和考虑从生产商到分销商、零售商、用户以及寿命终止操作场地等不同生产场地间的运输距离的方式来达到节省原材料和节约能耗的目的。

表 10 给出了有关产品包装和配送的各种环境因素。

表 10　运输

标准中涉及环境条款的建议事项	选择和限制条件示例
设计产品使其在运输过程中节约能源	无
减少运输需求，例如因维护和修理、辅助产品的采购或寿命终止处置、处置和重复使用、再循环、回收方法	无
选用适宜的运输方式(公路、铁路、海运或空运)	无
采用适宜的运输包装方式，最大限度降低损耗和损坏	无
使用最为高效的包装方法[质量、体积、装载量和(或)运输工具、可重复使用性、可回收性]	无
节省与运输相关的原材料、预加工材料和组件	无
确保在产品、包装和运输设备上张贴适宜标志	无

附 录 A
（资料性附录）
制定专业标准环境内容的指南

A.1 概述

对于某些专业，制定本部分范围之外的专业指南可能有益。这样，专业指南可重点关注专业特定的环境问题，并为标准起草者提供了额外且较为详细的信息，例如提供各专业如何解决各自领域标准的环境问题的示例。

注：欧洲标准化委员会（CEN）制定了铝制品和焊接操作的专业指南，ISO 制定了塑料制品（见参考文献）的专业指南。CEN 制定了许多专业指南，包括天然气基础设施、天然气利用、保健和压力设备等方面的指南。这些信息可在 CEN 环境信息咨询服务平台（CEN/EHD）上免费获得，网址是：http://www.cen.eu/sh/ehd。

典型的做法是，专业指南往往可由特定专业的具有环境和技术知识的专家、消费者组织代表、民间组织及其他组织代表共同制定。

专业指南作为文件宜单独使用。但是，它宜遵循本部分阐述的原则、方法和建议事项。起草专业指南需考虑环境因素时与本部分结构保持一致可能有益，起草的文件除了特定专业指南包括的内容外还宜包括其他相关内容。

为了确保起草的专业指南与本部分的兼容性和提高专业指南的可用性，给出如下具体建议确保制定的专业指南结构与本部分的主体结构保持一致。

A.2 引言、范围、引用文件和定义的建议

对于专业指南，下列的引言内容可能适用。

“本文件是评定专业范围内标准环境问题的指南。

其目的在于为那些制定标准但并非环境专家身份的人员提供一种有用工具。本专业内的技术委员会和工作组人员可将本文件作为一种工具来分析与标准相关的潜在环境因素。”

如果可以，宜提供更多关于专业和专业环境小组的信息。

范围、引用文件和定义宜与本部分保持一致。可添加诸如特定专业的引用文件或定义等补充内容。

A.3 基本原则和途径的建议

本部分的基本原则和途径同样适用于专业指南。可另外为标准起草者提供制定标准的原则、途径及其他相关信息的指南。此外，还可考虑与专业有关的具体建议。

A.4 环境因素的建议

A.4.1 概述

为了识别主要环境问题，有必要对专业的主要环境因素进行详细且目的明确的阐述。关于这点，建议采用本专业的示例。

这一章宜明确产品标准的哪些条款最有可能对产品的环境影响产生作用。示例通常是很有用的。

A.4.2 输入

A.4.2.1 材料

如果在专业领域需使用材料的量很大或使用与环境有重大关系的物质，这点宜在专业指南中做出详细说明。此外，还宜考虑使用可回收材料的可能性。

A.4.2.2 水

如果某专业领域的产品在其生命周期的某一阶段或所有阶段耗水量较大，则专业指南宜阐明该情况并提供解决问题的方法。

A.4.2.3 能源

能源通常是标准处理的一项重要环境因素。例如，如果专业产品在其使用阶段耗电严重，那么专业指南宜阐明此问题并提供解决问题的方法。示例之一便是制定能量需求等级以便于产品之间进行比较。

A.4.2.4 土地

如果产品生命周期某一阶段或所有阶段存在集中用地情况，则专业指南宜阐明这个问题并提供解决方法，通常还包括土地还原的最佳办法。

A.4.3 输出

A.4.3.1 大气排放物、土壤排放物和水体排放物

如果在产品的使用阶段产生排放物或排泄物，专业指南宜说明这一情况。如何产生最少量的排放物和排泄物，专业指南宜给出示例。另一种可能是为了便于不同产品之间的比较，宜设定不同排放物等级。

A.4.3.2 废料

如果专业产品在其生命周期阶段产生大量废料，那么如何产生最少量废料或如何循环使用废料，专业指南宜给出示例，例如材料或能源是否有可能循环使用或回收利用（包括对使用终止的产品和易于拆卸产品的详细条款），以及在循环使用、能源回收或最终处置过程中存在的潜在环境风险。

A.4.3.3 其他排放物

除上述情况外，与专业有关的其他排放如噪声、辐射等问题，宜进行相应处理。

A.5 有关图的建议

建议在专业指南中使用图来表现特定专业产品的生命周期、环境因素和它们之间的相互依赖关系。环境检查表（见 5.3）便是一个提供产品和（或）产品标准的环境因素概述的示例。

A.6 识别产品环境因素的建议

环境检查表是采用系统方式处理环境问题的有效工具，因此专业指南宜推荐使用该工具。为了更好地适应专业特定问题，可对环境检查表进行修改，例如可添加后续相关子阶段或环境因素。专业指南

可给出完整的环境检查表示例。

不过，对于某些专业，检查表不一定适用于该专业的服务或产品族，对于某些专业可能已有适合于本领域的分析工具或方法。在这些情况下，专业指南可引入并详细说明这些替代工具。

此外，专业指南宜详细说明额外的信息来源及特定专业信息来源。

若想准确识别和评估环境因素和环境影响，建议在制定专业指南的过程中咨询环境专家。

A.7 将环境条款纳入到产品标准的建议

专业指南宜包括对特定专业的建议、限制条件和在标准中制定环境条款的示例。

附 录 B
（资料性附录）
标准中环境条款的示例

B.1 采购阶段示例

B.1.1 塑料管材中回收材料的使用

B.1.1.1 说明

使用回收材料生产塑料管材通常是受限制的。在特定条件下允许使用回收材料，但它们需要满足非常明确的要求。CEN/TS 14541对使用PE(聚乙烯)、PP(聚丙烯)和PVC-U(硬聚氯乙烯)等回收材料的要求作了详细的规定。

B.1.1.2 示例

摘自CEN/TS 14541:2007关于常压塑料管材及管件PVC-U(硬聚氯乙烯)、PP(聚丙烯)和PE(聚乙烯)回收材料的使用。

"4.2 **符合协议规格的回收材料**

符合协议规格的回收材料在供应数量和供应时间上有保证时，应允许添加到新料或余料中，或上述两者的混合料中生产管材，但应符合下列条件：

——每种回收材料的规格应在材料供应者与产品生产者之间协商一致。回收材料的特性至少应包含：PVC-U(硬聚氯乙烯)见表1，PP(聚丙烯)见表2，PE(聚乙烯)见表3。其他特性应符合：PVC(聚氯乙烯)见EN 15346，PP(聚丙烯)见EN 15345，PP(聚丙烯)和PE(聚乙烯)见EN 15344。

当按表1、表2、表3分别对PVC-U(硬聚氯乙烯)、PP(聚丙烯)、PE(聚乙烯)进行测定时，这些特性显示的实际值应符合协商一致的约定值。

——每次提交应具有符合EN 10204:2004中3.1格式的证书，以表明材料供应者的提交符合协议规格，或产品生产者的提交符合双方的约定。

注：回收材料供应者的质量计划宜符合ISO 9001:2000。

——产品生产者应明确回收材料的最大添加量。

——产品生产者应记录实际添加到各产品系列中回收材料的数量。

——最终产品的材料特性应符合相关产品标准规定的要求。

——最终产品应按回收材料的成分和最大添加量进行型式试验。批准结果应证实符合含有较低等级回收材料的成分。"

B.1.2 采购阶段寿命终止注意事项

B.1.2.1 说明

在采购阶段就考虑指定材料的寿命终止处理是与标准有关的生命周期理念的良好示例。这个问题在EN 15312的综合运动设备关于材料一般要求的子条款中得到了解决，其中还包括与环境有关的要求。

B.1.2.2 示例

摘自 EN 15312:2007 关于开放性综合运动设备。

“4.1 材料

……

选择设备用材料时，宜注意材料的最终处置可能对环境造成的任何有毒危害。宜特别注意表面涂层的潜在毒害。”

B.2 生产阶段示例

B.2.1 减少产品测试的环境影响

B.2.1.1 说明

许多产品标准要求产品上市前接受某种型式的试验。有些试验，尤其是破坏性试验对环境影响较大，例如排放有害物质。然而，制定标准有助于减少此类影响。

B.2.1.2 示例

摘自 EN 14180:2003 关于医用消毒器。

“附录 A 试验方法

……

注：尽可能扩大适宜同步实施试验的数量(如烘干)以节省重复时间和实验设备的修理次数，可减轻环境负担(参见附录 F)。”

B.2.1.3 示例

摘自 IRAM 3543:2005 关于灭火器和消弧电位试验。

“4 通则

……

警告——这些试验具有一定风险，还可能产生对人体健康和环境有害的物质。必须采取预防措施谨慎保护人员和环境安全，同时宜注意试验后材料和产生废料的最终处置。

4.6 试验场地

……

注：为避免环境污染，建议在试验期间提供气体的收集系统和清洗系统。”

B.2.2 包装材料的环境影响

B.2.2.1 说明

许多产品标准要求产品使用特定类型的包装方法(初次包装)。然而，标准还宜介绍产品初次包装的环境因素，例如包装材料的处置。

B.2.2.2 示例

摘自 ISO 16201:2006 关于对残疾人的技术援助。

“4 总体要求

4.2 制造商提供的信息

4.2.3 标志

为了安全使用环境控制系统或系统中的某个设备，根据需要在产品、包装和说明书上应至少包含以下信息：

……

g) 告知消费者如何以对环境无害的方式处置包装材料；

……”

B.2.3 回收材料中的有害物质

B.2.3.1 说明

建筑行业普遍使用回收材料，但宜考虑回收材料中有害物质对环境造成的影响。

B.2.3.2 示例

摘自 JIS A 5731:2002 关于用回收塑料制成的雨水检查舱和盖。

“7.1 **回收塑料制品**

如果使用回收塑料制品，通过以往的记录应可免费获知此类塑料制品的成分及污染物所包含的对人体和环境有害的物质(例如黏附物)数量。如果无法找到相关记录，应进行测试并确定在使用过程中它们对人体和环境是无害的。相关方应对试验项目和试验方法达成一致。

7.2 **辅助材料**

……

填充剂、增强剂和添加剂等辅助材料中不应包含对产品质量或环境造成负面影响的有害物质。”

B.2.4 提高回收资源的利用率

B.2.4.1 说明

为了提高设备中回收资源的利用率，关键是在产品设计或投产初期恰当考虑回收资源的使用。引入一个公认的产品中回收资源利用率的评估方法，既可反映该行业寿命终止链的实际情况，也可为设计者在设计或投产初期提供较好的评估方法。

B.2.4.2 示例

摘自 JIS C 9911:2007 关于电工或电子设备中回收资源利用指标的计算和表示方法。

“1 **范围**

本标准规定了电工或电子设备在设计或开发阶段，关于回收资源利用率的计算和表示方法。

本标准适用于设备在设计或开发阶段对回收资源有效利用率的测量结果的评价。”

B.3 使用阶段示例

B.3.1 化学试验室内的环境保护措施

B.3.1.1 说明

有些涉及水处理用化学品的欧洲标准，在分析方法中含通过资料性附录介绍化学试验室内环境、健康和安全防护措施的相关信息。对于有环境影响的化学品的产品标准的分析方法中也宜包含类似建议。

B.3.1.2 示例

摘自 EN 15039:2006 关于水处理的化学品。

"**附录 C 化学试验室内环境、健康和安全防护措施**

……

本防护措施可作为安全和常用的技术指南。使用者宜：

——研究使用的欧盟指令、调整的欧洲立法和国家法律、法规以及行政条款是否适用进行调查；

——就材料安全数据表和其他建议等特殊细节应该向制造商和(或)供应商咨询；

……

——谨慎对待易燃材料、有毒物质和(或)人类致癌物，在运输、倒灌、稀释、溢出物处理时宜格外小心；

——以安全及环保方式储存、搬运和处理化学品：包括实验室试验用化学品、试样、未使用的溶剂和配制好的试剂。"

B.3.2 维护和修理

B.3.2.1 说明

一般而言，定期进行产品维护能延长产品的使用寿命。尤其是那些无法及时更新的产品，而延长产品的使用寿命与减少产品环境影响关系密切。因此易于修理和维护能减少产品环境影响。

此外，维护和修理的流程或用品对环境具有较大影响。标准可通过制定条款来处理生命周期中这一特定阶段的有关问题。

B.3.2.2 示例

摘自 ISO 16201:2006 关于残疾人特定技术援助。

"**4 通用要求**

4.2 制造商提供的信息

4.2.1 总则

对于正在市场销售的环境控制系统或系统中的某个设备，至少应使用销售地的官方语言并且以明确及易于让人理解的方式告知下列信息：

……

j) 可替换部件的详细信息。

……

4.2.2 使用说明

使用说明至少应包含下列信息：

……

d) 用于设备维护和校准的特性及频率的细节。"

B.3.2.3 示例

摘自 IRAM 2400:2003 关于电气绝缘矿物油的使用和维护。

"**13 卫生和环保措施**

……

注：为了遵守相关法律规定，向拥有和使用绝缘矿物油的变压器的个人或组织建议：如果需要更换或处理绝缘油，需预先测定多氯联苯(PCB)的含量。"

B.3.3 减少辅助产品的环境影响

B.3.3.1 说明

在许多情况下,使用某个产品通常还需要使用辅助产品,例如水。除了这些辅助产品固有的环境因素外,主要因素在于辅助产品的使用量。个别情况下,可通过在标准中向使用者提出建议来缓解这一情况。另一方面,使用辅助产品可能是减少产品自身的其他环境因素的需要。

B.3.3.2 示例

摘自 EN 14180:2003 关于医用消毒器。

"4.2 设计和构造

4.2.3 真空系统

4.2.3.1 消毒器宜配备用来排出空气、水和消毒剂的真空系统。……

注:真空系统通常通过水来进行操作。宜注意系统内部用水的优化问题,因为资源使用和甲醛稀释间需要达到一个平衡,使甲醛的稀释浓度不可对环境造成危害(参见附录 F)。"

B.4 寿命终止阶段示例

B.4.1 选择适当的寿命终止方案

B.4.1.1 说明

有一系列欧洲标准是关于不同材料的回收塑料制品(EN 15342、EN 15343、EN15344、EN 15345、EN 15346 以及 EN 15347)的,这些标准的引言部分指出了在确定寿命终止方案时采用生命周期理念的重要性。

B.4.1.2 示例

摘自回收塑料制品(EN 15342:2007、EN 15343:2007、EN15344:2007、EN 15345:2007、EN 15346:2007 以及 EN 15347:2007)系列标准。

"引言

塑料废品的回收利用意在节省资源(原材料、用水、能量)的材料回收过程,同时最大限度地降低有害气体排放、水体排放、土壤排放和对人体健康的影响。需要对回收系统的全过程(从废品产生到最终残渣处置过程)的环境影响进行评定。为了确保回收利用是处理可利用废物的最佳方案,宜满足一些先决条件:

——采用的回收使用方案宜比备选的可回收方案造成的环境影响更小;

——宜确定回收产品的当前或潜在的市场销路以保证再循环产业发展的可持续性;

——宜对收集和分类方案进行合理规划,以便于回收的塑料碎片正好满足回收技术和确定的市场销路的需求,其中宜优先考虑社会成本最小化。"

B.4.2 处置要求

B.4.2.1 说明

为了覆盖产品的整个生命周期,产品标准还宜包含有关处置的建议事项。这些建议事项宜包括以下内容:产品宜由谁以何种方式处置。

B.4.2.2 示例

摘自 GB/T 21218—2007 关于电气用未使用过的硅绝缘液体。

“4.2 健康、安全和环境要求(HSE)

4.2.2 处置

对最终产品的处置应与本地的法规保持一致。处置的优先措施是由有资质的承包商进行回收利用。也可对废液进行焚烧,溢出物宜使用吸附性介质进行清理。……”

B.4.3 呼吁用户参与回收利用的推广活动

B.4.3.1 说明

推行蓄电池回收利用过程中最为重要的因素是:通过恰当的处理方法,使用户在使用阶段就参与进来。于是,生产商就需要在用户手册或标签上详细阐明这一情况。

B.4.3.2 示例

摘自 JIS C 8705:2006 关于密封充电镍镉电池。

“11 处理注意事项

……

i) 为了促进用后蓄电池的有效利用,蓄电池作为一种再生资源,其操作要求宜在用户手册、标志或以其他适当方式给出。”

B.5 生命周期所有阶段示例

B.5.1 将环境问题集中在一章内

B.5.1.1 说明

有些标准将所有与环境相关的条款或建议都集中在一章或一个附录中。EN 12975-1 太阳热能系统的太阳能收集器就包含关于环保的资料性附录 B。该附录包含与产品生命周期不同阶段有关的传热流体、绝热材料和收集器材料再循环使用的条款。

B.5.1.2 示例

摘自 EN 12975-1:2006 关于太阳热能系统。

“附录 B 环保

B.1 传热流体

使用的传热流体宜无毒、对人体皮肤或眼睛无严重刺激、对水无污染,而且该传热流体宜可充分生物降解。

B.2 绝热材料

收集器不宜使用氟氯化碳或含有氟氯化碳的材料制造。因此,绝热材料不宜包含该成分,依照第 6 章的描述,该成分在临界温度时排出有毒气体,将严重刺激人体皮肤或眼睛。

B.3 收集器材料的回收利用

收集器主要用于储存能量并减少污染。因此,收集器的设计宜考虑用后材料的回收利用。宜避免使用不可循环材料或最小限度使用该材料。

注:有毒物质的分类和识别信息可从 67/548/EEC 导则(危险物质的分类、包装、标识粘贴)和 76/769/EEC 导则(危险物质的使用限制)及修正案中找到。”

B.5.2 采用检查表系统评定标准的环境因素

B.5.2.1 说明

ISO 23747 的呼气峰流量计包含了与 EN 12975-1 中类似的集中环境内容的附录。按照产品环境因素的总体要求，最终的标准中包含了环境检查表，以说明生命周期各阶段的相关环境因素以及它们在标准中所在的章节。

B.5.2.2 示例

摘自 ISO 23747:2007 关于麻醉设备和呼吸器。

"1 **范围**

……

本标准适用于产品的规划和设计，生命周期内的产品环境影响见附录 E。

……

附录 E 环境因素

呼气峰流量计产生的环境影响主要限于下列情况：

——用户根据使用说明和例行程序进行例行检验和调整操作时，对本地环境产生的影响；

——操作期间消耗品的使用、清理和处置，包括用户根据使用说明和例行程序进行例行检验和调整操作；

——生命周期终止阶段的报废。

为了突出减少环境负担的重要性，本标准阐述了意在减少由呼气峰流量计在其生命周期的不同阶段造成的环境影响的要求或建议。

表 E.1 显示了呼气峰流量计有关环境方面的生命周期映射情况。

[表 E.1 环境检查表]"

参 考 文 献

[1] GB/T 19001—2008 质量管理体系要求(ISO 9001:2008,IDT)

[2] GB/T 20877—2007 电气产品标准中引入环境因素的导则(IEC Guide 109:2003,IDT)

[3] GB/T 21218—2007 电气用未使用过的硅绝缘液体(IEC 60836:2005,IDT)

[4] GB/T 21273—2007 环境意识设计 将环境因素引入电工产品的设计和开发(IEC Guide 114:2005,IDT)

[5] GB/T 24001—2004 环境管理体系 要求及使用指南(ISO 14001:2004,IDT)

[6] GB/T 24021—2001 环境管理 环境标志和声明 自我环境声明(Ⅱ型环境标志)(ISO 14021:1999,IDT)

[7] GB/T 24024—2001 环境管理 环境标志和声明 Ⅰ型环境标志 原则和程序(ISO 14024:1999,IDT)

[8] GB/T 24025—2009 环境标志和声明 Ⅲ型环境声明 原则和程序(ISO 14025:2006,IDT)

[9] GB/T 24040—2008 环境管理 生命周期评价 原则与框架(ISO 14040:2006,IDT)

[10] GB/T 24044—2008 环境管理 生命周期评价 要求与指南(ISO 14044:2006,IDT)

[11] GB/T 24050—2004 环境管理 术语(ISO 14050:2002,IDT)

[12] GB/T 24062—2009 环境管理 将环境因素引入产品的设计和开发(ISO/TR 14062:2002,IDT)

[13] ISO 14020:2000 Environmental labels and declarations—General principles

[14] ISO 16201:2006 Technical aids for persons with disability—Environmental control systems for daily living

[15] ISO 17422:2002 Plastics—Environmental aspects—General guidelines for their inclusion in standards

[16] ISO 23747:2007 Anaesthetic and respiratory equipment—Peak expiratory flow meters for the assessment of pulmonary function in spontaneously breathing humans

[17] ISO/IEC Guide 2:2004 Standardization and related activities—General vocabulary

[18] EN 10204:2004 Metallic products—Types of inspection documents

[19] EN 12975-1:2006 Thermal solar systems and components—Solar collectors—Part 1:General requirements

[20] EN 14180:2003 Sterilizers for medical purposes—Low temperature steam and formaldehyde sterilizers—Requirements and testing

[21] EN 14717:2005 Welding and allied processes—Environmental check list

[22] EN 15039:2006 Chemicals used for treatment of water intended for human consumption—Antiscalants for membranes—Polycarboxilic acids and salts

[23] EN 15312:2007 Free access multi-sports equipment—Requirements,including safety,and test methods

[24] EN 15342:2007 Plastics—Recycled Plastics—Characterization of polystyrene(PS) recyclates

[25] EN 15343:2007 Plastics—Recycled plastics—Plastics recycling traceability and assessment of conformity and recycled content

[26] EN 15344:2007 Plastics—Recycled plastics—Characterization of polyethylene(PE) recyclates

[27] EN 15345:2007 Plastics—Recycled plastics—Plastics recyclate characterisation of (PP)

recyclates

[28] EN 15346:2007 Plastics—Recycled plastics—Characterisation of poly(vinyl chloride)(PVC) recyclates

[29] EN 15347:2007 Plastics—Recycled plastics—Characterisation of plastics wastes

[30] EN 15530:2008 Aluminium and aluminium alloys—Environmental aspects of aluminium products—General guidelines for their inclusion in standards

[31] CEN/TS 14541:2007 Plastics pipes and fittings for non-pressure applications—Utilisation of non-virgin PVC-U,PP and PE materials

[32] CEN Guide 4:2004 Guide for the inclusion of environmental aspects in product standards

[33] DIN Report 108:2003 Guide for the inclusion of environmental aspects in product standardization and development

[34] IRAM 2400:2003 Mineral electrical insulating oils—Guide for supervision maintenance of oil in electrical equipment and in service

[35] IRAM 3543:2005 Manual and Wheeled Fire Extinguishers—Qualification and test of the extinction potential on Class B Fires

[36] JIS A 5731:2002 Recycled plastics inspection chambers and covers for rainwater

[37] JIS C 8705:2006 Sealed nickel-cadmium cylindrical rechargeable single cells

[38] JIS C 9911:2007 Calculation and display methods of recycled and reuse indicator of electric or electronic equipment

[39] NEAS Guide for Integration of Environmental Aspects in Standards

[40] Council Directive 67/548/EEC of 27 June 1967 on the approximation of laws,regulations and administrative provisions relating to the classification, packaging and labelling of dangerous substances

[41] Council Directive 76/769/EEC of 27 July 1976 on the approximation of the laws,regulations and administrative provisions of the Member States relating to restrictions on the marketing and use of certain dangerous substances and preparations

[42] The CEN Environmental Helpdesk(CEN/EHD):http://www.cen.eu/sh/ehd

[43] UNEP-SETAC Life-cycle Initiative and Life-cycle management programme Available at http://www.uneptie.org/pc/sustain/lcinitiative

ICS 01.120
A 00

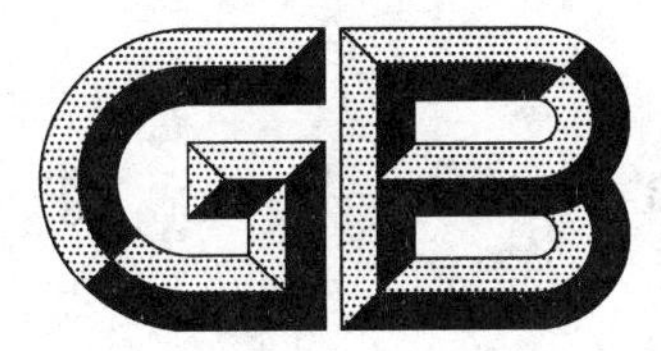

中华人民共和国国家标准

GB/T 20002.4—2015
代替 GB/T 20000.4—2003

标准中特定内容的起草 第4部分:标准中涉及安全的内容

Drafting for special aspects in standards—
Part 4:Safety aspects for their inclusion in standards

(ISO/IEC Guide 51:2014,Safety aspects—
Guidelines for their inclusion in standards,MOD)

2015-09-11 发布 2016-01-01 实施

中华人民共和国国家质量监督检验检疫总局
中国国家标准化管理委员会 发布

前　言

GB/T 20002《标准中特定内容的起草》、GB/T 1《标准化工作导则》、GB/T 20000《标准化工作指南》、GB/T 20001《标准编写规则》和 GB/T 20003《标准制定的特殊程序》共同构成支撑标准编制工作的基础性系列国家标准。

GB/T 20002《标准中特定内容的起草》分为如下几部分：

——第 1 部分：儿童安全；

——第 2 部分：老年人和残疾人的需求；

——第 3 部分：产品标准中涉及环境的内容；

——第 4 部分：标准中涉及安全的内容。

本部分为 GB/T 20002 的第 4 部分。

本部分按照 GB/T 1.1—2009 给出的规则起草。

本部分代替 GB/T 20000.4—2003《标准化工作指南　第 4 部分：标准中涉及安全的内容》。与 GB/T 20000.4—2003 相比，主要技术变化如下：

——修改了 5 个术语的定义，即"伤害""危险情况""预期的使用""残余风险""防护措施"(见 3.1、3.4、3.6、3.8、3.13，GB/T 20000.4—2003 的 3.3、3.6、3.13、3.9、3.8)；将术语"伤害事件"修改为"危险事件"(见 3.3，GB/T 20000.4—2003 的 3.4)；增加了术语"固有安全设计"和"易危消费者"的定义(见 3.5 和 3.16)；

——增加了对"安全的"的解释(见 4.1)；

——增加了"风险要素"辨析的陈述，并增加了风险要素结构的图示(见第 5 章)；

——删除了有关"安全问题"的原则性陈述(见 GB/T 20000.4—2003 的 5.1)；

——增加了界定"可容许风险"的尺度和方法(见 6.2.2～6.2.5)，并将"可容许风险"内涵的陈述调整至 6.2.1(见 GB/T 20000.4—2003 的 5.2)；

——调整了"可容许风险的实现"内容的结构，将此内容分为"风险评定和降低风险的循环过程""可容许风险""降低风险"和"验证"4 条(见第 6 章，GB/T 20000.4—2003 的 5.3 和第 6 章)；

——增加了风险评定和降低风险的原则以及降低风险措施的验证的内容，细化了可容许风险的含义和降低风险的措施，并修改了"风险评定和降低风险的循环过程"图和"降低风险的过程"图(见第 6 章、图 2 和图 3，GB/T 20000.4—2003 的第 6 章、图 1 和图 2)；

——修改了"警示"所使用文字的要求，改为"使用产品和/或系统预期销往国家/地区的官方语言，除非使用另一种语言才能更准确地描述某一特定技术领域"(见 7.4.2.3 第 2 个列项，GB/T 20000.4—2003 的 7.4.2.3 第 2 个列项)；

——增加了警示、安全警示符号及警示内容的说明，以更清晰地指导标准起草者起草标准中涉及"警示"部分的内容(见 7.4.2.3)。

本部分使用重新起草法修改采用 ISO/IEC 指南 51:2014《涉及安全的内容　将安全内容纳入标准的指南》。

本部分与 ISO/IEC 指南 51:2014 的主要技术差异如下：

——增加规范性引用 GB/T 1.1(见 7.4.1)，有利于标准编写的规范性；

——修改了 ISO/IEC 指南 51:2014 的第 5 章的图 1，以便于更好地理解风险要素之间的关系。

本部分由全国标准化原理与方法标准化技术委员会(SAC/TC 286)提出并归口。

本部分起草单位：中国标准化研究院、机械工业仪器仪表综合技术经济研究所、深圳市华测检测技术股份有限公司、机械科学研究总院。

本部分主要起草人：逄征虎、白殿一、吴学静、欧阳劲松、刘慎斋、刘泽华、强毅、张珺、丁露、陆锡林。

本部分所代替标准的历次版本发布情况为：

——GB/T 20000.4—2003。

引　言

处理标准中的安全问题，有许多不同的形式，涉及较宽的技术领域和产品、过程、服务和/或系统（以下简称“产品和/或系统”）。进入市场的产品和/或系统日益复杂，因而考虑安全问题尤为重要。

GB/T 20002 的本部分为标准起草者提供了实用的指导，帮助他们将涉及安全的内容纳入标准。本部分的基本原则也适用于其他考虑安全问题之处，同时对于其他利益相关者（例如设计者、制造者、服务提供者、政策制定者和管理者）也有重要的参考价值。

本部分介绍的方法旨在降低产品和/或系统使用过程中（包括易危消费者的使用）可能出现的风险。本部分旨在降低产品和/或系统的设计、制造、分销、使用（包括保养维护）和销毁或报废方面可能出现的风险，考虑的是一个产品和/或系统的整个生命周期（包括预期的使用和合理可预见的误使用）。无论产品和/或系统准备用于工作场所、家庭环境还是休闲活动，目标都是为人身、财产和环境实现可容许风险，最大程度地减少对环境的不利影响。

危险可能会带来各种不同的安全问题，并且可能因产品和/或系统的终端用户的不同（包括控制机制的完整性以及产品和/或系统使用的使用环境）而有显著差异。虽然在工作场所可能能够更大程度地控制风险，但对于家庭环境或易危消费者使用产品和/或系统的情况不易做到。因此，本部分可能需要由针对具体领域或用户的其他出版物加以补充。这些出版物的提示性清单见“参考文献”。

本部分预计适用于对所有新立项制定的标准和修订标准的起草。

分清“质量”和“安全”这两个词的各自功用是十分重要的。但标准中有必要考虑质量要求以确保始终满足安全要求。

注 1：本文件中通篇使用的术语“标准”包括标准和其他标准化技术文件。

注 2：标准可能专门解决安全问题，也可能包括有关安全的具体条款。

注 3：除另有说明外，本部分中使用的术语“委员会”为全国标准化技术委员会、分技术委员会或工作组的通称。

标准中特定内容的起草
第4部分:标准中涉及安全的内容

1 范围

GB/T 20002的本部分为标准起草者将安全方面的内容纳入标准提供了要求和建议。

本部分适用于有关人身、财产或环境的安全内容的起草。

注1:本部分可以仅适用于人身安全,或适用于人身和财产安全,或适用于人身、财产和环境安全。

注2:本部分使用的术语"产品和/或系统"包括产品、过程、服务和/或系统。

注3:安全方面的问题也可能适用于长期的健康后果。

2 规范性引用文件

下列文件对于本文件的应用是必不可少的。凡是注日期的引用文件,仅注日期的版本适用于本文件。凡是不注日期的引用文件,其最新版本(包括所有的修改单)适用于本文件。

GB/T 1.1 标准化工作导则 第1部分:标准的结构和编写

3 术语和定义

下列术语和定义适用于本文件。

3.1

伤害 harm

对人体健康的损害或损伤,对财产或环境的损害。

3.2

危险 hazard

可能导致**伤害**(3.1)的潜在根源。

3.3

危险事件 hazardous event

能导致**伤害**(3.1)的事件。

3.4

危险情况 hazardous situation

人员、财产或环境暴露于一种或多种**危险**(3.2)中的情形。

3.5

固有安全设计 inherently safe design

通过更改产品和/或系统的设计或操作方式,消除**危险**(3.2)和/或降低**风险**(3.9)而采取的措施。

3.6

预期的使用 intended use

按产品和/或系统提供的信息使用,无此类信息时,按通常理解的模式使用。

3.7

可合理预见的误使用 reasonably foreseeable misuse

由容易预见的人的行为所引起的,未按供方提供的方式对产品和/或系统的使用。

注 1：容易预见的人的行为包括全部类型的用户行为，例如老人、儿童和残疾人士。更多信息请参见 ISO 10377。

注 2：在消费者安全方面，术语“可合理预见的使用”越来越多地被用作“**预期的使用**(3.6)”和“可合理预见的误使用”两者的同义词。

3.8

残余风险　residual risk

在实施**降低风险措施**(3.13)后仍然存在的**风险**(3.9)。

3.9

风险　risk

伤害(3.1)发生概率和伤害严重程度的组合。

注：发生概率包括出现**危险情况**(3.4)中、发生**危险事件**(3.3)，以及避免或限制伤害的可能性。

3.10

风险分析　risk analysis

系统地运用现有信息确定**危险**(3.2)和评估**风险**(3.9)的过程。

3.11

风险评定　risk assessment

包含**风险分析**(3.10)和**风险评价**(3.12)的全过程。

3.12

风险评价　risk evaluation

根据**风险分析**(3.10)的结果确定是否已实现**可容许风险**(3.15)的过程。

3.13

降低风险措施　risk reduction measure

防护措施　protective measure

消除**危险**(3.2)或降低**风险**(3.9)的行动或手段。

示例：**固有安全设计**(3.5)；防护装置；个体防护装备；使用和安装信息；工作安排；培训；设备应用；监督。

3.14

安全　safety

免除了不可接受的**风险**(3.9)的状态。

3.15

可容许风险　tolerable risk

按当今社会价值取向在一定范围内可以接受的**风险**(3.9)。

注：在本部分中，“可接受风险”和“可容许风险”被视为同义词。

3.16

易危消费者　vulnerable consumer

因年龄、文化水平、身体或精神条件或限制，或因无法得到产品的**安全**(3.14)信息，导致从产品和/或系统中受到较高**风险**(3.9)**伤害**(3.1)的消费者。

4　术语“安全”和“安全的”的使用

4.1　术语“安全的”通常被公众理解为一种免于面临所有危险的被保护状态，这是一种误解。确切地说：“安全的”是一种免于面临可能造成伤害的已知危险的被保护状态。某些程度的风险是产品和/或系统中固有的(见 3.14)。

4.2　不宜用“安全”和“安全的”作为修饰语，以免传达无用的额外信息。而且，它们很可能被认为有确实免除了风险的意思。

建议凡可能时，用被修饰对象的特征代替“安全”和“安全的”作为修饰语。

示例：用“防护头盔”，而不用“安全头盔”；用“阻抗防护装置”，而不用“安全阻抗”；用“防滑地板涂料”，而不用“安全地板涂料”。

5 风险要素

与某个特定危险情况有关的风险取决于以下要素：

a) 考虑到的危险可能造成伤害的严重程度；

b) 该伤害发生的概率，与以下情况有关：

   1) 是否出现危险情况；

   2) 是否发生危险事件；

   3) 是否可能避免或限制伤害。

风险要素见图1。

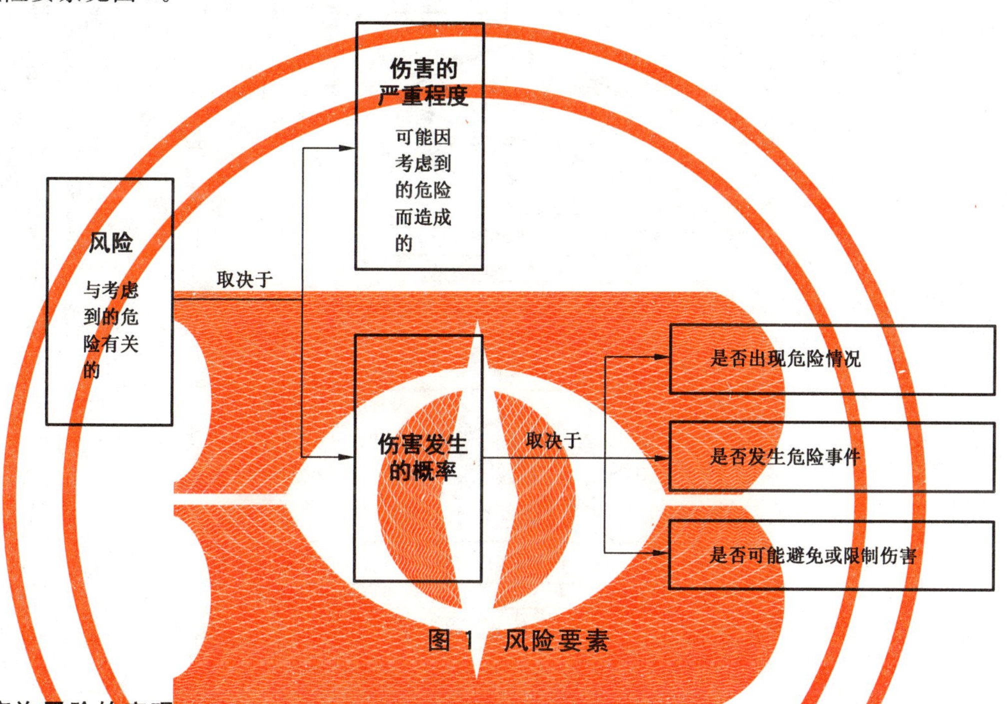

图1 风险要素

6 可容许风险的实现

6.1 风险评定和降低风险的循环过程

为实现可容许风险有必要对于每个危险循环进行风险评定和降低风险。标准起草者需要解决的关键问题是：在产品和/或系统从研发到报废环节的供应链过程中，预判风险评定的循环过程由以下哪一方承担.

——起草该标准的委员会，委员会针对特定的和已知的风险进行风险评定（例如，用于证明监管合规性的特定产品标准）；

——标准读者/使用者（例如，产品和/或系统的制造商/供方），他们针对确定的危险（例如，基于GB/T 15706或ISO 14971）进行风险评定。

降低风险到可容许的程度宜采用下列步骤（见图2）：

a) 确定产品和/或系统的可能使用者，包括易危消费者和其他受产品吸引的消费者；

b) 确定产品和/或系统的预期的使用，评定产品和/或系统的可合理预见的误使用；

c) 确定使用（包括安装、操作、维护、修理和销毁/报废）产品和/或系统时所有阶段和条件下产生的每个危险（包括可合理预见的危险情况和危险事件）；

d) 预测和评价由已确定的危险所引起的对各个受影响用户群体的风险，宜考虑由不同用户群体使用的产品和/或系统；也可以通过对比类似产品和/或系统来进行评价；

e) 如果风险未达到可容许的程度，继续降低风险直至达到可容许的程度。

图 2 显示了风险评定和降低风险的循环过程。

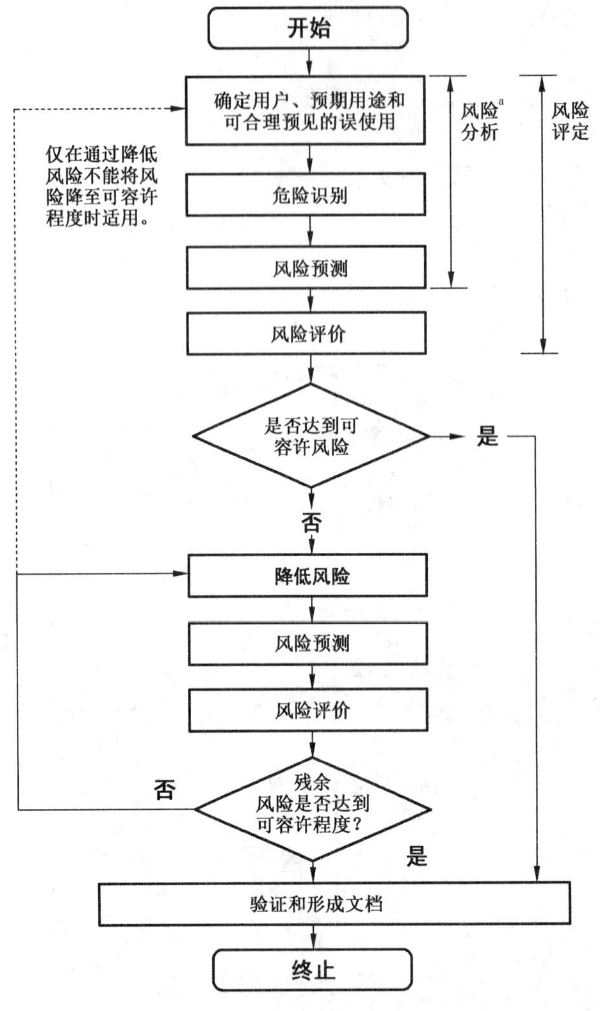

[a] 见图 1。

图 2 风险评定和降低风险的循环过程

6.2 可容许风险

6.2.1 所有产品和/或系统都包含危险,以及相应的一定程度的残余风险。但是,宜将这些危险的相关风险降至可容许的程度。通过降低风险至可容许程度来实现安全(定义见 3.14),降至可容许程度的风险在本部分中被定义为可容许风险。为某件具体危险事件判定是否属于可容许风险的目的是说明什么被视为可接受的风险要素(见图 1)。

可容许风险可以通过以下判定:

——当今社会价值取向;

——在绝对安全的理想状态和可实现的状态之间寻找最佳平衡;

——产品和/或系统待满足的需求;

——用途的适合性和成本效率等因素。

6.2.2 紧接着需要审核可接受的程度,特别是技术和知识的发展可能会带来经济可行的改进,实现产品和/或系统使用风险的最小化。

注:将整体风险降低至可容许风险程度以下所涉及的因素,因产品和/或系统的使用地点(工作场所、公共场合或消费者家庭内或家庭周围)不同而有较大差异。在许多情况中,可以通过职业培训以及要求工人使用的防护措施和设备更大程度地控制工作场所中的风险。相反,这可能不适用于家庭或公共场所。

6.2.3 标准起草者应考虑产品和/或系统的预期使用和可合理预见的误使用相关的安全问题,采用降低风险措施来实现可容许风险程度。

6.2.4 标准起草者应根据终端用户人群的集体经验，考虑可合理预见的产品的使用(即使并非预期的使用)。特别是在判定消费品所带来的风险时，宜考虑该产品被通常没有能力理解产品危险或相关风险的易危消费者预期使用或使用。

6.2.5 对众多供方而言，终端用户可能不会将产品用作预期的使用或以规定的方式来使用。但是，在设计过程中宜考虑可预测的人的常见行为。

6.3 降低风险

6.3.1 标准起草者宜指明用于实现将相关产品和/或系统的风险程度降至可容许程度这一目标的降低风险措施。

包括安全方面内容的标准宜为实现可容许风险提供指导。

注 1：在产品和/或系统的初期设计阶段，显而易见，固有安全设计措施通常适用。因此，对某些危险的风险评价可能在循环的最初阶段就得到一个积极的结果，而不必有进一步的风险需要降低。

注 2：GB/T 20002.1 对儿童的需求给予了指导，而 GB/T 20002.2 涵盖了其他易危消费者(例如老年人或残疾人士)的需求。

6.3.2 解决多重风险的危险或危险情况时，宜注意防止用于降低某项风险的措施导致其他风险上升到不可容许的程度。

6.3.3 如果在安全标准中针对降低风险给出多种选择，标准宜明确说明如何应用风险评定原则，选择最适当的方法降低风险至可容许程度。

6.3.4 图 3 体现了在设计阶段应用“三步法”以及在使用阶段应用其他降低风险措施的原则。

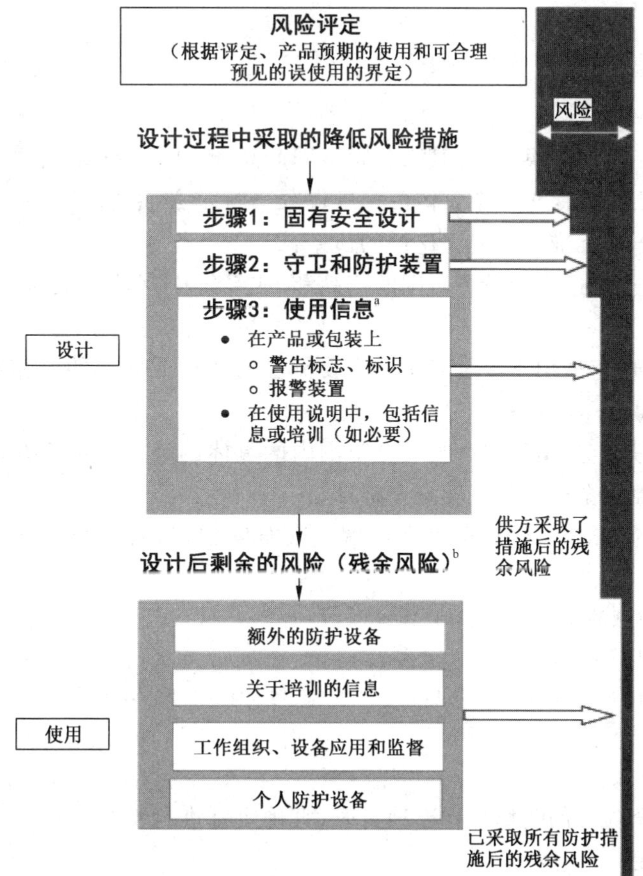

[a] 见 7.4.2。

[b] 例如，产品和/或系统在供应给消费者后出现的残余风险，或安装后出现的结构特征残余风险。

图 3 降低风险：设计和使用阶段的组合措施

6.3.5 降低风险时，应遵循以下优先顺序：

a) 固有安全设计；

b) 守卫和防护装置；

c) 使用信息(见7.4.2)。

固有安全设计措施是降低风险过程中的第一步，也是最重要的一步。这是因为针对产品和/或系统固有特征的防护措施通常是最有效的，从前的经验也表明即使是精心设计的守卫和防护装置也有可能失效或发生故障，而且用户可能不会遵循使用信息的要求。

当固有安全设计措施无法合理实现去除危险或充分减少风险的目标时，应使用守卫和防护装置。也可采取带有额外设备(例如紧急停车装置)的补充性防护措施。

终端用户在降低风险措施中有义务按照设计者/供方提供的安全信息使用产品和/或系统。但是，使用信息不应作为正确应用固有安全设计措施、守卫或补充性防护措施的替代。

6.4 验证

标准宜包括验证所实施的降低风险措施的指导方法，包括：

——措施的有效性，如测试方法；

——遵循的风险评定程序；

——风险评定结果的档案管理。

7 标准中的安全内容

7.1 安全标准的种类

为了有条不紊地统一协调解决安全问题，负责不同产品和/或系统标准编制的委员会之间需要密切合作。建议采用一个体系以确保每一个具体的标准仅限于特定方面的内容，相关的其他方面的内容则引用更通用的标准。按下列标准分类建立这样的体系：

——基础安全标准，规定适用于较宽范围的产品和/或系统中有关一般安全内容的基本概念、原则和要求；

——专业安全标准，规定适用于涉及多于一个委员会的几类或同类的产品和/或系统的安全内容，尽可能引用基础安全标准；

——产品安全标准，规定适用于单一委员会范围内的具体的或同类的产品和/或系统的安全内容，尽可能引用基础安全标准和专业安全标准；

——包含安全内容的标准，这些标准不专门解决安全问题，尽可能引用基础安全标准和专业安全标准。

注1：电气和电子工程领域的体系参见GB/T 16499。

注2：机械领域的体系见GB/T 16755。

注3：儿童和易危消费者的安全内容体系见GB/T 20002.1和GB/T 20002.2。

7.2 新标准立项的分析

当提出一项涉及安全内容的制修订标准项目时，宜确定标准包括什么内容和标准为谁而定。可通过回答下列问题加以确定。

a) 标准针对哪些应用者？即：

1) 谁将应用和怎样应用该标准？

2) 谁和/或什么会受该标准的影响？

3) 应用该标准和/或受该标准影响者对标准有什么要求？

4） 谁将受到该标准的影响，包括可能的环境影响？

5） 受该标准影响者对标准有什么要求？

b） 标准的种类是什么？是作为如下哪一种标准：

1） 基础安全标准；

2） 专业安全标准；

3） 产品安全标准；

4） 包含安全内容的标准。

c） 标准的目的是什么？即：

1） 是否出于与安全有关方面的考虑？

2） 该标准是否将用于检测？

3） 该标准是否将作为合格评定的依据？

7.3 准备工作

7.3.1 制定标准从确定要包括的所有安全内容着手。在这个阶段，重要的是收集所有相关信息(例如意外事故的数据、研究报告)。而后宜编制一个详细的大纲作为标准的基础。在标准的起草工作开始之前，需要召集委员会的专家来介绍制定标准所需要的知识。这些知识包括，例如：

——产品和/或系统的详细的工作知识；

——有利于标准发展的总体和特定的来自各方的要求和指导方法；

——人类行为研究和人体测量数据；

——产品和/或系统缺陷导致的受伤/意外的数据和历史记录；

——产品和/或系统对健康和环境潜在影响的知识；

——产品和/或系统的使用者实际经验的反馈；

——潜在的防护措施的知识(防护措施)；

——产品和/或系统的未来发展方面的知识；

——产业界的标准和指南；

——从利益相关方获得的最好的专业知识和科学建议；

——法律要求。

注 1：更多详细内容参见 GB/T 1.1。

注 2：没有意外事件历史记录、意外事件不多或受伤不严重并不一定意味着低风险。

7.3.2 确立标准的内容时，宜考虑下列安全内容(并不是所有的内容都与具体的标准有关)：

——预期目的和可合理预见的误使用；

——在预期条件下产品和/或系统的使用性能；

——与环境的兼容性(例如考虑到电磁、机械和气候现象)；

——人类工效学因素；

——法律要求；

——现行的相关标准；

——安全措施的可用性及/或可靠性；

——服务能力(包括“维修”，例如，易于达到的服务项目，加油或加润滑油的方法)；

——维护和管理；

——防护手段的持续性和可靠性；

——可处理性(包括相关的说明)；

——产品和/或系统的终端用户的特殊需要(如需要非常明显)；

——故障特性；

——标记、信息和标签；

——安装指南；

——安全须知。

7.4 起草

7.4.1 通则

安全标准的起草应遵从 GB/T 1.1 的规定。下列适用于安全标准的起草和其他标准中安全内容的起草的规则和建议，比 GB/T 1.1 的规定更详细，是对 GB/T 1.1 的补充和延展。

标准起草者宜熟悉与产品和/或系统(标准的主题)相关的危害和危险情况。他们宜考虑一个具体产品和/或系统涉及的已知危险和/或常见危险情况的清单(例如，以附录的形式)。

标准宜包含这些尽可能消除危险或在消除不了时降低风险的重要要求。这些降低风险措施(防护措施)宜以要求表达，且宜按标准中的规定进行验证。

对于儿童和易危人群使用过的产品或预期使用的产品宜给与特别的考虑，因为他们往往无法理解所遭遇的风险。

规定降低风险措施(防护措施)的要求宜：

a) 使用准确、清楚和易于理解的语言；

b) 在技术上保持正确性。

标准宜清楚完整地陈述为验证是否满足要求而采用的方法。

当标准规定以性能为基础的降低风险措施，要求宜包括：

——要控制的风险的清单；

——每个控制措施的明确的性能要求；

——确定是否符合性能要求的详细的验证方法。

注 1：可取的做法是，使用性能特性(参数)以及参数值(如，以 20 km/h 的速度移动的机器所需要的制动距离 X 作为对制动系统所要求的性能特性)，而不是仅用设计描述特性表示降低风险要求，以验证与安全有关的性能。

注 2：可取的做法是，尽量不使用主观的术语或词汇，除非在标准中已定义。

起草标准的委员会宜考虑创建一个制定标准中决策的简要历程或基本原理。

7.4.2 使用信息

7.4.2.1 信息的种类

标准宜规定提供给使用产品和/或系统的相关人员(例如购买者、安装人员、操作者、终端用户和服务人员)所需的全部信息。

对产品和/或系统而言，标准宜清楚地指明安全信息需要：

——在产品本体或产品包装上展示；

——在销售点清晰可见；

——在使用说明书中给出，例如，安装、使用、维护和拆除的安全信息，宜包括培训或个人防护设备的必要信息。

如果相关人员遵守工作规程能够大幅度降低风险，安全信息宜说明恰当的工作规程。如果产品和/或系统的安全很大程度上取决于恰当的工作规程，而这些规程又不是不言自明的，则至少宜规定需要查阅的说明书。

宜避免不必要的信息，因为这些信息会冲淡安全信息的价值，安全信息对产品使用是至关重要的。

规定标记和符号(如果存在适用的符号)宜符合相关标准(例如 GB/T 16273、GB/T 5465 和 GB/T 2893)。

7.4.2.2 使用说明

标准宜规定使用说明和安全信息应包括操作产品和/或系统的必要条件。

对产品而言，使用说明应包括组装、使用、清洁、维护以及适当的拆除和销毁/报废的规定。

使用说明的内容宜向产品用户提供避免伤害的方法(这些伤害是由未消除或减少的产品危险所导致的)，并帮助产品用户使用产品时做出恰当的决定和操作，以避免产品使用不当。如果产品使用不当，使用说明还可指明补救措施，例如吞咽漂白剂后的补救。使用说明和产品危险的警示宜分开编写和表述，以避免混淆产品的使用方法。

注 1：使用说明的规定参见 GB/T 21737、GB 5296.1 和 GB/T 20877。

注 2：IEC 82079-1 给出了使用说明的编写原则。

7.4.2.3 警示

标准规定的警示内容宜：

——醒目、清晰、耐久和易于理解；

——使用产品和/或系统预期销往国家/地区的官方语言，除非使用另一种语言才能更准确地描述某一特定技术领域；

——简洁和无歧义。

警示包括一般或特定的警示说明。

产品的安全标志和标签宜符合相关标准(如 GB/T 2893、GB/T 16273、GB/T 10001、ISO 7010、GB/T 5465 和 IEC 82079-1)，宜使所有预期的终端客户易于理解。

警示的内容宜描述产品的危险，以及如果不遵守这些警示将导致的伤害和后果。有效的警示通过使用警示词(“危险”“警告”或“注意”)、安全警示标志和适合表示产品危险的有色字体来引起注意。在适当情况下，标准宜包含警示的位置和耐久性要求，如在产品上、在产品手册或在安全数据表中。

7.4.3 包装中的安全

产品包装涉及安全时，标准应规定产品的包装要求以：

——保证包装件和包装本身的适当搬运、运输和储存；

——保持产品的完整性；

——消除或减少危险，例如产品损伤、受污染或污染环境。

注：这方面内容见 GB/T 17306。

7.4.4 试验过程中的安全

试验方法标准可规定会引起风险的试验步骤和/或物质或设备的使用，例如对于实验室人员产生风险。与此有关时，标准宜包括如下警示陈述：

——在标准正文的开始有一个总的警示陈述；

示例 1：**“注意——本标准规定的一些试验过程可能导致危险情况。”**

——视情况，在标准正文的相关条文之前有具体的警示陈述。

示例 2：**“危险——危险来自氟乙酸钠盐的使用，它是剧毒品。”**

参 考 文 献

[1] GB/T 2893(所有部分) 安全色和安全标志

[2] GB/T 5296.1 消费品使用说明 第1部分:总则

[3] GB/T 5465(所有部分) 电气设备用图形符号

[4] GB/T 7291 图形符号 基于消费者需求的技术指南

[5] GB/T 10001(所有部分) 公共信息图形符号

[6] GB/T 15706 机械安全 设计通则 风险评估与风险减小

[7] GB/T 16273(所有部分) 设备用图形符号

[8] GB/T 16499 安全出版物的编写及基础安全出版物和多专业共用安全出版物的应用导则

[9] GB/T 16755 机械安全 安全标准的起草与表述规则

[10] GB/T 16759 消费品和有关服务的比较试验 总则

[11] GB/T 16856(所有部分) 机械安全 风险评价

[12] GB/T 16903(所有部分) 标志用图形符号表示规则

[13] GB/T 17306 包装 消费者的需求

[14] GB/T 20000.1 标准化工作指南 第1部分:标准化和相关活动的通用术语

[15] GB/T 20000.6 标准化工作指南 第6部分:标准化良好行为规范

[16] GB/T 20002.1 标准中特定内容的起草 第1部分:儿童安全

[17] GB/T 20002.2 标准中特定内容的起草 第2部分:老年人和残疾人的需求

[18] GB/T 20002.3 标准中特定内容的起草 第3部分:产品标准中涉及环境的内容

[19] GB/T 20877 电气产品标准中引入环境因素的导则

[20] GB/T 20900 电梯、自动扶梯和自动人行道 风险评价和降低的方法

[21] GB/T 21737 为消费者提供商品和服务的购买信息

[22] GB/T 23694 风险管理 术语

[23] GB/T 27007 合格评定 合格评定用规范性文件的编写指南

[24] ISO 7010 Graphical symbols—Safety colours and safety signs—Registered safety signs

[25] ISO 10377 Consumer product safety—Guidelines for suppliers

[26] ISO 14971 Medical devices—Application of risk management to medical devices

[27] ISO 15223-1 Medical devices—Symbols to be used with medical device labels, labelling and information to be supplied—Part 1: General requirements

[28] ISO 31000 Risk management—Principles and guidelines

[29] IEC 31010 Risk management—Risk assessment techniques

[30] IEC 62368-1 Audio/video, information and communication technology equipment—Part 1: Safety requirements

[31] IEC 82079-1 Preparation of instructions for use—Structuring, content and presentation—Part 1: General principles and detailed requirements

[32] ISO/IEC Guide 63 Guide to the development and inclusion of safety aspects in International Standards for medical devices

[33] IEC Guide 116 Guidelines for safety related risk assessment and risk reduction for low voltage equipment

GB/T 20003
标准制定的特殊程序

ICS 01.120
A 00

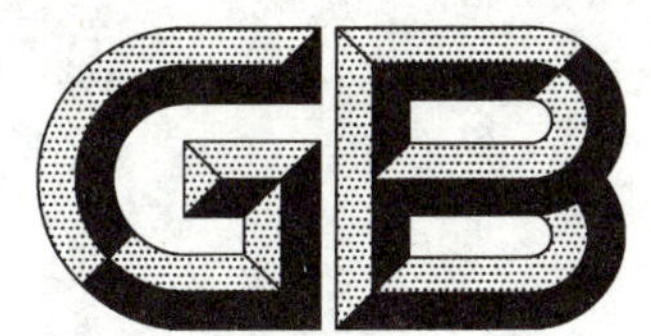

中华人民共和国国家标准

GB/T 20003.1—2014

标准制定的特殊程序 第1部分:涉及专利的标准

Special procedures for the development of standards—
Part 1:Standard related to patents

2014-04-28 发布　　2014-05-01 实施

中华人民共和国国家质量监督检验检疫总局
中国国家标准化管理委员会　发布

前　言

GB/T 20003《标准制定的特殊程序》与 GB/T 1《标准化工作导则》、GB/T 20000《标准化工作指南》、GB/T 20001《标准编写规则》和 GB/T 20002《标准中特定内容的起草》共同构成支撑标准制修订工作的基础性系列国家标准。

GB/T 20003《标准制定的特殊程序》拟分为若干部分，本部分为 GB/T 20003 的第 1 部分。

本部分按照 GB/T 1.1—2009《标准化工作导则　第 1 部分：标准的结构和编写》给出的规则起草。

请注意本文件的某些内容可能涉及专利。本文件的发布机构不承担识别这些专利的责任。

本部分由中国标准化研究院提出。

本部分由全国标准化原理与方法标准化技术委员会(SAC/TC 286)归口。

本部分起草单位：中国标准化研究院、中国通信标准化协会、数字音视频编解码技术标准工作组。

本部分主要起草人：王益谊、朱翔华、杜晓燕、白殿一、潘峰、牛朝晖、赵文慧。

引　言

由于技术的发展和更新，标准中涉及的专利越来越多。为统一规范涉及专利的标准制修订规则，保护社会公众和专利权人及相关权利人的合法权益，保障涉及专利的标准制修订工作的公开、透明，特制定本部分。

标准制定的特殊程序
第1部分:涉及专利的标准

1 范围

GB/T 20003 的本部分规定了标准制定和修订过程中涉及专利问题的处置要求和特殊程序。如无特别说明,本部分所提及的专利包括有效的专利和专利申请。

本部分适用于涉及专利的国家标准的制修订工作,涉及专利的国家标准化指导性技术文件、行业标准和地方标准的制修订可参照使用。

2 规范性引用文件

下列文件对于本文件的应用是必不可少的。凡是注日期的引用文件,仅注日期的版本适用于本文件。凡是不注日期的引用文件,其最新版本(包括所有的修改单)适用于本文件。

GB/T 1.1—2009 标准化工作导则 第1部分:标准的结构和编写

GB/T 20000.1 标准化工作指南 第1部分:标准化和相关活动的通用词汇

3 术语和定义

GB/T 20000.1 界定的以及下列术语和定义适用于本文件。

3.1

必要权利要求 essential claim

实施标准时,某一专利中不可避免被侵犯的权利要求。

3.2

必要专利 essential patent

包含至少一项**必要权利要求**的专利。

3.3

关联者 affiliate

直接或间接控制法律实体A,或受法律实体A控制,或与法律实体A共同受另一个法律实体B控制的法律实体。

注:控制是描述一个法律实体直接或间接拥有另一个法律实体中超过50%表决权的股份,或者在未达到前述50%表决权股份的情况下,拥有决策权的状态。关联者不包括以国家作为关联者的法律实体。

3.4

技术建议 technical contribution

在标准制修订过程中,以书面或电子媒介的形式直接或者通过代理间接正式提交的关于标准技术内容的建议材料。

4 专利处置要求

4.1 必要专利信息的披露

4.1.1 参与标准制修订的组织或个人应尽早向相关全国专业标准化技术委员会或归口单位披露自身

及关联者拥有的必要专利,宜尽早披露其所知悉的他人(方)拥有的必要专利。参与的组织或个人包括项目提案方、工作组的所有成员、全国专业标准化技术委员会的委员、提供技术建议的单位或个人等。

4.1.2 鼓励没有参与国家标准制修订的组织或者个人在标准制修订过程中尽早披露其拥有和知悉的必要专利。

4.1.3 在披露必要专利时,应填写必要专利信息披露表(见附录A的表A.1),并将必要专利信息披露表与相关证明材料一起提交至所属的全国专业标准化技术委员会或归口单位。已授权专利的证明材料为专利证书复印件或扉页,已公开但尚未授权的专利申请的证明材料为专利公开通知书复印件或扉页,未公开的专利申请的证明材料为专利申请号和申请日期。

4.2 必要专利实施许可声明

4.2.1 在作出必要专利实施许可声明时,专利权人或专利申请人应填写必要专利实施许可声明表(见表A.2)和/或通用必要专利实施许可声明表(见表A.3)。

4.2.2 专利权人或专利申请人在填写必要专利实施许可声明表时,应在以下三种方式中选择一种:

a) 专利权人或专利申请人同意在公平、合理、无歧视基础上,免费许可任何组织或者个人在实施该国家标准时实施专利;
b) 专利权人或专利申请人同意在公平、合理、无歧视基础上,收费许可任何组织或者个人在实施该国家标准时实施专利;
c) 专利权人或专利申请人不同意按照以上两种方式进行专利实施许可。

4.2.3 专利权人或专利申请人所作出的必要专利实施许可声明一经提交就不可撤销,直到该标准的相关内容由于标准的修订导致已作出实施许可声明的必要权利要求对于该标准的实施不再是必要的;只有后提交的实施许可声明对标准实施者而言更宽松、更优惠时,才可取代在先的实施许可声明。

4.2.4 专利权人或专利申请人在作出必要专利实施许可声明时,应保证其不会以规避4.2.2中所作出的实施许可声明为目的转让专利权或专利申请权。对于已经向全国专业标准化技术委员会或者归口单位提交实施许可声明的专利,专利权人或专利申请人转让或者转移该专利时,应当事先告知受让人该专利实施许可声明的内容,并保证受让人同意受该专利实施许可声明的约束。

4.2.5 标准制修订或者实施过程中,专利权人或专利申请人应将标准中必要专利的任何信息变更及时通知全国专业标准化技术委员会或归口单位。这些信息包括但不限于专利权或者专利申请权转移,专利申请被驳回、撤回、视为撤回、视为放弃或恢复,专利权无效、终止或恢复等。

4.3 相关信息的公布

4.3.1 国家标准化行政主管部门、全国专业标准化技术委员会或归口单位应通过国家标准化行政主管部门网站、全国专业标准化技术委员会网站、国家级期刊等渠道公布标准或标准草案中涉及专利的信息。

4.3.2 公布的相关信息应至少包括涉及了专利的标准或标准草案、已披露的专利清单(见表A.4)和全国专业标准化技术委员会或归口单位的联系方式。

4.3.3 已披露的专利清单由全国专业标准化技术委员会或归口单位根据收到的专利信息披露表和必要专利实施许可声明表等填写。已披露的专利清单如有更新,全国专业标准化技术委员会或归口单位应至少在标准制修订过程中的起草阶段和审查阶段结束时,将更新后的已披露的专利清单报送国家标准化行政主管部门。

4.4 会议要求

在标准制修订过程中的每次会议期间,会议主持人都应提醒参会者慎重考虑标准草案是否涉及专利,通告标准草案涉及专利的情况和询问参会者是否知悉标准草案涉及的尚未披露的必要专利,并将结果记录在会议纪要中。

4.5 文件要求

在工作组讨论稿、征求意见稿、送审稿的封面上应给出征集潜在必要专利的信息。在标准制修订过程中的任何阶段,一旦识别出标准的技术内容涉及了必要专利并进行了相应的处置(见第5章),应在相关阶段以及其后的所有阶段的标准草案直至正式出版的国家标准的引言中给出相应的说明。如果在标准制修订过程中尚未识别出标准的技术内容涉及专利,应在标准报批稿和正式出版的国家标准的前言中给出相应的说明。封面、引言和前言中与专利有关的内容应与GB/T 1.1—2009附录C中给出的表述相符合。

4.6 以国际标准或国外标准为基础制修订国家标准

4.6.1 等同采用国际标准化组织(ISO)和国际电工委员会(IEC)的标准化文件制修订国家标准时,该国际标准化文件中所涉及专利的实施许可声明依然适用于国家标准。在标准制修订过程中,全国专业标准化技术委员会或归口单位只需填写已披露的专利清单,并按照有关规定公布和报送。

4.6.2 修改采用国际标准或国家标准与国际标准的一致性程度为非等效时,以及以其他国际标准组织或国家的标准化文件为基础制定国家标准时,应按照第5章的规定处置标准中涉及的专利问题。

4.7 引用涉及专利的标准

在制修订国家标准过程中规范性引用了涉及专利的标准条款时,应按照第5章的规定获得专利权人或专利申请人的实施许可声明。

5 涉及专利的国家标准制修订的特殊程序

5.1 预研阶段

5.1.1 项目提案方应尽可能广泛地收集项目提案所附的标准建议稿中涉及的必要专利信息,并应按照4.1的规定披露自身及关联者拥有的必要专利,宜按照4.1的规定披露其所知悉的他人(方)拥有的必要专利。

5.1.2 项目提案方在向全国专业标准化技术委员会或归口单位提交的项目提案中应包括必要专利信息披露表和证明材料。

5.1.3 全国专业标准化技术委员会或归口单位在将项目建议书提交全体委员表决时,应同时提交收到的必要专利信息披露表、证明材料和已披露的专利清单(可不填写有关许可的信息)。

5.1.4 全国专业标准化技术委员会的委员应在规定的截止时间前,按4.1的规定披露本人、委员所在单位及其关联者拥有的必要专利,宜按照4.1的规定披露其所知悉的他人(方)拥有的必要专利。具体的期限由专业标准化技术委员会或归口单位自行规定。

5.1.5 全国专业标准化技术委员会或归口单位在向国家标准化行政主管部门上报国家标准项目建议书和标准建议稿时,应同时报送必要专利信息披露表、证明材料和已披露的专利清单(可不填写有关许可的信息)。

5.2 立项阶段

国家标准化行政主管部门在对拟立项的国家标准项目进行公示时,应同时公布涉及专利的标准建议稿、已披露的专利清单和全国专业标准化技术委员会或归口单位的联系方式,鼓励组织和个人披露其拥有和知悉的与标准有关的必要专利。

5.3 起草阶段

5.3.1 工作组的所有成员应按4.1的规定披露自身及关联者拥有的必要专利，宜按照4.1的规定披露其所知悉的他人(方)拥有的必要专利。

5.3.2 不属于工作组，但向正在制修订的标准提供技术建议的所有单位或个人应按4.1的规定披露自身及关联者拥有的必要专利，宜按照4.1的规定披露其所知悉的他人拥有的必要专利。

5.3.3 全国专业标准化技术委员会或归口单位应联系必要专利的专利权人或专利申请人，并按照4.2的规定获取专利权人或专利申请人的书面实施许可声明。

5.3.4 全国专业标准化技术委员会或归口单位应将收到的必要专利信息披露表、证明材料和必要专利实施许可声明表及时通知工作组。

5.3.5 如果全国专业标准化技术委员会或归口单位在规定的期限内未收到必要专利的专利权人或专利申请人签署的必要专利实施许可声明表，或必要专利的专利权人或专利申请人选择了4.2.2 c)的许可方式，则标准草案不应包含基于此项专利技术的条款。具体的期限由专业标准化技术委员会或归口单位自行规定。

5.3.6 工作组向技术委员会提交的标准草案征求意见材料中应包括必要专利信息披露表、证明材料、已披露的专利清单和必要专利实施许可声明表。

5.4 征求意见阶段

5.4.1 涉及专利的国家标准在征求意见时，全国专业标准化技术委员会或归口单位应按4.3的规定公布标准相关信息，并注明鼓励组织和个人按4.1的规定披露其所拥有和知悉的必要专利。有关组织和个人宜按照4.1的规定披露其拥有和知悉的必要专利。

5.4.2 全国专业标准化技术委员会的委员应在征求意见截止时间前，按4.1的规定披露委员本人、委员所在单位及其关联者拥有的与标准征求意见稿内容有关的必要专利，宜按照4.1的规定披露其所知悉的他人(方)拥有的必要专利。

5.4.3 全国专业标准化技术委员会或归口单位对征求意见过程中新收到的必要专利披露信息应按照5.3.3至5.3.5的规定处置。

5.5 审查阶段

5.5.1 全国专业标准化技术委员会或归口单位在对涉及了专利的标准送审稿进行审查时，应采用会议审查的方式。审查内容至少包括：标准是否满足4.5的文件要求以及必要专利信息披露表、证明材料、已披露的专利清单和必要专利实施许可声明表的完备性，并给出审查意见。

5.5.2 全国专业标准化技术委员会或归口单位向国家标准化行政主管部门提交的标准草案报批材料中应包括必要专利信息披露表、证明材料、已披露的专利清单和必要专利实施许可声明表。

5.6 批准阶段

5.6.1 国家标准化行政主管部门应对必要专利信息披露表、证明材料、已披露的专利清单和必要专利实施许可声明表的完备性，以及处置程序的符合性进行审核。对不符合报批要求的，应退回全国专业标准化技术委员会或归口单位，限时解决问题后再行报批。

5.6.2 对于符合报批要求的，国家标准化行政主管部门应在该标准发布前按4.3的规定公布标准中涉及专利的信息。公示期为30天。对于涉及或可能涉及专利的强制性标准，可依申请将其公示期延长至60天。任何组织或者个人可按4.1的规定向国家标准化行政主管部门披露其知悉的其他必要专利。

5.6.3 国家标准化行政主管部门应将新收到的必要专利信息及时通知全国专业标准化技术委员会或归口单位。

5.6.4 在标准批准之前，如果发现了新的必要专利，全国专业标准化技术委员会或归口单位应申请中止标准报批稿的批准程序，并对新披露的必要专利按照5.3.3至5.3.5的规定进行处置，然后再行报批。

5.7 出版阶段

标准按4.5的要求出版。

5.8 复审阶段

5.8.1 标准中涉及的专利信息发生变化时，应及时对标准进行复审。

5.8.2 在复审过程中，全国专业标准化技术委员会或归口单位应对标准中必要专利的信息进行核实，并根据核实结果确定标准的复审结论。

6 标准实施中的专利处置

6.1 标准发布后，发现标准涉及专利但没有专利实施许可声明的，国家标准化行政主管部门应责成全国专业标准化技术委员会或者归口单位在规定时间内获得专利权人或专利申请人作出的专利实施许可声明，并提交国家标准化行政主管部门。

6.2 除强制性国家标准外，未能在规定时间内获得专利权人或专利申请人依据4.2.2中a)或b)选项作出的专利实施许可声明的，国家标准化行政主管部门可以视情况暂停实施该国家标准，并责成相应的全国专业标准化技术委员会或者归口单位修订该标准。

附　录　A
（规范性附录）
标准制定过程中处置涉及的专利所使用的表格格式

表 A.1 至表 A.4 给出了标准中所涉及的专利在进行披露、实施许可声明和公布时所使用的表格格式。表 A.1 用于必要专利信息的披露，表 A.2 用于专利权人或专利申请人对具体必要专利进行的实施许可声明，表 A.3 用于专利权人或专利申请人针对某一项标准就其拥有的所有相关必要专利进行的实施许可声明，表 A.4 是对已披露的必要专利信息进行公布时所使用的专利清单。

下列表格均可根据实际需要增加表格行。

表 A.1　必要专利信息披露表

<table>
<tr><td colspan="6">标准信息</td></tr>
<tr><td colspan="2">□国家标准计划编号/
□国家标准号</td><td></td><td>项目名称/
国家标准名称</td><td colspan="2"></td></tr>
<tr><td colspan="6">专利披露者信息</td></tr>
<tr><td>□个人</td><td>姓名</td><td></td><td>工作单位</td><td colspan="2"></td></tr>
<tr><td>□单位</td><td>单位名称</td><td colspan="2"></td><td>联系人</td><td></td></tr>
<tr><td>联系地址</td><td colspan="5"></td></tr>
<tr><td>邮政编码</td><td></td><td>电话</td><td></td><td>电子邮箱</td><td></td></tr>
<tr><td colspan="6">标准中涉及的必要专利信息</td></tr>
<tr><td>序号</td><td>专利申请号/
专利号</td><td>专利名称</td><td>专利申请人/
专利权人</td><td>涉及专利的标准
条款(章、条编号)</td><td>是否同意
作出实施许可声明</td></tr>
<tr><td></td><td></td><td></td><td></td><td></td><td></td></tr>
<tr><td></td><td></td><td></td><td></td><td></td><td></td></tr>
<tr><td></td><td></td><td></td><td></td><td></td><td></td></tr>
<tr><td colspan="6">专利披露者(签字/盖章)：

年　　月　　日</td></tr>
<tr><td colspan="6">填表说明：专利信息的披露者可为个人或单位，请在表中选择填写。</td></tr>
</table>

表 A.2　必要专利实施许可声明表

<table>
<tr><td colspan="5">标准信息</td></tr>
<tr><td colspan="2">□国家标准计划编号/
□国家标准号</td><td></td><td>项目名称/
国家标准名称</td><td></td></tr>
<tr><td colspan="5">专利权人/专利申请人信息</td></tr>
<tr><td colspan="2">专利权人/专利申请人的
姓名或单位名称</td><td colspan="3"></td></tr>
<tr><td colspan="2">联系人姓名</td><td></td><td>电话</td><td></td></tr>
<tr><td colspan="2">邮政编码</td><td></td><td>电子邮箱</td><td></td></tr>
<tr><td colspan="2">联系地址</td><td colspan="3"></td></tr>
<tr><td colspan="5">必要专利实施许可声明</td></tr>
<tr><td colspan="5">当且仅当下表中的本专利权人或专利申请人专利中的权利要求成为最终发布的国家标准的必要权利要求时，专利权人或专利申请人作出如下实施许可声明：
a)　专利权人或专利申请人同意在公平、合理、无歧视基础上，免费许可任何组织或者个人在实施该国家标准时实施专利；
注：专利权人/专利申请人可以在互惠或防御性终止条件下作出上述声明。
b)　专利权人或专利申请人同意在公平、合理、无歧视基础上，收费许可任何组织或者个人在实施该国家标准时实施专利；
注：专利权人/专利申请人可以在互惠或防御性终止条件下作出上述声明。
c)　专利权人或专利申请人不同意按照以上两种方式进行专利实施许可。</td></tr>
<tr><td>序号</td><td>专利号/
专利申请号</td><td>专利名称</td><td>必要权利要求</td><td>实施许可声明方式
[a)、b)或 c)]</td></tr>
<tr><td></td><td></td><td></td><td></td><td></td></tr>
<tr><td></td><td></td><td></td><td></td><td></td></tr>
<tr><td></td><td></td><td></td><td></td><td></td></tr>
<tr><td></td><td></td><td></td><td></td><td></td></tr>
<tr><td colspan="5">专利权人/专利申请人(签字/盖章)：
年　　月　　日</td></tr>
</table>

表 A.3 通用必要专利实施许可声明表

<table>
<tr><td colspan="4">标准信息</td></tr>
<tr><td>□国家标准计划编号/
□国家标准号</td><td></td><td>项目名称/
国家标准名称</td><td></td></tr>
<tr><td colspan="4">专利权人/专利申请人信息</td></tr>
<tr><td>专利权人/专利
申请人的姓名或名称</td><td colspan="3"></td></tr>
<tr><td>联系人姓名</td><td></td><td>电话</td><td></td></tr>
<tr><td>邮政编码</td><td></td><td>电子邮箱</td><td></td></tr>
<tr><td>联系地址</td><td colspan="3"></td></tr>
<tr><td colspan="4">必要专利实施许可声明</td></tr>
<tr><td colspan="4">当且仅当本专利权人/专利申请人专利中的权利要求成为最终发布的国家标准的必要权利要求时，本专利权人/专利申请人作出如下实施许可声明(请在以下三种方式中勾选一种)：
□ a) 专利权人或专利申请人同意在公平、合理、无歧视基础上，免费许可任何组织或者个人在实施该国家标准时实施专利；
注：专利权人/专利申请人可以在互惠或防御性终止条件下作出上述声明。
□ b) 专利权人或专利申请人同意在公平、合理、无歧视基础上，收费许可任何组织或者个人在实施该国家标准时实施专利；
注：专利权人/专利申请人可以在互惠或防御性终止条件下作出上述声明。
□ c) 专利权人或专利申请人不同意按照以上两种方式进行专利实施许可。</td></tr>
<tr><td colspan="4">专利权人/专利申请人(签字/盖章)：
年　　月　　日</td></tr>
</table>

表 A.4　已披露的专利清单

<table>
<tr><td colspan="7">标准信息</td></tr>
<tr><td colspan="2">□国家标准计划编号/
□国家标准号</td><td></td><td>项目名称/
国家标准名称</td><td colspan="3"></td></tr>
<tr><td colspan="2">标准所处阶段</td><td colspan="5">□立项　　□征求意见　　□审查　　□批准</td></tr>
<tr><td colspan="7">标准中涉及的专利</td></tr>
<tr><td>序号</td><td>专利申请号/
专利号</td><td>专利申请名称/
专利名称</td><td>专利申请人/
专利权人</td><td>涉及专利的标准
条款(章、条编号)</td><td>实施许可声明
方式[a)或 b)]</td><td>获得实施许可
声明日期</td></tr>
<tr><td></td><td></td><td></td><td></td><td></td><td></td><td></td></tr>
<tr><td></td><td></td><td></td><td></td><td></td><td></td><td></td></tr>
<tr><td></td><td></td><td></td><td></td><td></td><td></td><td></td></tr>
<tr><td></td><td></td><td></td><td></td><td></td><td></td><td></td></tr>
<tr><td></td><td></td><td></td><td></td><td></td><td></td><td></td></tr>
<tr><td></td><td></td><td></td><td></td><td></td><td></td><td></td></tr>
<tr><td></td><td></td><td></td><td></td><td></td><td></td><td></td></tr>
<tr><td></td><td></td><td></td><td></td><td></td><td></td><td></td></tr>
<tr><td colspan="7">工作组组长(签字)
年　　　月　　　日</td></tr>
<tr><td colspan="7">技术委员会或归口单位(盖章)
年　　　月　　　日</td></tr>
</table>

GB/T 20004
团 体 标 准 化

ICS 01.120
A 00

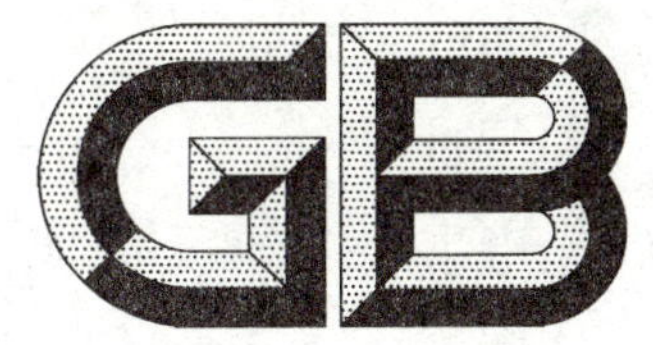

中华人民共和国国家标准

GB/T 20004.1—2016

团体标准化　第1部分:良好行为指南

Social organization standardization—Part 1:Guidelines for good practice

2016-04-25 发布　　　　2016-04-25 实施

中华人民共和国国家质量监督检验检疫总局
中国国家标准化管理委员会　发布

前言

GB/T 20004《团体标准化》与 GB/T 1《标准化工作导则》、GB/T 20000《标准化工作指南》、GB/T 20001《标准编写规则》、GB/T 20002《标准中特定内容的起草》和 GB/T 20003《标准制定的特殊程序》共同构成支撑标准制定工作的基础性系列国家标准。

GB/T 20004《团体标准化》拟分为如下部分：

——第 1 部分：良好行为指南；

——第 2 部分：良好行为评价。

本部分为 GB/T 20004 的第 1 部分。

本部分按照 GB/T 1.1—2009《标准化工作导则　第 1 部分：标准的结构和编写》给出的规则起草。

请注意本文件的某些内容可能涉及专利。本文件的发布机构不承担识别这些专利的责任。

本部分由全国标准化原理与方法标准化技术委员会(SAC/TC 286)提出并归口。

本部分起草单位：中国标准化研究院、中国特种设备检测研究院、北京市闪联信息产业协会、西门子(中国)有限公司、深圳市智慧安防行业协会、中国科协学会服务中心、北京市专利代理人协会、中国保险协会。

本部分主要起草人：王益谊、杜晓燕、逄征虎、白殿一、刘三江、张维华、冯晓升、朱翔华、蓝麒、张小林、曾雁鸿、刘慎斋、张珺、黄永衡、詹达天、田川、王亚宁、强毅、刘泽华、吴丽萍、高永懿、张莹、洑春干、丁蔚、葛建军、姚歆、侯福深。

引　言

近年来，为满足市场、科技快速变化及多样性需求，我国一些学会、协会、商会、联合会、产业技术联盟等社会团体开展标准制定与实施活动，产生了学会标准、协会标准等多种形式的团体标准。这些团体标准的制定和实施在市场经济运行中发挥了积极的作用。

标准化遵循着一定的运行规律和行为准则，本身也需要规范化。为引导具有标准化需求且已具有一定标准化工作基础的团体改进和完善标准化活动，特制定本部分。

团体标准化　第1部分:良好行为指南

1　范围

GB/T 20004的本部分提供了团体开展标准化活动的一般原则,以及团体标准制定机构的管理运行、团体标准的制定程序和编写规则等方面的良好行为指南。

本部分适用于指导各类团体开展标准化活动。

注:除非特殊说明,本部分中"团体"指"社会团体"。

2　规范性引用文件

下列文件对于本文件的应用是必不可少的。凡是注日期的引用文件,仅注日期的版本适用于本文件。凡是不注日期的引用文件,其最新版本(包括所有的修改单)适用于本文件。

GB/T 1.1　标准化工作导则　第1部分:标准的结构和编写

GB/T 20000.1　标准化工作指南　第1部分:标准化和相关活动的通用术语

GB/T 20003.1　标准制定的特殊程序　第1部分:涉及专利的标准

3　术语和定义

GB/T 20000.1界定的以及下列术语和定义适用于本文件。为了便于使用,以下重复列出了GB/T 20000.1中的一些术语和定义。

3.1

标准　standard

通过标准化活动,按照规定的程序经协商一致制定,为各种活动或其结果提供规则、指南或特性,供共同使用和重复使用的文件。

注1:标准宜以科学、技术和经验的综合成果为基础。

注2:规定的程序指制定标准的机构颁布的标准制定程序。

[GB/T 20000.1—2014,定义5.3]

3.2

团体标准　social organization standard

由团体按照自行规定的标准制定程序制定并发布,供团体成员或社会自愿采用的标准。

4　一般原则

4.1　开放

团体开展标准化活动宜面向所有成员开放,反映成员需求,并确保成员能够有机会参与标准化活动。鼓励团体面向所有方面开放加入团体的渠道。

4.2　公平

团体开展标准化活动宜确保成员享有与成员身份相对应的权利,并承担相应的义务。

4.3 透明

团体开展标准化活动宜通过适当的渠道向所有成员提供团体的标准化组织机构、运行机制、决策规则、标准制定程序及标准化工作进展等方面的信息，团体可通过公开的渠道对外公布与团体标准化活动有关的信息。

4.4 协商一致

团体开展标准化活动宜以协商一致为原则，按照标准制定程序考虑利益相关方的不同观点，协调争议，妥善解决对于实质性问题的反对意见，获得团体成员普遍同意。

4.5 促进贸易和交流

团体标准宜符合市场、贸易需求，不妨碍公平竞争，不限制团体标准实施者基于团体标准开发竞争性技术和进行技术创新，促进行业的健康发展。

5 团体标准化的组织管理

5.1 功能及组织机构

5.1.1 功能

团体开展标准化活动的组织机构宜具有以下功能：

a) 标准化决策：包括制定团体标准化的战略规划，对与团体标准化活动相关的政策、制度和标准化文件的通过等进行决策；

b) 标准技术工作管理协调：包括制定团体标准化工作的各项政策和制度；管理和协调团体标准化工作，处理有关团体标准的制定程序、编写规则、知识产权管理等具体事项以及标准制定中出现的争议；开展与其他标准化机构的联络；根据团体不同领域建立具有广泛代表性的标准化技术组织，确定标准化技术组织的工作范围等；

c) 标准编制：包括起草标准化技术组织的工作计划，完成具体标准的起草并就标准技术内容达成协商一致等。

5.1.2 组织机构

5.1.2.1 为了实现 5.1.1 所述的功能，必要时，团体宜组建相应的机构，并根据第 4 章所确立的一般原则开展工作。这些机构可包括但不限于以下类型：

a) 决策机构：具有 5.1.1a)所述的功能，可包括但不限于理事会、董事会、全体大会等形式的机构；

b) 管理协调机构：具有 5.1.1b)所述的功能，可包括但不限于标准管理委员会、秘书处、专家咨询委员会等形式的机构；

c) 标准编制机构：具有 5.1.1c)所述的功能，可包括但不限于技术委员会、工作组等形式的机构。

5.1.2.2 组织机构的组建原则、组建程序、组成、工作职责、工作程序、变更和撤销流程与要求等内容宜在团体的相关制度中明确界定。

5.2 工作机制

5.2.1 会议的组织

团体宜制定与标准化活动有关的会议组织制度，对会议的频率、方式、参加人员以及组织召开会议的要求等进行规范。标准制定程序(见 6.2)中的会议可采用一般会议方式或电子手段开展，例如电话、视频会议等。会议文件(通知、标准草案等)宜采用诸如电子邮件等电子手段提前发送给团体成员及其他参会人员。

5.2.2 申诉

团体宜设置申诉制度,以明确团体成员对标准化活动的申诉权限、申诉内容,以及团体内相关机构处理成员申诉的程序和要求,以便于团体成员进行申诉。

5.2.3 与其他标准化机构的联络

为了协调团体与其他标准化机构(如国内、国外和国际的标准化机构)的活动,团体可与这些机构建立联络,例如,互派观察员、彼此作为联络组织等。

5.3 知识产权管理

5.3.1 专利

5.3.1.1 团体宜制定团体标准涉及专利的政策,以妥善处理团体标准中涉及专利的问题,平衡专利权人与标准实施者的利益,确保自愿实施团体标准的有关各方能够顺利实施团体标准。

5.3.1.2 团体标准涉及专利的政策宜按照GB/T 20003.1制定,主要内容宜包括但不限于以下各项:

——团体标准涉及专利问题处置的目标或宗旨;

——对专利权人进行专利信息披露的相关要求;

——基于公平、合理(包括免费或收取合理许可费)和无歧视条件进行自愿性专利实施许可承诺的要求;

——对标准所涉及专利信息的公布要求;

——专利转让后许可承诺的存续要求。

5.3.1.3 团体标准涉及专利的政策宜由成员按照议事规则协商一致制定。

5.3.2 版权

5.3.2.1 团体宜制定团体标准版权政策,以避免团体标准在使用和销售过程中产生版权纠纷,促进团体标准的制定和传播。

5.3.2.2 团体标准版权政策宜包括但不限于以下内容:

——团体标准版权的归属,以及相关版权的处置规则、程序和要求;

——团体标准公开的程度和范围;

——起草人和团体成员关于版权的权利和义务;

——团体标准出版物的使用和销售;

——第三方使用和销售团体标准的原则、程序和要求。

5.3.2.3 团体在制定团体标准过程中引用或参考其他标准组织或机构发布的标准时,宜注意所引用或参考标准的发布组织或机构的版权政策。

5.3.3 商标

团体可将团体标准的标志注册为商标,用于团体标准的推广、宣传等活动。

5.4 标准编号与文件管理

5.4.1 标准编号

5.4.1.1 团体标准编号宜由团体标准代号、团体代号、团体标准顺序号和年代号组成。其中,团体标准代号是固定的,为"T/";团体代号由各团体自主拟定,宜全部使用大写拉丁字母或大写拉丁字母与阿拉伯数字的组合,不宜以阿拉伯数字结尾。编号结构如下所示:

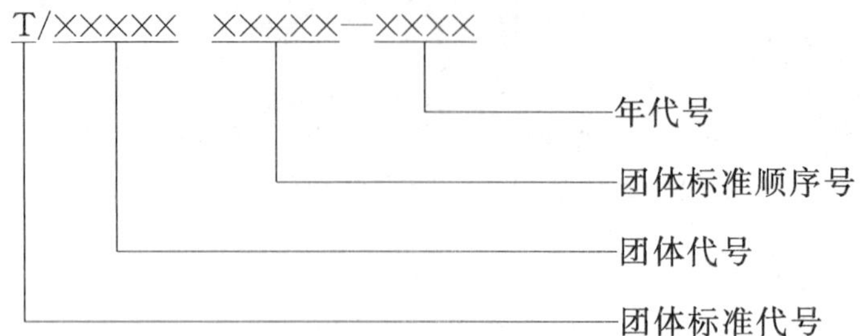

示例:T/CAS 115—2015

5.4.1.2 鼓励团体在制定团体标准之前,在全国团体标准信息平台上对拟使用的团体代号进行查重。

5.4.2 文件管理

5.4.2.1 团体宜建立文件管理制度,明确文件编号规则、归档要求以及存档的时限要求等内容。

5.4.2.2 以下类型的文件纳入文件管理的范畴:

——制度文件:主要包括团体章程、标准化机构(具有 5.1.1 所述功能的机构)管理运行文件、标准制定程序文件、标准编写规则文件、专利政策、版权政策等。

——团体标准化文件及草案:指由团体正式发布的团体标准、其他标准化文件以及这些团体标准化文件制定过程中的阶段性文件(如团体标准讨论稿、征求意见稿等)。

——工作文件:指团体标准制定过程中形成的除团体标准化文件及草案之外的其他文件,例如项目提案、编制说明、反馈意见、意见汇总处理表、会议纪要等其他记录团体标准制定流程的文件。

6 团体标准制定程序

6.1 通则

6.1.1 团体宜规定团体标准制定程序予以正式发布并实施。团体标准制定程序宜制定为单独的文件,如适宜,也可列入团体的相关制度文件。

团体标准制定程序可包括如下阶段:

a) 提案;

b) 立项;

c) 起草;

d) 征求意见和审查;

e) 通过和发布;

f) 复审。

注:标准制定程序是一般技术文件成为标准的必要条件之一。它为团体成员能够公平有效地参与团体标准制定、获取相关文件、知悉有关信息等提供途径;促进团体标准制定过程的规范化,提高标准制定工作质量和工作效率。

6.1.2 团体标准制定程序宜明确每个阶段的工作内容、工作主体、期限、进入下一阶段的条件等。

6.2 程序

6.2.1 提案

提案阶段的主要工作是标准编制机构接收标准制修订项目提案,对项目提案进行评估后形成团体标准项目建议书,并上报管理协调机构。

6.2.2 立项

立项阶段的主要工作是管理协调机构对团体标准项目建议书的必要性、可行性等进行审查，审查通过后形成团体标准制修订项目计划。团体宜在全体成员范围内通报团体标准制修订项目计划，以便成员参与标准编制工作或发表意见。鼓励团体通过合适的渠道向社会公布团体标准制修订项目计划。

6.2.3 起草

起草阶段的主要工作是标准编制机构对相关事宜进行调查分析、实验和验证等，确定标准技术内容，不断讨论和完善，形成拟用于征求意见的团体标准草案。

6.2.4 征求意见和审查

征求意见和审查阶段的主要工作是标准编制机构对团体标准征求意见稿进行征求意见，并对反馈意见进行处理、协调，从技术角度进行审查后，经过协商一致或投票方式对是否通过给出结论。团体标准宜在全体成员范围内征求意见。鼓励团体通过合适的渠道向社会公开征求意见。

6.2.5 通过和发布

通过和发布阶段的主要工作是标准化决策机构按照议事规则通过团体标准，并予以公开发布。团体在发布团体标准的同时，宜在团体标准信息平台上公开团体标准的基本信息。

6.2.6 复审

复审阶段的主要工作是标准编制机构根据技术发展、市场需求，对已发布的团体标准的适用性进行评估，并给出复审结论。

7 团体标准的编写

7.1 编写准备

编制团体标准前宜充分搜集相应标准化对象的国内外标准、技术法规、技术发展趋势文献、科技文献等参考资料，明确标准的编制目的、范围和内容框架。

7.2 编写原则

团体宜按照 GB/T 1.1 制定统一的标准编写规则，包括团体标准的结构、起草表述方法、格式等内容，以提高团体标准的适用性。

团体标准编写中涉及如下方面的内容时，宜遵守相关基础通用国家标准的规定：

——标准化原理和方法；
——标准化术语；
——术语的原则和方法；
——量、单位及其符号；
——符号、代号和缩略语；
——参考文献的标引；
——技术制图；
——技术文件编制；
——图形符号；
——极限、配合和表面特征；

——优先数；
——统计方法；
——环境条件和有关试验；
——安全；
——电磁兼容；
——符合性和质量；
——环境管理等。

7.3 结构

团体在编制团体标准时，结构宜参照如下体例：

a) 封面；
b) 目次；
c) 前言；
d) 引言；
e) 标准名称；
f) 范围；
g) 规范性引用文件；
h) 规范性技术要素；
i) 附录(规范性、资料性)；
j) 参考文献；
k) 索引。

8 团体标准的推广与应用

团体宜利用培训、论坛、媒体等技术交流与传播途径宣传和推广团体标准。

适宜时，团体宜建立基于其团体标准的合格评定制度，制定有关合格评定方案、符合性标志等合格评定制度文件以及相关技术文件，制定过程宜吸收合格评定机构的参与。

参 考 文 献

[1] GB/T 20000.6—2006 标准化工作指南 第6部分:标准化良好行为规范
[2] 《WTO/TBT 协定》的附件3“编制、采用和应用标准的良好行为规范”
[3] ITU-T/ITU-R/ISO/IEC 共同专利政策实施指南

ICS 01.120
A 00

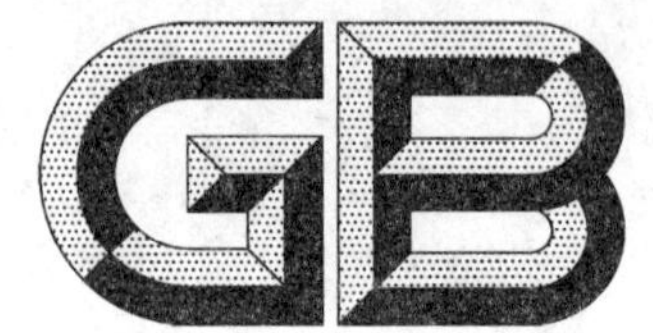

中华人民共和国国家标准

GB/T 20004.2—2018

团体标准化 第2部分:良好行为评价指南

Social organization standardization—
Part 2:Guidelines for evaluation of good practice

2018-07-13 发布 2019-02-01 实施

国家市场监督管理总局
中国国家标准化管理委员会 发布

前　言

GB/T 20004《团体标准化》与GB/T 1《标准化工作导则》、GB/T 20000《标准化工作指南》、GB/T 20001《标准编写规则》、GB/T 20002《标准中特定内容的起草》和GB/T 20003《标准制定的特殊程序》共同构成支撑标准制定工作的基础性系列国家标准。

GB/T 20004《团体标准化》拟分为如下部分：

——第1部分：良好行为指南；

——第2部分：良好行为评价指南。

本部分为GB/T 20004的第2部分。

本部分按照GB/T 1.1—2009《标准化工作导则　第1部分：标准的结构和编写》给出的规则起草。

请注意本文件的某些内容可能涉及专利。本文件的发布机构不承担识别这些专利的责任。

本部分由全国标准化原理与方法标准化技术委员会(SAC/TC 286)提出并归口。

本部分起草单位：中国标准化研究院、中国家用电器研究院、山东省标准化研究院、中国计量大学。

本部分主要起草人：朱翔华、许青、逄征虎、王益谊、杜晓燕、马德军、杨沣江、宋明顺。

引　言

随着我国团体标准化工作的推进，我国的一些社会团体已经开展了标准制定与实施活动。GB/T 20004.1《团体标准化　第1部分：良好行为指南》提出了社会团体开展标准化工作的良好行为模式，以引导社会团体标准化工作朝着良好的方向发展。团体标准化良好行为评价是推动团体标准化发展的有力措施。由于我国团体标准化工作方兴未艾，还处在积累经验和探索过程中，为了协调和指导团体标准化良好行为评价工作，以评价社会团体标准化工作对 GB/T 20004.1 的实施情况，特制定本部分。

团体标准化
第2部分：良好行为评价指南

1 范围

GB/T 20004的本部分确立了对社会团体开展团体标准化良好行为评价的基本原则，提供了评价内容和评价程序等方面的指导和建议。

本部分适用于对社会团体开展团体标准化良好行为评价。其他相关评价活动可参照适用。

2 规范性引用文件

下列文件对于本文件的应用是必不可少的。凡是注日期的引用文件，仅注日期的版本适用于本文件。凡是不注日期的引用文件，其最新版本(包括所有的修改单)适用于本文件。

GB/T 20000.1 标准化工作指南 第1部分：标准化和相关活动的通用术语

GB/T 20004.1 团体标准化 第1部分：良好行为指南

3 术语和定义

GB/T 20000.1和GB/T 20004.1界定的术语和定义适用于本文件。

4 基本原则

4.1 自愿

团体标准化良好行为评价是自愿性的评价活动，由社会团体根据需要自愿申请开展。

4.2 公开

团体标准化良好行为评价的规则、针对每个社会团体的评价过程和评价结果通过适当的渠道对外发布信息。

4.3 公正

团体标准化良好行为评价的开展遵循统一的规则，无差别地对待每一个社会团体，并通过适当的程序规则保持中立。

4.4 独立

团体标准化良好行为评价的过程及结果不受任何利益相关方的影响。

5 评价内容

5.1 团体标准化良好行为评价的内容宜包括社会团体开展标准化活动的一般原则、标准化组织机构、申诉机制、知识产权管理、团体标准制定程序、团体标准的编写和团体标准的推广与应用等内容。

5.2 宜根据附录 A 中表 A.1 的评价指标体系开展团体标准化良好行为评价。

6 评价程序

6.1 概述

6.1.1 开展团体标准化良好行为评价的程序宜包括申请、受理和公众评议、组织评价、评价结论的通知和复核，见图 1。

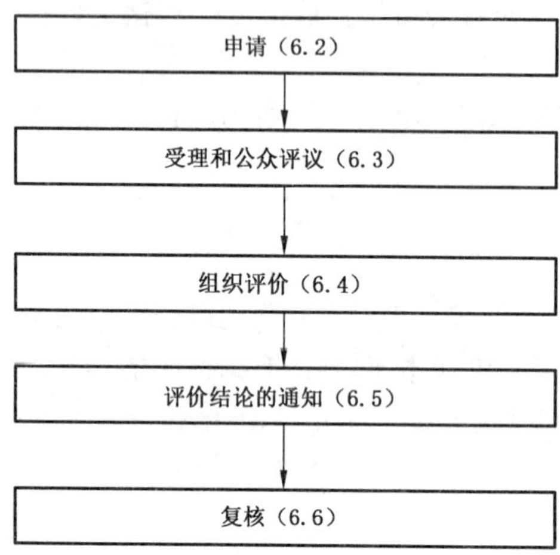

图 1 团体标准化良好行为评价程序

6.1.2 任何组织或个人认为社会团体有违法违规行为的，可对其进行评议。社会公众进行评议时宜提交书面评议材料和相关证明文件，并对所提交材料的真实性负责。经核实属实的，宜终止团体标准化良好行为评价程序。

6.2 申请

6.2.1 申请开展团体标准化良好行为评价的社会团体宜满足以下基本条件：

a） 已经在全国团体标准信息平台完成了基本信息公开；

b） 制定并发布 5 项以上（含 5 项）团体标准，且在全国团体标准信息平台上公布了其标准制定程序及所有标准信息；

c） 社会团体宜按照 GB/T 20004.1 开展标准化工作。

6.2.2 社会团体自愿提出评价申请，并提交以下材料：

a） 社会团体的章程；

b） 社会团体的标准化组织机构设置及其管理运行制度文件；

c） 团体标准的制定程序文件；

d） 团体标准的编写规则文件；

e） 团体标准的专利政策和版权政策文件；

f） 社会团体的投诉机制文件；

g） 截至提交申请日期之前的所有团体标准的清单，以及相关标准文本和证明文件。

证明文件包括但不限于：团体标准制定各阶段中的投票记录、会议纪要、公开发文、团体标准涉及专利的处置文件、团体标准版权的处置文件、对投诉的处理文件等的复印件。如果社会团体制定的团体标准多于 5 项，社会团体选取其中 5 项，提供标准文本和证明该 5 项标准制定与 6.2.2a）至 f）一致的证明文件。

6.3 受理和公众评议

6.3.1 开展评价前,宜通过对外公开的渠道,公告接受评价的社会团体名单。

6.3.2 社会公众可在规定的期限内对公告的社会团体按6.1.2的规定进行评议。

6.4 组织评价

6.4.1 宜设立由委员构成的评价委员会,并以召开评价会的形式对社会团体开展团体标准化良好行为评价。参加评价的委员宜:

a) 与被评价的社会团体之间没有利益关联或利益冲突;
b) 具备相应的专业技术能力和良好的职业道德;
c) 始终保持中立的立场。

6.4.2 参加评价的委员在评价时宜:

a) 依据6.2.2中收到的材料开展评价,考核该社会团体在制定团体标准过程中的各项文件、行动、记录和报告;
b) 逐项评价表A.1中的二级指标对指标说明的满足程度;
c) 对6.3.2中的公众评议进行考虑,并给出公众评议是否成立的结论。

6.4.3 参加评价的委员可就某个评价事项提出讨论。

6.4.4 参加评价的委员在综合考虑和评判的基础上给出独立的对该社会团体的团体标准化良好行为评价是否为通过的结论。

6.4.5 当有参加评价的四分之三及以上(弃权票不计数)委员的评价结论为通过时,对该社会团体的团体标准化良好行为评价结论为通过。

6.4.6 对每次评价宜做好记录和文档保存。

6.5 评价结论的通知

6.5.1 宜将评价结论书面通知被评价社会团体。

6.5.2 对于评价结论为通过的社会团体,宜书面告知其团体标准化良好行为评价结论的有效期,并在国家级期刊、媒体或网站上公布该社会团体名单。

6.5.3 对于评价结论为未通过的社会团体,宜书面告知其未通过的理由。

6.6 复核

6.6.1 复核的发起

6.6.1.1 超过团体标准化良好行为评价结果有效期限的社会团体,可自愿申请复核。

6.6.1.2 社会团体申请复核,宜提交复核申请和以下材料:

a) 社会团体的章程;
b) 社会团体的标准化组织机构设置及其管理运行制度文件;
c) 团体标准的制定程序文件;
d) 团体标准的编写规则文件;
e) 团体标准的专利政策和版权政策文件;
f) 社会团体的投诉机制文件;
g) 自上次复核(如果是第一次复核,则是通过评价)后新制定的所有团体标准的清单,以及相关标准文本以及证明文件。

证明文件包括但不限于:团体标准制定各阶段中的投票记录、会议纪要、公开发文、团体标准涉及专利的处置文件、团体标准版权的处置文件、对投诉的处理文件等的复印件。如果社会团体新制定的团体标准多于3项,社会团体选取其中3项,提供标准文本和证明该3项标准制定与6.6.1.2a)至f)一致的证明文件;如果社会团体制定的标准小于或等于3项,社会团体提供所有标准文本和证明标准制定与6.6.1.2a)至f)一致的证明文件。

6.6.2 开展复核

复核宜按照6.4的规定开展。

6.6.3 形成复核结论

6.6.3.1 复核结论宜书面通知被评价社会团体。

6.6.3.2 如果复核结论确认团体标准化良好行为评价复核通过,则:

a) 该社会团体通过团体标准化良好行为评价的结果继续有效;
b) 宜书面告知社会团体复核结果的有效期;
c) 宜通过国家级期刊、媒体或网站发布公告。

6.6.3.3 如果复核结论确认团体标准化良好行为评价复核未通过,宜书面告知社会团体未通过的理由,并给予一次整改机会。

6.6.4 整改

6.6.4.1 对于复核结论为未通过的,社会团体可进行整改。

6.6.4.2 社会团体可制定整改计划,按整改计划进行整改,形成整改报告,并将整改报告提请二次复核。

6.6.4.3 如对整改报告的审核结论为合格,则按6.6.3.2中的规定通知社会团体复核结果有效期,并通过国家级期刊、媒体或网站发布公告。

6.6.4.4 如对整改报告的审核结论为不合格,宜撤销该社会团体通过团体标准化良好行为评价的认可,并通过国家级期刊、媒体或网站发布公告。

附 录 A
（规范性附录）
团体标准化良好行为评价指标体系

表A.1提供了对社会团体进行团体标准化良好行为评价的评价项目、二级指标以及指标说明。

表A.1 团体标准化良好行为评价指标体系

评价项目	二级指标	指标说明
团体开展标准化活动的一般原则	开放性	团体开展标准化活动面向所有成员开放，反映成员需求，并确保成员能够有机会参与标准化活动。鼓励团体面向所有方面开放加入团体的渠道
	公平性	社会团体开展标准化活动中其成员享有与成员身份对应的权利和义务
	透明性	团体开展标准化活动通过适当的渠道向所有成员提供团体标准化的组织机构、运行机制、决策规则、标准制定程序及标准化工作进展等方面的信息
标准化组织机构	机构的组成	团体开展标准化工作的机构包括：决策机构、管理协调机构和标准编制机构
	决策机构的功能	决策机构的功能包括：制定团体标准化的战略规划，对与团体标准化活动相关的政策、制度和标准化文件的通过等进行决策
	决策机构的工作内容	决策机构按照开放、公平、透明、协商一致、促进贸易和交流的原则确定组建原则、组建程序、组成、工作职责、工作程序、变更和撤销流程与要求等
	管理协调机构的功能	管理协调机构的功能包括：制定团体标准化工作的各项政策和制度；管理和协调团体标准化工作，处理有关团体标准的制定程序、编写规则、知识产权管理等具体事项以及标准制定中出现的争议；开展与其他标准化机构的联络；根据团体不同领域建立具有广泛代表性的标准化技术组织，确定标准化技术组织的工作范围等
	管理协调机构工作内容	标准化管理协调机构按照开放、公平、透明、协商一致、促进贸易和交流的原则确定组建原则、组建程序、组成、工作职责、工作程序、变更和撤销流程与要求等
	标准编制机构的功能	标准编制机构的功能包括：起草标准化技术组织的工作计划，完成具体标准的起草并就标准技术内容达成协商一致等
	标准编制机构工作内容	标准编制机构按照开放、公平、透明、协商一致、促进贸易和交流的原则确定组建原则、组建程序、组成、工作职责、工作程序、变更和撤销流程与要求等
申诉机制	申诉机制的内容	团体的投诉机制的内容包括：团体成员对标准化活动申诉的权限、申诉内容，以及团体内相关机构处理成员申诉的程序和要求
	团体对申诉的处理	团体对申诉的处理按照开放、公平和透明的原则开展

表 A.1（续）

评价项目	二级指标	指标说明
知识产权管理	知识产权管理的内容	团体的知识产权制度中至少包含团体标准涉及专利的政策和团体标准版权政策
	专利政策的内容	团体按照 GB/T 20003.1 制定标准涉及专利的政策，主要内容包括但不限于： ● 团体标准涉及专利问题处置的目标或宗旨； ● 对专利权人进行专利信息披露的相关要求； ● 基于公平、合理(包括免费或收取合理许可费)和无歧视条件进行自愿性专利实施许可承诺的要求； ● 对团体标准所涉及专利信息的公布要求； ● 专利转让后许可承诺的存续要求
	版权政策的内容	团体标准的版权政策包括但不限于以下内容： ● 团体标准版权的归属，以及相关版权的处置规则、程序和要求； ● 团体标准公开的程度和范围； ● 起草人和团体成员关于版权的权利和义务； ● 团体标准出版物的使用和销售； ● 第三方使用和销售团体标准的原则、程序和要求
	知识产权政策的符合性	团体标准的制定过程中按照其知识产权政策处理标准中涉及专利的问题
团体标准制定程序	程序包含的阶段	团体标准的制定包含提案、立项、起草、征求意见和审查、通过和发布、复审阶段
	各阶段的内容	按照开放、公平、透明、协商一致的原则确定各阶段的工作内容、工作主体、期限、进入下一阶段的条件
	程序的符合性	按照团体标准制定程序文件开展团体标准制定活动
团体标准的编写	编写规则	团体按照 GB/T 1.1 制定统一的标准编写规则
	符合编写规则	已经发布的团体标准符合其团体标准的编写规则
团体标准的推广与应用	团体标准的推广	团体利用培训、论坛、媒体等技术交流与传播途径宣传和推广团体标准
	促进贸易和交流	团体标准符合市场、贸易需求，不妨碍公平竞争，不限制团体标准实施者基于团体标准开发竞争性技术和进行技术创新，促进行业的健康发展
	团体标准的实施情况	团体标准为市场所接受
	团体标准实施带来的经济和社会效益	团体标准能带来一定的效益
注：本表中的“团体”指“社会团体”。		

参 考 文 献

[1] GB/T 20000.6—2006 标准化工作指南 第6部分:标准化良好行为规范

[2] 《WTO/TBT协定》的附件3“编制、采用和应用标准的良好行为规范”

GB/T 1.1—2009中规范性引用文件的有关标准编写的标准

ICS 01.140.10
A 19

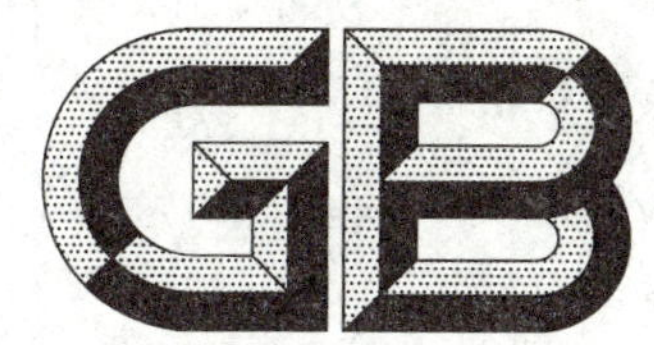

中华人民共和国国家标准

GB/T 15834—2011
代替 GB/T 15834—1995

标点符号用法

General rules for punctuation

2011-12-30 发布　　　　2012-06-01 实施

中华人民共和国国家质量监督检验检疫总局
中国国家标准化管理委员会　发布

前　言

本标准按照 GB/T 1.1—2009 给出的规则起草。

本标准代替 GB/T 15834—1995，与 GB/T 15834—1995 相比，主要变化如下：

——根据我国国家标准编写规则(GB/T 1.1—2009)，对本标准的编排和表述做了全面修改；

——更换了大部分示例，使之更简短、通俗、规范；

——增加了对术语“标点符号”和“语段”的定义(2.1/2.5)；

——对术语“复句”和“分句”的定义做了修改(2.3/2.4)；

——对句末点号(句号、问号、叹号)的定义做了修改，更强调句末点号与句子语气之间的关系(4.1.1/4.2.1/4.3.1)；

——对逗号的基本用法做了补充(4.4.3)；

——增加了不同形式括号用法的示例(4.9.3)；

——省略号的形式统一为六连点“……”，但在特定情况下允许连用(4.11)；

——取消了连接号中原有的二字线，将连接号形式规范为短横线“-”、一字线“—”和浪纹线“～”，并对三者的功能做了归并与划分(4.13)；

——明确了书名号的使用范围(4.15/A.13)；

——增加了分隔号的用法说明(4.17)；

——“标点符号的位置”一章的标题改为“标点符号的位置和书写形式”，并增加了使用中文输入软件处理标点符号时的相关规范(第5章)；

——增加了“附录”：附录 A 为规范性附录，主要说明标点符号不能怎样使用和对标点符号用法加以补充说明，以解决目前使用混乱或争议较大的问题。附录 B 为资料性附录，对功能有交叉的标点符号的用法做了区分，并对标点符号误用高发环境下的规范用法做了说明。

本标准由教育部语言文字信息管理司提出并归口。

本标准主要起草单位：北京大学。

本标准主要起草人：沈阳、刘妍、于泳波、翁姗姗。

本标准所代替标准的历次版本发布情况为：

——GB/T 15834—1995。

标 点 符 号 用 法

1 范围

本标准规定了现代汉语标点符号的用法。

本标准适用于汉语的书面语(包括汉语和外语混合排版时的汉语部分)。

2 术语和定义

下列术语和定义适用于本文件。

2.1

标点符号 punctuation

辅助文字记录语言的符号,是书面语的有机组成部分,用来表示语句的停顿、语气以及标示某些成分(主要是词语)的特定性质和作用。

注:数学符号、货币符号、校勘符号、辞书符号、注音符号等特殊领域的专门符号不属于标点符号。

2.2

句子 sentence

前后都有较大停顿、带有一定的语气和语调、表达相对完整意义的语言单位。

2.3

复句 complex sentence

由两个或多个在意义上有密切关系的分句组成的语言单位,包括简单复句(内部只有一层语义关系)和多重复句(内部包含多层语义关系)。

2.4

分句 clause

复句内两个或多个前后有停顿、表达相对完整意义、不带有句末语气和语调、有的前面可添加关联词语的语言单位。

2.5

语段 expression

指语言片段,是对各种语言单位(如词、短语、句子、复句等)不做特别区分时的统称。

3 标点符号的种类

3.1 点号

点号的作用是点断,主要表示停顿和语气。分为句末点号和句内点号。

3.1.1 句末点号

用于句末的点号,表示句末停顿和句子的语气。包括句号、问号、叹号。

3.1.2 句内点号

用于句内的点号,表示句内各种不同性质的停顿。包括逗号、顿号、分号、冒号。

3.2 标号

标号的作用是标明，主要标示某些成分(主要是词语)的特定性质和作用。包括引号、括号、破折号、省略号、着重号、连接号、间隔号、书名号、专名号、分隔号。

4 标点符号的定义、形式和用法

4.1 句号

4.1.1 定义

句末点号的一种，主要表示句子的陈述语气。

4.1.2 形式

句号的形式是“。”。

4.1.3 基本用法

4.1.3.1 用于句子末尾，表示陈述语气。使用句号主要根据语段前后有较大停顿、带有陈述语气和语调，并不取决于句子的长短。

示例 1：北京是中华人民共和国的首都。

示例 2：(甲：咱们走着去吧？)乙：好。

4.1.3.2 有时也可表示较缓和的祈使语气和感叹语气。

示例 1：请您稍等一下。

示例 2：我不由地感到，这些普通劳动者也同样是很值得尊敬的。

4.2 问号

4.2.1 定义

句末点号的一种，主要表示句子的疑问语气。

4.2.2 形式

问号的形式是“？”。

4.2.3 基本用法

4.2.3.1 用于句子末尾，表示疑问语气(包括反问、设问等疑问类型)。使用问号主要根据语段前后有较大停顿、带有疑问语气和语调，并不取决于句子的长短。

示例 1：你怎么还不回家去呢？

示例 2：难道这些普通的战士不值得歌颂吗？

示例 3：(一个外国人，不远万里来到中国，帮助中国的抗日战争。)这是什么精神？这是国际主义的精神。

4.2.3.2 选择问句中，通常只在最后一个选项的末尾用问号，各个选项之间一般用逗号隔开。当选项较短且选项之间几乎没有停顿时，选项之间可不用逗号。当选项较多或较长，或有意突出每个选项的独立性时，也可每个选项之后都用问号。

示例 1：诗中记述的这场战争究竟是真实的历史描述，还是诗人的虚构？

示例 2：这是巧合还是有意安排？

示例 3：要一个什么样的结尾：现实主义的？传统的？大团圆的？荒诞的？民族形式的？有象征意义的？

示例 4：(他看着我的作品称赞了我。)但到底是称赞我什么：是有几处画得好？还是什么都敢画？抑或只是一种对于失败者的无可奈何的安慰？我不得而知。

示例5：这一切都是由客观的条件造成的？还是由行为的惯性造成的？

4.2.3.3 在多个问句连用或表达疑问语气加重时，可叠用问号。通常应先单用，再叠用，最多叠用三个问号。在没有异常强烈的情感表达需要时不宜叠用问号。

示例：这就是你的做法吗？你这个总经理是怎么当的？？你怎么竟敢这样欺骗消费者？？？

4.2.3.4 问号也有标号的用法，即用于句内，表示存疑或不详。

示例1：马致远(1250？—1321)，大都人，元代戏曲家、散曲家。

示例2：钟嵘(？—518)，颍川长社人，南朝梁代文学批评家。

示例3：出现这样的文字错误，说明作者(编者？校者？)很不认真。

4.3 叹号

4.3.1 定义

句末点号的一种，主要表示句子的感叹语气。

4.3.2 形式

叹号的形式是"！"。

4.3.3 基本用法

4.3.3.1 用于句子末尾，主要表示感叹语气，有时也可表示强烈的祈使语气、反问语气等。使用叹号主要根据语段前后有较大停顿、带有感叹语气和语调或带有强烈的祈使、反问语气和语调，并不取决于句子的长短。

示例1：才一年不见，这孩子都长这么高啦！

示例2：你给我住嘴！

示例3：谁知道他今天是怎么搞的！

4.3.3.2 用于拟声词后，表示声音短促或突然。

示例1：咔嚓！一道闪电划破了夜空。

示例2：咚！咚咚！突然传来一阵急促的敲门声。

4.3.3.3 表示声音巨大或声音不断加大时，可叠用叹号；表达强烈语气时，也可叠用叹号，最多叠用三个叹号。在没有异常强烈的情感表达需要时不宜叠用叹号。

示例1：轰！！在这天崩地塌的声音中，女娲猛然醒来。

示例2：我要揭露！我要控诉！！我要以死抗争！！！

4.3.3.4 当句子包含疑问、感叹两种语气且都比较强烈时(如带有强烈感情的反问句和带有惊愕语气的疑问句)，可在问号后再加叹号(问号、叹号各一)。

示例1：这么点困难就能把我们吓倒吗？！

示例2：他连这些最起码的常识都不懂，还敢说自己是高科技人才？！

4.4 逗号

4.4.1 定义

句内点号的一种，表示句子或语段内部的一般性停顿。

4.4.2 形式

逗号的形式是"，"。

4.4.3 基本用法

4.4.3.1 复句内各分句之间的停顿,除了有时用分号(见 4.6.3.1),一般都用逗号。

示例 1:不是人们的意识决定人们的存在,而是人们的社会存在决定人们的意识。

示例 2:学历史使人更明智,学文学使人更聪慧,学数学使人更精细,学考古使人更深沉。

示例 3:要是不相信我们的理论能反映现实,要是不相信我们的世界有内在和谐,那就不可能有科学。

4.4.3.2 用于下列各种语法位置:

a) 较长的主语之后。

示例 1:苏州园林建筑各种门窗的精美设计和雕镂功夫,都令人叹为观止。

b) 句首的状语之后。

示例 2:在苍茫的大海上,狂风卷集着乌云。

c) 较长的宾语之前。

示例 3:有的考古工作者认为,南方古猿生存于上新世至更新世的初期和中期。

d) 带句内语气词的主语(或其他成分)之后,或带句内语气词的并列成分之间。

示例 4:他呢,倒是很乐意地、全神贯注地干起来了。

示例 5:(那是个没有月亮的夜晚。)可是整个村子——白房顶啦,白树木啦,雪堆啦,全看得见。

e) 较长的主语中间、谓语中间或宾语中间。

示例 6:母亲沉痛的诉说,以及亲眼见到的事实,都启发了我幼年时期追求真理的思想。

示例 7:那姑娘头戴一顶草帽,身穿一条绿色的裙子,腰间还系着一根橙色的腰带。

示例 8:必须懂得,对于文化传统,既不能不分青红皂白统统抛弃,也不能不管精华糟粕全盘继承。

f) 前置的谓语之后或后置的状语、定语之前。

示例 9:真美啊,这条蜿蜒的林间小路。

示例 10:她吃力地站了起来,慢慢地。

示例 11:我只是一个人,孤孤单单的。

4.4.3.3 用于下列各种停顿处:

a) 复指成分或插说成分前后。

示例 1:老张,就是原来的办公室主任,上星期已经调走了。

示例 2:车,不用说,当然是头等。

b) 语气缓和的感叹语、称谓语或呼唤语之后。

示例 3:哎哟,这儿,快给我揉揉。

示例 4:大娘,您到哪儿去啊?

示例 5:喂,你是哪个单位的?

c) 某些序次语("第"字头、"其"字头及"首先"类序次语)之后。

示例 6:为什么许多人都有长不大的感觉呢? 原因有三:第一,父母总认为自己比孩子成熟;第二,父母总要以自己的标准来衡量孩子;第三,父母出于爱心而总不想让孩子在成长的过程中走弯路。

示例 7:《玄秘塔碑》所以成为书法的范本,不外乎以下几方面的因素:其一,具有楷书点画、构体的典范性;其二,承上启下,成为唐楷的极致;其三,字如其人,爱人及字,柳公权高尚的书品、人品为后人所崇仰。

示例 8:下面从三个方面讲讲语言的污染问题:首先,是特殊语言环境中的语言污染问题;其次,是滥用缩略语引起的语言污染问题;再次,是空话和废话引起的语言污染问题。

4.5 顿号

4.5.1 定义

句内点号的一种,表示语段中并列词语之间或某些序次语之后的停顿。

4.5.2 形式

顿号的形式是“、”。

4.5.3 基本用法

4.5.3.1 用于并列词语之间。

示例1:这里有自由、民主、平等、开放的风气和氛围。

示例2:造型科学、技艺精湛、气韵生动,是盛唐石雕的特色。

4.5.3.2 用于需要停顿的重复词语之间。

示例:他几次三番、几次三番地辩解着。

4.5.3.3 用于某些序次语(不带括号的汉字数字或“天干地支”类序次语)之后。

示例1:我准备讲两个问题:一、逻辑学是什么?二、怎样学好逻辑学?

示例2:风格的具体内容主要有以下四点:甲、题材;乙、用字;丙、表达;丁、色彩。

4.5.3.4 相邻或相近两数字连用表示概数通常不用顿号。若相邻两数字连用为缩略形式,宜用顿号。

示例1:飞机在6 000米高空水平飞行时,只能看到两侧八九公里和前方一二十公里范围内的地面。

示例2:这种凶猛的动物常常三五成群地外出觅食和活动。

示例3:农业是国民经济的基础,也是二、三产业的基础。

4.5.3.5 标有引号的并列成分之间、标有书名号的并列成分之间通常不用顿号。若有其他成分插在并列的引号之间或并列的书名号之间(如引语或书名号之后还有括注),宜用顿号。

示例1:“日”“月”构成“明”字。

示例2:店里挂着“顾客就是上帝”“质量就是生命”等横幅。

示例3:《红楼梦》《三国演义》《西游记》《水浒传》,是我国长篇小说的四大名著。

示例4:李白的“白发三千丈”(《秋浦歌》)、“朝如青丝暮成雪”(《将进酒》)都是脍炙人口的诗句。

示例5:办公室里订有《人民日报》(海外版)、《光明日报》和《时代周刊》等报刊。

4.6 分号

4.6.1 定义

句内点号的一种,表示复句内部并列关系分句之间的停顿,以及非并列关系的多重复句中第一层分句之间的停顿。

4.6.2 形式

分号的形式是“;”。

4.6.3 基本用法

4.6.3.1 表示复句内部并列关系的分句(尤其当分句内部还有逗号时)之间的停顿。

示例1:语言文字的学习,就理解方面说,是得到一种知识;就运用方面说,是养成一种习惯。

示例2:内容有分量,尽管文章短小,也是有分量的;内容没有分量,即使写得再长也没有用。

4.6.3.2 表示非并列关系的多重复句中第一层分句(主要是选择、转折等关系)之间的停顿。

示例1:人还没看见,已经先听见歌声了;或者人已经转过山头望不见了,歌声还余音袅袅。

示例2:尽管人民革命的力量在开始时总是弱小的,所以总是受压的;但是由于革命的力量代表历史发展的方向,因此本质上又是不可战胜的。

示例3:不管一个人如何伟大,也总是生活在一定的环境和条件下;因此,个人的见解总难免带有某种局限性。

示例4:昨天夜里下了一场雨,以为可以凉快些;谁知没有凉快下来,反而更热了。

4.6.3.3 用于分项列举的各项之间。

示例:特聘教授的岗位职责为:一、讲授本学科的主干基础课程;二、主持本学科的重大科研项目;三、领导本学科的学术队伍建设;四、带领本学科赶超或保持世界先进水平。

4.7 冒号

4.7.1 定义

句内点号的一种,表示语段中提示下文或总结上文的停顿。

4.7.2 形式

冒号的形式是“:”。

4.7.3 基本用法

4.7.3.1 用于总说性或提示性词语(如“说”“例如”“证明”等)之后,表示提示下文。

示例1:北京紫禁城有四座城门:午门、神武门、东华门和西华门。

示例2:她高兴地说:“咱们去好好庆祝一下吧!”

示例3:小王笑着点了点头:“我就是这么想的。”

示例4:这一事实证明:人能创造环境,环境同样也能创造人。

4.7.3.2 表示总结上文。

示例:张华上了大学,李萍进了技校,我当了工人:我们都有美好的前途。

4.7.3.3 用在需要说明的词语之后,表示注释和说明。

示例1:(本市将举办首届大型书市。)主办单位:市文化局;承办单位:市图书进出口公司;时间:8月15日—20日;地点:市体育馆观众休息厅。

示例2:(做阅读理解题有两个办法。)办法之一:先读题干,再读原文,带着问题有针对性地读课文。办法之二:直接读原文,读完再做题,减少先入为主的干扰。

4.7.3.4 用于书信、讲话稿中称谓语或称呼语之后。

示例1:广平先生:……

示例2:同志们、朋友们:……

4.7.3.5 一个句子内部一般不应套用冒号。在列举式或条文式表述中,如不得不套用冒号时,宜另起段落来显示各个层次。

示例:第十条 遗产按照下列顺序继承:
  第一顺序:配偶、子女、父母。
  第二顺序:兄弟姐妹、祖父母、外祖父母。

4.8 引号

4.8.1 定义

标号的一种,标示语段中直接引用的内容或需要特别指出的成分。

4.8.2 形式

引号的形式有双引号“ “ ” ”和单引号“ ‘ ’ ”两种。左侧的为前引号,右侧的为后引号。

4.8.3 基本用法

4.8.3.1 标示语段中直接引用的内容。

示例:李白诗中就有“白发三千丈”这样极尽夸张的语句。

4.8.3.2 标示需要着重论述或强调的内容。

示例:这里所谓的“文”,并不是指文字,而是指文采。

4.8.3.3 标示语段中具有特殊含义而需要特别指出的成分,如别称、简称、反语等。

示例1:电视被称作“第九艺术”。

示例2:人类学上常把古人化石统称为尼安德特人,简称“尼人”。

示例3:有几个“慈祥”的老板把捡来的菜叶用盐浸浸就算作工友的菜肴。

4.8.3.4 当引号中还需要使用引号时,外面一层用双引号,里面一层用单引号。

示例:他问:“老师,‘七月流火’是什么意思?”

4.8.3.5 独立成段的引文如果只有一段,段首和段尾都用引号;不止一段时,每段开头仅用前引号,只在最后一段末尾用后引号。

示例:我曾在报纸上看到有人这样谈幸福:

“幸福是知道自己喜欢什么和不喜欢什么。……

“幸福是知道自己擅长什么和不擅长什么。……

“幸福是在正确的时间做了正确的选择。……”

4.8.3.6 在书写带月、日的事件、节日或其他特定意义的短语(含简称)时,通常只标引其中的月和日;需要突出和强调该事件或节日本身时,也可连同事件或节日一起标引。

示例1:“5·12”汶川大地震

示例2:“五四”以来的话剧,是我国戏剧中的新形式。

示例3:纪念“五四运动”90周年

4.9 括号

4.9.1 定义

标号的一种,标示语段中的注释内容、补充说明或其他特定意义的语句。

4.9.2 形式

括号的主要形式是圆括号“( )”,其他形式还有方括号“[ ]”、六角括号“〔 〕”和方头括号“【 】”等。

4.9.3 基本用法

4.9.3.1 标示下列各种情况,均用圆括号:

a) 标示注释内容或补充说明。

示例1:我校拥有特级教师(含已退休的)17人。

示例2:我们不但善于破坏一个旧世界,我们还将善于建设一个新世界!(热烈鼓掌)

b) 标示订正或补加的文字。

示例3:信纸上用稚嫩的字体写着:“阿夷(姨),你好!”。

示例4:该建筑公司负责的建设工程全部达到优良工程(的标准)。

c) 标示序次语。

示例5:语言有三个要素:(1)声音;(2)结构;(3)意义。

示例6:思想有三个条件:(一)事理;(二)心理;(三)伦理。

d) 标示引语的出处。

示例7:他说得好:“未画之前,不立一格;既画之后,不留一格。”(《板桥集·题画》)

e) 标示汉语拼音注音。

示例8:“的(de)”这个字在现代汉语中最常用。

4.9.3.2 标示作者国籍或所属朝代时,可用方括号或六角括号。

示例1:[英]赫胥黎《进化论与伦理学》

示例2:〔唐〕杜甫著

4.9.3.3 报刊标示电讯、报道的开头,可用方头括号。

示例:【新华社南京消息】

4.9.3.4 标示公文发文字号中的发文年份时,可用六角括号。

示例:国发〔2011〕3号文件

4.9.3.5 标示被注释的词语时,可用六角括号或方头括号。

示例1:〔奇观〕奇伟的景象。

示例2:【爱因斯坦】物理学家。生于德国,1933年因受纳粹政权迫害,移居美国。

4.9.3.6 除科技书刊中的数学、逻辑公式外,所有括号(特别是同一形式的括号)应尽量避免套用。必须套用括号时,宜采用不同的括号形式配合使用。

示例:〔茸(róng)毛〕很细很细的毛。

4.10 破折号

4.10.1 定义

标号的一种,标示语段中某些成分的注释、补充说明或语音、意义的变化。

4.10.2 形式

破折号的形式是“——”。

4.10.3 基本用法

4.10.3.1 标示注释内容或补充说明(也可用括号,见4.9.3.1;二者的区别另见B.1.7)。

示例1:一个矮小而结实的日本中年人——内山老板走了过来。

示例2:我一直坚持读书,想借此唤起弟妹对生活的希望——无论环境多么困难。

4.10.3.2 标示插入语(也可用逗号,见4.4.3.3)。

示例:这简直就是——说得不客气点——无耻的勾当!

4.10.3.3 标示总结上文或提示下文(也可用冒号,见4.7.3.1、4.7.3.2)。

示例1:坚强,纯洁,严于律已,客观公正——这一切都难得地集中在一个人身上。

示例2:画家开始娓娓道来——

数年前的一个寒冬,……

4.10.3.4 标示话题的转换。

示例:“好香的干菜,——听到风声了吗?”赵七爷低声说道。

4.10.3.5 标示声音的延长。

示例:“嘎——”传过来一声水禽被惊动的鸣叫。

4.10.3.6 标示话语的中断或间隔。

示例1:“班长他牺——”小马话没说完就大哭起来。

示例2:“亲爱的妈妈,你不知道我多爱您。——还有你,我的孩子!”

4.10.3.7 标示引出对话。

示例:——你长大后想成为科学家吗?

——当然想了!

4.10.3.8 标示事项列举分承。

示例：根据研究对象的不同，环境物理学分为以下五个分支学科：

——环境声学；

——环境光学；

——环境热学；

——环境电磁学；

——环境空气动力学。

4.10.3.9 用于副标题之前。

示例：飞向太平洋

——我国新型号运载火箭发射目击记

4.10.3.10 用于引文、注文后，标示作者、出处或注释者。

示例1：先天下之忧而忧，后天下之乐而乐。

——范仲淹

示例2：乐浪海中有倭人，分为百余国。

——《汉书》

示例3：很多人写好信后把信笺折成方胜形，我看大可不必。（方胜，指古代妇女戴的方形首饰，用彩绸等制作，由两个斜方部分叠合而成。——编者注）

4.11 省略号

4.11.1 定义

标号的一种，标示语段中某些内容的省略及意义的断续等。

4.11.2 形式

省略号的形式是“……”。

4.11.3 基本用法

4.11.3.1 标示引文的省略。

示例：我们齐声朗诵起来：“……俱往矣，数风流人物，还看今朝。”

4.11.3.2 标示列举或重复词语的省略。

示例1：对政治的敏感，对生活的敏感，对性格的敏感，……这都是作家必须要有的素质。

示例2：他气得连声说：“好，好……算我没说。”

4.11.3.3 标示语意未尽。

示例1：在人迹罕至的深山密林里，假如突然看见一缕炊烟，……

示例2：你这样干，未免太……！

4.11.3.4 标示说话时断断续续。

示例：她磕磕巴巴地说：“可是……太太……我不知道……你一定是认错了。”

4.11.3.5 标示对话中的沉默不语。

示例：“还没结婚吧？”

“……”他飞红了脸，更加忸怩起来。

4.11.3.6 标示特定的成分虚缺。

示例：只要……就……

4.11.3.7 在标示诗行、段落的省略时，可连用两个省略号（即相当于十二连点）。

示例1：从隔壁房间传来缓缓而抑扬顿挫的吟咏声——

床前明月光，疑是地上霜。

…………

示例2:该刊根据工作质量、上稿数量、参与程度等方面的表现,评选出了高校十佳记者站。还根据发稿数量、提供新闻线索情况以及对刊物的关注度等,评选出了十佳通讯员。

…………

4.12 着重号

4.12.1 定义

标号的一种,标示语段中某些重要的或需要指明的文字。

4.12.2 形式

着重号的形式是"."标注在相应文字的下方。

4.12.3 基本用法

4.12.3.1 标示语段中重要的文字。

示例1:诗人需要表现,而不是证明。

示例2:下面对本文的理解,不正确的一项是:……

4.12.3.2 标示语段中需要指明的文字。

示例:下边加点的字,除了在词中的读法外,还有哪些读法?

着急　子弹　强调

4.13 连接号

4.13.1 定义

标号的一种,标示某些相关联成分之间的连接。

4.13.2 形式

连接号的形式有短横线"-"、一字线"—"和浪纹线"～"三种。

4.13.3 基本用法

4.13.3.1 标示下列各种情况,均用短横线:

a) 化合物的名称或表格、插图的编号。

示例1:3-戊酮为无色液体,对眼及皮肤有强烈刺激性。

示例2:参见下页表2-8、表2-9。

b) 连接号码,包括门牌号码、电话号码,以及用阿拉伯数字表示年月日等。

示例3:安宁里东路26号院3-2-11室

示例4:联系电话:010-88842603

示例5:2011-02-15

c) 在复合名词中起连接作用。

示例6:吐鲁番-哈密盆地

d) 某些产品的名称和型号。

示例7:WZ-10直升机具有复杂天气和夜间作战的能力。

e) 汉语拼音、外来语内部的分合。

示例8:shuōshuō-xiàoxiào(说说笑笑)

示例 9:盎格鲁-撒克逊人

示例 10:让-雅克・卢梭("让-雅克"为双名)

示例 11:皮埃尔・孟戴斯-弗朗斯("孟戴斯-弗朗斯"为复姓)

4.13.3.2 标示下列各种情况,一般用一字线,有时也可用浪纹线:

a) 标示相关项目(如时间、地域等)的起止。

示例 1:沈括(1031—1095),宋朝人。

示例 2:2011 年 2 月 3 日—10 日

示例 3:北京—上海特别旅客快车

b) 标示数值范围(由阿拉伯数字或汉字数字构成)的起止。

示例 4:25～30 g

示例 5:第五～八课

4.14 间隔号

4.14.1 定义

标号的一种,标示某些相关联成分之间的分界。

4.14.2 形式

间隔号的形式是"・"。

4.14.3 基本用法

4.14.3.1 标示外国人名或少数民族人名内部的分界。

示例 1:克里丝蒂娜・罗塞蒂

示例 2:阿依古丽・买买提

4.14.3.2 标示书名与篇(章、卷)名之间的分界。

示例:《淮南子・本经训》

4.14.3.3 标示词牌、曲牌、诗体名等和题名之间的分界。

示例 1:《沁园春・雪》

示例 2:《天净沙・秋思》

示例 3:《七律・冬云》

4.14.3.4 用在构成标题或栏目名称的并列词语之间。

示例:《天・地・人》

4.14.3.5 以月、日为标志的事件或节日,用汉字数字表示时,只在一、十一和十二月后用间隔号;当直接用阿拉伯数字表示时,月、日之间均用间隔号(半角字符)。

示例 1:"九一八"事变 "五四"运动

示例 2:"一・二八"事变 "一二・九"运动

示例 3:"3・15"消费者权益日 "9・11"恐怖袭击事件

4.15 书名号

4.15.1 定义

标号的一种,标示语段中出现的各种作品的名称。

4.15.2 形式

书名号的形式有双书名号“《 》”和单书名号“〈 〉”两种。

4.15.3 基本用法

4.15.3.1 标示书名、卷名、篇名、刊物名、报纸名、文件名等。

示例1:《红楼梦》(书名)

示例2:《史记·项羽本记》(卷名)

示例3:《论雷峰塔的倒掉》(篇名)

示例4:《每周关注》(刊物名)

示例5:《人民日报》(报纸名)

示例6:《全国农村工作会议纪要》(文件名)

4.15.3.2 标示电影、电视、音乐、诗歌、雕塑等各类用文字、声音、图像等表现的作品的名称。

示例1:《渔光曲》(电影名)

示例2:《追梦录》(电视剧名)

示例3:《勿忘我》(歌曲名)

示例4:《沁园春·雪》(诗词名)

示例5:《东方欲晓》(雕塑名)

示例6:《光与影》(电视节目名)

示例7:《社会广角镜》(栏目名)

示例8:《庄子研究文献数据库》(光盘名)

示例9:《植物生理学系列挂图》(图片名)

4.15.3.3 标示全中文或中文在名称中占主导地位的软件名。

示例:科研人员正在研制《电脑卫士》杀毒软件。

4.15.3.4 标示作品名的简称。

示例:我读了《念青唐古拉山脉纪行》一文(以下简称《念》),收获很大。

4.15.3.5 当书名号中还需要书名号时,里面一层用单书名号,外面一层用双书名号。

示例:《教育部关于提请审议〈高等教育自学考试试行办法〉的报告》

4.16 专名号

4.16.1 定义

标号的一种,标示古籍和某些文史类著作中出现的特定类专有名词。

4.16.2 形式

专名号的形式是一条直线,标注在相应文字的下方。

4.16.3 基本用法

4.16.3.1 标示古籍、古籍引文或某些文史类著作中出现的专有名词,主要包括人名、地名、国名、民族名、朝代名、年号、宗教名、官署名、组织名等。

示例1:孙坚人马被刘表率军围得水泄不通。(人名)

示例2:于是聚集冀、青、幽、并四州兵马七十多万准备决一死战。(地名)

示例3:当时乌孙及西域各国都向汉派遣了使节。(国名、朝代名)

示例4：从咸宁二年到太康十年，匈奴、鲜卑、乌桓等族人徙居塞内。（年号、民族名）

4.16.3.2 现代汉语文本中的上述专有名词，以及古籍和现代文本中的单位名、官职名、事件名、会议名、书名等不应使用专名号。必须使用标号标示时，宜使用其他相应标号（如引号、书名号等）。

4.17 分隔号

4.17.1 定义

标号的一种，标示诗行、节拍及某些相关文字的分隔。

4.17.2 形式

分隔号的形式是“/”。

4.17.3 基本用法

4.17.3.1 诗歌接排时分隔诗行（也可使用逗号和分号，见4.4.3.1/4.6.3.1）。

示例：春眠不觉晓/处处闻啼鸟/夜来风雨声/花落知多少。

4.17.3.2 标示诗文中的音节节拍。

示例：横眉/冷对/千夫指，俯首/甘为/孺子牛。

4.17.3.3 分隔供选择或可转换的两项，表示“或”。

示例：动词短语中除了作为主体成分的述语动词之外，还包括述语动词所带的宾语和/或补语。

4.17.3.4 分隔组成一对的两项，表示“和”。

示例1：13/14次特别快车

示例2：羽毛球女双决赛中国组合杜婧/于洋两局完胜韩国名将李孝贞/李敬元。

4.17.3.5 分隔层级或类别。

示例：我国的行政区划分为：省（直辖市、自治区）/省辖市（地级市）/县（县级市、区、自治州）/乡（镇）/村（居委会）。

5 标点符号的位置和书写形式

5.1 横排文稿标点符号的位置和书写形式

5.1.1 句号、逗号、顿号、分号、冒号均置于相应文字之后，占一个字位置，居左下，不出现在一行之首。

5.1.2 问号、叹号均置于相应文字之后，占一个字位置，居左，不出现在一行之首。两个问号（或叹号）叠用时，占一个字位置；三个问号（或叹号）叠用时，占两个字位置；问号和叹号连用时，占一个字位置。

5.1.3 引号、括号、书名号中的两部分标在相应项目的两端，各占一个字位置。其中前一半不出现在一行之末，后一半不出现在一行之首。

5.1.4 破折号标在相应项目之间，占两个字位置，上下居中，不能中间断开分处上行之末和下行之首。

5.1.5 省略号占两个字位置，两个省略号连用时占四个字位置并须单独占一行。省略号不能中间断开分处上行之末和下行之首。

5.1.6 连接号中的短横线比汉字“一”略短，占半个字位置；一字线比汉字“一”略长，占一个字位置；浪纹线占一个字位置。连接号上下居中，不出现在一行之首。

5.1.7 间隔号标在需要隔开的项目之间，占半个字位置，上下居中，不出现在一行之首。

5.1.8 着重号和专名号标在相应文字的下边。

5.1.9 分隔号占半个字位置，不出现在一行之首或一行之末。

5.1.10 标点符号排在一行末尾时，若为全角字符则应占半角字符的宽度（即半个字位置），以使视觉效果更美观。

5.1.11 在实际编辑出版工作中，为排版美观、方便阅读等需要，或为避免某一小节最后一个汉字转行或出现在另外一页开头等情况（浪费版面及视觉效果差），可适当压缩标点符号所占用的空间。

5.2 竖排文稿标点符号的位置和书写形式

5.2.1 句号、问号、叹号、逗号、顿号、分号和冒号均置于相应文字之下偏右。

5.2.2 破折号、省略号、连接号、间隔号和分隔号置于相应文字之下居中，上下方向排列。

5.2.3 引号改用双引号“﹁”“﹂”和单引号“﹃”“﹄”，括号改用“︵”“︶”，标在相应项目的上下。

5.2.4 竖排文稿中使用浪线式书名号“﹏”，标在相应文字的左侧。

5.2.5 着重号标在相应文字的右侧，专名号标在相应文字的左侧。

5.2.6 横排文稿中关于某些标点不能居行首或行末的要求，同样适用于竖排文稿。

附　录　A
（规范性附录）
标点符号用法的补充规则

A.1　句号用法补充规则

图或表的短语式说明文字，中间可用逗号，但末尾不用句号。即使有时说明文字较长，前面的语段已出现句号，最后结尾处仍不用句号。

示例1：行进中的学生方队

示例2：经过治理，本市市容市貌焕然一新。这是某区街道一景

A.2　问号用法补充规则

使用问号应以句子表示疑问语气为依据，而并不根据句子中包含有疑问词。当含有疑问词的语段充当某种句子成分，而句子并不表示疑问语气时，句末不用问号。

示例1：他们的行为举止、审美趣味，甚至读什么书，坐什么车，都在媒体掌握之中。

示例2：谁也不见，什么也不吃，哪儿也不去。

示例3：我也不知道他究竟躲到什么地方去了。

A.3　逗号用法补充规则

用顿号表示较长、较多或较复杂的并列成分之间的停顿时，最后一个成分前可用"以及（及）"进行连接，"以及（及）"之前应用逗号。

示例：压力过大、工作时间过长、作息不规律，以及忽视营养均衡等，均会导致健康状况的下降。

A.4　顿号用法补充规则

A.4.1　表示含有顺序关系的并列各项间的停顿，用顿号，不用逗号。下例解释"对于"一词用法，"人""事物""行为"之间有顺序关系（即人和人、人和事物、人和行为、事物和事物、事物和行为、行为和行为等六种对待关系），各项之间应用顿号。

示例：〔对于〕表示人，事物，行为之间的相互对待关系。（误）

〔对于〕表示人、事物、行为之间的相互对待关系。（正）

A.4.2　用阿拉伯数字表示年月日的简写形式时，用短横线连接号，不用顿号。

示例：2010、03、02（误）

2010-03-02（正）

A.5　分号用法补充规则

分项列举的各项有一项或多项已包含句号时，各项的末尾不能再用分号。

示例：本市先后建立起三大农业生产体系：一是建立甘蔗生产服务体系。成立糖业服务公司，主要给农民提供机耕等服务；二是建立蚕桑生产服务体系。……；三是建立热作服务体系。……。（误）

本市先后建立起三大农业生产体系：一是建立甘蔗生产服务体系。成立糖业服务公司，主要给农民提供机耕等服务。二是建立蚕桑生产服务体系。……。三是建立热作服务体系。……。（正）

A.6 冒号用法补充规则

A.6.1 冒号用在提示性话语之后引起下文。表面上类似但实际不是提示性话语的，其后用逗号。

示例1：郦道元《水经注》记载："沼西际山枕水，有唐叔虞祠。"（提示性话语）

示例2：据《苏州府志》载，苏州城内大小园林约有150多座，可算名副其实的园林之城。（非提示性话语）

A.6.2 冒号提示范围无论大小（一句话、几句话甚至几段话），都应与提示性话语保持一致（即在该范围的末尾要用句号点断）。应避免冒号涵盖范围过窄或过宽。

示例：艾滋病有三个传播途径：血液传播，性传播和母婴传播，日常接触是不会传播艾滋病的。（误）

艾滋病有三个传播途径：血液传播，性传播和母婴传播。日常接触是不会传播艾滋病的。（正）

A.6.3 冒号应用在有停顿处，无停顿处不应用冒号。

示例1：他头也不抬，冷冷地问："你叫什么名字？"（有停顿）

示例2：这事你得拿主意，光说"不知道"怎么行？（无停顿）

A.7 引号用法补充规则

"丛刊""文库""系列""书系"等作为系列著作的选题名，宜用引号标引。当"丛刊"等为选题名的一部分时，放在引号之内，反之则放在引号之外。

示例1："汉译世界学术名著丛书"

示例2："中国哲学典籍文库"

示例3："20世纪心理学通览"丛书

A.8 括号用法补充规则

括号可分为句内括号和句外括号。句内括号用于注释句子里的某些词语，即本身就是句子的一部分，应紧跟在被注释的词语之后。句外括号则用于注释句子、句群或段落，即本身结构独立，不属于前面的句子、句群或段落，应位于所注释语段的句末点号之后。

示例：标点符号是辅助文字记录语言的符号，是书面语的有机组成部分，用来表示语句的停顿、语气以及标示某些成分（主要是词语）的特定性质和作用。（数学符号、货币符号、校勘符号等特殊领域的专门符号不属于标点符号。）

A.9 省略号用法补充规则

A.9.1 不能用多于两个省略号（多于12点）连在一起表示省略。省略号须与多点连续的连珠号相区别（后者主要是用于表示目录中标题和页码对应和连接的专门符号）。

A.9.2 省略号和"等""等等""什么的"等词语不能同时使用。在需要读出来的地方用"等""等等""什么的"等词语，不用省略号。

示例：含有铁质的食物有猪肝、大豆、油菜、菠菜……等。（误）

含有铁质的食物有猪肝、大豆、油菜、菠菜等。（正）

A.10 着重号用法补充规则

不应使用文字下加直线或波浪线等形式表示着重。文字下加直线为专名号形式（4.16）；文字下加浪纹线是特殊书名号(A.13.6)。着重号的形式统一为相应项目下加小圆点。

示例:下面对本文的理解,不正确的一项是(误)

下面对本文的理解,不正确的一项是(正)

A.11 连接号用法补充规则

浪纹线连接号用于标示数值范围时,在不引起歧义的情况下,前一数值附加符号或计量单位可省略。

示例:5公斤~100公斤(正)

5~100公斤(正)

A.12 间隔号用法补充规则

当并列短语构成的标题中已用间隔号隔开时,不应再用“和”类连词。

示例:《水星·火星和金星》(误)

《水星·火星·金星》(正)

A.13 书名号用法补充规则

A.13.1 不能视为作品的课程、课题、奖品奖状、商标、证照、组织机构、会议、活动等名称,不应用书名号。下面均为书名号误用的示例:

示例1:下学期本中心将开设《现代企业财务管理》《市场营销》两门课程。

示例2:明天将召开《关于“两保两挂”的多视觉理论思考》课题立项会。

示例3:本市将向70岁以上(含70岁)老年人颁发《敬老证》。

示例4:本校共获得《最佳印象》《自我审美》《卡拉OK》等六个奖杯。

示例5:《闪光》牌电池经久耐用。

示例6:《文史杂志社》编辑力量比较雄厚。

示例7:本市将召开《全国食用天然色素应用研讨会》。

示例8:本报将于今年暑假举行《墨宝杯》书法大赛。

A.13.2 有的名称应根据指称意义的不同确定是否用书名号。如文艺晚会指一项活动时,不用书名号;而特指一种节目名称时,可用书名号。再如展览作为一种文化传播的组织形式时,不用书名号;特定情况下将某项展览作为一种创作的作品时,可用书名号。

示例1:2008年重阳联欢晚会受到观众的称赞和好评。

示例2:本台将重播《2008年重阳联欢晚会》。

示例3:“雪域明珠——中国西藏文化展”今天隆重开幕。

示例4:《大地飞歌艺术展》是一部大型现代艺术作品。

A.13.3 书名后面表示该作品所属类别的普通名词不标在书名号内。

示例:《我们》杂志

A.13.4 书名有时带有括注。如果括注是书名、篇名等的一部分,应放在书名号之内,反之则应放在书名号之外。

示例1:《琵琶行(并序)》

示例2:《中华人民共和国民事诉讼法(试行)》

示例3:《新政治协商会议筹备会组织条例(草案)》

示例 4:《百科知识》(彩图本)

示例 5:《人民日报》(海外版)

A.13.5 书名、篇名末尾如有叹号或问号,应放在书名号之内。

示例 1:《日记何罪!》

示例 2:《如何做到同工又同酬?》

A.13.6 在古籍或某些文史类著作中,为与专名号配合,书名号也可改用浪线式“﹏”,标注在书名下方。这可以看作是特殊的专名号或特殊的书名号。

A.14 分隔号用法补充规则

分隔号又称正斜线号,须与反斜线号“\”相区别(后者主要是用于编写计算机程序的专门符号)。使用分隔号时,紧贴着分隔号的前后通常不用点号。

附 录 B
（资料性附录）
标点符号若干用法的说明

B.1 易混标点符号用法比较

B.1.1 逗号、顿号表示并列词语之间停顿的区别

逗号和顿号都表示停顿，但逗号表示的停顿长，顿号表示的停顿短。并列词语之间的停顿一般用顿号，但当并列词语较长或其后有语气词时，为了表示稍长一点的停顿，也可用逗号。

示例1：我喜欢吃的水果有苹果、桃子、香蕉和菠萝。

示例2：我们需要了解全局和局部的统一，必然和偶然的统一，本质和现象的统一。

示例3：看游记最难弄清位置和方向，前啊，后啊，左啊，右啊，看了半天，还是不明白。

B.1.2 逗号、顿号在表列举省略的“等”“等等”之类词语前的使用

并列成分之间用顿号，末尾的并列成分之后用“等”“等等”之类词语时，“等”类词前不用顿号或其他点号；并列成分之间用逗号，末尾的并列成分之后用“等”类词时，“等”类词前应用逗号。

示例1：现代生物学、物理学、化学、数学等基础科学的发展，带动了医学科学的进步。

示例2：写文章前要想好：文章主题是什么，用哪些材料，哪些详写，哪些略写，等等。

B.1.3 逗号、分号表示分句间停顿的区别

当复句的表述不复杂、层次不多，相连的分句语气比较紧凑、分句内部也没有使用逗号表示停顿时，分句间的停顿多用逗号。当用逗号不易分清多重复句内部的层次（如分句内部已有逗号），而用句号又可能割裂前后关系的地方，应用分号表示停顿。

示例1：她拿起钥匙，开了箱上的锁，又开了首饰盒上的锁，往老地方放钱。

示例2：纵比，即以一事物的各个发展阶段作比；横比，则以此事物与彼事物相比。

B.1.4 顿号、逗号、分号在标示层次关系时的区别

句内点号中，顿号表示的停顿最短、层次最低，通常只能表示并列词语之间的停顿；分号表示的停顿最长、层次最高，可以用来表示复句的第一层分句之间的停顿；逗号介于两者之间，既可表示并列词语之间的停顿，也可表示复句中分句之间的停顿。若分句内部已用逗号，分句之间就应用分号（见B.1.3示例2）。用分号隔开的几个并列分句不能由逗号统领或总结。

示例1：有的学会烤烟，自己做挺讲究的纸烟和雪茄；有的学会蔬菜加工，做的番茄酱能吃到冬天；有的学会蔬菜腌渍、窖藏，使秋菜接上春菜。

示例2：动物吃植物的方式多种多样，有的是把整个植物吃掉，如原生动物；有的是把植物的大部分吃掉，如鼠类；有的是吃掉植物的要害部位，如鸟类吃掉植物的嫩芽。（误）。

动物吃植物的方式多种多样：有的是把整个植物吃掉，如原生动物；有的是把植物的大部分吃掉，如鼠类；有的是吃掉植物的要害部位，如鸟类吃掉植物的嫩芽。（正）。

B.1.5 冒号、逗号用于“说”“道”之类词语后的区别

位于引文之前的“说”“道”后用冒号。位于引文之后的“说”“道”分两种情况：处于句末时，其后用句

号;“说”“道”后还有其他成分时,其后用逗号。插在话语中间的“说”“道”类词语后只能用逗号表示停顿。

示例 1:他说:“晚上就来家里吃饭吧。”

示例 2:“我真的很期待。”他说。

示例 3:“我有件事忘了说……”他说,表情有点为难。

示例 4:“现在请皇上脱下衣服,”两个骗子说,“好让我们为您换上新衣。”

B.1.6 不同点号表示停顿长短的排序

各种点号都表示说话时的停顿。句号、问号、叹号都表示句子完结,停顿最长。分号用于复句的分句之间,停顿长度介于句末点号和逗号之间,而短于冒号。逗号表示一句话中间的停顿,又短于分号。顿号用于并列词语之间,停顿最短。通常情况下,各种点号表示的停顿由长到短为:句号=问号=叹号>冒号(指涵盖范围为一句话的冒号)>分号>逗号>顿号。

B.1.7 破折号与括号表示注释或补充说明时的区别

破折号用于表示比较重要的解释说明,这种补充是正文的一部分,可与前后文连读;而括号表示比较一般的解释说明,只是注释而非正文,可不与前后文连读。

示例 1:在今年——农历虎年,必须取得比去年更大的成绩。

示例 2:哈雷在牛顿思想的启发下,终于认出了他所关注的彗星(该星后人称为哈雷彗星)。

B.1.8 书名号、引号在“题为……”“以……为题”格式中的使用

“题为……”“以……为题”中的“题”,如果是诗文、图书、报告或其他作品可作为篇名、书名看待时,可用书名号;如果是写作、科研、辩论、谈话的主题,非特定作品的标题,应用引号。即“题为……”“以……为题”中的“题”应根据其类别分别按书名号和引号的用法处理。

示例 1:有篇题为《柳宗元的诗》的文章,全文才 2 000 字,引文不实却达 11 处之多。

示例 2:今天一个以“地球・人口・资源・环境”为题的大型宣传活动在此间举行。

示例 3:《我的老师》写于 1956 年 9 月,是作者应《教师报》之约而写的。

示例 4:“我的老师”这类题目,同学们也许都写过。

B.2 两个标点符号连用的说明

B.2.1 行文中表示引用的引号内外的标点用法

当引文完整且独立使用,或虽不独立使用但带有问号或叹号时,引号内句末点号应保留。除此之外,引号内不用句末点号。当引文处于句子停顿处(包括句子末尾)且引号内未使用点号时,引号外应使用点号;当引文位于非停顿处或者引号内已使用句末点号时,引号外不用点号。

示例 1:“沉舟侧畔千帆过,病树前头万木春。”他最喜欢这两句诗。

示例 2:书价上涨令许多读者难以接受,有些人甚至发出“还买得起书吗?”的疑问。

示例 3:他以“条件还不成熟,准备还不充分”为由,否决了我们的提议。

示例 4:你这样“明日复明日”地要拖到什么时候?

示例 5:司马迁为了完成《史记》的写作,使之“藏之名山”,忍受了人间最大的侮辱。

示例 6:在施工中要始终坚持“把质量当生命”。

示例 7:“言之无文,行而不远”这句话,说明了文采的重要。

示例 8:俗话说:“墙头一根草,风吹两边倒。”用这句话来形容此辈再恰当不过。

B.2.2 行文中括号内外的标点用法

括号内行文末尾需要时可用问号、叹号和省略号。除此之外，句内括号行文末尾通常不用标点符号。句外括号行文末尾是否用句号由括号内的语段结构决定：若语段较长、内容复杂，应用句号。句内括号外是否用点号取决于括号所处位置：若句内括号处于句子停顿处，应用点号。句外括号外通常不用点号。

示例1：如果不采取（但应如何采取呢？）十分具体的控制措施，事态将进一步扩大。

示例2：3分钟过去了（仅仅才3分钟！），从眼前穿梭而过的出租车竟达32辆！

示例3：她介绍时用了一连串比喻（有的状如树枝，有的貌似星海……），非常形象。

示例4：科技协作合同（包括科研、试制、成果推广等）根据上级主管部门或有关部门的计划签订。

示例5：应把夏朝看作原始公社向奴隶制国家过渡时期。（龙山文化遗址里，也有俯身葬。俯身者很可能就是奴隶。）

示例6：问：你对你不喜欢的上司是什么态度？
　　答：感情上疏远，组织上服从。（掌声，笑声）

示例7：古汉语（特别是上古汉语），对于我来说，有着常人无法想象的吸引力。

示例8：由于这种推断尚未经过实践的考验，我们只能把它作为假设（或假说）提出来。

示例9：人际交往过程就是使用语词传达意义的过程。（严格说，这里的“语词”应为语词指号。）

B.2.3 破折号前后的标点用法

破折号之前通常不用点号；但根据句子结构和行文需要，有时也可分别使用句内点号或句末点号。破折号之后通常不会紧跟着使用其他点号；但当破折号表示语音的停顿或延长时，根据语气表达的需要，其后可紧接问号或叹号。

示例1：小妹说：“我现在工作得挺好，老板对我不错，工资也挺高。——我能抽支烟吗？”（表示话题的转折）

示例2：我不是自然主义者，我主张文学高于现实，能够稍稍居高临下地去看现实，因为文学的任务不仅在于反映现实。光描写现存的事物还不够，还必须记住我们所希望的和可能产生的事物。必须使现象典型化。应该把微小而有代表性的事物写成重大的和典型的事物。——这就是文学的任务。（表示对前几句话的总结）

示例3：“是他——？”石一川简直不敢相信自己的耳朵。

示例4：“我终于考上大学啦！我终于考上啦——！”金石开兴奋得快要晕过去了。

B.2.4 省略号前后的标点用法

省略号之前通常不用点号。以下两种情况例外：省略号前的句子表示强烈语气、句末使用问号或叹号时；省略号前不用点号就无法标示停顿或表明结构关系时。省略号之后通常也不用点号，但当句末表达强烈的语气或感情时，可在省略号后用问号或叹号；当省略号后还有别的话、省略的文字和后面的话不连续且有停顿时，应在省略号后用点号；当表示特定格式的成分虚缺时，省略号后可用点号。

示例1：想起这些，我就觉得一辈子都对不起你。你对梁家的好，我感激不尽！……

示例2：他进来了，……一身军装，一张朴实的脸，站在我们面前显得很高大，很年轻。

示例3：这，这是……？

示例4：动物界的规矩比人类还多，野骆驼、野猪、黄羊……，直至塔里木兔、跳鼠，都是各行其路，决不混淆。

示例5：大火被渐渐扑灭，但一片片油污又旋即出现在遇难船旁……。清污船迅速赶来，并施放围栏以控制油污。

示例6：如果……，那么……。

B.3 序次语之后的标点用法

B.3.1 “第”“其”字头序次语，或“首先”“其次”“最后”等做序次语时，后用逗号（见4.4.3.3）。